现代机械设计原理与应用研究

XIANDAI JIXIE SHEJI YUANLI YU YINGYONG YANJIU

魏宏波　严绍进　武振锋　编著

内 容 提 要

本书主要是对现代机械设计原理与应用进行探讨分析。首先阐述了机械设计的基本概念及机械零件的基本知识，并讨论了机械零件的强度和耐磨性、螺纹连接及螺旋传动原理、键连接及其他连接，然后重点探讨了带传动与链传动、齿轮传动、蜗杆传动、轴、滑动轴承、滚动轴承、联轴器及离合器、弹簧等的设计问题，最后分析了整机设计和现代化设计方法。

图书在版编目(CIP)数据

现代机械设计原理与应用研究 / 魏宏波，严绍进，武振锋编著. -- 北京 : 中国水利水电出版社，2013.12（2025.6重印）

ISBN 978-7-5170-1506-2

Ⅰ. ①现… Ⅱ. ①魏… ②严… ③武… Ⅲ. ①机械设计－研究 Ⅳ. ①TH122

中国版本图书馆 CIP 数据核字(2013)第 298760 号

策划编辑：杨庆川　责任编辑：杨元泓　封面设计：马静静

书　　名	现代机械设计原理与应用研究
作　　者	魏宏波　严绍进　武振锋　编著
出版发行	中国水利水电出版社
	（北京市海淀区玉渊潭南路 1 号 D 座 100038）
	网址：www.waterpub.com.cn
	E-mail：mchannel@263.net（万水）
	sales@waterpub.com.cn
	电话：(010)68367658（发行部）、82562819（万水）
经　　售	北京科水图书销售中心（零售）
	电话：(010)88383994、63202643、68545874
	全国各地新华书店和相关出版物销售网点
排　　版	北京厚诚则铭印刷科技有限公司
印　　刷	三河市天润建兴印务有限公司
规　　格	184mm×260mm　16 开本　16.5 印张　402 千字
版　　次	2014 年 1 月第 1 版　2025年6月第3次印刷
印　　数	0001—3000 册
定　　价	58.00 元

前言

机械设计是影响机械产品性能、质量、成本和企业经济效益的一项重要工作，机械产品能否满足用户要求，很大程度上取决于设计。随着科学技术的进步和生产的发展，市场竞争日益激烈，企业为了获得自身的生存和发展，必须不断地推出具有市场竞争能力的新产品。因此，机械产品更新换代的周期将日益缩短，对机械产品在质量和品种上的要求将不断提高，这就对机械设计人员提出了更高的要求。

目前，我国机械产品的设计水平与国际先进水平相比还有相当大的差距，主要体现为设计方法落后，骨干设计人员的知识老化，许多先进的设计理论、方法和技术还没有很好地掌握。设计水平的落后必然导致机械产品的性能和质量的落后，这样，机械产品不但难以进入国际市场，就连国内市场也难以维持。要想从根本上扭转这种局面，就必须大力加强机械产品的设计工作，大力推行现代设计方法，而其中的关键是大量地培养高素质的机械设计人才。正因为以上原因，本书的内容以机械设计的基本理论、基本知识、基本技能为基础，注重启发读者的实际应用能力和创新能力。在写作上，本书在遵循少而精的原则上对必要的知识进行了适当的拓展。

本书的主要特点如下：

1. 为了提高读者的工程设计能力，本书总结和规范了机械设计中的工程设计步骤和一般的设计方法，加强了对读者独立完成机械零件设计的引导。

2. 主要章节以零件为单元自成一体，讨论了各零件的功能和作用，引导读者分析在机械设计过程中出现的问题，启发读者的求知欲望。

3. 归纳和梳理了各种常用机械传动的特点，以及如何选择机械系统的传动方案和传动方案的布置顺序。

4. 本书既保留了机械设计的理论基础知识，还补充了部分机械设计手册上所采用的简化设计方法，增强了与实际生产和工程设计的紧密性。

5. 本书的数据和资料基本上来自于机械设计手册的最新标准和规范，计算实例大部分来自于工程实践。

限于作者水平及撰写时间仓促，书中的缺点和错误在所难免，恳请广大同行、专家、读者批评指正。

作者

2013年9月

前言

目　录

第1章 绪 论

1.1 机械设计概述

1.1.1 机械设计的基本要求

尽管机械的类型很多，性能差异很大，但机械设计的基本要求大体相同，主要有以下几个方面。

1. 机械设计的基本要求

(1)实现预定的功能，满足运动和动力性能的要求

所谓功能是指用户提出的需要满足的使用上的特性和能力，是机械设计的最基本出发点。在机械设计过程中，设计者所设计的机械首先应实现功能的要求。为此，必须正确地选择机械的工作原理、机构的类型、拟定机械传动系统方案，并且所选的机构类型和拟定的机械传动系统方案，能满足运动和动力性能的要求。

(2)可靠性和安全性的要求

机械的可靠性是指机械在规定的使用条件下、在规定的时间内完成规定功能的能力。安全可靠是机械的必备条件，为了满足这一要求，必须从机械系统的整体设计、零部件的结构设计、材料及热处理的选择、加工工艺的制定等方面加以保证。

(3)市场需要和经济性的要求

在产品设计中，自始至终都应把产品设计、销售及制造三方面作为一个整体考虑。只有设计与市场信息密切配合，在市场、设计、生产中寻求最佳关系，才能以最快的速度回收投资，获得满意的经济效益。

(4)机械零部件结构设计的要求

机械设计的最终结果都是以一定的结构形式表现出来的，且各种计算都要以一定的结构为基础。所以，设计机械时，往往要事先选定某种结构形式，再通过各种计算得出结构尺寸，将这些结构尺寸和确定的几何形状绘制成零件工作图，最后按设计的工作图制造、装配成部件乃至整台机器，以满足机械的使用要求。

(5)操作使用方便的要求

机器的工作和人的操作密切相关。在设计机器时必须注意操作要轻便省力、操作机构要适应人的生理条件、机器的噪音要小、有害介质的泄漏要少等。

(6)工艺性及标准化、系列化、通用化的要求

机械及其零部件应具有良好的工艺性，即考虑零件的制造方便，加工精度及表面粗糙度适当，易于装拆。设计时，零件、部件和机器参数应尽可能标准化、通用化、系列化，以提高设计质量，降低制造成本，并且使设计者将主要精力用在关键零件的设计上。

(7)其他特殊要求

有些机械由于工作环境和要求的不同,对设计提出某些特殊要求。如高级轿车的变速箱齿轮有低噪声的要求,机床有较长期保持精度的要求,食品、纺织机械有不得污染产品的要求等。

2. 机械零件设计的基本要求

(1)强度要求

机械零件应满足强度要求,即防止它在工作中发生整体断裂或产生过大的塑性变形或出现疲劳点蚀。机械零件的强度要求是最基本的要求。

提高机械零件的强度是机械零件设计的核心之一,为此可以采用以下几项措施:

①采用强度高的材料。

②使零件的危险截面具有足够的尺寸。

③用热处理方法提高材料的力学性能。

④提高运动零件的制造精度,以降低工作时的动载荷。

⑤合理布置各零件在机器中的相互位置,减小作用在零件上的载荷等。

(2)刚度要求

机械零件应满足刚度要求,即防止它在工作中产生的弹性变形超过允许的限度。通常只是当零件过大的弹性变形会影响机器的工作性能时,才需要满足刚度要求。一般对机床主轴、导轨等零件需作强度和刚度计算。

提高机械零件的刚度可以采用以下几项措施:

①增大零件的截面尺寸。

②缩短零件的支承跨距。

③采用多点支承结构等。

(3)结构工艺性要求

机械零件应有良好的工艺性,即在一定的生产条件下,以最小劳动量、花最少加工费用制成能满足使用要求的零件,并能以最简单的方法在机器中进行装拆与维修。因此,零件的结构工艺性应从毛坯制造、机械加工过程及装配等几个生产环节加以综合考虑。

(4)经济性要求

经济性是机械产品的重要指标之一。从产品设计到产品制造应始终贯彻经济原则。设计中在满足零件使用要求的前提下,可以从以下几个方面考虑零件的经济性:

①先进的设计理论和方法,采用现代化设计手段,提高设计质量和效率,缩短设计周期,降低设计费用。

②尽可能选用一般材料,以减少材料费用,同时应降低材料消耗,例如多用无切削或少切削加工,减少加工余量等。

③零件结构应简单,尽量采用标准零件,选用允许的最大公差和最低精度。

④提高机器效率,节约能源,例如尽可能减少运动件、创造优良润滑条件等,包装与运输费用也应注意考虑。

(5)减轻重量的要求

机械零件设计应力求减轻重量,这样可以节约材料,对运动零件来说可以减小惯性,改善机器的动力性能，减小作用于构件上的惯性载荷。减轻机械零件重量的措施有：

①从零件上应力较小处挖去部分材料，以改善零件受力的均匀性，提高材料的利用率。

②采用轻型薄壁的冲压件或焊接件来代替铸、锻零件。

③采用与工作载荷相反方向的预载荷。

④减小零件上的工作载荷等。

机械零件的强度、刚度是从设计上保证它能够可靠工作的基础，而零件可靠地工作是保证机器正常工作的基础。零件具有良好的结构工艺性和较轻的重量是机器具有良好经济性的基础。在实际设计中，经常会遇到基本要求不能同时得到满足的情况，这时应根据具体情况，合理地做出选择，保证主要的要求能够得到满足。

1.1.2　机械设计的一般程序

设计绝不能视为只是计算和绘图，我国设计人员早在20世纪60年代就总结出全面考虑实验、研究、设计、制造、安装、使用、维护的“七事一贯制”设计方法。机械设计不可能有固定不变的程序，因为设计本身就是一个富有创造性的工作，同时也是一个尽可能多地利用已有成功经验的工作。机械设计的过程是复杂的，它涉及多方面的工作，如市场需求、技术预测、人机工程等再加上机械的种类繁多，性能差异巨大，所以机械设计的过程并没有一个通用的固定程序，需要根据具体情况进行相应的处理。本书仅就设计机器的技术过程进行讨论，以比较典型的机器设计为例，介绍机械设计的一般程序。

一台新机器从着手设计到制造出来，主要经过以下六个阶段。

1. 制定设计工作计划

根据社会、市场的需求确定所设计机器的功能范围和性能指标；根据现有的技术、资料及研究成果研究其实现的可能性，明确设计中要解决的关键问题；拟定设计工作计划和任务书。

2. 方案设计

按设计任务书的要求，了解并分析同类机器的设计、生产和使用情况以及制造厂的生产技术水平，研究实现机器功能的可能性，提出可能实现机器功能的多种方案。每个方案应该包括原动机、传动机构和工作机构，对较为复杂的机器还应包括控制系统。然后，在考虑机器的使用要求、现有技术水平和经济性的基础上，综合运用各方面的知识与经验对各个方案进行分析。通过分析确定原动机、选定传动机构、确定工作机构的工作原理及工作参数，绘制工作原理图，完成机器的方案设计。

在方案设计的过程中，应注意相关学科与技术中新成果的应用，如先进制造技术、现代控制技术、新材料等，这些新技术的发展使得以往不能实现的方案变为可能，这些都为方案设计的创新奠定了基础。

3. 技术设计

对已选定的设计方案进行运动学和动力学的分析，确定机构和零件的功能参数，必要时进行模拟试验、现场测试、修改参数；计算零件的工作能力，确定机器的主要结构尺寸；绘制总装配图、部件装配图和零件工作图。技术设计主要包括以下几项内容。

(1)运动学设计

根据设计方案和工作机构的工作参数,确定原动机的动力参数,如功率和转速,进行机构设计,确定各构件的尺寸和运动参数。

(2)动力学计算

根据运动学设计的结果,分析、计算出作用在零件上的载荷。

(3)零件设计

根据零件的失效形式,建立相应的设计准则,通过计算、类比或模型试验的方法确定零部件的基本尺寸。

(4)总装配草图的设计

根据零部件的基本尺寸和机构的结构关系,设计总装配草图。在综合考虑零件的装配、调整、润滑、加工工艺等的基础上,完成所有零件的结构与尺寸设计。在确定零件的结构、尺寸和零件间的相互位置关系后,可以较精确地计算出作用在零件上的载荷,分析影响零件工作能力的因素。在此基础上应对主要零件进行校核计算,如对轴进行精确的强度计算,对轴承进行寿命计算等。根据计算结果反复地修改零件的结构尺寸,直到满足设计要求。

(5)总装配图与零件工作图的设计

根据总装配草图确定的零件结构尺寸,完成总装配图与零件工作图的设计。

4. 施工设计

根据技术设计的结果,考虑零件的工作能力和结构工艺性,确定配合件之间的公差。视情况与要求,编写设计计算说明书、使用说明书、标准件明细表、外购件明细表、验收条件等。

5. 试制、试验、鉴定

所设计的机器能否实现预期的功能、满足所提出的要求,其可靠性、经济性如何等,都必须通过试制的样机的试验来加以验证。再经过鉴定,以科学的评价确定是否可以投产或进行必要的改进设计。

6. 定型产品设计

经过试验和鉴定,对设计进行必要的修改后,可进行小批量的试生产。经过实际条件下的使用,根据取得的数据和使用的反馈意见,再进一步修改设计,即定型产品的设计,然后正式投产。

实际上整个机械设计的各个阶段是互相联系的,在某个阶段发现问题后,必须返回到前面的有关阶段进行设计的修改,直至问题得到解决。有时,可能整个方案都要推倒重来。因此,整个机械设计过程是一个不断修改、不断完善以至逐步接近最佳结果的过程。

1.2 机械零件的计算准则

机械零件由于某种原因不能正常工作称为失效。对此概念应注意以下两点:①失效并不仅指破坏,破坏只是失效的形式之一。实际机械零件可能的失效形式有很多,但归结起来,最为常见的是由于强度、刚度、耐磨性、温度及振动稳定性等方面的原因所引起的失效。②同一个机械零件可能产生的失效形式往往有数种,例如高速旋转的轴可能会产生断裂、过大的塑性变形以及共振等几种不同的失效形式。

机械零件在一定条件下抵抗失效的能力称为工作能力。用载荷表示的工作能力称为承载能力。为防止发生某种失效而应满足的条件称为机械零件的计算准则。计算准则是设计机械零件的理论依据。不同失效形式所对应的计算准则亦不相同。

通常，在保证所设计的零件不发生失效的前提下，希望其尺寸尽量小，重量尽量轻。为此，设计时需要以计算准则为依据进行必要的计算。计算方法（过程）有两种：根据零件可能的失效形式所对应的计算准则，通过计算确定满足该准则的零件尺寸，这样的计算称为设计计算；参照已有实物、图样或根据经验先确定零件尺寸，然后再核算零件尺寸是否满足计算准则，这样的计算称为校核计算。校核计算时，如不满足计算准则，则应修改零件尺寸，重新计算，直到满足计算准则为止。虽然两种计算的过程不同，但目的都是为了防止所设计的零件在工作中发生失效。

与前述强度、刚度、耐磨性以及振动稳定性等方面的失效形式相对应，常用的计算准则主要有强度准则、刚度准则、摩擦学准则以及振动稳定性准则等。

1.2.1　强度准则

强度是指机械零件抵抗破坏（断裂或塑性变形）的能力。强度准则是防止零件发生破坏失效而应满足的条件，也称为强度条件。

工作中机械零件所受的正应力（拉压、弯曲）和切应力（剪切、扭切），通常都产生在零件材料的较大体积内，往往会导致零件的整体破坏，这种状态下的强度可称为整体强度；而对于工作中接触受压的两个零件，在接触面上产生的表面应力作用下，破坏通常发生在零件的接触面表层，这种状态下的强度可称为表面强度。表面强度分为表面接触强度（两零件之间理论上为点、线接触）和挤压强度（两零件之间理论上为面接触）。

在理想平稳工作条件下零件所受的载荷称为名义载荷。但实际中，由于冲击以及运动产生的惯性力等因素的影响，使机器及其零件受到各种附加载荷。另外，载荷在零件上的分布也往往是不均匀的。因此，机器在工作中实际受到的载荷通常会大于名义载荷。用载荷系数K（只考虑工作情况的影响时，则为工作情况系数 K_A 简称工况系数）计入上述因素对载荷的影响。载荷系数与名义载荷的乘积称为计算载荷，它代表的是机器或零件实际所受的载荷。

按照是否随时间变化，载荷分为两类：不随时间变化或变化缓慢的载荷称为静载荷，如零件的自重、静水的压力等；随时间变化的载荷称为变载荷，如内燃机中活塞、弹簧以及汽车中齿轮等所受的载荷。

按照是否随时间变化，应力也分为两类：不随时间变化或变化缓慢的应力称为静应力；随时间变化的应力称为变应力。静应力只能在静载荷作用下产生；变应力由变载荷产生，也可由静载荷产生。例如，在不变的径向力作用下，旋转轴中产生的弯曲应力即为变应力。

1. 整体强度

(1)强度条件

强度条件可用应力表示，也可用安全系数表示。

①用应力表示的强度条件为

$$\sigma \leqslant [\sigma], \quad \tau \leqslant [\tau] \tag{1-1}$$

式中σ、τ——零件危险截面上的最大正应力和最大切应力，设计中按计算载荷求得；

[σ]、[τ]——许用正应力和许用切应力，其定义式为

$$[\sigma]=\frac{\sigma_{\lim}}{[S_\sigma]},[\tau]=\frac{\tau_{\lim}}{[S_\tau]} \tag{1-2}$$

式中$\sigma_{\lim}$、$\tau_{\lim}$——极限正应力和极限切应力；

[S_σ]、[S_τ]——分别为正应力和切应力的许用安全系数。通常，对塑性材料零件，[S_σ]、[S_τ]取为1.5～2；对组织不均匀的脆性材料和组织均匀的低塑性材料，[S_σ]、[S_τ]取为3～4。

②用安全系数表示的强度条件为

$$S_\sigma \geqslant [S_\sigma],\quad S_\tau \geqslant [S_\tau] \tag{1-3}$$

式中 S_σ、S_τ——正应力和切应力的实际安全系数，由下式计算

$$S_\sigma=\frac{\sigma_{\lim}}{\sigma},\quad S_\tau=\frac{\tau_{\lim}}{\tau} \tag{1-4}$$

应当指出，式(1-1)和式(1-3)所表示的强度条件实质是相同的，只是表达形式不同向已。

(2)极限应力的确定

计算许用应力时，需根据零件材料的种类和应力的性质合理确定极限应力。

①静应力下的极限应力。

零件受静应力时，需计算其静强度。如静强度不足，塑性材料零件的可能失效形式是产生塑性变形；脆性材料零件的可能失效形式是断裂。据此，可确定静应力下的极限应力。

塑性材料零件，以材料的屈服点作为极限应力，即

$$\sigma_{\lim}=\sigma_s,\quad \tau_{\lim}=\tau_s \tag{1-5}$$

脆性材料零件，以材料的强度极限作为极限应力，即

$$\sigma_{\lim}=\sigma_b,\quad \tau_{\lim}=\tau_b \tag{1-6}$$

只受正应力或只受切应力时，按式(1-1)或式(1-3)进行强度计算即可。

同时受正应力和切应力时，按材料力学中的强度理论计算危险截面上的当量应力σ_b。通常，塑性材料零件按第三或第四强度理论计算；脆性材料零件按第一强度理论计算。此时的强度条件为：$\sigma_e \leqslant [\sigma]$。

另外，对于塑性材料零件，某处的局部应力达到屈服点后，材料开始屈服流动，局部的最大应力将不再增大，也就不会导致零件整体破坏；对于组织不均匀的脆性材料(如灰铸铁)，材料内部本来就存在的缺陷引起的应力集中，往往比零件形状和机械加工所引起的应力集中还大，所以，后者对材料的静强度无显著影响。因此，在计算静强度时，对塑性材料和组织不均匀的脆性材料，可不考虑应力集中的影响。但是，对组织均匀的低塑性材料(如低温回火的高强度钢)，则应考虑集中应力。

②变应力下的极限应力。

零件受变应力时，可能的失效形式是疲劳破坏，设计中需计算其疲劳强度。不论是静强度还是疲劳强度，强度条件的表达形式是相同的，只是极限应力有所不同。变应力作用下，应以疲劳极限作为极限应力。

2. *表面接触强度*

对于理论上为点、线接触的高副零件，在载荷作用下材料发生弹性变形后，变为面接触，此

时零件在接触部位产生的应力称为表面接触应力(简称接触应力)。在接触应力作用下的强度称为表面接触强度。最大接触应力 σ_H 发生在接触面的中心(或中线)上,见图 1-1。

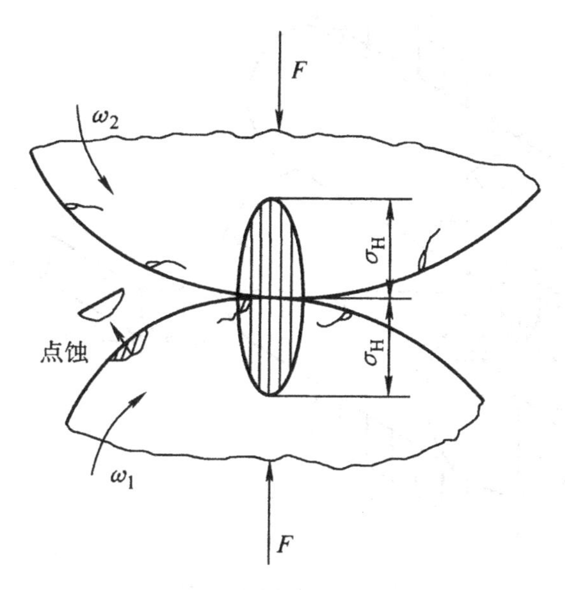

图 1-1　接触应力与疲劳点蚀

通常情况下,工作中高副零件的接触部位是周期性变化的,这导致零件的接触应力也周期性变化,如齿轮轮齿的接触、滚动轴承中滚动体与两套圈的接触等。在接触变应力的反复作用下,首先在零件表层产生微裂纹,之后,裂纹沿着与表面呈锐角的方向扩展,到达一定深度后又越出零件表面,最后有小片的材料剥落下来,在零件表面形成小坑(图 1-3),这种现象称为疲劳点蚀(简称点蚀)。点蚀是接触变应力下的失效形式。

防止点蚀应满足的强度条件为

$$\sigma_H \leqslant [\sigma_H] \tag{1-7}$$

式中σ_H——零件的最大接触应力(MPa);

$[\sigma_H]$——许用接触应力(MPa)。

本课程中需计算的接触强度主要为线接触的情况,下面只给出线接触时 σ_H 的计算公式。

根据弹性力学理论,将理论上为线接触(接触处的曲率半径分别为 ρ_1、ρ_2)的两个零件简化为两个圆柱体接触的模型(图 1-2),按式(1-8)(称为赫兹公式)计算其最大接触应力即

$$\sigma_H = \sqrt{\frac{F}{\pi L}\left[\frac{\frac{1}{\rho}}{\frac{1-\mu_1^2}{E_1}+\frac{1-\mu_2^2}{E_2}}\right]} \tag{1-8}$$

式中E_1、E_2——两接触体材料的弹性模量(MPa);

μ_1、μ_2——两接触体材料的泊松比;

F——两接触体所受的载荷(N);

ρ——综合曲率半径(mm),$\frac{1}{\rho}=\frac{1}{\rho_1}\pm\frac{1}{\rho_2}$,正号用于外接触;负号用于内接触;

L——接触宽度(mm)。

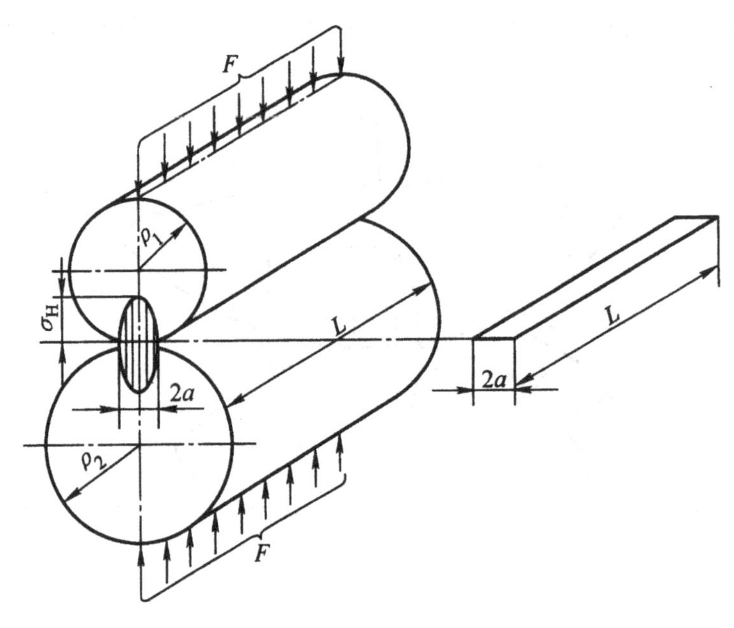

图 1-2　两圆柱体接触

3. 挤压强度

理论上为面接触的两个零件，承载时在接触面上受到的压应力称为挤压应力，用 σ_P 表示。挤压应力作用下的强度称为挤压强度。挤压强度不足时的失效形式为压溃(表面断裂或表面塑性变形)。

防止压溃应满足的强度条件为

$$\sigma_P \leqslant [\sigma_P] \tag{1-9}$$

式中σ_P——零件的挤压应力(MPa);

$[\sigma_P]$——许用挤压应力(MPa)。

当接触面为曲面时，挤压应力在接触面上的分布往往比较复杂。通常，按接触面在载荷方向的投影面积计算挤压应力 σ_P。

1.2.2　刚度准则

刚度是指机械零件在载荷作用下抵抗弹性变形的能力。如果机器中的某些零件刚度不足，工作时将会产生过大的弹性变形，从而影响机器的正常工作。例如机床主轴刚度不足将会影响被加工工件的精度；内燃机配气系统中的凸轮轴刚度不足，将会导致阀门不能正常启闭。因此，对于某些零件，在设计时需要进行刚度计算。应满足的刚度条件为

$$x \leqslant [x] \tag{1-10}$$

式中x——实际变形量，可通过计算或实际测量确定其大小，但在设计阶段只能由计算确定。根据受载形式的不同，x 可以是拉压变形 ΔL、挠度 y、转角 θ、扭角 φ 等，见图 1-3；

$[x]$——许用变形量，是机器正常工作所允许的最大变形量。

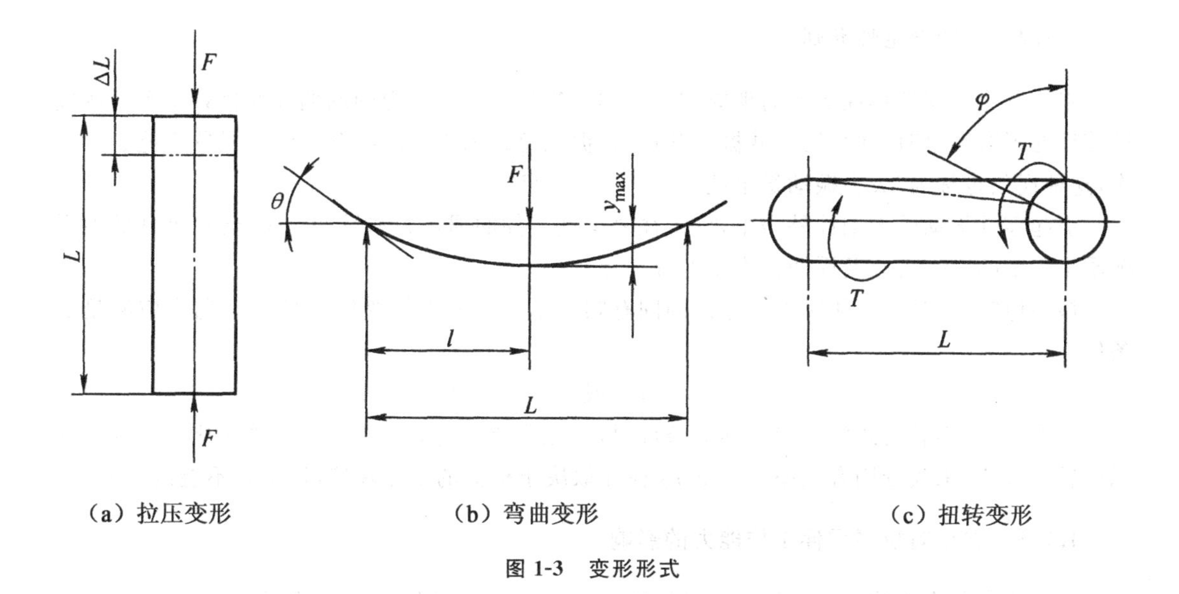

(a) 拉压变形　　(b) 弯曲变形　　(c) 扭转变形

图 1-3 变形形式

通常，刚度计算得到的零件尺寸比强度计算得到的尺寸大，所以，满足刚度条件的零件往往也满足强度条件。但对于尺寸较大的零件，满足刚度条件，却不一定满足强度条件。

弹性模量 E 是表示材料刚度大小的性能指标，E 越大则刚度越大。应当注意：合金钢的 E 值与碳钢相差不大，因此，在尺寸相同的条件下，用合金钢代替碳钢（可以提高强度）不能提高零件的刚度。

提高零件刚度的主要措施有：减小力臂和支点距离、增加辅助支承、选择合理的截面形状、加大截面积以及采用加强肋等。

1.2.3 摩擦学准则

摩擦学准则也称耐磨性准则。在滑动摩擦下工作的零件，常因过度磨损而失效。由于影响磨损的因素很多且比较复杂，因此，到目前为止尚无完善的磨损计算方法。通常采用条件性计算，通过限制影响磨损的主要因素（压强 p、滑动速度 v 和 pv 值）来防止产生过大的磨损。

滑动速度低，载荷大时，只需限制压强 p 不超过许用压强 $[p]$，即

$$p \leqslant [p] \tag{1-11}$$

滑动速度较高时，往往由于摩擦生热，温度过高（使润滑油膜破坏），导致润滑失效。因此，除了限制压强以外，还需限制压强与滑动速度的乘积 pv（此乘积越大，在单位时间内，单位接触面上的摩擦功耗越大，温升越大）不超过许用值 $[pv]$，即

$$pv \leqslant [pv] \tag{1-12}$$

高速时，往往由于滑动速度高而引起过快过大的磨损。所以，还需要限制滑动速度 v 不超过许用滑动速度 $[v]$，即

$$v \leqslant [v] \tag{1-13}$$

1.2.4 振动稳定性准则

零件发生周期性弹性变形的现象称为振动。当零件所受外力的周期性变化频率等于或接近零件的固有频率时，便会发生共振。共振时，振幅急剧增大，导致零件破坏，机器不能正常工作，这种现象也称为“失去振动稳定性”。

引起零件振动的周期性外力主要有：往复运动零件的惯性力和惯性力矩、转动零件的不平衡质量产生的离心力以及周期性作用的外力等。

振动稳定性准则是：使所设计零件的固有频率 f 远离外力的变化频率 f_F。通常应满足的条件为

$$f_F<0.85f \quad 或 \quad f_F>1.15f \tag{1-14}$$

应注意，当不满足式(1-14)所列的条件时，一般只能通过改变零件和系统的刚度、改变支承位置等方法，来改变固有频率 f。而 f_F 往往取决于机器的工作转速，通常是不能改变的。

1.2.5 温度对机械零件工作能力的影响

温度的变化会影响机器中润滑油的性能。温度过高会导致润滑失效，从而产生过大磨损或发生胶合现象。因此，在设计摩擦副零件时，需进行热平衡计算。通过计算求出达到热平衡时的工作温度 t，并判别其是否超过许用温度$[t]$，即

$$t\leqslant[t] \tag{1-15}$$

另外，当金属的温度超过某一数值(钢为300℃～400℃，轻合金为100℃～150℃)时，其强度将急剧下降。因此，在高温下工作的机械零件应采用耐高温材料制造，如耐热合金钢、金属陶瓷等。在低温下，钢的强度有所提高，但其韧性会明显降低而变脆，且对应力集中的敏感性增大。而有色金属在低温下一般不会变脆，其强度和塑性还会有所提高。所以，低温设备常用有色金属材料制造。

1.3 机械零件的标准化、系列化和通用化

机械零件的标准化是指通过对零件尺寸、结构要素、材料、检验方法、设计方法、制图等方面的要求，制定出各式各样的标准，以供广大设计者在设计工作中共同遵循。系列化是指对同一产品，为了满足不同的使用要求，在基本结构或基本尺寸相同的条件下，规定出若干个辅助尺寸不同的产品，构成一个产品系列。

在我国，许多通用零部件的形式、品种、尺寸和代号都已实行了标准化，并按尺寸的不同实现了系列化，如螺栓、键、滚动轴承、减速器等。有些零件则仅有部分主要尺寸实行了标准化和系列化，如齿轮的模数、蜗杆的分度圆直径等。

若在系列产品内部或在跨系列的产品之间采用同一结构和尺寸的零部件，则称为通用化。

机械零件的标准化、系列化和通用化简称“三化”，其对于机械设计和制造具有如下重要意义：

①可减轻设计工作量，缩短设计周期，有利于设计人员将主要精力用于关键零部件的设计。

②便于建立专门工厂采用先进技术进行大规模生产。有利于合理使用原材料，节约能源，

缩短生产周期，降低成本，提高生产率和产品质量。

③可提高互换性，便于维修，并有利于回收再利用。

④便于改进和增加产品品种。

“三化”程度的高低是评定机械产品的指标之一，也是我国现行很重要的一项技术政策。目前我国实行的标准分为国家标准、部颁标准和行业标准等。此外，在世界范围内通用的是国际标准（ISO）。随着我国经济不断融入世界经济之中，某些标准正在逐渐向国际标准靠拢。

1.4　机械零件常用材料和选择原则

在工业技术高速发展的今天，机械零件可以使用的材料越来越多，而且根据性能的需要，材料工程师们还可以人为地制造出新型的非自然材料，以满足特殊零件工作的需要。材料不仅在改变我们的生活方式，还不断地改变着机械设计的思路。所以，只有了解材料性能，才能合理选择材料，使设计产品更趋完善，即美观、经济、实用。

1.4.1　机械零件常用材料

机械零件常用材料有黑色金属、有色金属、非金属材料和各种复合材料。其中以黑色金属材料用得最多。

1. 黑色金属

常用的黑色金属材料有碳素结构钢、优质碳素结构钢、合金结构钢、弹簧钢、不锈钢、铸钢、合金铸钢、灰铸铁、球墨铸铁等。

（1）碳钢与合金钢

这是机械制造中广泛应用的材料。其中碳钢产量大，价格较低，常被优先采用。对于受力不大，而且基本上承受静载荷的一般零件，均可选用碳素结构钢；当零件受力较大，而且受变应力或冲击载荷时，可选用优质碳素结构钢；当零件受力较大，工作情况复杂，热处理要求较高时，可选用合金结构钢。优质碳素结构钢和合金结构钢均可通过热处理的方法来改善其力学性能，可以更好地满足各种零件对不同力学性能的要求。常用的热处理方法有正火、调质、淬火、表面淬火、渗碳淬火、渗氮、液体碳氮共渗等。另外还可以通过强化处理提高材料的强度。

（2）铸钢

铸钢主要用于制造承受重载、形状复杂的大型零件。铸钢和锻钢的力学性能大体相近，与灰铸铁相比，其减振性较差，弹性模量、伸长率、熔点均较高，铸造收缩率大，容易形成气孔，铸造性能差。

（3）灰铸铁

灰铸铁成本低，铸造性能好，适用于制造形状复杂的零件。灰铸铁本身的抗压强度高于抗拉强度，故适用于制造在受压状态下工作的零件。但灰铸铁脆性很大，不宜承受冲击载荷。灰铸铁具有良好的减振性能。

（4）球墨铸铁

球墨铸铁的强度比灰铸铁高，和碳素结构钢相接近，其伸长率与耐磨性也较高，而减振性比钢好，因此广泛用于制造受冲击载荷的零件。

(5)可锻铸铁

可锻铸铁是由一定成分的白口铸铁经过退火而得,强度和塑性比较高,“可锻”说明其塑性较好,并非真的可以锻造。当零件的尺寸小,且形状复杂不能用铸钢或锻钢制造,而灰铸铁又不能满足零件高强度和高伸长率的要求时,可采用可锻铸铁。

2. 有色金属

有色金属及其合金具有许多可贵特性,如减摩性、耐蚀性、耐热性、导电性等。在一般机械制造中,除铝合金用于制造承载零件外,其他有色金属主要用作耐磨材料、减摩材料、耐蚀材料和装饰材料等。

(1)铜合金

铜具有良好的导电性、导热性、低温力学性能、耐蚀性和延展性等。常用的铜合金有黄铜、青铜等。在机械工业中,铜合金是良好的耐蚀材料和减摩材料。

(2)铝合金

铝的密度小(约为钢的1/3),熔点低,导热导电性良好,塑性高。但纯铝的强度低。铝合金不耐磨,可用镀铬的方法提高其耐磨能力。铝合金的切削性能好,但铸造性能差。铝合金不产生电火花,故用作储存易燃、易爆物料的容器比较理想。

(3)钛合金

钛及钛合金的密度小,高低温性能好,并有良好的耐蚀性,在航空、造船、化工等工业中得到广泛应用。

有色金属及其合金的种类很多,除以上所述外,还有镁及镁合金、镍及镍合金、钨及钨合金等。

3. 非金属材料

(1)橡胶

橡胶除具有大的弹性和良好的绝缘性之外,还有耐磨、耐化学腐蚀、耐放射性等性能,用来制造弹簧、密封件、摩擦片等。

(2)塑料

塑料是以天然树脂或人造树脂为基础,加入填充剂、增塑剂、润滑剂等而制成的高分子有机物。塑料的突出优点是密度小,容易加工,可用注射成形方法制成各种形状复杂、尺寸精确的零件。

塑料的抗拉强度低,伸长率大,冲击韧度差,减振性好,导热能力差。塑料分热固性塑料(如酚醛)和热塑性塑料(如尼龙)。通常用作减摩、耐蚀、耐磨、绝缘、密封和减振材料。

4. 复合材料

复合材料是由两种或两种以上性质不同的金属材料或非金属材料组合而得到的新型材料。复合材料有纤维复合材料、层叠复合材料、颗粒复合材料、骨架复合材料等。在机械工业中,用得最多的是纤维复合材料。这种材料主要用于制造薄壁压力容器。现在已较普遍地用在各种容器和汽车外壳的制造上。再如,在碳素结构钢板表面贴塑料或不锈钢,可以得到强度高而耐蚀性能好的塑料复合钢板或金属复合钢板。随着科学技术的发展,复合材料将会得到普遍的应用。

关于各种材料的力学性能、产品规格等，可参阅机械设计手册或工程材料手册。各种零件所用的具体材料在有关章节中介绍。

1.4.2 机械设计材料的选用原则

机械零件所用材料的选择是一个综合性技术问题，应在充分了解材料的机械性能、物理化学性能、加工工艺性能等并考虑零件的使用要求和经济性要求的基础上进行选择。为了满足这一原则，通常需要考虑如下各项要求。

1. 强度要求

从强度观点来考虑零件所受载荷的大小和性质，应力的大小、性质及其分布状况。脆性材料原则上只适用于制造在静载荷下工作的零件。在有冲击的情况下，应以塑性材料为主。金属材料的性能一般可以通过热处理和表面强化处理等工艺加以提高和改善，因此，要充分利用这些先进的工艺手段来发挥材料的潜力。

2. 工作环境要求

零件的工作环境是指零件所处的环境特点、工作温度、摩擦磨损的程度等。在湿热环境下工作的零件如发动机活塞，其材料应该有良好的防锈和耐腐蚀的能力，例如选用不锈钢、铜合金等。工作温度对材料选择的影响，一方面要考虑互相配合的两个零件材料的线膨胀系数不能相差过大，以免在温度变化时产生过大的热应力，或者使配合松动；另一方面要考虑材料的机械性能随温度而变化的情况。零件在工作中有可能发生磨损，为了提高其表面硬度，以增加耐磨性，应选择适于进行表面处理的的淬火钢、渗碳钢、氮化钢等品种。

3. 工艺方便性要求

必须要考虑机械零件从毛坯到成品都能方便地制造出来。铸造材料、非金属注塑材料和粉末冶金材料的工艺性是指材料的液态流动性、收缩率、偏析程度及产生缩孔的倾向性等。锻造和冲压材料的工艺性是指材料的延展性、热脆性及冷态和热态下塑性变形的能力等。焊接材料的工艺性是指材料的可焊性及焊缝产生裂纹的倾向性等。表面强化处理工艺是指材料的可淬性、添加成分的渗透性等。冷加工工艺性是指材料的硬度、易切削型、冷作硬化程度及切削后可能达到的表面粗糙度等。

对材料工艺性的了解，在判断加工可能性方面起着重要的作用。结构复杂的零件宜选用铸造毛坯，或用板材冲压出元件后再焊接而成；结构简单的重要零件可用锻造法制取毛坯。

4. 经济性要求

经济性要求是机械设计过程中必须考虑的重要因素，它决定了设计成果转化为现实产品的可能性。一般应考虑产品制造过程中材料的相对价格、加工费用、利用率、市场供应等方面。还要考虑特殊材料及一般材料经各种强化工艺处理后材料之间的可替换性。

总之，零件在机器中的功用和零件失效形式不同，对零件材料会提出不同的性能要求。同一零件由于其参与机器工作过程的特征面不同，也会提出不同的性能要求。有些零件表面需要硬度高、耐磨，本体却需要韧性好、抗冲击。例如，蜗轮的轮齿必须具有优良的耐磨性和较高的抗胶合能力，其他部分只需要具有一般强度即可，故在铸铁轮芯外套用青铜齿圈，以满足这些要求。因此，还可以总结出这样的局部品质原则，即在不同的部位上采用不同的材料或采用不同的工艺处理，以比较经济地满足各局部的性能要求。

5. 零件的尺寸及质量要求

零件的尺寸及质量的大小与材料的品种和毛坯制取方法有关。当用铸造材料制造毛坯时，一般可以不受尺寸及质量大小的限制；而当用锻造材料制造毛坯时，则必须注意锻压机械及设备的生产能力。此外，零件尺寸和质量的大小还与材料的强度重量比有关，应尽可能选用强度与重量比大的材料，以便减小零件的尺寸和质量。

第 2 章　机械零件的强度及耐磨性

2.1　机械零部件设计中的载荷和应力

机械零部件的失效形式主要与载荷和应力有关。因此，在机械设计中，首先要分析零件所受载荷和应力的情况。机器工作时，零件所受的载荷是力或力矩，或由它们组成的联合载荷。作用在机器零部件上的实际载荷一般比较复杂，计算时往往需要进行必要的简化。

强度准则是设计机械零件的最基本准则。通用机械零件的强度分为静应力强度和变应力强度两个范畴。通常认为在预期寿命期间，应力循环次数小于 10^3 的通用零件，均可按静应力强度进行设计。利用材料力学的知识，可对零件进行一些基本的静应力强度设计，所以本章对此不再加以讨论。

很多机械零件是在变应力状态下工作的。在多次重复的变应力作用下，当变应力超过极限值时，零件将发生失效，称为疲劳失效。研究表明，疲劳失效的特征明显与静应力下的失效不同，例如一根塑性材料制成的拉杆，在静应力下，当拉应力超过其屈服强度时，拉杆因产生塑性变形而失效。但该拉杆若承受变应力时，则会因疲劳而产生断裂——疲劳断裂，且其断裂时的应力极限值远低于屈服强度（见图 2-1）。

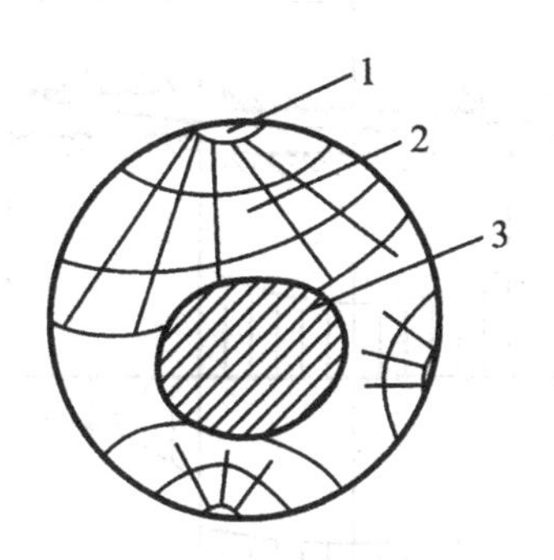

图 2-1　疲劳断裂的裂口

1—开始裂纹；2—光滑的疲劳区；3—粗糙的脆性断裂区

表面无明显缺陷的金属材料试件的疲劳断裂过程分为三个阶段。第一阶段是疲劳裂纹的产生。在这一阶段中，零件表面应力较大处的材料首先发生剪切滑移，直至微观疲劳裂纹产生，形成疲劳源。初始疲劳裂纹易发生在应力集中处，如零件上的圆角、凹槽及轴毂过盈配合处的两端。材料内部的微孔、晶界处及表面划伤、腐蚀小坑等也易产生初始疲劳裂纹。实际上这一阶段并未开始真正的疲劳过程。第二阶段是疲劳裂纹的扩展。初始疲劳裂纹形成后，裂纹尖端在切应力作用下发生塑性变形，使裂纹进一步扩展，形成宏观裂纹。宏观裂纹形成后，裂纹扩展速度进一步加快。零件的疲劳过程主要是在这一阶段。观察零件疲劳断裂剖面，可见其由光滑的疲劳发展区及粗糙的脆性断裂区所组成，其中光滑的疲劳发展区就是在这一阶段形成的。第三阶段为发生疲劳断裂。当第二阶段宏观疲劳裂纹扩展到一定程度时(多数情况下裂纹长度远大于塑性区),由于零件剖面承受载荷的能力急剧下降,导致产生突然性的脆性断裂。观察零件断裂剖面可发现:粗糙的脆性断裂区域是在这一阶段形成的。由此可见,疲劳失效的特征和应力极限值与静应力时的不同,其失效机理和强度计算方法相应的也不相同。

2.1.1 载荷的简化和力学模型

如图 2-2(a)所示的滑轮轴,用滑动轴承支承。当提升重物时,钢丝绳受力使轴发生弯曲变形(见图 2-2(b)),若忽略轮毂和轴承的变形,则在轮毂和轴承间的轴段所受载荷呈曲线状分布(见图 2-2(c))。计算轴的应力和变形时,这种呈曲线分布的载荷将使计算复杂。通常可将载荷简化为直线分布(见图 2-2(d)),计算较简单;进一步简化为如图 2-2(e)所示的力学模型,则可按受集中载荷作用的梁进行计算。

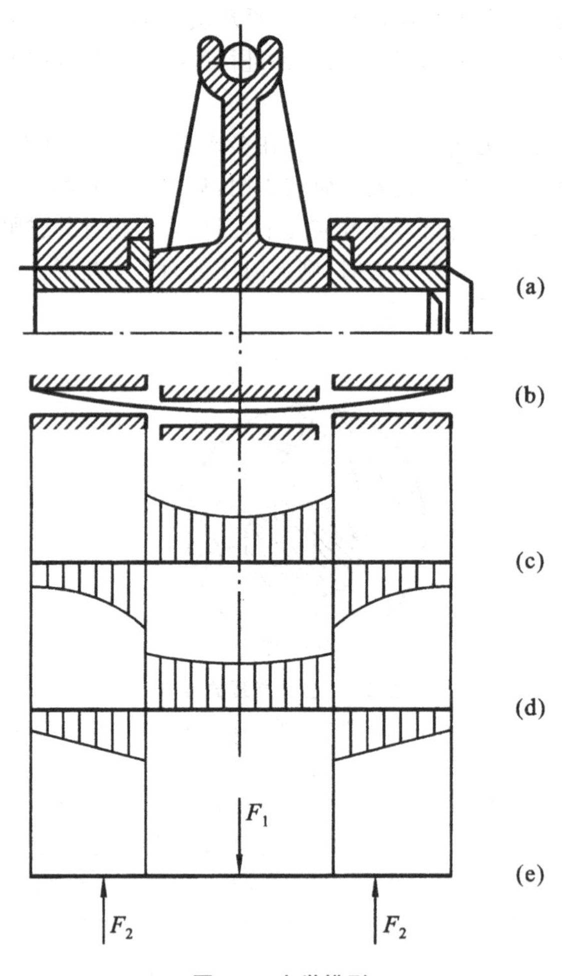

图 2-2　力学模型

2.1.2　载荷的分类

载荷可根据其性质分为静载荷和变载荷。载荷大小或方向不随时间变化或变化极缓慢时，称为静载荷，如自重、匀速转动时的离心力等；载荷的大小或方向随时间有明显的变化时，称为变载荷，如汽车悬架弹簧和自行车链条在工作时所受载荷等。

机械零部件上所受载荷还可分为：工作载荷、名义载荷和计算载荷。工作载荷是指机器正常工作时所受的实际载荷。由于零件在实际工作中，零件还会受到各种附加载荷的作用，所以工作载荷难以确定。当缺乏工作载荷的载荷谱，或难以确定工作载荷时，常用原动机的额定功率，或根据机器在稳定和理想工作条件下的：工作阻力求出作用在零件上的载荷，称为名义载荷，用 F 和 T 分别表示力和转矩。若原动机的额定功率为 P(kW)、额定转速为 n(r/min)，则零件上的名义转矩为

$$T=9550\frac{P\eta i}{n}(\text{N}\cdot\text{m}) \tag{2-1}$$

式中 i——由原动机到所计算零件之间的总传动比；

η——由原动机到所计算零件之间传动链的总效率。

为了安全起见，强度计算中的载荷值，应考虑零件在工作中受到的各种附加载荷，如由机械振动、工作阻力变动、载荷在零件上分布不均匀等因素引起的附加载荷。这些附加载荷可通过动力学分析或实测确定。如缺乏资料，可用一个载荷系数 K 对名义载荷进行修正，而得到近似的计算载荷，用 F_{ca} 或 T_{ca} 表示，即

$$F_{ca}=KT \quad 或 \quad T_{ca}=KF \tag{2-2}$$

机械零件设计时常按计算载荷进行计算。

2.1.3　机械零件的应力

应力可按其随时间变化的情况分为静应力和变应力。不随时间而变化或缓慢变化的应力为静应力，随时间不断变化的应力为变应力。应当指出：受静载荷作用的零件也可以产生变应力。如图 2-2 所示的滑轮轴，载荷不随时间变化，是静载荷。当轴不转动而滑轮转动时，轴所受的弯曲应力为静应力；但是，当轴与滑轮固定连接（如用键连接）并随滑轮一起转动时，轴的弯曲应力则为变应力。因此，应力与载荷的性质并不全是对应的。当然变载荷必然产生变应力。

变应力是多种多样的，可归纳为非对称循环变应力、脉动循环变应力和对称循环变应力三种基本类型。其变化规律如图 2-3 所示。大多数机械零部件都是在变应力状态下工作的。

图中，σ_{max} 为最大应力，σ_{min} 为最小应力，σ_m 为平均应力，σ_a 为应力幅。由图可知它们的关系为

平均应力

$$\sigma_m=\frac{\sigma_{max}+\sigma_{min}}{2} \tag{2-3}$$

应力幅

$$\sigma_a=\frac{\sigma_{max}-\sigma_{min}}{2} \tag{2-4}$$

最小应力 σ_{min} 与最大应力 σ_{max} 之比，可用来表示变应力变化的情况，称为变应力的循环特性，用 r 表示，即

$$r=\frac{\sigma_{min}}{\sigma_{max}} \tag{2-5}$$

对于对称循环变应力：$r=-1$，$\sigma_m=0$，$\sigma_a=\sigma_{max}=r=|\sigma_{min}|$，如图 2-3(b)所示。脉动循环变应力：$r=0$，$\sigma_{min}=0$，$\sigma_a=\sigma_m=\frac{\sigma_{max}}{2}$，如图 2-3(c)所示。静应力：$r=1$，$\sigma_a=0$，$\sigma_{max}=\sigma_{min}$。

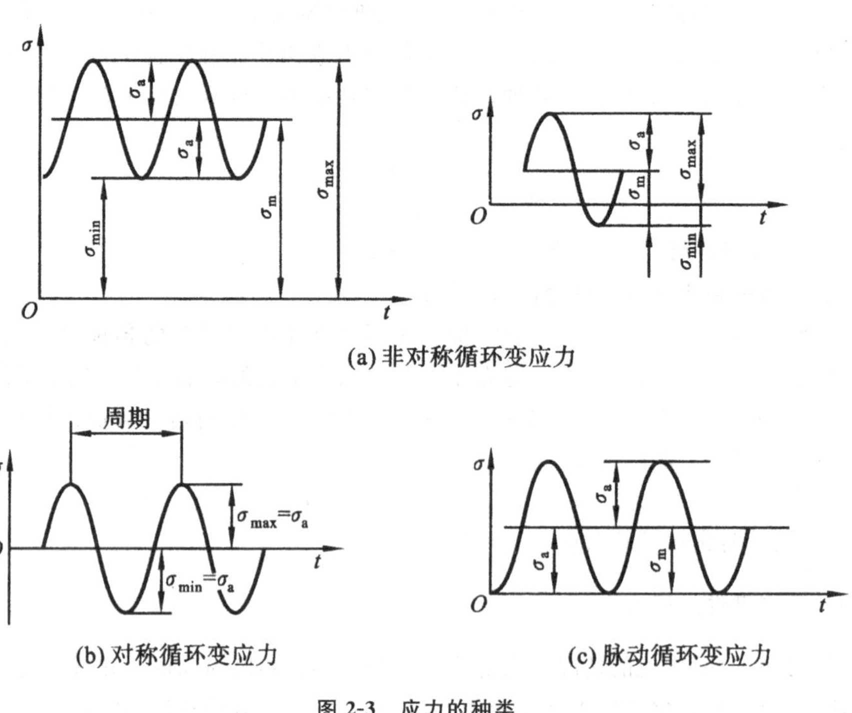

(a) 非对称循环变应力

(b) 对称循环变应力

(c) 脉动循环变应力

图 2-3 应力的种类

静应力只能在静载荷作用下产生。变应力可能由变载荷产生，也可能由静载荷产生。

2.2 机械零件的疲劳设计

在应力比为 r 的循环应力作用下，应力循环 N 次后，材料不发生疲劳破坏时的最大应力(σ_{max}、τ_{max})称为材料的疲劳极限，用 σ_{rN}、τ_{rN} 表示。材料疲劳失效以前所经历的应力循环次数称为疲劳寿命。不同应力比 r 和不同疲劳寿命 N 所对应的疲劳极限 σ_{rN} 不同。疲劳强度设计中，就以疲劳极限作为极限应力。

2.2.1 疲劳曲线

应力比 r 一定时，表示疲劳极限 σ_{rN} 与循环次数 N 之间关系的曲线称为疲劳曲线($\sigma-N$ 曲线)。图 2-4 所示为典型的疲劳曲线。

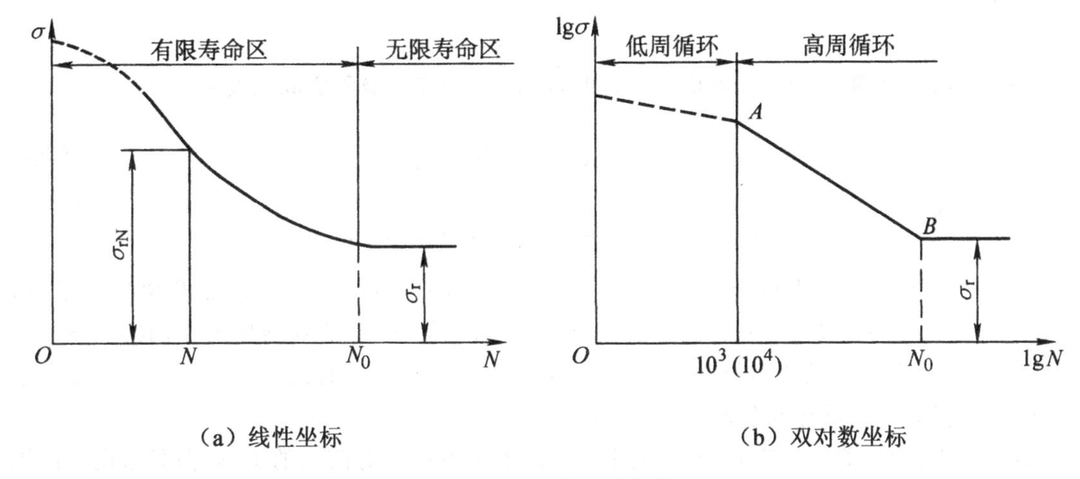

（a）线性坐标　　　　（b）双对数坐标

图 2-4　典型的疲劳曲线

从图中可以看出：疲劳极限 σ_{rN} 随循环次数 N 的增大而降低。但是，当 N 超过某一次数（N_0）时，曲线趋于水平，即疲劳极限 σ_{rN} 不再随 N 的增大而减小，曲线与水平线交点的横坐标 N_0 称为循环基数。通常以 N_0 为界把曲线分为两个区段：

(1)无限寿命区

当 $N \geqslant N_0$ 时，疲劳曲线为水平线，对应的疲劳极限为一定值，用 σ_r 表示。它是表征材料疲劳强度的重要指标，是疲劳设计的基本依据。其中最典型、最常用的是对称循环疲劳极限 σ_{-1}。在工程设计中，一般可以认为：当材料受到的应力不超过 σ_r 时，则可以经受无限次应力循环而不破坏，故将 σ_r 称为持久疲劳极限。

(2)有限寿命区

为了区别于 σ_r，把曲线上非水平段（$N < N_0$ 时）的疲劳极限 σ_{rN} 称为有限寿命疲劳极限。当材料受到的应力超过 σ_r 时，在疲劳之前，只能经受有限次的应力循环。

当 $N < 10^3(10^4)$ 时，疲劳极限接近或超过屈服点，不同循环次数 N 下的疲劳极限几乎没有变化，此类疲劳称为低周疲劳。其特点是：应力水平高，疲劳寿命低。相对于低周疲劳，将 $N > 10^3(10^4)$ 时的疲劳，称为高周疲劳。

大多数钢的疲劳曲线形状类似图 2-4。但是，高强度合金钢和有色金属的疲劳曲线没有水平线，不存在无限寿命区，因此，工程上常以某一循环次数（$N_0 = 10^8$ 或 5×10^8）下的有限寿命疲劳极限（也记为 σ_r）作为表征材料疲劳强度的基本指标。在此，N_0 亦称为循环基数。

要求零件在无限次（$N \geqslant N_0$）应力循环下不发生疲劳的设计称为无限寿命设计，此时应以 σ_r 作为极限应力。要求零件在有限次（$N < N_0$）应力循环下不发生疲劳的设计称为有限寿命设计，此时应以有限寿命疲劳极限 σ_{rN} 作为极限应力。

对于疲劳曲线，设计中经常用到的是有限寿命区的高周疲劳段（图 2-4(b)中 AB 段），利用该段曲线的方程可以求得某疲劳寿命 N 下的有限寿命疲劳极限 σ_{rN}，也可以求得某个循环应力下的疲劳寿命。式(2-6)即为其拟合方程，称为疲劳曲线方程，即

$$\sigma_{rN}^m N = C \quad (常量) \tag{2-6}$$

显然有 $\sigma_r^m N_0 = C$ 代入上式得

$$\sigma_{rN}^m N = \sigma_r^m N_0$$

则 N 次循环下的有限寿命疲劳极限与循环基数 N_0 下的疲劳极限之间的关系为

$$\sigma_{rN} = \sqrt[m]{\frac{N_0}{N}}\sigma_r = K_N\sigma_r \tag{2-7}$$

式中 $K_N = \sqrt[m]{\frac{N_0}{N}}$——寿命系数。计算时，如果 $N > N_0$，则取 $N = N_0$；

m——寿命指数，其值与受载方式及材质有关。钢质试件在拉压、弯曲及扭应力下，取 $m=9$，在接触应力下，取 $m=6$；青铜试件在弯曲应力下，取 $m=9$，在接触应力下，取 $m=8$；

N_0——循环基数，其值与材质有关。对硬度小于 350 HBW 的钢，$N_0 = 10^7$。对硬度大于 350 HBW 的钢、铸铁及有色金属，通常取 $N_0 = 25 \times 10^7$。

应当指出：疲劳曲线方程式(2-6)是用于解决有限寿命疲劳问题的工具，但只适用于高周疲劳[$N > 10^3(10^4)$]。而对于低周疲劳，由于循环次数少，一般可按静强度处理，但在重要场合，必要时应按低周疲劳(应变疲劳)的裂纹生成理论解决。

另外应该注意：工程设计中经常遇到的是用对称循环($r=-1$)下的疲劳曲线方程计算有限寿命疲劳极限 σ_{-N}。计算时，式(2-7)中的 σ_r 和 σ_{rN} 分别写为 σ_{-1} 和 σ_{-N}。

上述内容只涉及到了正应力，对于切应力的情况，完全可以仿照上述过程进行分析，把各有关概念和公式中的正应力 σ 用切应力 τ 代替即可。

2.2.2 $\sigma_m - \sigma_a$ 极限应力图

疲劳寿命一定时，不同应力比 r 对应的材料疲劳极限 σ_{rN} 亦不同，它们之间的关系可用极限应力图表示。图 2-5 所示为 $\sigma_m - \sigma_a$ 极限应力图，是极限应力图的表示形式之一，在疲劳强度设计中使用最多。

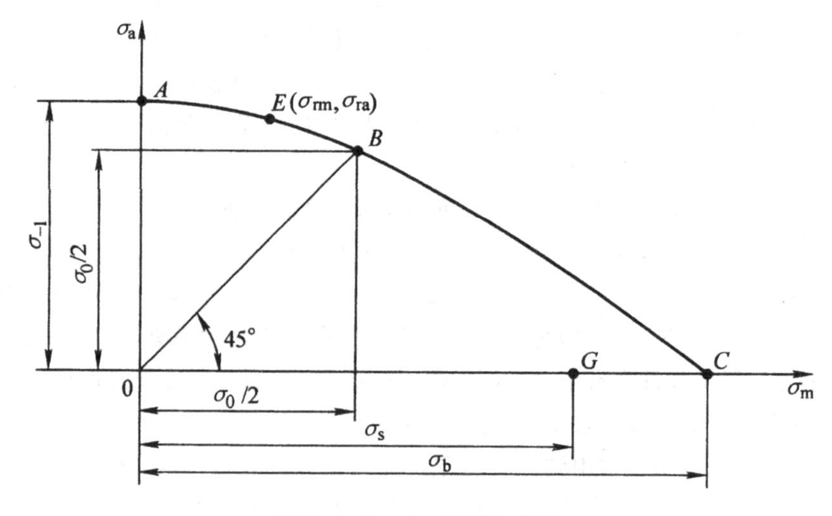

图 2-5 $\sigma_m - \sigma_a$ 极限应力图

按使用目的不同，极限应力图还有其他形式，这里不作介绍。

把疲劳试验测定的某一应力比 r 的疲劳极限 σ_r（亦即 σ_{max}）分解为极限平均应力 σ_{rm} 和极限应力幅 σ_{ra} 之和，即 $\sigma_r=\sigma_{rm}+\sigma_{ra}$，则可将疲劳极限 σ_r 按 σ_{rm} 和 σ_{ra} 的分量形式标记在 $\sigma_m-\sigma_a$ 坐标系中，得到一个点，称为极限应力点。把各不同 r 值下的极限应力点连成光滑曲线，则该曲线与 $\sigma_m-\sigma_a$ 坐标轴围成的图形即为 $\sigma_m-\sigma_a$ 极限应力图，如图 2-5 所示。图中曲线 ABC 上各点横、纵坐标之和即为应力比 r 取 -1 到 $+1$ 之间各值时的疲劳极限 σ_r。纵坐标轴上各点均表示对称循环应力状态，点 $A(0,\sigma_{-1})$ 为对称循环极限应力点。点 $B\left(\frac{\sigma_0}{2},\frac{\sigma_0}{2}\right)$ 为脉动循环（$r=0$）极限应力点。横坐标轴上各点均表示静应力（$r=+1$）状态，点 $C(\sigma_b,0)$ 为静强度极限点。

通过试验方法获得极限应力图，试验工作量太大。为了减小试验量和便于计算，疲劳设计中常根据几个典型数据对材料的 $\sigma_m-\sigma_a$ 极限应力图进行简化。简化方法有数种。

对高塑性钢，本书只介绍根据材料的 σ_{-1}、σ_0 和 σ_s 进行简化的方法，图 2-6(a) 表示了该方法的简化过程。从屈服强度角度考虑，不论是受循环应力还是受静应力，都不允许产生塑性变形。因此，所受最大应力（σ_{max}）均不得超过 σ_s，故图中是从屈服点 G 作 135°斜线与 AB 连线的延长线交于 D 点，得折线 ADG 即为材料的简化 $\sigma_m-\sigma_a$ 极限应力线。其中 AD 线称为疲劳强度线，GD 线称为屈服强度线。显然，GD 线上每个点的横、纵坐标之和（即该点表示的极限应力）皆等于 σ_s。

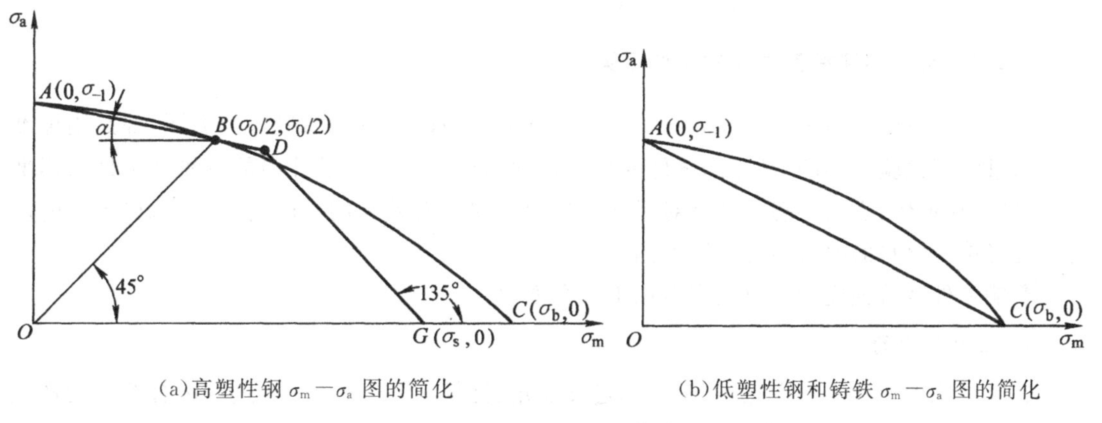

(a)高塑性钢 $\sigma_m-\sigma_a$ 图的简化　　(b)低塑性钢和铸铁 $\sigma_m-\sigma_a$ 图的简化

图 2-6 材料 $\sigma_m-\sigma_a$ 图的简化

如果材料承受的工作应力点落在折线 ADG 以内，最大应力既不超过疲劳极限又不超过 σ_s，则不会发生破坏，且工作应力点距折线越远越安全。如果工作应力点落在折线 ADG 以外，就会发生破坏。

由 A、B 两点坐标可建立直线 AD 的方程，为

$$\sigma_{-1}=\sigma_{ra}+\psi_\sigma\sigma_{rm} \tag{2-8}$$

$$\psi_\sigma=\frac{2\sigma_{-1}-\sigma_0}{\sigma_0}=\tan\alpha$$

式中 α——直线 AD 的倾斜角度，见图 2-6(a)。

对于高塑性钢受切应力的情况，仿照式(2-8)用 τ 代替 σ，则得

$$\tau_{-1}=\tau_{ra}+\psi_{\tau}\tau_{rm} \tag{2-9}$$

$$\psi_{\tau}=\frac{2\tau_{-1}-\tau_{0}}{\tau_{0}}$$

上两式中，ψ_{σ}、ψ_{τ} 为将平均应力折算成应力幅的等效系数，其值与材料有关，对碳素钢：$\psi_{\sigma}\approx0.1\sim0.2$，$\psi_{\tau}\approx0.05\sim0.1$；对合金钢：$\psi_{\sigma}\approx0.2\sim0.3$，$\psi_{\tau}\approx0.1\sim0.15$。

图 2-6(a)中直线 AD 上各点表示的极限应力所对应的疲劳寿命是相等的，都等于循环基数 N_0。从给材料造成损伤的角度考虑，这可以理解为：其上每个非对称循环极限应力与 A 点表示的对称循环极限应力(σ_{-1},)都是等效的。由此可以推论：任何一个非对称循环应力(σ_{rm},σ_{ra})也都可以找到一个与之等效的对称循环应力。如果该等效对称循环应力的应力幅用 σ_{ae}表示，则仿照式(2-8)可得

$$\sigma_{ae}=\sigma_{a}+\psi_{\sigma}\sigma_{m} \tag{2-10}$$

通过这样的等效处理，可以把非对称循环疲劳问题转化为对称循环疲劳问题加以解决，从而使问题得到简化。可见，$\sigma_m-\sigma_a$ 极限应力图是解决非对称循环应力下疲劳问题的工具。

对于低塑性钢或铸铁，通常只需根据材料的 σ_{-1}。和 σ_b 按图 2-6(b)所示进行简化。图中直线 AC 即为材料的简化 $\sigma_m-\sigma_a$ 极限应力线，直线 AC 的方程为

$$\sigma_{-1}=\sigma_{ra}+\frac{\sigma_{-1}}{\sigma_{b}}\sigma_{rm} \tag{2-11}$$

2.2.3 影响零件疲劳强度的主要因素

材料的各疲劳极限 $\sigma_{rN}(\tau_{rN})$、$\sigma_r(\tau_r)$、$\sigma_{-1}(\tau_{-1})$、$\sigma_0(\tau_0)$以及材料的极限应力图，都是用标准试件通过疲劳试验测得的，是标准试件的疲劳强度指标。而工程设计中的各机械零件与标准试件之间，在形体、表面状态以及绝对尺寸等方面往往是有差异的。因此，实际机械零件的疲劳强度必然与材料的疲劳强度有所不同。

影响零件疲劳强度的主要因素有以下三个方面。

1. 应力集中的影响

在零件几何形状突然变化的部位(如过渡圆角、键槽、小孔、螺纹)及过盈配合等处会产生应力集中，局部应力大于公称应力。应力集中会加快疲劳裂纹的形成和扩展，从而导致机械零件的疲劳强度下降。

在设计中，用疲劳缺口系数 K_{σ}、K_{τ} 来定量计入应力集中对零件疲劳强度的影响。

$$K_{\sigma}=\frac{\sigma_{-1}}{\sigma_{-1K}}$$

$$K_{\tau}=\frac{\tau_{-1}}{\tau_{-1K}}$$

式中σ_{-1}、τ_{-1}——无应力集中试件的对称循环疲劳极限；

σ_{-1K}、τ_{-1K}——有应力集中零件的对称循环疲劳极限。

K_{σ}、K_{τ} 是通过试验测得的，是大于 1 的数，其值不仅与零件的几何形状和相对尺寸有关，而且还与零件材料的内部组织结构有关。

应注意：如果在同一个截面内有几个不同的应力集中源，则只取其中最大的疲劳缺口系数即可。

几种典型机械零件的 K_σ、K_τ 值见图 2-7～图 2-12。

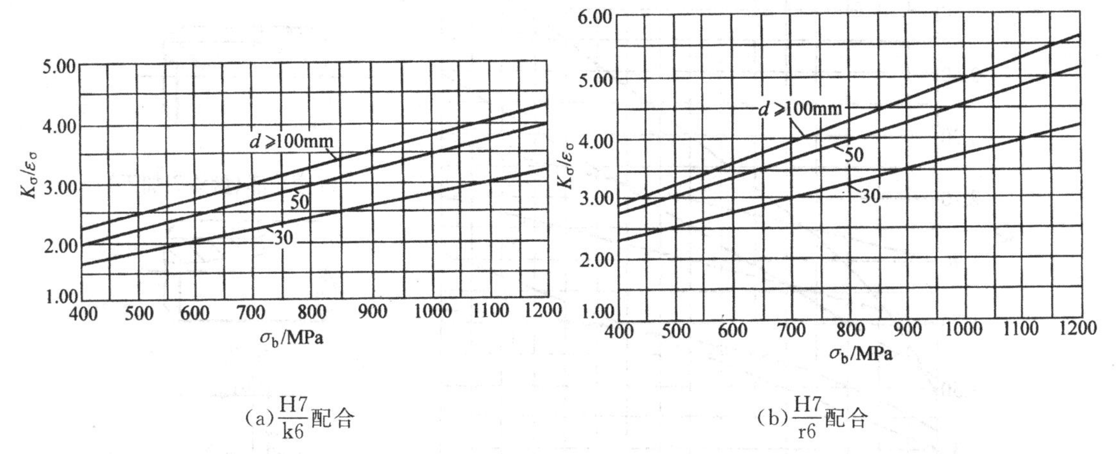

(a) $\frac{H7}{k6}$配合　　(b) $\frac{H7}{r6}$配合

图 2-7　弯曲时，轴上配合件边缘疲劳缺口系数与尺寸系数之比值

（滚动轴承轴颈配合处一般按 H7/r6 选取 $K_\sigma/\varepsilon_\sigma$）

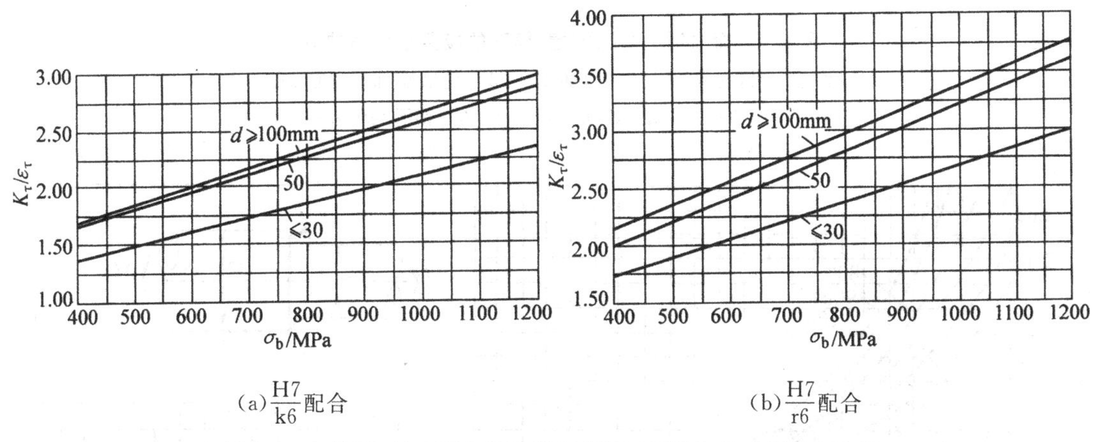

(a) $\frac{H7}{k6}$配合　　(b) $\frac{H7}{r6}$配合

图 2-8　扭转时，轴上配合件边缘疲劳缺口系数与尺寸系数之比值

（滚动轴承和轴颈配合处，一般按 H7/r6 选取 K_τ/ε_τ）

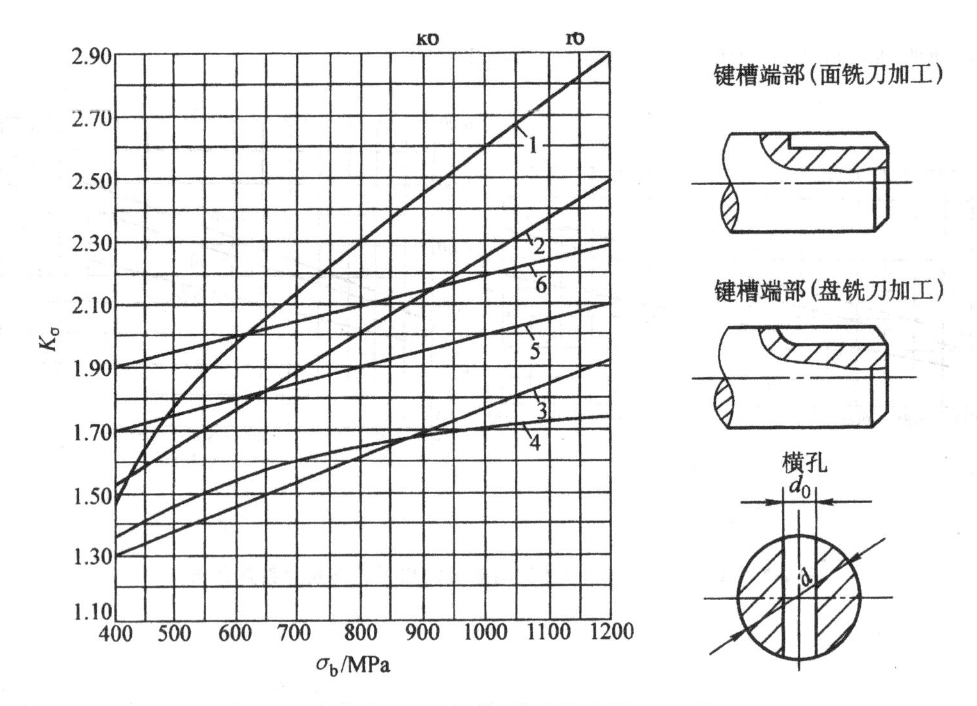

图 2-9　弯曲时,螺纹、键槽、横孔的疲劳缺口系数 K_σ

1—螺纹 2—键槽端部(面铣刀加工)　3—键槽端部(盘铣刀加工)

4—花键端部 5—横孔(d_0/d=0.05～0.15)　6—横孔(d_0/d=0.15～0.5)

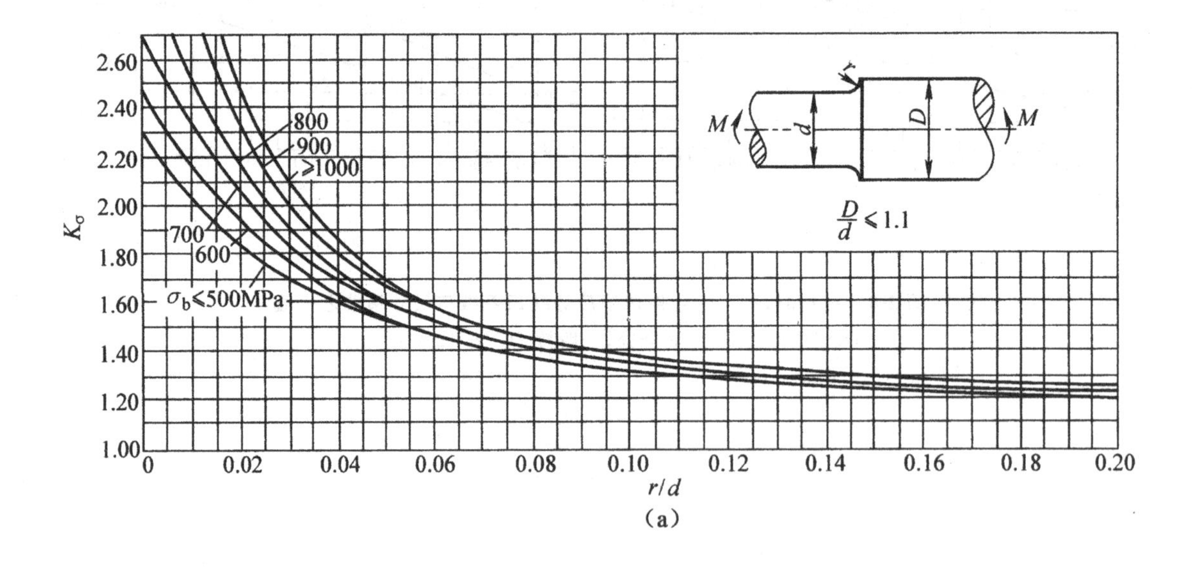

(a)

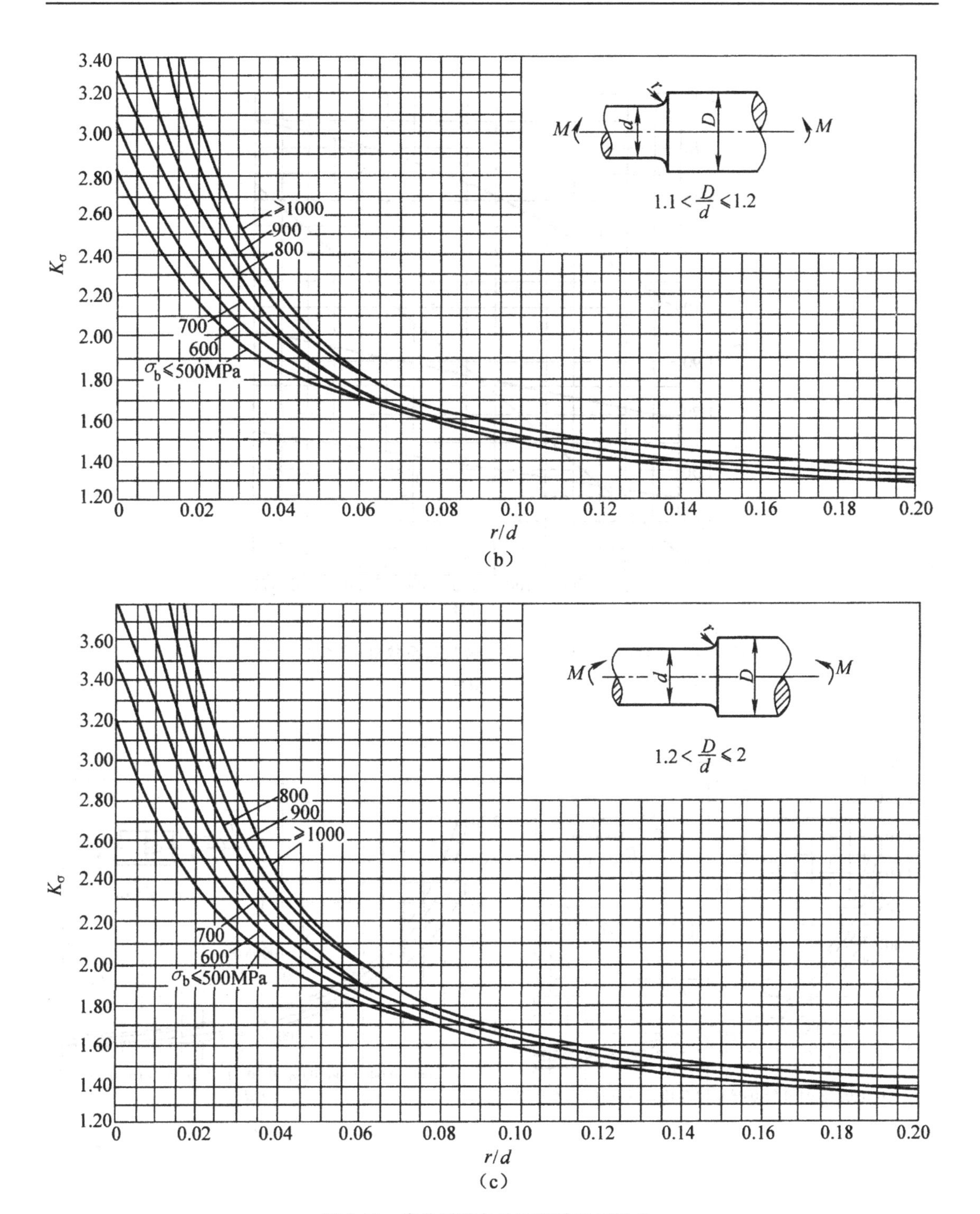

图 2-10　弯曲时圆角的疲劳缺口系数 K_σ

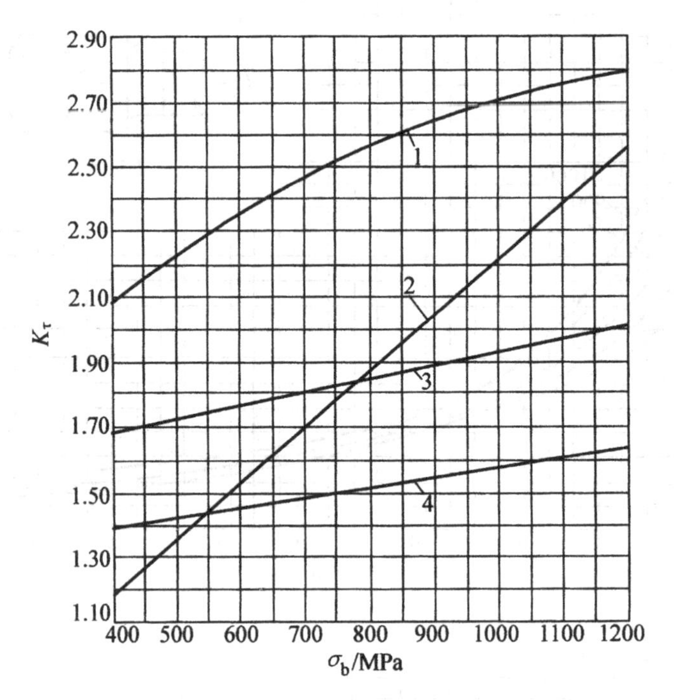

图 2-11 扭转时,键槽、横孔的疲劳缺口系数蜂(螺纹的 $K_\tau=1$)

1—矩形花键 2—键槽 3—横孔(d_0/d=0.15～0.25)4—渐开线花键

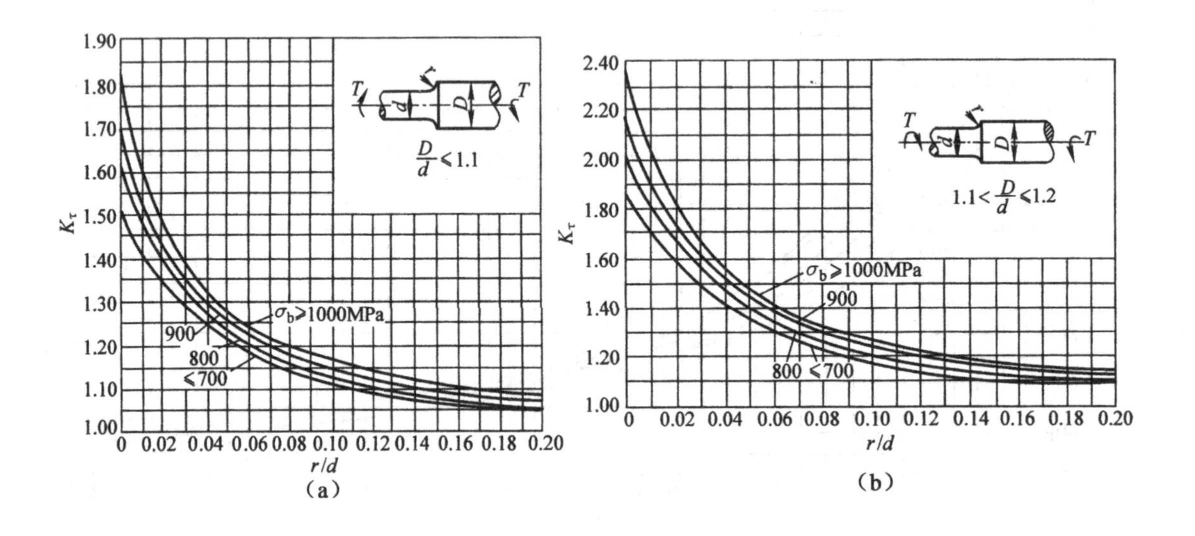

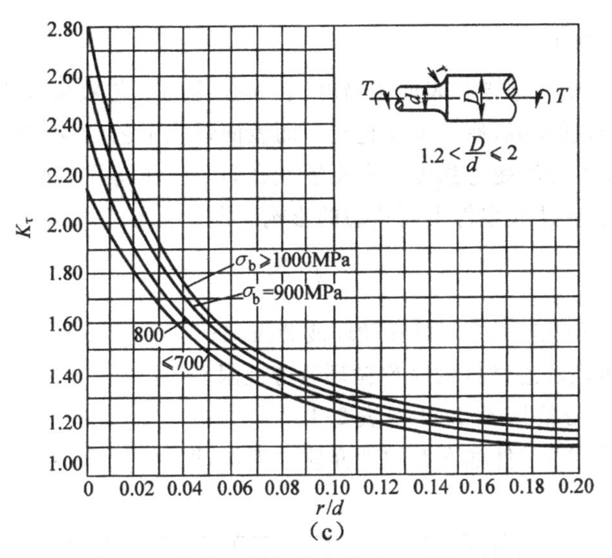

图 2-12 扭转时圆角的疲劳缺口系数 K_τ

2. 尺寸的影响

其他条件相同时，零件尺寸越大，其疲劳强度越低。这是因为尺寸大时，在各种冷、热加工中出现缺陷的概率增大了。

在设计中，用尺寸系数 ε_σ、ε_τ 来定量计入尺寸对零件疲劳强度的影响。

$$\varepsilon_\sigma = \frac{\sigma_{-1\varepsilon}}{\sigma_{-1}}$$

$$\varepsilon_\tau = \frac{\tau_{-1\varepsilon}}{\tau_{-1}}$$

式中σ_{-1}、τ_{-1}——标准尺寸试件的对称循环疲劳极限；

$\sigma_{-1\varepsilon}$、$\tau_{-1\varepsilon}$——与试件应力集中情况相同的某种尺寸零件的对称循环疲劳极限。

通常，ε_σ、ε_τ 是小于 1 的数。

钢制零件的尺寸系数 ε_σ、ε_τ 下见图 2-13。在缺乏试验数据时，可近似取 $\varepsilon_\sigma \approx \varepsilon_\tau$。

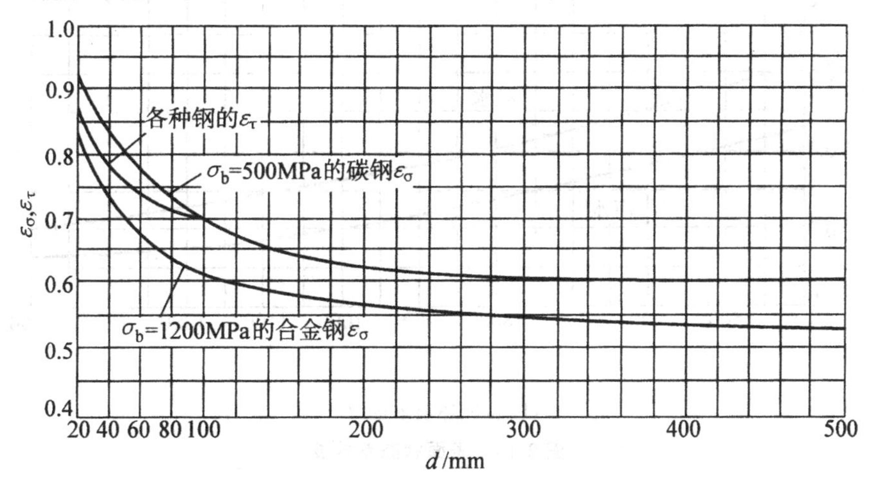

图 2-13 尺寸系数 ε_σ 及 ε_τ

3. 表面状态的影响

机械零件的表面状态是指其表面粗糙度、表面强化的工艺效果及工作环境。表面粗糙度参数 R_a 值越小，表面越光滑，疲劳强度越高。而表面强化工艺（如渗碳、渗氮、表面淬火、滚压、喷丸等）可显著提高零件的疲劳强度。在腐蚀性介质中工作将降低疲劳强度。

用表面状态系数 β 计入零件表面状态的影响。即

$$\beta=\frac{\sigma_{-1\beta}}{\sigma_{-1}}$$

式中 σ_{-1}——标准表面状态试件的对称循环疲劳极限；

$\sigma_{-1\beta}$——某种表面状态试件的对称循环疲劳极限。

各种表面状态的 β 值见图 2-14 及表 2-1。

在疲劳强度计算中，零件如在腐蚀性介质中工作，取 $\beta=\beta_2$；如经表面强化，取 $\beta=\beta_3$；否则，取 $\beta=\beta_1$。

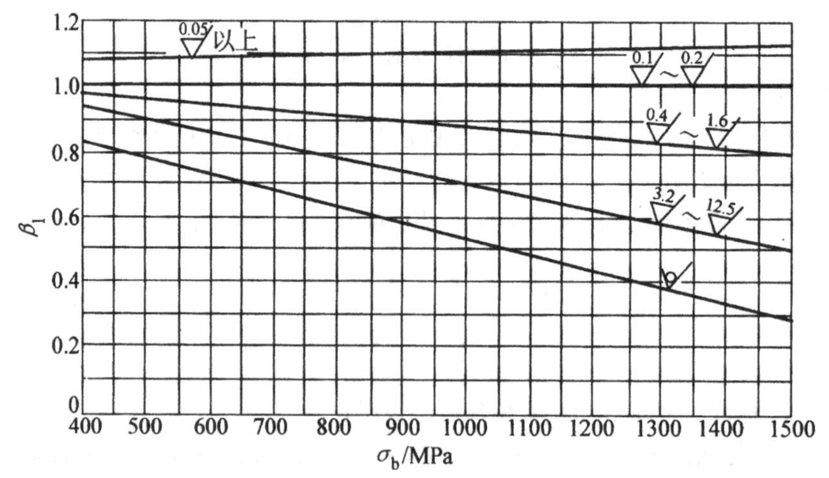

(a)各种表面粗糙度的 β_1

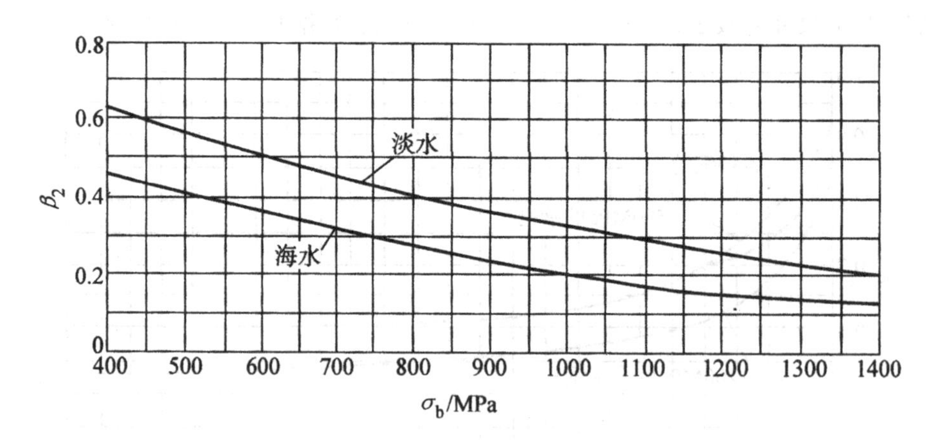

(b)腐蚀环境下的 β_2

图 2-14　表面状态系数 β

表 2-1　各种强化处理的表面状态系数 β_3

强化方法	心部强度 σ_b/MPa	β_3		
		光试件	$K_\sigma \leqslant 1.5$	$K_\sigma \geqslant 1.8 \sim 2$
高频感应加热淬火	600～800 800～1000	1.5～1.7 1.3～1.5	1.4～1.5	2.1～2.4
渗氮	900～1200	1.1～1.25	1.5～1.7	1.7～2.1
渗碳	400～600 700～800 1000～1200	1.8～2.0 1.4～1.5 1.2～1.3	3 2.3 2	3.5 2.7 2.3
喷丸强化	600～1500	1.1～1.25	1.5～1.6	1.7～2.1
滚压强化	600～1500	1.1～1.3	1.3～1.5	1.6～2.0

4. 综合影响系数

试验证明：应力集中、尺寸和表面状态都只对应力幅有影响，而对平均应力没有明显影响(亦即对静应力没有影响)。因此，在计算中，上述三个系数都只计在应力幅上，故可将这三个系数按它们的定义式组成一个综合影响系数。即

$$\left.\begin{aligned} K_{\sigma D} &= \frac{K_\sigma}{\beta \varepsilon_\sigma} \\ K_{\tau D} &= \frac{K_\tau}{\beta \varepsilon_\tau} \end{aligned}\right\} \tag{2-12}$$

则零件的疲劳极限为

$$\sigma_{-1K} = \frac{\sigma_{-1}}{K_{\sigma D}}$$

$$\tau_{-1K} = \frac{\tau_{-1}}{K_{\tau D}}$$

2.2.4　受稳定循环应力时零件的疲劳强度

疲劳强度设计的主要内容之一是计算危险截面处的安全系数，以判断零件的安全程度，安全条件是 $S \geqslant [S]$。下面介绍稳定循环应力下安全系数的计算。

1. 受单向应力时零件的安全系数

机械零件受单向应力是指只承受单向正应力或单向切应力。例如，只受单向拉压或弯曲，只受扭转等。

图 2-15 中折线 ADG 是材料的极限应力线。由于应力集中、尺寸和表面状态的影响，使大多数机械零件的疲劳强度有所降低。考虑到综合影响系数 $K_{\sigma D}$ 只对应力幅有影响，而对平均应力没有影响，所以，只在 A 点的纵坐标上计入 $K_{\sigma D}$，得到零件的对称循环疲劳极限点 $A_1(0, \sigma_{-1}/K_{\sigma D})$。对召点也只在其纵坐标上计入 $K_{\sigma D}$，而横坐标不变，可得点 $B_1(\sigma_0/2, \sigma_0/2K_{\sigma D})$。由于极限应力

线上的 GD 段是按静强度考虑的，而静强度不受 $K_{\sigma D}$ 的影响，所以此段不需修正。这样，作直线 A_1B_1。并延长交 GD 于 D_1 点，则折线 A_1D_1G 可称为零件的极限应力图。其中 A_1D_1，为疲劳强度线，GD_1 为屈服强度线。

根据 A_1、B_1 两点坐标很容易建立直线 A_1D_1 的方程，为

$$\sigma_{-1}=K_{\sigma D}\sigma'_{ra}+\psi_{\sigma}\sigma'_{rm}$$

式中 σ'_{ra}、σ'_{rm}—A_1D_1 上任意点 P_1 的坐标，即零件的极限应力分量。

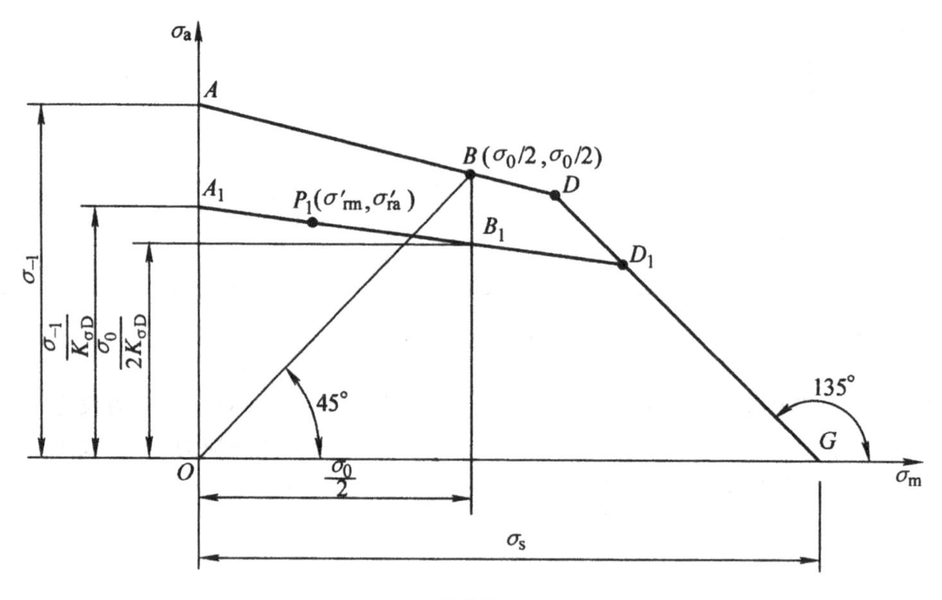

图 2-15　零件的 $\sigma_m-\sigma_a$ 图

进行零件的疲劳强度设计时，应首先求出零件危险截面上的 σ_m 和 σ_a，据此在极限应力图中标出点 $N(\sigma_m,\sigma_a)$，可称为工作应力点。然后，在零件的极限应力线 A_1D_1G 上确定相应的极限应力点。根据该极限应力点表示的极限应力和零件的工作应力即可计算零件的安全系数。但是，应该怎样确定极限应力点呢？这要根据零件工作应力的可能增长规律（指工作应力随所受载荷的增大而增长的规律）确定。

当 $\sigma_a/\sigma_m=C$（常数）时首先，由于。

$$r=\frac{\sigma_{min}}{\sigma_{max}}=\frac{\sigma_m-\sigma_a}{\sigma_m+\sigma_a}=\frac{1-\sigma_a/\sigma_m}{1+\sigma_a/\sigma_m}=\frac{1-C}{1+C}$$

所以 $\sigma_a/\sigma_m=C$ 即应力比 $r=$ 常数。工程设计中，当难以确定零件工作应力增长规律时，一般可按 $\sigma_a/\sigma_m=C$ 的规律处理。在此规律下，对应的极限应力的 $\sigma'_{ra}/\sigma'_{rm}$ 应该与零件工作应力的 σ_a/σ_m 相等，即 $\sigma'_{ra}/\sigma'_{rm}=\sigma_a/\sigma_m$。

显然，图 2-16 中由坐标原点 D 引出的每条射线都代表 $\sigma_a/\sigma_m=C$ 的应力增长规律。其中过工作应力点 $N(\sigma_m,\sigma_a)$ 的射线与极限应力线 A_1D_1G 交于 N_1。点，则 ON_1 上每个点代表的应力都与工作应力具有相同的 σ_a/σ_m。N_1 点即为此规律下的极限应力点。图中分为两个区：OA_1D_1 区为疲劳强度区，OD_1G 区为屈服强度区。

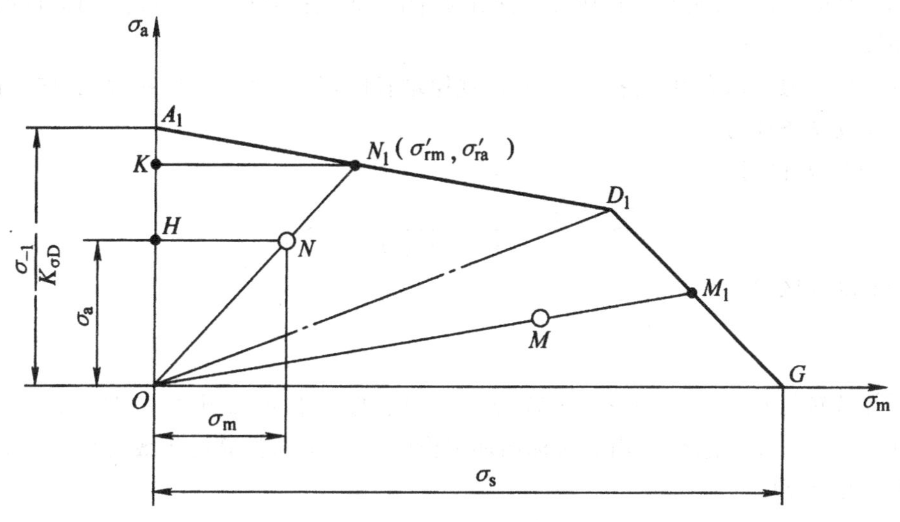

图 2-16　$\sigma_a/\sigma_m=C$ 规律下疲劳强度分析图

如果零件的工作应力点位于 OA_1D_1 区（如 N 点），则相应的极限应力点必然落在疲劳强度线 A_1D_1 上，极限应力 σ_{lim} 为疲劳极限 σ'_r。将应力增长规律线 ON_1 上的比例关系式（$\sigma'_{ra}/\sigma'_{rm}=\sigma_a/\sigma_m$）和直线 A_1D_1 的方程式(2-13)联立，可求出该零件的极限平均应力 σ'_{rm} 和极限应力幅 σ'_{ra}，为

$$\sigma'_{rm}=\frac{\sigma_{-1}\sigma_m}{K_{\sigma D}\sigma_a+\psi_\sigma\sigma_m}$$

$$\sigma'_{ra}=\frac{\sigma_{-1}\sigma_a}{K_{\sigma D}\sigma_a+\psi_\sigma\sigma_m}$$

则零件的疲劳极限为

$$\sigma'_r=\sigma'_{rm}+\sigma'_{ra}=\frac{\sigma_{-1}(\sigma_m+\sigma_a)}{K_{\sigma D}\sigma_a+\psi_\sigma\sigma_m} \tag{2-13}$$

于是，按最大应力计算的安全系数 S_σ 及安全条件为

$$S_\sigma=\frac{\sigma_{lim}}{\sigma_{max}}=\frac{\sigma'_r}{\sigma_m+\sigma_a}=\frac{\sigma_{-1}}{K_{\sigma D}\sigma_a+\psi_\sigma\sigma_m}\geqslant[S_\sigma] \tag{2-14}$$

由图 2-16 中的几何关系不难推出

$$S_\sigma=\frac{\sigma'_r}{\sigma_{max}}=\frac{ON}{ON_1}=\frac{OK}{OH}=\frac{\sigma'_a}{\sigma_a}=S_{\sigma a}$$

上式表明：应力增长规律为 $\sigma_a/\sigma_m=C$ 时，零件最大应力的安全系数与应力幅的安全系数（$S_{\sigma a}=\sigma'_{ra}/\sigma_a$）相等。

如果零件的工作应力点位于 OD_1G 区（M 点），则相应的极限应力点必然落在屈服强度线 GD_1 上，极限应力 σ_{lim} 为 σ_s。在该区上，高塑性钢制零件的设计出发点是防止在最大应力 σ_{max} 作用下发生屈服变形，属于静强度设计范畴，其安全系数及安全条件为

$$S_\sigma=\frac{\sigma_{min}}{\sigma_{max}}=\frac{\sigma_s}{\sigma_m+\sigma_a}\geqslant[S_\sigma] \tag{2-15}$$

实际设计时，常不易判断工作应力点落在哪个区，则应按式(2-14)和式(2-15)同时核算两种安全系数。

零件工作应力为切应力，且按 $\tau_a/\tau_m=C$ 规律增长时，仿照式(2-14)和式(2-15)可得出其安全系数及安全条件为：

位于 OA_1D_1 区时

$$S_\tau=\frac{\tau_r'}{\tau_{max}}=\frac{\tau_{-1}}{K_{\tau D}\tau_a+\psi_\tau\tau_m}\geqslant[S_\tau] \tag{2-16}$$

位于 OD_1G 区时

$$S_\tau=\frac{\tau_s}{\tau_m+\tau_a}\geqslant[S_\tau] \tag{2-17}$$

按照等效转化的概念，可以这样理解：式(2-14)中的分母($K_{\sigma D}\sigma_a+\psi_\sigma\sigma_m$)是在式(2-10)的基础上又计入了 $K_{\sigma D}$ 的影响之后，由非对称循环工作应力(σ_m，σ_a)折算的等效对称循环应力的应力幅，用 σ_{ae}' 表示，则

$$\sigma_{ae}'=K_{\sigma D}\sigma_a+\psi_\sigma\sigma_m \tag{2-18}$$

同样，对式(2-16)的分母也可以这样理解。

2. 受复合应力时的安全系数

机械零件设计中，常见的复合应力状态有：弯扭联合作用、拉扭联合作用等。目前来看，只有对称循环弯扭复合应力在同周期同相位状态下的疲劳强度理论比较成熟，且在工程设计中得到了广泛应用。这里只介绍这种复合应力状态下的安全系数计算。

(1)塑性材料的安全系数计算

塑性材料零件在对称循环弯扭复合应力状态下的疲劳强度问题也可用第三或第四强度理论化作单向应力状态加以解决。这两个理论在材料力学中已有论述，在此不作介绍。

试验研究表明：受对称循环弯扭复合应力作用的高塑性钢材料的 $\sigma_a-\tau_a$ 极限应力曲线(图 2-17 中的 AB 曲线)近似为一段椭圆曲线。与之类似，零件的 $\sigma_a-\tau_a$ 极限应力曲线(图 2-17 中 A_1B_1 曲线)也是一段椭圆曲线。只是由于受综合影响系数 $K_{\sigma D}$、$K_{\tau D}$ 的影响，使大多数机械零件的疲劳极限往往低于材料的疲劳极限，所以，A_1B_1 椭圆曲线的两个半轴都短一些。A_1B_1 上任意点的坐标用(σ_{ra}'，τ_{ra}')表示，则 A_1B_1 曲线的方程显然为一椭圆方程，为

$$\left[\frac{\sigma_{ra}'}{\left(\frac{\sigma_{-1}}{K_{\sigma D}}\right)}\right]^2+\left[\frac{\tau_{ra}'}{\left(\frac{\tau_{-1}}{K_{\tau D}}\right)}\right]^2=1 \tag{2-19}$$

过工作应力点 $N(\sigma_a,\tau_a)$，由坐标原点 O 作射线与曲线 A_1B_1。交于点 N_1，N_1 点即为此复合应力状态下的极限应力点。由安全系数的定义和图中几何关系可知：

零件的安全系数为

$$S=\frac{\sigma_{ra}'}{\sigma_a}=\frac{\tau_{ra}'}{\tau_a}=\frac{ON_1}{ON}$$

将上式代入式(2-19)得

$$\left[\frac{S}{\left(\frac{\sigma_{-1}}{K_{\sigma D}\sigma_a}\right)}\right]^2+\left[\frac{S}{\left(\frac{\tau_{-1}}{K_{\tau D}\tau_a}\right)}\right]^2=1$$

由式(2-9)和式(2-11)可知，对称循环单向应力($\sigma_m=0,\tau_m=0$)下的安全系数为：$S_\sigma=\sigma_{-1}/K_{\sigma D}\sigma_a$，$S_\tau=\tau\frac{_{-1}}{K_{\tau D}\tau_a}$，代入上式并整理，得安全系数及安全条件为

$$S=\frac{S_\sigma S_\tau}{\sqrt{S_\sigma^2+S_\tau^2}}\geqslant[S] \tag{2-20}$$

式中S——弯扭复合应力状态下的安全系数；

S_σ、S_τ——单向稳定循环应力下的安全系数。

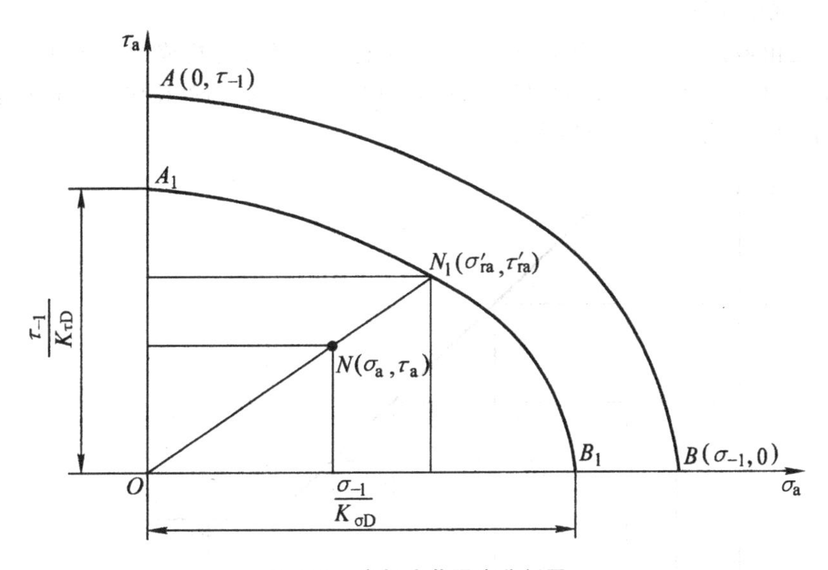

图 2-17　弯扭疲劳强度分析图

(2)低塑性和脆性材料的安全系数计算

安全系数及安全条件为

$$S=\frac{S_\sigma S_\tau}{S_\sigma+S_\tau}\geqslant[S] \tag{2-21}$$

应当指出：由于非对称循环应力可以折算成等效对称循环应力，所以式(2-20)和式(2-21)也可用于非对称循环复合应力状态下的安全系数计算。

3. 许用安全系数

(1)疲劳强度许用安全系数的推荐值

①计算精确度高，所用试验数据可靠，工艺质量和材料均匀性都很好时，取许用安全系数为 1.3～1.4，一般情况取 1.4～1.7。

②计算精度低，没有试验评定，材料又很不均匀，尤其是大型零件和铸件，应取为 1.7～3.0。

(2)静强度许用安全系数的推荐值

①对于高塑性钢，当材料均匀性、载荷的准确性和计算精确性均属一般情况时，取为 1.5～2.0。

②对于低塑性高强度钢及铸铁，一般取 3～4，小值用于无应力集中的情况。

2.2.5 受规律性不稳定循环应力时零件的疲劳强度

1. Miner 法则——疲劳损伤线性累积假说

如前所述，零件或材料的疲劳是在循环应力的反复作用下，损伤累积到一定程度时发生的。那么，损伤究竟累积到什么程度时才发生疲劳呢？受稳定循环应力作用时，可用所经受的总的应力循环次数表征损伤累积的程度，当所经受的总循环次数达到或超过疲劳寿命时，则会发生疲劳。疲劳寿命可由疲劳曲线确定。受规律性不稳定循环应力作用时，通常可按 Miner 法则进行疲劳强度计算。

图 2-18 是由最大应力分别为 σ_1、σ_2、σ_3 的三个稳定循环应力构成的规律性不稳定循环应力。其中第 i 个稳定循环应力 σ_i 的累积循环次数记为 n_i，在 σ_i 的单独作用下材料的疲劳寿命记为 N_i 则 n_i/N_i 称为 σ_i 的寿命损伤率。

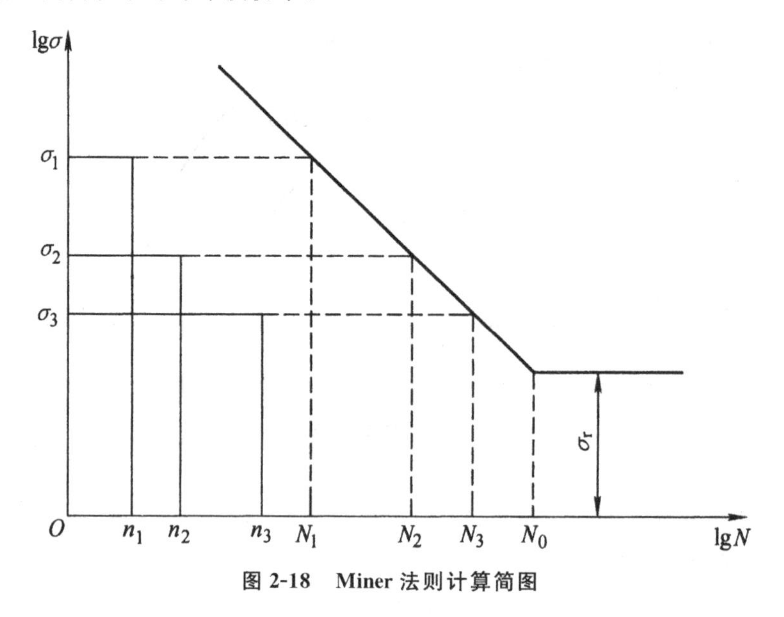

图 2-18 Miner 法则计算简图

Miner 法则认为：受规律性不稳定循环应力作用时，材料在各应力作用下，损伤是独立进行的，并可以线性地累积成总损伤，且当各应力的寿命损伤率之和等于 1 时，则将发生疲劳，即

$$\sum \frac{n_i}{N_i} = 1 \tag{2-22}$$

式(2-22)即为 Miner 法则的数学表达式，亦即疲劳损伤线性累积假说。

应当指出，在应用式(2-22)计算时，可以认为：小于 σ_r 的应力对疲劳寿命无影响。所以，在计算零件的疲劳强度时，对于考虑了综合影响系数和许用安全系数后，$(K_{\sigma D}\sigma_a+\psi_\sigma\sigma_m)[S_\sigma]$仍小于 σ_r 的应力可不予考虑。

试验表明，达到疲劳时，式(2-22)左侧表示的各应力的累积损伤率之和并不总是等于 1，有时大于 1，有时小于 1，通常在 0.7～2.2 之间。其值大小与各应力的作用顺序(先大后小或先小后大)以及表面残余应力的性质(是压应力还是拉应力)等因素有关，即各应力对材料的损伤不是独立进行的。显然 Miner 法则并不能准确反映实际情况。但是，对于一般的工程设计，其计算结果基本上能够满足要求，并且此法则形式简单，使用方便，所以，它仍然是粗略计算零件寿命及判断零件安全性的常用方法。

2. 疲劳强度设计

根据 Miner 法则，可将规律性不稳定循环应力按损伤等效的原则折算成一个稳定循环应力，然后按该稳定循环应力确定零件的疲劳强度或判断其安全性。折算出的稳定循环应力称为等效应力。实际上该等效应力含有两个方面的因素：一个是等效应力的大小，用 σ_d 表示；另一个是等效应力的循环次数，可称之为等效循环次数，用 N_e 表示。用 N_d 表示 σ_d 的疲劳寿命。在此，应力对材料的疲劳损伤程度可用寿命损伤率衡量。损伤等效的含义是：等效应力 σ_d 的寿命损伤率 N_e/N_d 应该等于规律性不稳定循环应力中各应力的累积寿命损伤率之和，即

$$\frac{N_e}{N_d}=\sum\frac{n_i}{N_i} \tag{2-23}$$

将上式左端的分子、分母同乘以 σ_d^m，右端各项的分子、分母同乘以 σ_i^m 得

$$\frac{N_e\sigma_d^m}{N_d\sigma_d^m}=\sum\frac{n_i\sigma_i^m}{N_i\sigma_i^m}$$

由疲劳曲线方程可知，$N_d\sigma_d^m=C=N_i\sigma_i^m$，代入上式得

$$N_e\sigma_d^m=\sum n_i\sigma_i^m \tag{2-24}$$

显然，等效应力对材料的损伤程度取决于应力的大小 σ_d 和等效循环次数 N_e 这两个参数，只有这两个参数都确定时，等效应力对材料的损伤程度才是确定的。那么在计算等效应力时，可以先人为地取其中一个参数为某个定值，然后将其代入式(2-24)再计算另一个参数。计算方法有两种：其一为先取 σ_d 为某个定值，通常可以取 σ_d 为对零件寿命损伤起主要作用的应力，如最大应力或循环次数最多的应力，而后计算此应力下的等效循环次数 N_e，此法称为等效循环次数法；其二为先取 $N_e=N_d$，之后计算此循环次数下的等效应力 σ_d，此法称为等效应力法。下面介绍等效循环次数法。

图 2-19 为等效循环次数法的计算简图，图中取 σ_d 等于最大工作应力 σ_1。

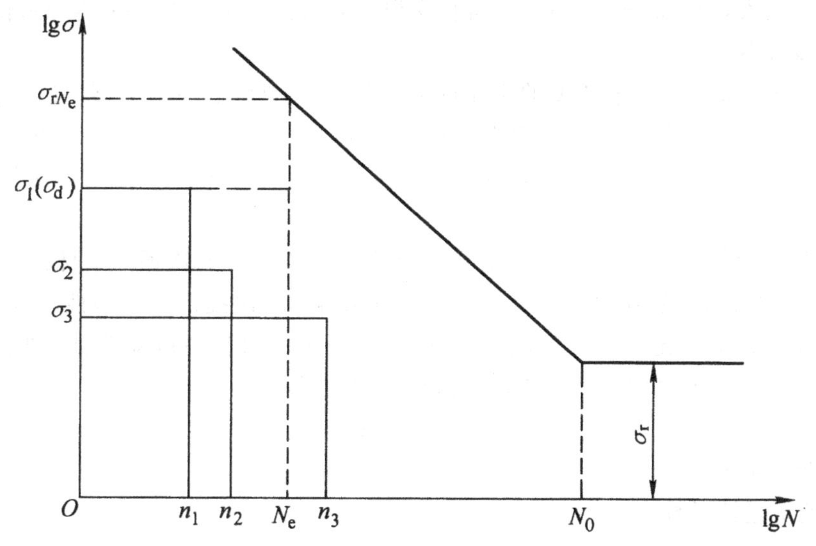

图 2-19　等效循环次数法计算简图

由式(2-24)整理得

$$N_e = \sum \left(\frac{\sigma_i}{\sigma_d}\right)^m n_i \tag{2-25}$$

将上式求出的 N_e 代入式(2-2),即可求出 N_e 下的疲劳极限 σ_{rNe} 为

$$\sigma_{rNe}=\sqrt[m]{\frac{N_0}{N_e}}\sigma_r=K_N\sigma_r$$

式中 $K_N=\sqrt[m]{\frac{N_0}{N_e}}$——寿命系数。

于是得零件的安全系数及安全条件为:

当规律性不稳定循环应力中各应力为对称循环时

$$S_\sigma=\frac{K_N\sigma_{-1}}{K_{\sigma D}\sigma_d}\geqslant[S_\sigma] \tag{2-26}$$

当规律性不稳定循环应力中各应力为非对称循环时

$$S_\sigma=\frac{K_N\sigma_{-1}}{K_{\sigma D}\sigma_{ad}+\psi_\sigma\sigma_{md}}\geqslant[S_\sigma] \tag{2-27}$$

式中 σ_{ad}、σ_{md}——所取等效应力 σ_d 的应力幅和平均应力。

对于受规律性不稳定循环切应力时零件的疲劳强度设计,只需将上述各公式中的正应力 σ 换成切应力 τ 即可。

2.2.6 低周循环疲劳寿命计算

前边两节所述均属高周疲劳问题,其特点是应力水平低,疲劳寿命长(约大于 10^4)。而低周疲劳的特点是应力水平高($\approx\sigma_s$),疲劳寿命低(约小于 10^4)。就疲劳的本质而言,不论是高周疲劳还是低周疲劳,都是在循环应力作用下反复产生塑性变形,材料受到损伤并逐渐累积的结果,只不过高周疲劳每次循环中材料产生的塑性变形极小,受到的损伤极小;而低周疲劳每次循环应力峰值大,产生的塑性变形大,材料受到的损伤也大,因而零件的寿命就低,故低周疲劳也称为应变疲劳。

低周疲劳的寿命计算具有重要的实际意义。例如,飞机的起飞与降落,发电机、涡轮机的起动与停车以及火箭的发射等,其中某些零件会因瞬时应力接近或超过 σ_s 而经受一次较大的塑性变形作用,这类零件的疲劳问题就属于低周疲劳。显然,计算它们的寿命具有非常重要的意义。

在研究低周疲劳问题时,我们关注的物理量不是应力,而是每次循环中材料产生的塑性应变。20 世纪 50 年代初,曼森(Manson)和柯芬(Comn)第一次提出了用塑性应变累积的观点计算低周疲劳寿命的理论。在大量试验的基础上,给出了对称恒应变条件下塑性应变幅度 $\Delta\varepsilon_p$ 与断裂循环次数 N 之间的关系式,即曼森.柯芬方程

$$\Delta\varepsilon_p N^\alpha=C \tag{2-28}$$

式中 α——塑性指数;

C——疲劳延性系数。

α、C 均是与零件的材料性能有关的常数。试验表明:$\alpha=0.5\sim0.7$,常取 0.5。$C=\frac{1}{2}\times$

$\frac{1}{1-\psi} \sim \ln \frac{1}{1-\psi}$（$\psi$ 为截面收缩率）。

该方程的曲线称为应变疲劳曲线（$\Delta\varepsilon_p - N$ 曲线），如图 2-20 所示。

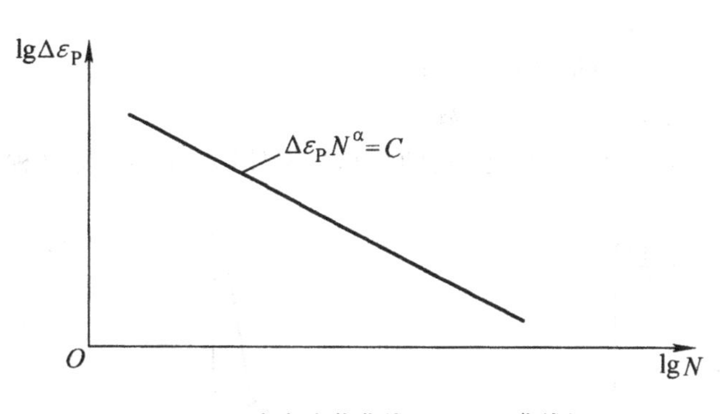

图 2-20　应变疲劳曲线（$\Delta\varepsilon_p - N$ 曲线）

2.2.7　疲劳裂纹扩展寿命计算

历史上发生过锅炉、高压容器爆炸，飞机在空中断裂，大型电站发电机转子断裂等灾难性事故。这些事故均与零件先天就存在宏观裂纹这一事实有关。当载荷使裂纹扩展失稳时，就将导致零件发生整体性突然断裂。研究先天就存在宏观裂纹的零件，传统的疲劳强度理论已无能为力，必须借助 20 世纪 60 年代兴起的断裂力学。断裂力学不仅承认机械零件中有裂纹存在，而且还允许裂纹扩展，关键是控制裂纹的扩展速度，以保证零件工作的安全性。

应力强度因子幅度 ΔK 是控制疲劳裂纹扩展速度的基本力学参数。20 世纪 60 年代初，帕里斯（Paris）首先提出著名的疲劳裂纹扩展速度指数幂定律，揭示了裂纹扩展的普遍规律，简称帕里斯公式，其表达式为

$$\frac{da}{dN} = C(\Delta K)^m \tag{2-29}$$

$$\Delta K = \alpha \Delta\sigma \sqrt{\pi \alpha}$$

式中 $\frac{da}{dN}$——裂纹扩展速度[a 为裂纹半长（m）；N 为循环次数]；

C，m——与材料的力学性能有关的常数（量）；

ΔK——应力强度因子幅度（$N/m^{3/2}$）；

α——几何效应因子，与零件的形状尺寸、裂纹几何形状尺寸和受力条件等有关；

$\Delta\sigma$——循环应力的变化范围（Pa），$\Delta\sigma = \sigma_{max} - \sigma_{min}$。

图 2-21 为裂纹扩展速度曲线$\left(\frac{da}{dN} - \Delta K\text{ 曲线}\right)$。图中 ΔK_{th} 称为界限应力强度因子幅值，其值大小与零件材料的力学性能有关。K_{IC} 为材料的断裂韧度。当 $\Delta K < \Delta K_{th}$ 时，裂纹不扩展，零件不会断裂。所以要求具有无限寿命的零件，其判据为

$$\Delta K \leqslant \Delta K_{th} \tag{2-30}$$

当 $\Delta K > \Delta K_{th}$ 时，裂纹开始扩展。对式（2-29）积分，则可得到计算裂纹扩展循环次数 N（扩展寿命）的公式，即

$$N=\int_{N_2}^{N_1}\mathrm{d}N=\int_{a_2}^{a_1}\frac{\mathrm{d}a}{C(\Delta K)^m}\tag{2-31}$$

式中a_1——裂纹初始半长；

a_2——裂纹扩展后半长；

N_1——裂纹半长为 a_1 时的循环次数；

N_2——裂纹半长为 a_2 时的循环次数。

当 ΔK 增大到 K_{IC}时，裂纹扩展速率急剧增大，零件即将断裂，称这种势态为裂纹失稳扩展断裂。

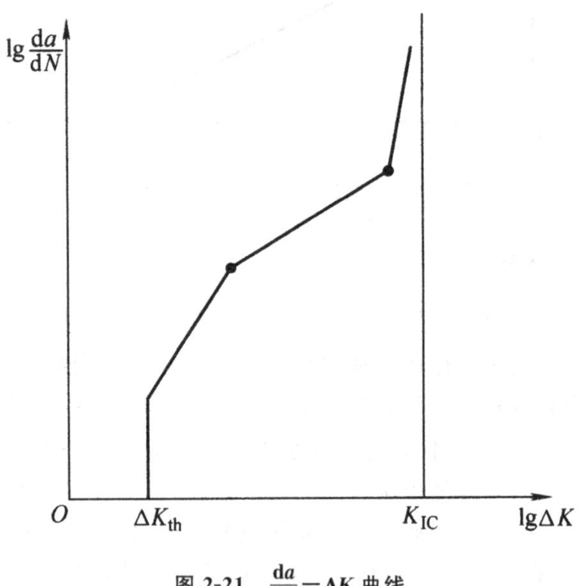

图 2-21 $\frac{da}{dN}-\Delta K$ 曲线

最后需要说明，在机械设计中有以下两种疲劳设计观念：

(1)安全

寿命设计这种设计不承认机械零件中有裂纹存在，更不允许出现裂纹。设计中以不出现裂纹为安全性标志，这就是安全—寿命设计的主导思想。本章第四、五、六节内容即属此类设计。

(2)损伤

安全设计这种设计承认机械零件中有裂纹存在，并且对有些零件允许其裂纹扩展。设计中以在限定期限内无断裂危险为安全性标志，这就是损伤—安全设计的主导思想。本章第七节属此类设计。

2.3 机械零件的摩擦、磨损、润滑及密封设计

2.3.1 机械零件中的摩擦

1. 摩擦的分类

在外力作用下，两个接触表面作相对运动或有相对运动趋势时，沿运动方向产生阻力的现象，称为摩擦。机械中的摩擦可分为两大类：一类是发生在物质内部，阻碍分子间相对运动的

内摩擦；另一类是在物体接触表面上产生的阻碍其相对运动的外摩擦。根据摩擦副的运动状态可分为静摩擦和动摩擦；根据摩擦副运动形式的不同，动摩擦可分为滑动摩擦和滚动摩擦；本节只重点讨论金属表面间的滑动摩擦。根据摩擦副的表面润滑状态的不同，滑动摩擦又可分为干摩擦、边界摩擦、流体摩擦和混合摩擦，如图 2-22 所示。

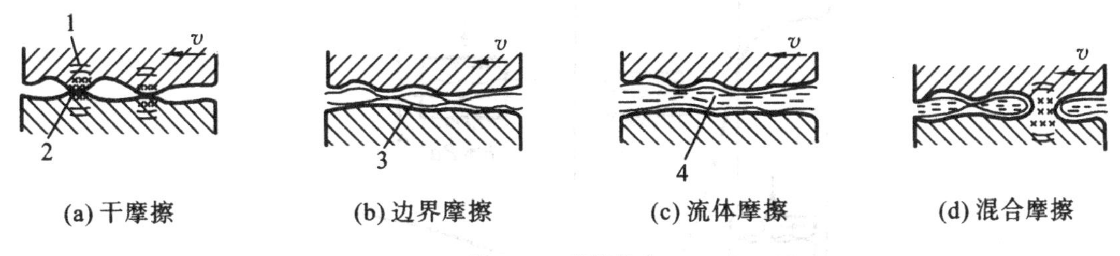

图 2-22　摩擦状态

1—弹性变形；2—塑性变形；3—边界膜；4—流体

干摩擦是指表面间无任何润滑剂或保护膜的纯金属接触时的摩擦。在工程实际中，并不存在真正的干摩擦。因为任何零件的表面不仅会因氧化而形成氧化膜，而且多少也会被含有润滑剂分子的气体所湿润或受到“油污”。在机械设计中，通常把这种未经人为润滑的摩擦状态当做干摩擦处理(见图 2-22(a))。

当运动副的两摩擦表面被人为引入的极薄的润滑膜所隔开，其摩擦性质与润滑剂的黏度无关而取决于两表面的特性和润滑油油性的摩擦，称为边界摩擦(见图 2-22(b))。

机器刚开始运转时，两相对运动零件的工作表面之间不能形成液体润滑，其凸出部分不免有接触，因而处于边界摩擦状态。其中起润滑作用的膜称为边界膜。边界膜极薄，仅为 0.02 μm 左右，比两摩擦表面的粗糙度之和小得多，故边界摩擦时磨损是不可避免的。合理选择摩擦副材料和润滑剂，降低表面粗糙度值，在润滑剂中加入适量的油性添加剂和极压添加剂，都能提高边界膜的强度，改善润滑状况。

当运动副的摩擦表面被流体膜完全隔开，摩擦性质取决于流体内部分子间黏性阻力的摩擦称为流体摩擦(见图 2-22(c))。此时的摩擦是在流体内部的分子之间进行的，所以摩擦系数极小(油润滑时为 0.001～0.008)，而且不会有磨损产生，是理想的摩擦状态。

当摩擦状态处于边界摩擦及流体摩擦的混合状态时称为混合摩擦(见图 2-22(d))。混合摩擦时，如流体润滑膜的厚度增大，表面轮廓峰直接接触的数量就要减小，润滑膜的承载比例也随之增加。所以在一定条件下，混合摩擦能有效地降低摩擦阻力，其摩擦系数要比边界摩擦时小得多。但因表面间仍有轮廓峰的直接接触，所以不可避免地仍有磨损存在。

边界摩擦、混合摩擦及流体摩擦都必须具备一定的润滑条件，所以，相应的润滑状态也常分别称为边界润滑、混合润滑及流体润滑。

实践证明，对具有一定粗糙度的表面，随着油的黏度 η 单位宽度上的载荷 p 和相对滑动速度 v 等工况参数的改变，将导致润滑状态的转化。图 2-23 所示为从滑动轴承实验得到的润滑状态转化曲线，称为摩擦特性曲线，即摩擦系数 f 随着 $\eta v/p$ 的变化而改变。由图可知，摩擦系数能反映该轴承的润滑状态，若加大摩擦，润滑状态从流体润滑向混合润滑转化；随着载荷的增加，进而转化为边界润滑，摩擦系数显著增大；摩擦继续增加，边界膜破裂，出现明显的黏着现象,磨损率增大,表面温度升高,最后可能出现黏着咬死。

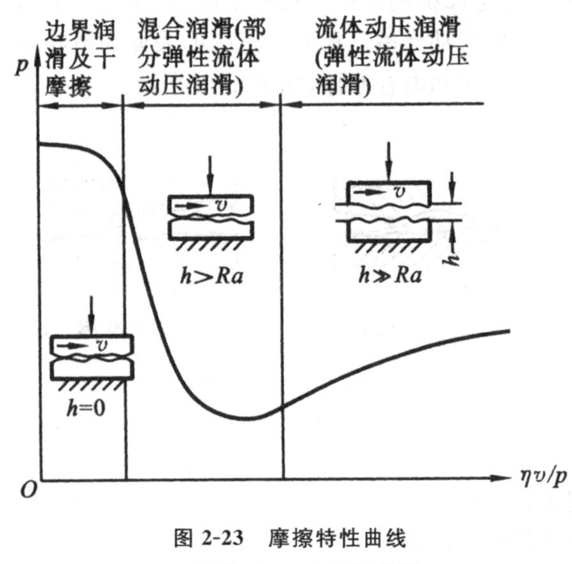

图 2-23 摩擦特性曲线

h—间隙,Ra—表面粗糙度

2. 影响摩擦的主要因素

摩擦是一个很复杂的现象,其大小(用摩擦系数的大小来表示)与摩擦副材料的表面性质、表面形貌、周围介质、环境温度、实际工作条件等有关。设计时,需要充分考虑摩擦的影响,将其控制在许用的约束条件范围之内。影响摩擦的主要因素有下面几点。

(1)金属的表面膜

大多数金属的表面在大气中会自然生成与表面结合强度相当高的氧化膜或其他污染膜。也可以人为地用某种方法在金属表面上形成一层很薄的膜,如硫化膜、氧化膜来降低摩擦系数。

(2)摩擦副的材料性质

金属材料摩擦副的摩擦系数随着材料副性质的不同而异。一般,互溶性较大的金属摩擦副,其表面较易黏着,摩擦系数较大;反之,摩擦系数较小。

(3)摩擦副的表面粗糙度

摩擦副在塑性接触的情况下,其干摩擦系数为一定值,不受表面粗糙度的影响。而在弹性或弹塑性接触情况下,干摩擦系数则随表面粗糙度数值的减小而增加;如果在摩擦副间加入润滑油,使之处于混合摩擦状态,此时,如果表面粗糙度数值减小,则油膜的覆盖面积增大,摩擦系数将减小。

(4)摩擦表面间的润滑情况

在摩擦表面间加入润滑油时,将会大大降低摩擦表面间的摩擦系数,但润滑的情况不同、摩擦副的摩擦状态不同时,其摩擦系数的大小不同。在一般情况下,干摩擦的摩擦系数最大,$f>0.1$;边界摩擦、混合摩擦次之,$f=0.01\sim0.1$;流体摩擦的摩擦系数最小,$f=0.001\sim0.008$。两表面间的相对滑动速度增加且润滑油的供应较充分时,容易获得混合摩擦或流体摩擦,因而,摩擦系数将随着滑动速度的增加而减小。

2.3.2　机械零件中的磨损

运动副之间的摩擦将导致零件表面材料的逐渐丧失或迁移，即形成磨损。磨损会影响机器的效率，降低工作的可靠性，甚至促使机器提前报废。因此，在设计时预先考虑如何避免或减轻磨损，以保证机器达到设计寿命，就具有很大的现实意义。磨损并非总有害，工程上也有不少利用磨损作用的场合，如精加工中的磨削及抛光，机器的“磨合”过程等都是磨损的有用方面。

1. 磨损的分类

磨损产生的原因和表现形式是非常复杂的，可以从不同的角度对其进行分类。磨损大体上可概括为两种：一种是根据磨损结果而着重对磨损表面外观的描述，如点蚀磨损、胶合磨损、擦伤磨损等；另一种则是根据磨损机理来分类，如黏附磨损、磨粒磨损、表面接触疲劳磨损、流体侵蚀磨损、机械化学磨损等。

2. 磨损的过程

磨损过程大致可分为三个阶段，即跑合磨损阶段、稳定磨损阶段及剧烈磨损阶段，如图 2-24 所示。

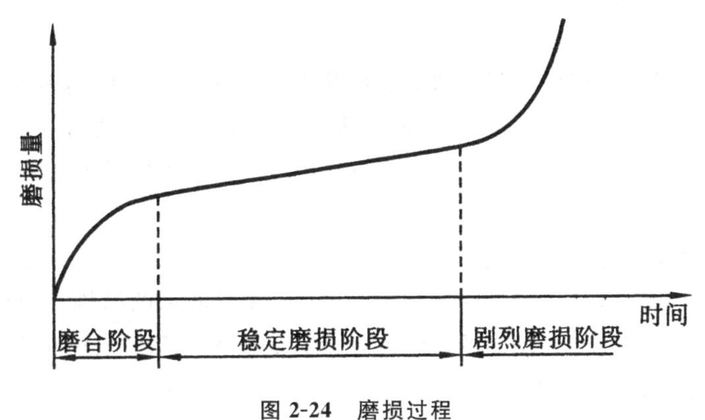

图 2-24　磨损过程

(1)跑合磨损阶段(初期磨损阶段)

新的摩擦副表面较粗糙，真实接触面积较小，压强较大，在开始的较短时间内，磨损速度很快，磨损量较大。经跑合后，表面凸峰高度降低，接触面积增大，磨损速度减慢并趋向稳定。实践表明，初期跑合是一种有益的磨损，可利用它来改善表面性能，提高使用寿命。

(2)稳定磨损阶段(正常磨损阶段)

表面经跑合后，磨损速度缓慢，处于稳定状态。此时机件以平稳缓慢的速度磨损，这个阶段的长短就代表机件使用寿命的长短。稳定磨损阶段是摩擦副的正常工作阶段。

(3)剧烈磨损阶段(耗损磨损阶段)

经过较长时间的稳定磨损后，精度降低、间隙增大，从而产生冲击、振动和噪声，磨损加剧，温度升高，短时间内使零件迅速报废。

3. 影响磨损的因素

磨损是机械设备失效的重要原因。为了延长机器的使用寿命和提高机器的可靠性，设计时必须重视有关磨损的问题，尽量延长稳定磨损阶段，推迟剧烈磨损阶段。

影响磨损的因素很多，其中主要的有表面压强或表面接触应力的大小、相对滑动速度、摩擦副的材料、摩擦表面间的润滑情况等。因此，在机械设计中，控制磨损的实质主要是控制摩擦表面间的压强（或接触应力）、相对运动速度等不超过许用值。除此以外，还应采取适当的措施，尽可能地减少机械中的磨损。

4. 减少磨损的措施

(1)正确选用材料

正确选用摩擦副的配对材料，是减少磨损的主要措施：当以黏着磨损为主时，应选用互溶性小的材料；当以磨粒磨损为主时，则应选用硬度高的材料，或设法提高所选材料的硬度，也可选用抗磨料磨损的材料；如果是以疲劳磨损为主，除应选用硬度高的材料或设法提高所选材料的硬度之外，还应减少钢中的非金属夹杂物，特别是脆性的带有尖角的氧化物，容易引起应力集中，产生微裂纹，对疲劳磨损影响甚大。

(2)进行有效的润滑

润滑是减少磨损的重要措施，根据不同的工况条件，正确选用润滑剂，使摩擦表面尽可能在流体摩擦或混合摩擦的状态下工作。

(3)采用适当的表面处理

为了降低磨损，提高摩擦副的耐磨性，可采用各种表面处理。如刷镀 0.1～0.5 μm 的六方晶格的软金属（如 Cd）膜层，可使黏着磨损减少约三个数量级，也可采用 CVD 处理（化学气相淀积处理），在零件摩擦表面上沉积 10～1000 μm 的高硬度的 Tic 涂层，可大大降低磨粒磨损。

(4)改进结构设计，提高加工和装配精度

正确的配套结构设计，可以减少摩擦磨损。例如，轴与轴承的结构，应该有利于表面膜的形成与恢复，压力的分布应当是均匀的，而且，还应有利于散热和磨屑的排出等。

(5)正确的使用、维修与保养

例如，新机器使用之前的正确“磨合”，可以延长机器的使用寿命。经常检查润滑系统的油压、油面密封情况，对轴承等部位定期润滑，定期更换润滑油和滤油器芯，以阻止外来磨料的进入，对减少磨损等都十分重要。

2.3.3 机械零件中的润滑

润滑是减少摩擦和磨损的有效措施之一。所谓润滑，就是向承载的两个摩擦表面之间引入润滑剂，以改善摩擦、减少磨损，降低工作表面的温度。另外，润滑剂还能起减震、防锈、密封、传递动力、清除污物等作用。

常用的润滑剂有液体、半固体、固体和气体四种基本类型。在液体润滑剂中应用最广泛的是润滑油，包括矿物油、动植物油、合成油和各种乳剂。半固体润滑剂主要是指各种润滑脂，它是润滑油和稠化剂的稳定混合物。固体润滑剂是任何可以形成固体膜以减少摩擦阻力的物质，如石墨、二硫化钼、聚四氟乙烯等。任何气体都可作为气体润滑剂，其中用得最多的是空气，它主要用在气体轴承中。下面仅对润滑油及润滑脂做些介绍。

1. 润滑油

用做润滑剂的油类主要可概括为三类：一是有机油，通常是动、植物油；二是矿物油，主要是石油产品；三是化学合成油。其中因矿物油来源充足，成本低廉，适用范围广，而且稳定性好，故应用最多。动植物油中因含有较多的硬脂酸，在边界润滑时有很好的润滑性能，但因其稳定性差而且来源有限，所以使用不多。化学合成油是通过化学合成方法制成的新型润滑油，它能满足矿物油所不能满足的某些特性要求，如高温、低温、高速、重载和其他条件。由于它多是针对某种特定需要而制，适用面较窄，成本又很高，故一般机器应用较少。近年来，由于环境保护的需要，一种具有生物可降解特性的润滑油——绿色润滑油也在一些特殊行业和场合中得到使用。无论哪类润滑油，若从润滑观点考虑，评判其优劣的主要性能指标如下。

(1)黏度

润滑油的黏度即润滑油抵抗变形的能力，它表征润滑油内摩擦阻力的大小，是润滑油最重要的性能之一。

①动力黏度 η

牛顿在 1687 年提出了黏性液的摩擦定律(简称黏性定律)，即在流体中任意点处的切应力均与该处流体的速度梯度成正比。若用数学形式表示这一定律，即

$$\tau=-\eta\frac{\partial u}{\partial y} \tag{2-32}$$

式中 τ——流体单位面积上的剪切阻力，即切应力；

u——流体的流动速度；

$\frac{\partial u}{\partial y}$——流体沿垂直于运动方向(即流体膜厚度方向)的速度梯度，式中的“—”号表示 u 随 y(流体膜厚度方向的坐标)的增大而减小；

η——流体的动力黏度。

摩擦学中把凡是服从这个黏性定律的流体都称为牛顿液体。

国际单位制(SI)下的动力黏度单位为 1 Pa · s(帕 · 秒)。在绝对单位制(CGS)中，把动力黏度的单位定为 1 dyn · s/cm，称为 1 P(泊)，百分之一泊称为 cP(厘泊)，即 1 P～100 cP。

②运动黏度 v

业上常用润滑油的动力黏度 η 与同温度下该流体密度 ρ 的比值，称为运动黏度 v，即

$$v=\frac{\eta}{\rho} \tag{2-33}$$

在绝对单位制(CGS)中，运动黏度的单位是 St(斯)，1 St＝1 cm^2/s。百分之一斯称为 cSt(厘斯)。

③相对黏度(条件黏度)

除了运动黏度以外，还经常用比较法测定黏度。我国用恩氏黏度作为相对黏度单位，即把 200 cm^3 试验油在规定温度下(一般为 20℃、50℃、100℃)流过恩氏黏度计的小孔所需时间与同体积蒸馏水在 20℃流过同一小孔所需时间(s)的比值，以符号$°E_t$ 表示，其中脚注“t”表示测定时的温度。美国常用赛氏通用秒(符号 SUS)，英国常用雷氏秒(符号为 R_1、R_2)作为相对黏度单位。

各种黏度在数值上的对应关系和换算关系可参阅有关手册和资料。

各种流体的黏度，特别是润滑油的黏度，随温度而变化的情况十分明显，温度越高，则黏度越低。图 2-25 所示为几种常用润滑油的黏—温曲线图。润滑油黏度受温度影响的程度可用黏度指数表示。黏度指数越大，表明黏度随温度的变化越小，即黏—温性能越好。

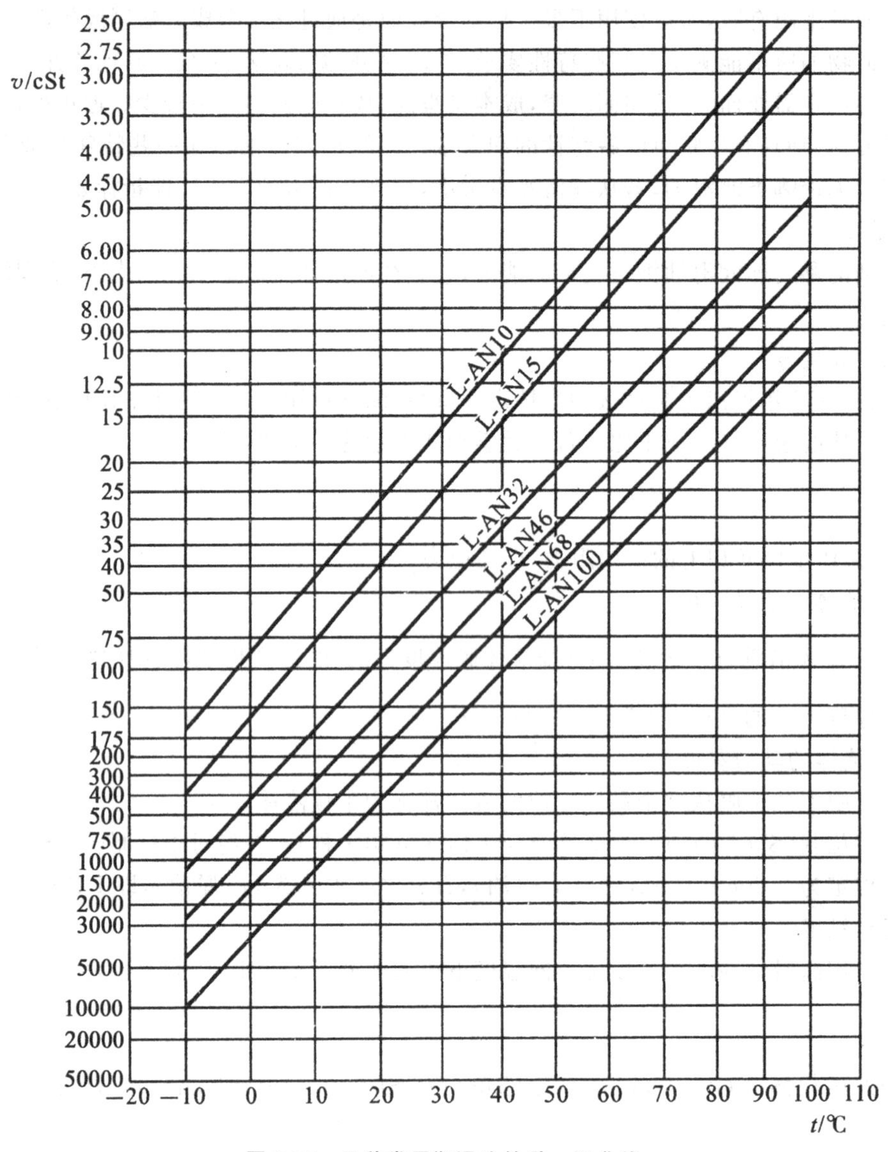

图 2-25　几种常用润滑油的黏—温曲线

除此之外，压力对流体的黏度也会有影响。在压力超过 20 MPa 时，黏度随压力的增高而增大，高压时则更为显著。例如在齿轮传动中，啮合处的局部压力可高达 4000 MPa，因此，分析齿轮、滚动轴承等高副接触零件的润滑状态时，不能忽视高压下润滑油黏度的变化。

润滑油黏度的大小不仅直接影响摩擦副的运动阻力，而且对润滑油膜的形成及承载能力有决定性作用。这是流体润滑中一个极为重要的因素。

(2)润滑性(油性)

润滑性是指润滑油中极性分子与金属表面吸附形成一层边界油膜,以减小摩擦和磨损的性能,润滑性愈好,油膜与金属表面的吸附能力愈强。对于那些低速、重载或润滑不充分的场合,润滑性具有特别重要的意义。

(3)极压性

极压性能是在润滑油中加入含硫、氯、磷的有机极性化合物后,油中极性分子在金属表面生成抗磨、耐高压的化学反应边界膜的性能。它在重载、高速、高温条件下,可改善边界润滑性能。

(4)闪点

当油在标准仪器中加热所蒸发出的油气,一遇火焰即能发出闪光时的最低温度,称为油的闪点,这是衡量油的易燃性的一种尺度,对于高温下工作的机器,这是一个十分重要的指标。通常应使工作温度比油的闪点低 30℃～40℃。

(5)凝点

这是指润滑油在规定条件下,不能再自由流动时所达到的最高温度。它是润滑油在低温下工作的一个重要指标,直接影响到机器在低温下的启动性能和磨损情况。

(6)氧化稳定性

从化学意义上讲,矿物油是很不活泼的,但当它们暴露在高温气体中时,也会发生氧化并生成硫、氯、磷的酸性化合物。这是一些胶状沉积物,不但会腐蚀金属,而且会加剧零件的磨损。

2. 润滑脂

这是除润滑油外应用最多的一类润滑剂。它是润滑油与稠化剂(如钙、锂、钠的金属皂等)的膏状混合物。根据调制润滑脂所用皂基之不同,润滑脂主要分为钙基润滑脂、钠基润滑脂、锂基润滑脂和铝基润滑脂等几类。

润滑脂的主要质量指标有以下两项。

(1)锥(针)入度(或稠度)

这是指一个重 1.5 N 的标准锥体,于 25℃恒温下,由润滑脂表面经 5 s 后刺入的深度(以 0.1 mm 计)。它标志着润滑脂内阻力的大小和流动性的强弱。锥入度愈小表明润滑脂愈稠。锥人度是润滑脂的一项主要指标,润滑脂的牌号就是该润滑脂锥入度的等级。

(2)滴点

在规定的加热条件下,润滑脂从标准测量杯的孔口滴下第一滴时的温度称为润滑脂的滴点。润滑脂的滴点决定了它的工作温度。润滑脂的工作温度至少应低于滴点 20℃。

3. 添加剂

普通润滑油、润滑脂在一些十分恶劣的工作条件下(如高温、低温、重载、真空等)会很快劣化变质,失去润滑能力。为了提高油的品质和使用性能,常加入某些分量虽少(从百分之几到百万分之几)但对润滑剂性能改善起巨大作用的物质,这些物质称为添加剂。

添加剂的作用如下：

①提高润滑剂的油性、极压性和在极端工作条件下更有效的工作能力。

②推迟润滑剂的老化变质，延长其正常使用寿命。

③改善润滑剂的物理性能，如降低凝点、消除泡沫、提高黏度、改进其黏—温特性等。

添加剂的种类很多，有油性添加剂、极压添加剂、分散净化剂、消泡添加剂、抗氧化添加剂、降凝剂、增黏剂等。为了有效地提高边界膜的强度，简单而行之有效的方法是在润滑油中添加一定量的油性添加剂或极压添加刑。

4. 润滑剂的选用

在生产设备事故中，由于润滑剂不当而引起的事故占很大的比重，因润滑不良造成的设备精度降级也较严重。因此，正确选用润滑剂是十分重要的。一般润滑剂的选择原则如下。

(1)类型选择

润滑油的润滑及散热效果好，应用最广；润滑脂易保持在润滑部位，润滑系统简单，密封性好；固体润滑剂的摩擦系数较高，散热性差，但使用寿命长，能在极高或极低温度、腐蚀、真空、辐射等特殊条件下工作。

(2)工作条件

高温、重载、低速条件下，宜选黏度高的润滑油或基础油黏度高的润滑脂，以利于形成油膜；当承受重载、间断或冲击载荷时，润滑油或润滑脂中要加入油性剂或极压添加剂，以提高边界膜和极压膜的承载能力；一般润滑油的工作温度最好不超过 60℃，而润滑脂的工作温度应低于其滴点 20℃～30℃。

(3)结构特点及环境条件

当被润滑物体垂直润滑面的开式齿轮、链条等应采用高黏度油、润滑脂或固体润滑剂以保持较好的附着性。多尘、潮湿环境下，宜采用抗水的钙基、锂基或铝基润滑脂，在酸碱化学介质环境及真空、辐射条件下，常选用固体润滑剂。

一台设备中用油种类应尽量小，且应首先满足主要件的需要，如精密机床主轴箱中要润滑的部件有齿轮、滚动轴承、电磁离合器等，统一选用机械油润滑，且首先应满足主轴轴承的要求，选用 N22 号油。

5. 润滑方法

润滑油或润滑脂的供应方法在设计中是很重要的，尤其是油润滑时的供应方法与零件在工作时所处润滑状态有着密切的关系。

(1)油润滑

向摩擦表面施加润滑油的方法可分为间歇式和连续式两种。手工用油壶或油枪向注油杯内注油，只能做到间歇润滑。图 2-26 所示为压配式注油杯，图 2-27 所示为旋套式注油杯。这些只可用于小型、低速或间歇运动的轴承。对于重要的轴承，必须采用连续供油的方法。

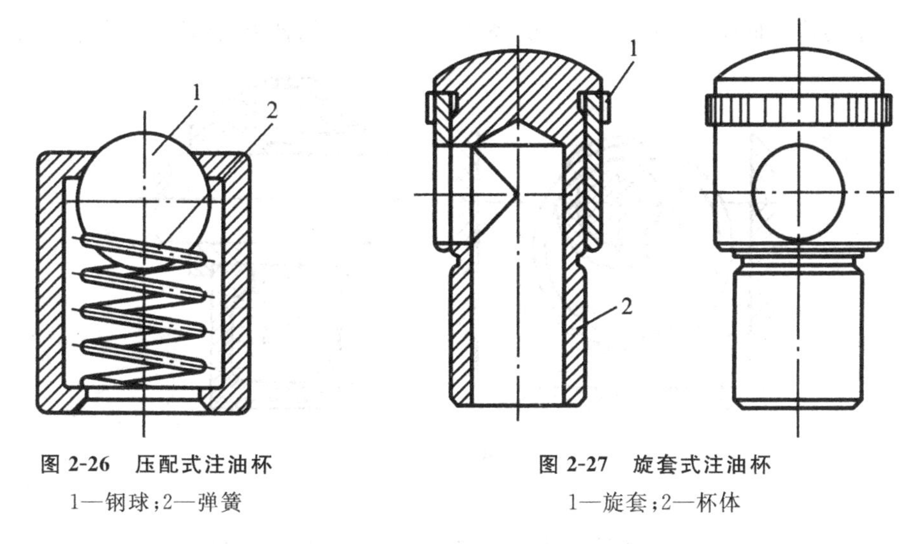

图 2-26　压配式注油杯

1—钢球;2—弹簧

图 2-27　旋套式注油杯

1—旋套;2—杯体

①滴油润滑

如图 2-28 及图 2-29 所示的针阀油杯和油芯油杯都可做到连续滴油润滑。针阀油杯可调节滴油速度来改变供油量,并且停车时可扳动油杯上端的手柄以关闭针阀而停止供油。油芯油杯在停车时则仍继续滴油,引起无用的消耗。

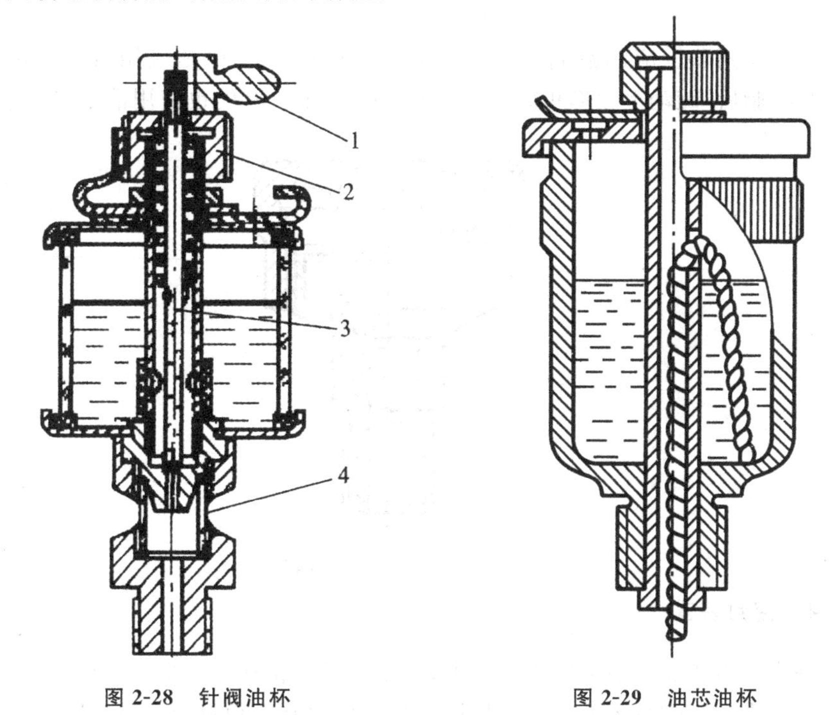

图 2-28　针阀油杯

1—手柄;2—调节螺母;3—针阀;4—观察孔

图 2-29　油芯油杯

②油环润滑

图 2-30 所示为油环润滑的结构示意图。油环套在轴颈上,下部浸在油中。当轴颈转动时带动油环转动,将油带到轴颈表面进行润滑。轴颈速度过高或者过低,油环带的油量都会不

足，通常用于转速不低于 50～60 r/min 的场合。油环润滑的轴承，其轴线应水平布置。

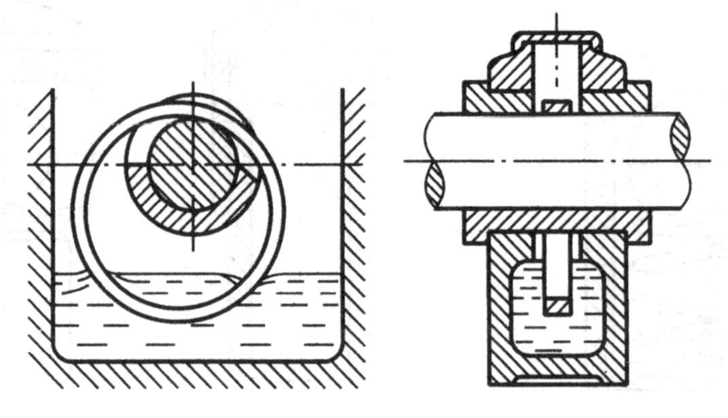

图 2-30　油环润滑

③飞溅润滑

利用转动件(例如齿轮)或曲轴的曲柄等将润滑油溅成油星以润滑轴承。

④压力循环润滑

用油泵进行压力供油润滑，可保证供油充分，这种润滑方法多用于高速、重载轴承或齿轮传动上。

(2)脂润滑

脂润滑只能间歇供应润滑脂。旋盖式油脂杯(见图 2-31)是应用得最广的脂润滑装置。杯中装满润滑脂后，旋动上盖即可将润滑脂挤入轴承中。有的也使用油枪向轴承补充润滑脂。

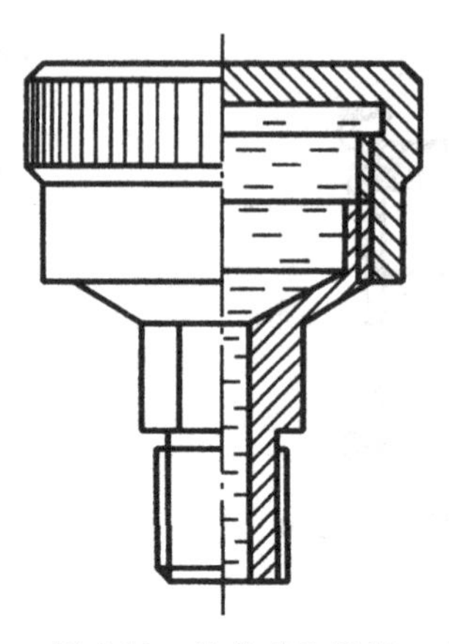

图 2-31　旋盖式油脂杯

2.3.4　密封装置

密封是为了阻止润滑油从轴承中流失，也是为了防止外界灰尘、水分等侵入轴承。设计不合理的密封将大大影响轴承的寿命。根据密封元件间有无相对运动通常把密封分为静密封和动密封两大类。密封结合面间没有相对运动的密封称为静密封；密封元件间彼此有相对运动的密封称为动密封。

对于动密封而言，根据轴的运动形式可分为两种基本类型，即旋转轴密封和往复轴密封。也可根据密封元件之间是否接触而分为接触密封和非接触密封。

1. 静密封

(1)直接接触密封

直接接触密封是一种最简单的静密封形式,如图 2-32 所示,在紧螺栓联接的压力下使平整、光洁的结合面贴紧实现密封。直接接触密封对结合面的加工精度有较高的要求,汽缸盖、阀板等的结合面常需要进行研磨加工。而一般的精加工结合面,常需要采取辅助密封措施,如在结合面涂密封胶或开泄油沟。

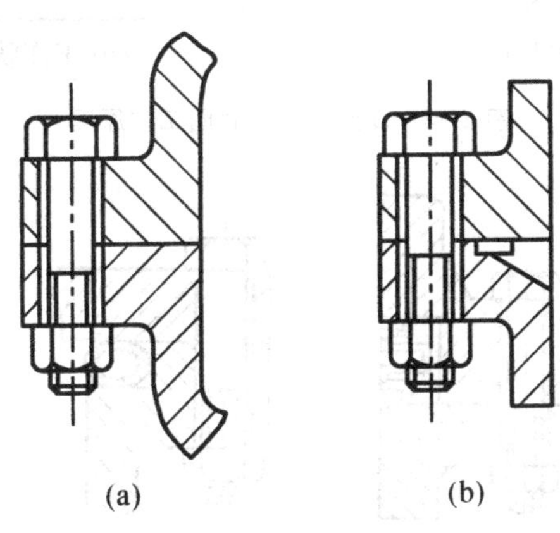

图 2-32 直接接触密封

(2)垫片、垫圈密封

如图 2-33 所示,在结合面间加垫片或垫圈,用紧螺栓压紧使垫片、垫圈产生弹性变形填塞结合面上的不平,消除间隙而起到密封作用。垫片、垫圈的材料一般选用软钢纸垫、橡胶板、聚四氟乙烯板、铜片、铝片等。

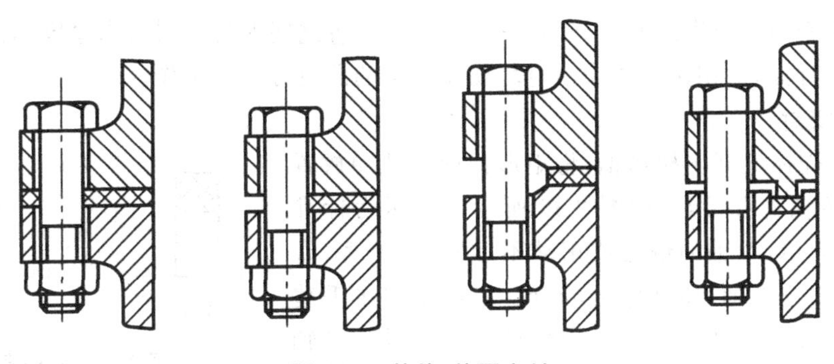

图 2-33 垫片、垫圈密封

(3)自紧式密封

O 形橡胶密封圈是一种简单、通用的密封元件(见 GB/T3452.1—1992),具有成本低廉,密封性能良好的特点,常用于静密封和往复密封中。

O 形橡胶密封圈安装在沟槽中,受到初始挤压力而压缩,这种压缩作用提供了初始密封力,如图 2-34(a)所示。在工作状态下,通过间隙加到 O 形圈一侧的内压力进一步使其变形,并与沟槽的另一侧及密封面保持紧密接触,从而实现密封。因此,由于最初的过盈压力作用,密封压力实际上大于所施加的流体压力,如图 2-34(b)所示。这种随介质压力增高而提高密封效果的性能称为自紧作用。图 2-35 中各种截面形状的密封圈都有自紧作用。

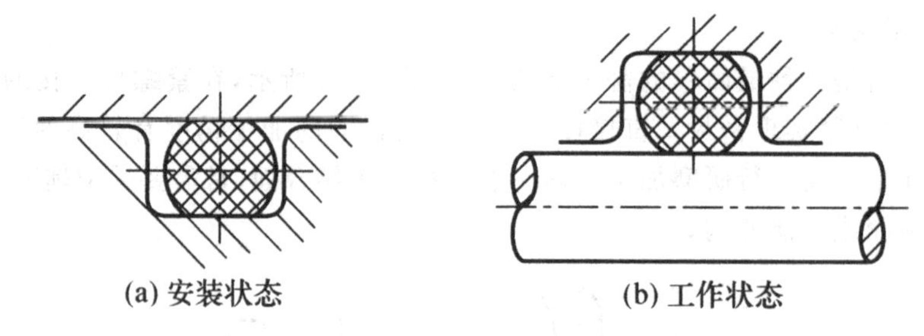

(a) 安装状态　　(b) 工作状态

图 2-34　O 形橡胶密封圈工作原理

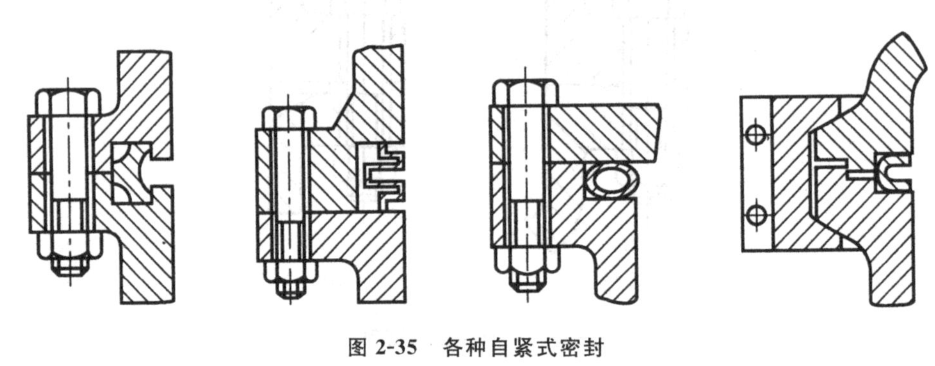

图 2-35　各种自紧式密封

2. 接触式旋转轴密封

所有的接触式动密封都需要在装配状态下使密封件与密封面之间产生一个初始接触压力，使密封件材料的表面产生适量的变形，与密封面相互接触，堵塞流体通道，阻止液体的进出。

为了减小密封件与密封面之间的摩擦，必须使二者之间保持一层适当厚度的油膜，以避免产生干摩擦。因此，一切接触式动密封均要在一定的润滑方式下工作。

(1)毡圈密封

在端盖或壳体上开出梯形槽，将矩形截面的毡圈放置在槽中与旋转轴密合接触，如图 2-36 所示。毡圈为标准件，密封结构简单，对轴的偏心或窜动不敏感，但摩擦、磨损较严重，只用于低速、脂润滑的场合。采用半粗羊毛毡圈的密封工作线速度小于 5 m/s；对于细羊毛毡圈，且轴经抛光，许用的线速度可达 10 m/s。

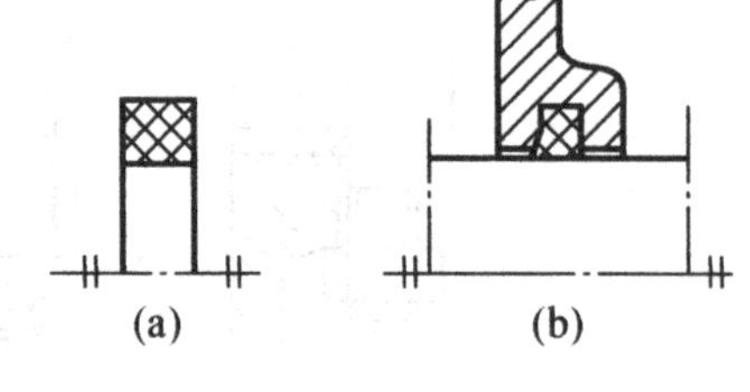

图 2-36　毡圈密封

(2)油封密封

油封是依靠有弹性的唇部进行密封的标准密封件。油封密封，因结构简单、价格便宜、检修方便，是目前应用最广泛的一种接触式旋转轴的密封方式。

用于油封密封的旋转轴唇形密封圈(GB/T13871—1992)有 6 种基本形式(见图 2-37)：B 型(内包骨架型)、W 型(外露骨架型)、Z 型(装配型)、FB 型(带副唇内包骨架型)、FW 型(带副唇外露骨架型)、FZ 型(带副唇装配型)。钢制骨架使密封圈刚性增大，可以直接装在安装孔内使用。安装时应使唇部朝向需密封的介质。带副唇的密封圈其主唇朝向密封介质用于密封，副唇朝外用以防尘，因此，对于外部环境多尘、有雨水时，应采用带副唇的密封圈。

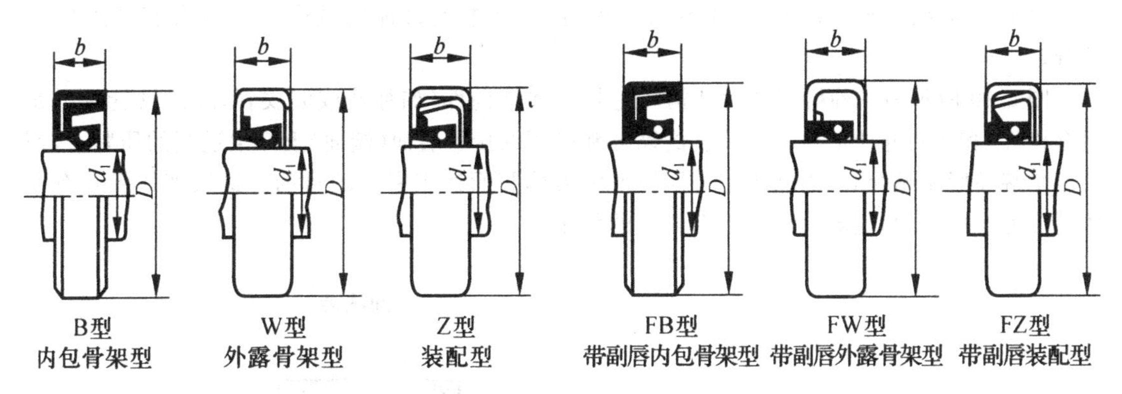

图 2-37　旋转轴唇形密封圈

用耐油橡胶制成的唇形密封圈可用于轴颈圆周速度小于 12 m/s，如轴颈经磨削，则轴颈圆周速度可到 15 m/s；工作压力 0.3 MPa；使用温度－60℃～150℃。

油封可以组合使用，图 2-38(a)双油封同向排列防止单向渗漏，使密封更可靠。图 2-38(b)、(c)两油封背靠背安装，则可起到防止双向渗漏的作用。图 2-38(c)为两密封圈间设置一带孔圆环，可用于加入润滑油，以提高密封效果和密封圈使用寿命。

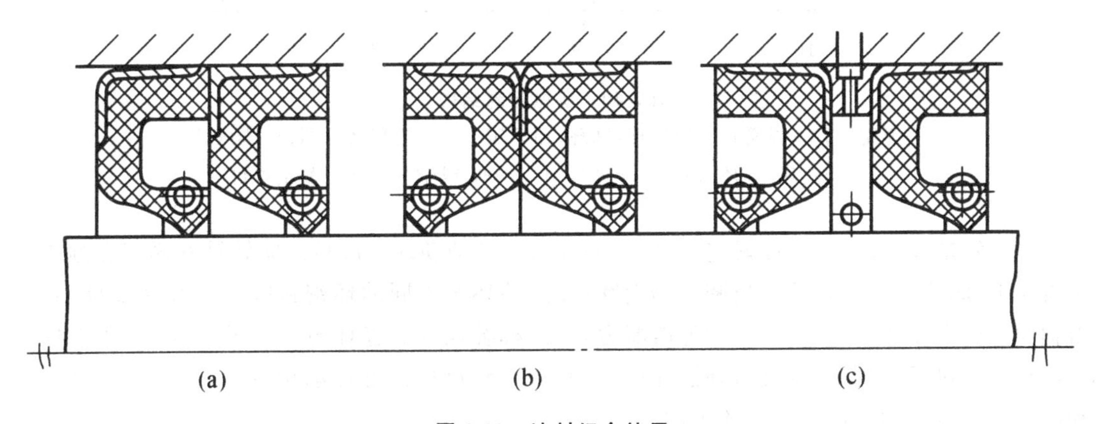

图 2-38　油封组合使用

图 2-39 所示为无骨架的唇形密封圈，其特点是刚度较差、易变形，使用时必须用压盖固定。但它可以沿直径方向切成两半后拼合使用，因此可用于无法从轴端装入密封圈的密封部位。

(3)机械密封

机械密封是由一对或数对动环与静环组成的平面摩擦副构成的密封装置。机械密封通常由以下四个部分组成：

①由动、静环组成的摩擦副。

②由弹性元件为主要零件的补偿缓冲件。

③辅助密封圈。

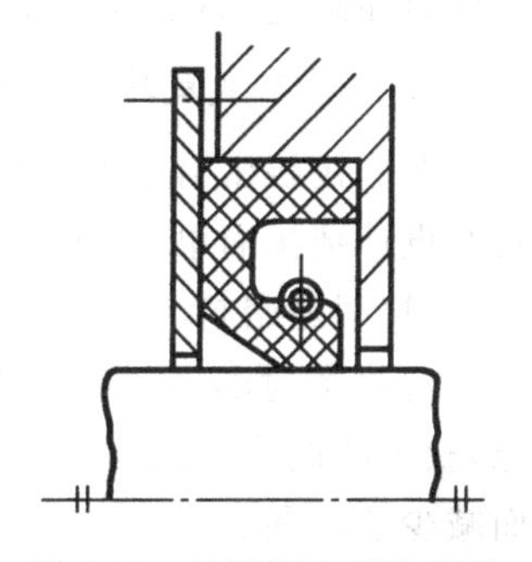

图 2-39　无骨架唇形密封圈

④带动动环和轴一起回转的构件。

由于机械密封结构不同，零件不完全相同，但基本上每种机械密封都包含有以上四个部分。

图 2-40 所示为一种机械密封结构。它是靠弹性构件(如弹簧或波纹管，或波纹管及弹簧组合构件)和密封介质的压力在旋转的动环和静环的接触表面(端面)上产生适当的压紧力，使这两个端面紧密贴合，端面间维持一层极薄的液体膜而达到密封的目的。这层液体膜具有流体动压力与静压力，起着润滑和平衡压力的作用。

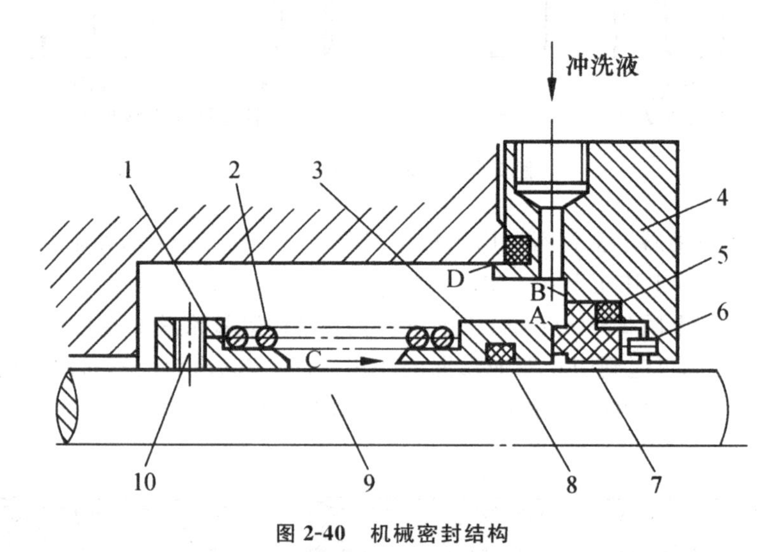

图 2-40 机械密封结构

1—弹簧座；2—弹簧；3—旋转环(动环)；4—压盖；5—静环密封圈；6—防转销；7—静止环(静环)；8—动环密封圈；9—轴(或轴套)；10—紧定螺钉

当旋转轴 9 旋转时，通过紧定螺钉 10 和弹簧 2 带动动环 3 旋转。防转销 6 固定在静止的压盖 4 上，防止静环 7 转动。当密封端面磨损时，动环 3 连同动环密封圈 8 在弹簧 2 推动下，沿轴向产生微小移动，达到一定的补偿能力，所以称补偿环。静环不具有补偿能力，所以称非补偿环。通过不同的结构设计，补偿环可由动环承担，也可由静环承担。由补偿环、弹性元件和副密封等构成的组件称补偿环组件。

机械密封的特点是密封可靠，密封环磨损后能自动补偿，使用寿命长，但结构较复杂。机械密封在高速、高温(或低温)、高压、高真空及腐蚀性介质环境下都有良好的密封效果。

3. 非接触式旋转轴密封

在非接触密封中不存在密封体与运动部件之间的摩擦，因此也就没有磨损。这样的密封具有设计结构简单、耐用、运行可靠的显著特点，而且几乎可以不维修保养。

(1)间隙密封

间隙密封的密封机理为在固定件和运动件的相对运动表面预先制作一个很小的环形间隙，狭窄的通道对流体形成了有效的约束，当流体通过这一微小的环形空隙时，由于节流效应而减少了泄漏。

间隙密封主要用于密封液体，且仍会有少量的泄漏。图 2-41 为沟槽间隙密封，在静止的壳体和转动件之间有 0.1～0.5 mm 的间隙，并在壳体上加工出 2～4 个环槽，在槽中可填充润滑脂以提高密封效果。

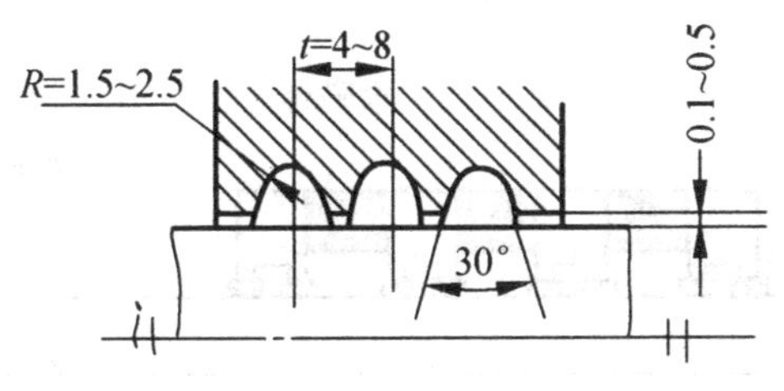

图 2-41　沟槽间隙密封

(2)迷宫密封

迷宫密封即是多重曲路的间隙密封，因此密封效果较好，适于用作高速旋转轴的密封，在离心式压缩机和蒸汽轮机中得到广泛应用。

根据结构，曲路的布置可以是径向、轴向或两者的组合，如图 2-42 所示。

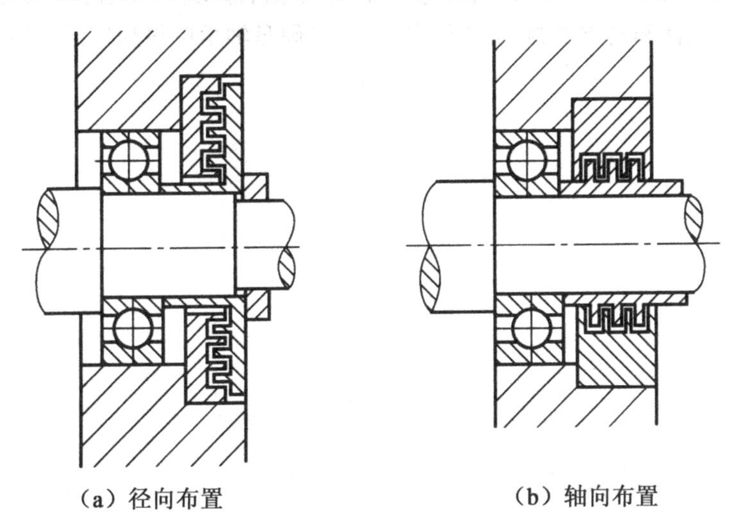

(a) 径向布置　　**(b) 轴向布置**

图 2-42　迷宫密封

(3)螺旋密封

螺旋密封是利用旋转轴表面上的螺纹，当轴旋转时，螺纹起类似螺杆泵的作用，压送流体流回箱体内，以阻止流体泄漏(图 2-43)。在设计螺旋密封时，应注意螺纹旋向、轴的转向与液体流动方向之间的关系，图 2-43 为右旋螺纹，轴转向如图，则液体在螺旋作用下，由左向右流动。

螺旋密封结构简单，不受温度的影响，对于低速轴，宜采用多头螺纹。

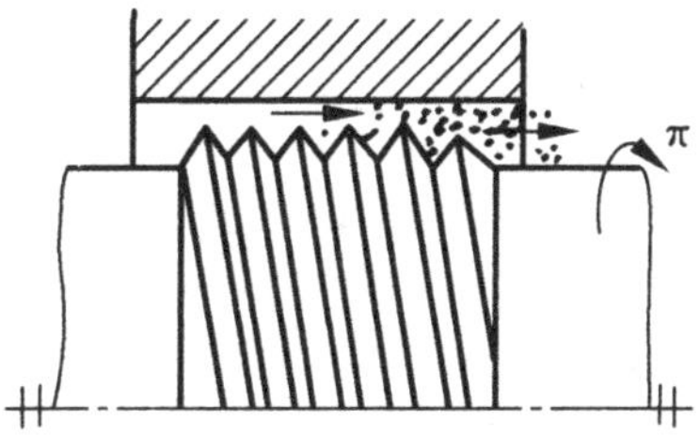

图 2-43　螺旋密封

4. 磁流体密封简介

磁流体密封原理如图 2-44 所示，在旋转轴上放一个环形磁体，磁体的每端与一环形磁极接触，形成一个磁场，且通过在轴表面上或者在环形磁极的内径处的齿纹来加强这个磁场的效应。当环形磁极和轴之间的空隙被磁流体膜充满时，就形成一个完整的磁力线区，使轴颈与环形磁极的空隙处形成一个磁流体环，堵塞了流体泄漏的任何通道。

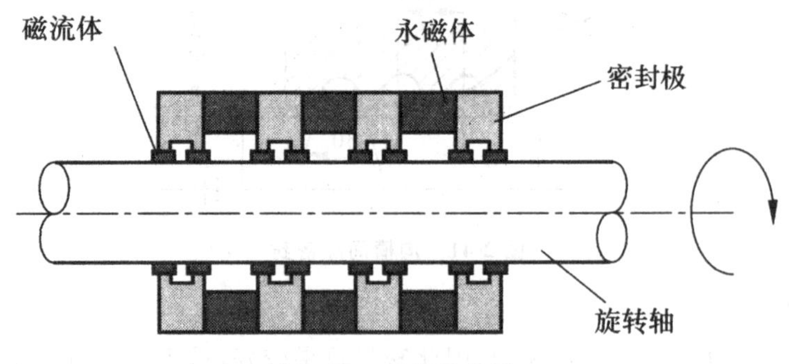

图 2-44 磁流体密封

磁流体密封是一种非接触密封，具有零泄漏、小摩擦、低功耗、无磨损、无老化，结构简单，寿命长等特点，在气体和真空密封、航天装备、计算机硬盘轴承中得到广泛应用。

第3章 螺纹连接及螺旋传动原理

3.1 螺 纹

3.1.1 螺纹的类型和应用

螺纹有外螺纹和内螺纹之分，它们共同组成螺旋副。其中，加工在轴的外表面的称为外螺纹，加工在孔的内表面的称为内螺纹。

按照螺纹的作用，可将其分为两类：起连接作用的螺纹称为连接螺纹，起传动作用的螺纹称为传动螺纹。

按照螺纹的计量单位，可分为米制和英制（螺距以每英寸牙数表示）两类。我国除了将管螺纹保留英制外，其余都采用米制螺纹。

此外，按螺纹牙的截面形状分，有三角形螺纹、圆螺纹、矩形螺纹、梯形螺纹和锯齿形螺纹。前两种主要用于连接，后三种主要用于传动。其中除了矩形螺纹外，都已标准化。标准螺纹的基本尺寸，可查阅有关标准。

3.1.2 螺纹的主要参数

以普通圆柱外螺纹为例说明螺纹的主要几何参数（见图3-1）。

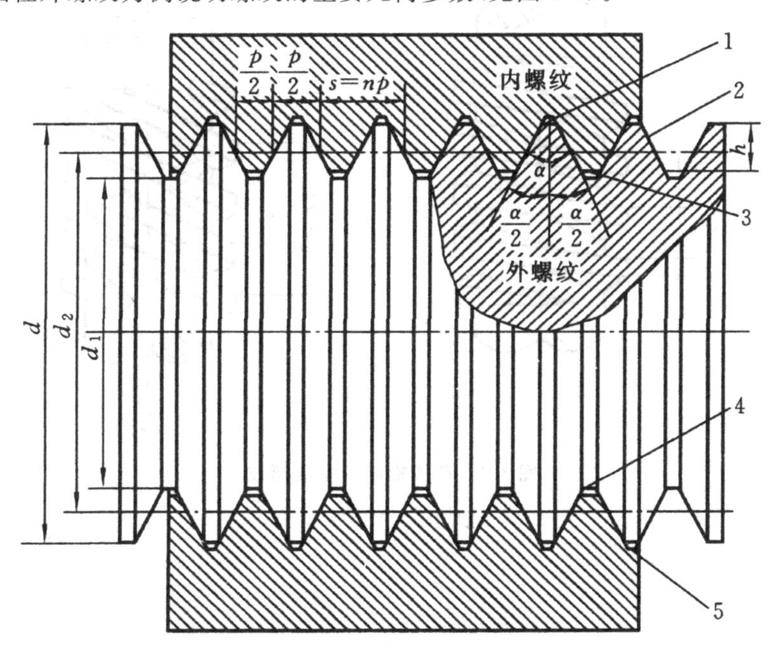

图3-1 螺纹的主要几何参数

1—牙顶（外螺纹）；2—牙侧；3—牙顶（内螺纹）；4—牙底（外螺纹）；5—牙底（内螺纹）

(1)大径 d——螺纹的最大直径,即与螺纹牙顶相重合的假想圆柱面的直径,在标准中定为公称直径。

(2)小径 d_1——螺纹中的最小直径,即与螺纹牙底相重合的假想圆柱面的直径,在强度计算中常作为螺纹杆危险截面的计算直径。

(3)中径 d_2——通过螺纹轴向截面内牙型上的沟槽和凸起宽度相等处的假想圆柱面的直径,近似等于螺纹的平均直径,$d_2 \approx 0.5(d+d_1)$。中径是确定螺纹几何参数和配合性质的直径。

(4)牙型——轴向截面内,螺纹牙的轮廓形状。

(5)牙型角 α——螺纹牙型上,相邻两牙侧间的夹角。

(6)线数 n——螺纹的螺旋线数目。沿一根螺旋线形成的螺纹称为单线螺纹;沿两根以上的等距螺旋线形成的螺纹称为多线螺纹,见图 3-2。常用的连接螺纹要求自锁性,故多用单线螺纹;传动螺纹要求效率高,故多用多线螺纹。

(7)螺距 p——螺纹相邻两个牙型上对应点间的轴向距离。

(8)导程 s——同一螺旋线上相邻两个牙型上对应点间的轴向距离,单线螺纹 $s=p$,多线螺纹 $s=np$,见图 3-2。

(9)螺纹升角 ψ——螺旋线的切线与垂直于螺纹轴线的平面间的夹角。在螺纹的不同直径处,螺纹升角不同。通常按螺纹中径 d_2 处计算。

(10)接触高度 h——内外螺纹旋合后的接触面的径向高度。

(11)螺纹旋向——分为左旋和右旋。

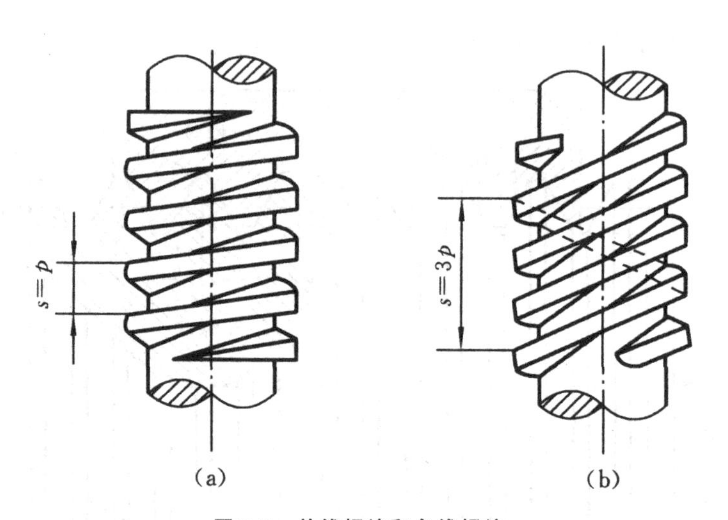

图 3-2 单线螺纹和多线螺纹

(a)$n=1$;(b)$n=3$

3.2　螺纹连接

3.2.1　螺纹连接的基本类型

1. 螺栓连接

常见的普通螺栓连接如图 3-3 所示，当被连接件不太厚时，在被连接件上开通孔，插入螺栓后在螺栓的另一端拧上螺母。这种连接，孔壁上不制作螺纹，所以结构简单，装拆方便，通孔加工精度要求低，因此应用极广。

铰制孔螺栓连接如图 3-4 所示，螺栓杆和孔之间多采用基孔制过渡配合（H7/m6、H7/n6）。这种连接能精确固定被连接件的相对位置，并能承受横向载荷，但对孔的加工精度要求较高。

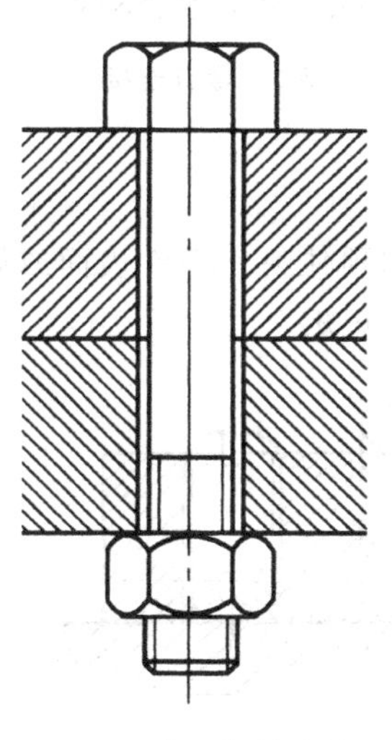

图 3-3　普通螺栓连接

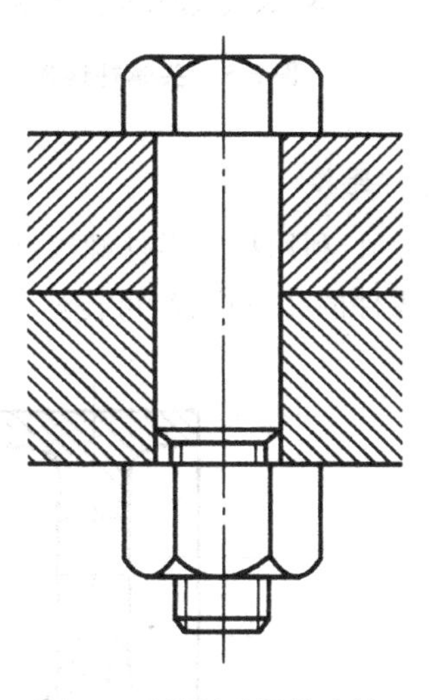

图 3-4　铰制孔螺栓连接

2. 双头螺柱连接

如图 3-5 所示，这种连接适用于结构上不能采用螺栓连接的场合，例如，被连接件之一太厚不宜制成通孔且需要经常装拆时，往往采用双头螺柱连接。

3. 螺钉连接

如图 3-6 所示，这种连接的主要特点是螺栓或螺钉直接拧入被连接件的螺纹孔中，不用螺母，在结构上比双头螺柱连接更简单、紧凑。其应用场合与双头螺柱连接相似，但如经常装拆，易使螺纹孔磨损，可能导致被连接件报废，故多用于受力不大，或不需要经常装拆的场合。

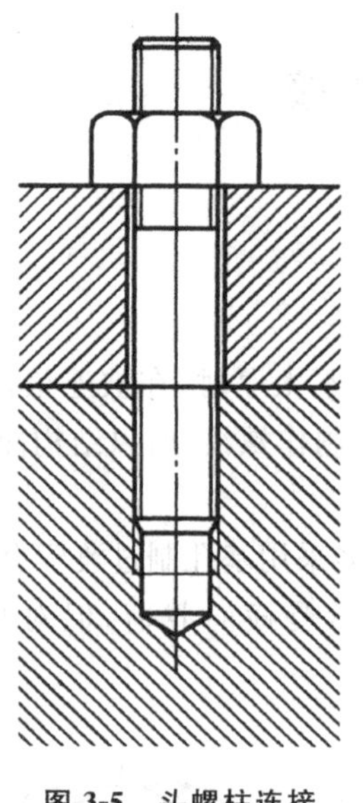

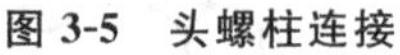

图 3-5　头螺柱连接

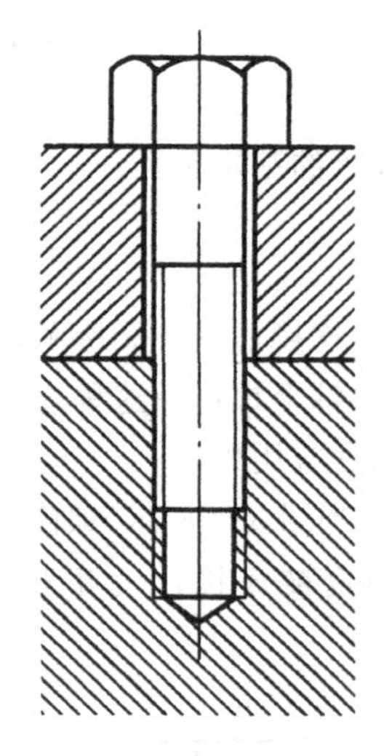

图 3-6　螺钉连接

4. 紧定螺钉连接

如图 3-7 所示，利用拧入零件螺纹孔中的螺钉末端顶住另一零件表面或旋入零件相应的缺口中以固定零件的相对位置，可传递不大的轴向力或扭矩。

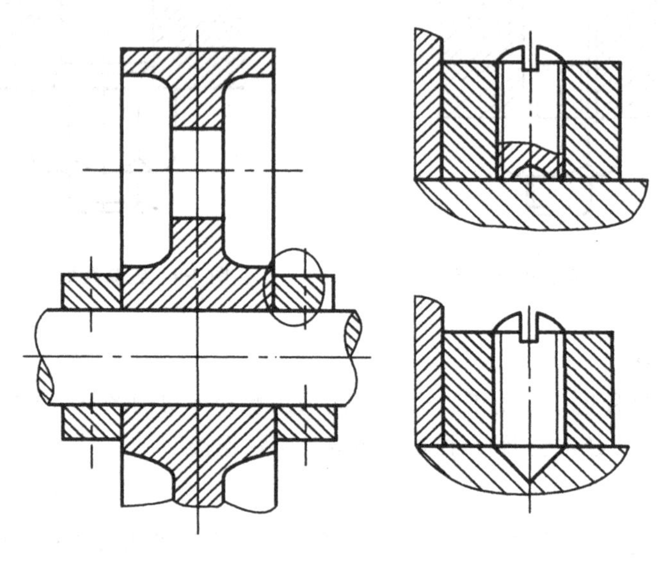

图 3-7　紧定螺钉连接

螺钉除了作为连接和紧定用外，还可用于调整零件位置。

除上述四种基本螺纹连接形式外，还有一些特殊结构的连接。例如，专门用于将基座或机架固定在地基上的地脚螺栓连接（见图 3-8），装在机器或大型零部件的顶盖或外壳便于起吊用的吊环螺钉连接（见图 3-9），用于工装设备中的 T 形槽螺栓连接等。

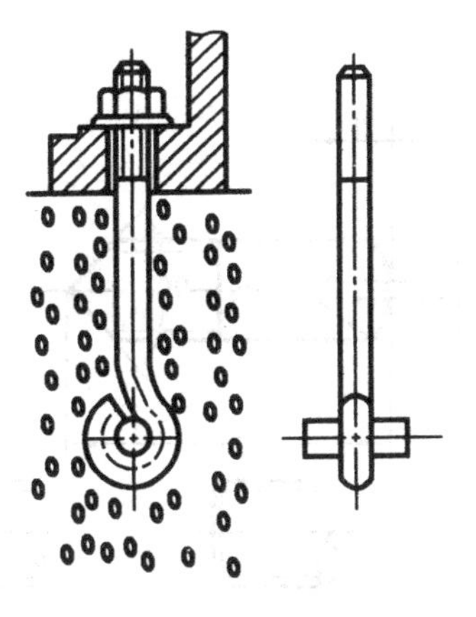

图3-8 地脚螺栓连接

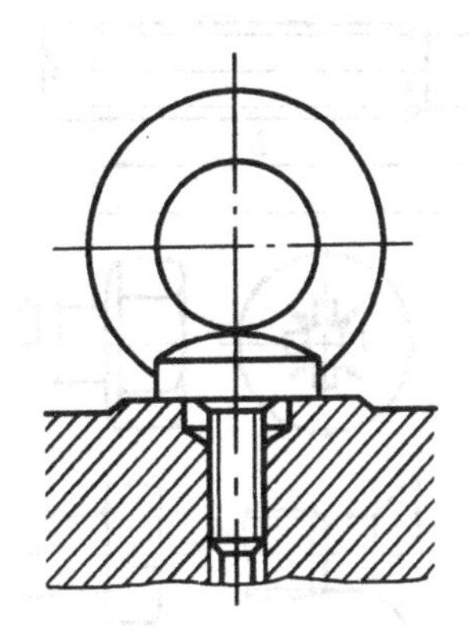

图3-9 吊环螺钉连接

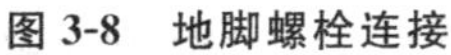

3.2.2 标准螺纹连接件

螺纹连接件的形式有很多,在机械制造中常见的螺纹连接件有螺栓、双头螺柱、螺钉、螺母和垫圈等。这些零件的结构形式和尺寸都已经标准化,设计时可根据有关标准选用。

1. 螺栓

螺栓是应用最广的螺纹连接件,它是一端有头,另一端有螺纹的柱形零件(见图3-10)。按制造精度分为A、B、C三级,通用机械中多用C级。螺杆部可以制造出一段螺纹或全螺纹,螺纹可用粗牙或细牙。

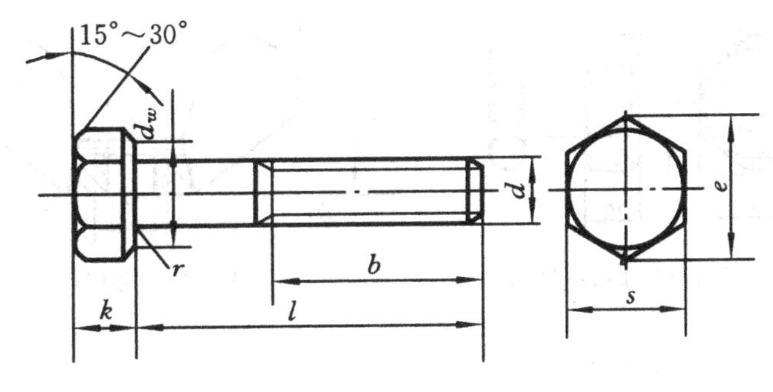

图3-10 螺栓

2. 双头螺柱

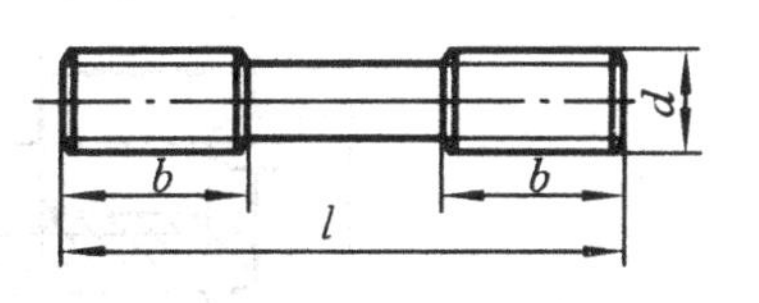

图3-11 双头螺柱

双头螺柱没有钉头,它的两端都有螺纹(见图3-11)。适用于被连接件之一太厚不宜加工通孔的场合,一端常用于旋入铸铁或有色金属的螺纹孔中,旋入后即不拆卸,另一端则用于安装螺母固定被连接零件。

3. 螺钉

螺钉结构与螺栓大体相同,但头部形状较多,以适应扳手、螺丝刀的形状。它可分为连接螺钉(见图3-12(a))和紧定螺钉(见图3-12(b))两种。适用场合与双头螺柱类似,但不易经常装拆。

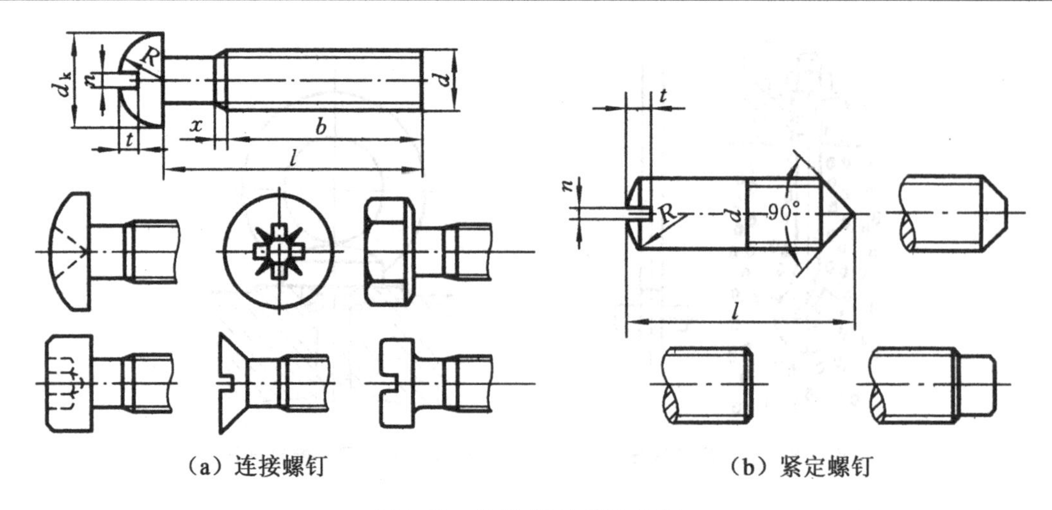

（a）连接螺钉　　（b）紧定螺钉

图 3-12　连接螺钉与紧定螺钉

4．螺母

螺母有各种不同的形状，以六角螺母应用最广。按螺母的厚度不同，分为标准螺母和薄螺母两种规格（见图 3-13(a)）。薄螺母常用于受剪切力的螺栓或空间尺寸受限制的场合。

在需要快速装拆的地方，可采用蝶形螺母（见图 3-13(b)）二开槽螺母（见图 3-13(c)）则用于防松装置中。

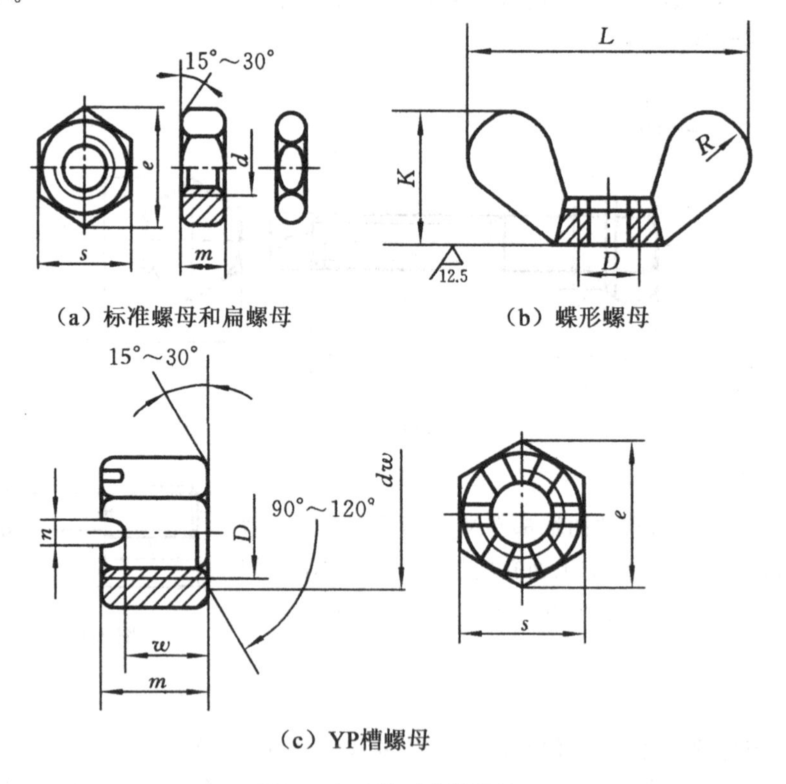

（a）标准螺母和扁螺母　　（b）蝶形螺母

（c）YP槽螺母

图 3-13　各种形式的螺母

5. 垫圈

垫圈的作用是保护零件不被擦伤，增大螺母与被连接件之间的接触面积，防止螺母松脱等（见图 3-14），为了适应零件表面的斜度，可以使用斜垫圈。

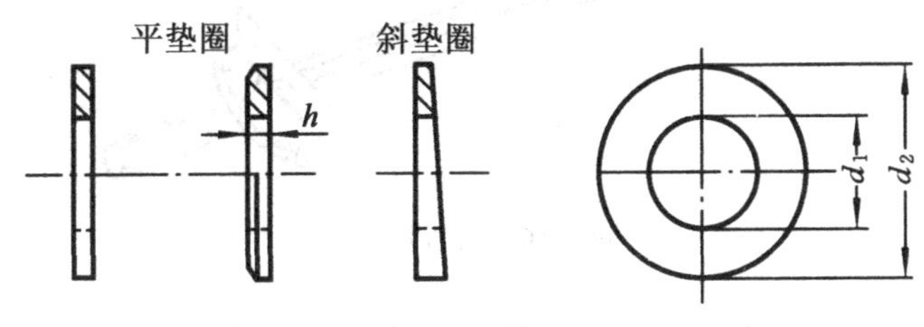

图 3-14 垫圈

3.2.3 螺纹连接的预紧和防松

1. 螺纹连接的预紧

在机器中使用的螺纹连接，绝大多数都需要拧紧。此时螺栓所受的轴向拉力称为预紧力 F_0。预紧使被连接件的结合面之间压力增大，因此提高了连接的紧密性和可靠性。但预紧力过大会导致整个连接的结构尺寸增大，也会使连接件在装配或偶然过载时被拉断，因此为保证所需预紧力又不使螺纹连接件过载，对重要的螺纹连接，在装配时要设法控制预紧力。

通常规定，拧紧后螺纹连接件的预紧力不得超过其材料的屈服极限 σ_s 的 80%。对于一般连接用的钢制螺栓的预紧力 F_0，推荐用下列关系确定。

碳钢：

$$F_0=(0.6\sim0.7)\sigma_s A_1$$

合金钢：

$$F_0=(0.5\sim0.6)\sigma_s A_1$$

式中 A_1——螺栓最小剖面积，$A_1=\frac{1}{4}\pi d_1^2(\text{mm}^2)$；

σ_s——屈服极限(MPa)。

控制预紧力的办法很多，通常是借助定力矩扳手或测力矩扳手。定力矩扳手（见图 3-15）的原理是当拧紧力矩超过规定值时，弹簧被压缩，扳手卡盘与圆柱销之间打滑，卡盘无法继续转动。测力矩扳手（见图 3-16）的原理是利用扳手上的弹性元件在拧紧力的作用下所产生的弹性变形的大小来指示拧紧力矩的大小。

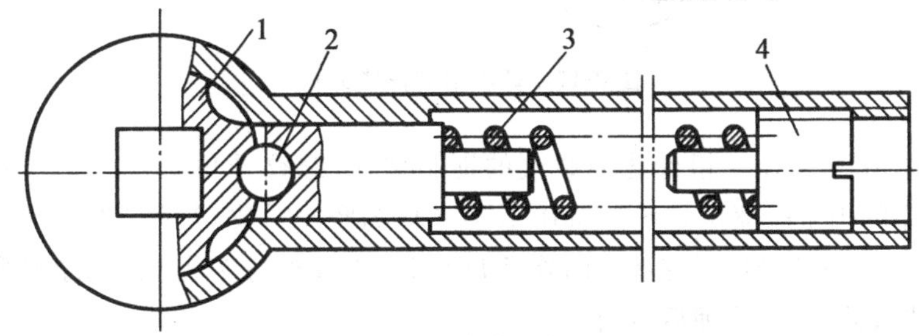

图 3-15 定力矩扳手

1—扳手卡盘；2—圆柱销；3—弹簧；4—调节螺钉

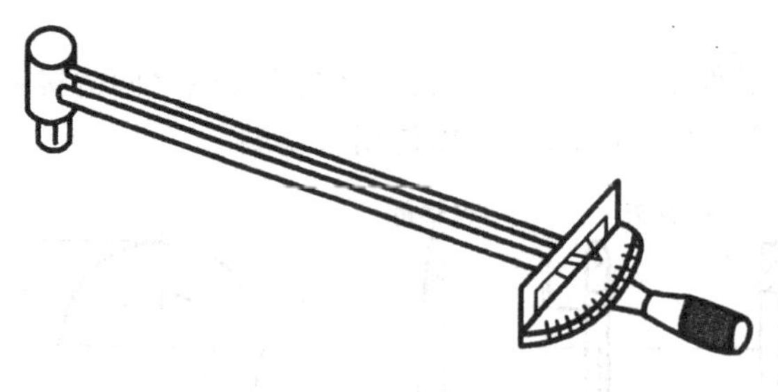

图 3-16　测力矩扳手

如上所述，装配时预紧力的大小是通过拧紧力矩来控制的。因此，应该从理论上找出预紧力和拧紧力矩之间的关系。

如图 3-17 所示，在拧紧螺母时，其拧紧力矩为

$$T=FL \tag{3-1}$$

式中 F——作用在手柄上的力；

L——力臂长度。

力矩 T 用于克服螺旋副的摩擦阻力矩 T_1 和螺母环形端面与被连接件（或垫圈）支承面间的摩擦力矩 T_2，即

$$T=T_1+T_2=\frac{1}{2}F_0\left[d_2\tan(\psi+\rho_v)+\frac{2}{3}f_c\left(\frac{D_0^3-d_0^3}{D_0^2-d_0^2}\right)\right] \tag{3-2}$$

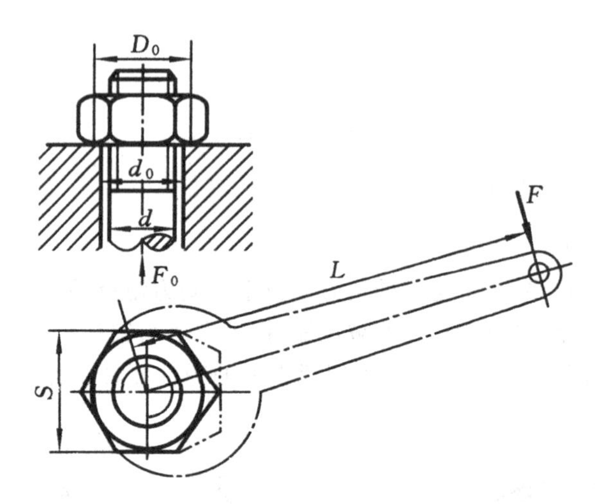

图 3-17　螺旋副的拧紧力矩

对于常用的 M10～M68 粗牙普通螺纹的钢制螺栓，螺纹升角 $\psi=1°42'\sim3°2'$；螺纹中径 $d_2\approx0.9d$；螺旋副的当量摩擦角 $\rho_v\approx\arctan1.155f_c$（$f_c$ 为摩擦系数，无润滑时为 $f_c\approx0.1\sim0.2$）；螺栓孔直径 $d_0=1.1d$；螺母环形支承面的外径 $D_0=1.5d$；螺母与支承面间的摩擦系数 $f_c=0.15$。将上述各参数代入式(3-2)整理后可得

$$T\approx0.2F_0d$$

当需精确控制预紧力或预紧大型的螺栓时，可采用测量预紧前后螺栓的伸长量或测量应变的方法控制预紧力。

2. 螺纹连接的防松

螺纹连接件一般采用单线普通螺纹。螺纹升角 $\psi=1°42'\sim3°2'$，小于螺旋副的当量摩擦角 $\varphi_v=6.5°\sim10.5°$。因此，连接螺纹都能满足自锁条件 $\psi<\varphi_v$。但在冲击、振动或变载荷的作用下，螺旋副间的摩擦力可能减小或瞬间消失。这种现象多次重复后，就会使连接松脱。在高温或温度变化较大的情况下，由于螺纹连接件和被连接件的材料发生蠕变和应力松弛，也会使连接中的预紧力和摩擦力逐渐减小，最终将导致连接失效。因此，为了防止连接的松脱，保证连接安全可靠，设计时必须采取有效的防松方法。

防松的根本问题在于防止螺旋副发生相对转动。防松的方法按其工作原理可分为摩擦防松、机械防松以及铆冲防松等。螺纹连接常用的防松方法见表 3-1。

表 3-1　螺纹连接常用的防松方法

防松方法		结构形式	防松原理和应用
摩擦防松	对顶螺母	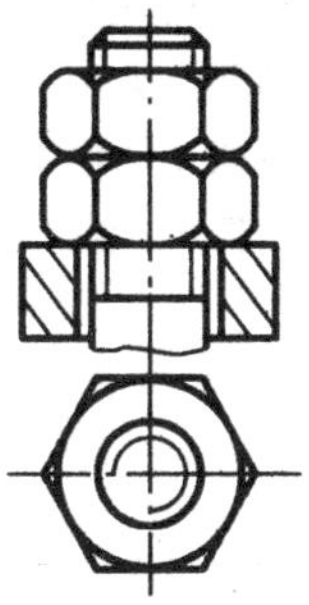	两螺母对顶拧紧后，旋合螺纹间始终受到附加的压力和摩擦力的作用。工作载荷向左、右变动时，该摩擦力仍然存在。但螺纹牙存在比较严重的受载不均的现象。 结构简单，适用于平稳、低速和重载的固定装置上的连接
	弹簧垫圈	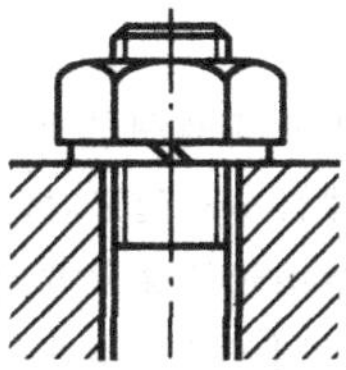	螺母拧紧后乡靠垫圈压平面产生的弹性反力使旋合螺纹间压紧。同时垫圈斜口的尖端抵住螺母与被连接件的支承面也有防松作用。 结构简单，使用方便，但由于垫圈的弹力不均，在冲击、振动的工作条件下，其防松效果较差，一般用于不太重要的连接
	自锁螺母	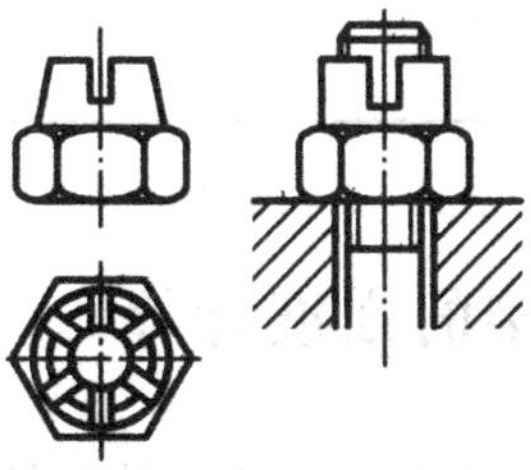	螺母一端制成非圆形收口或开缝后径向收口。当螺母拧紧后，收口胀开，利用收口的弹力使旋合螺纹间压紧。 结构简单，防松可靠，可以多次装拆而不降低防松性能

续表

防松方法		结构形式	防松原理和应用
机械防松	开口销与六角开槽螺母	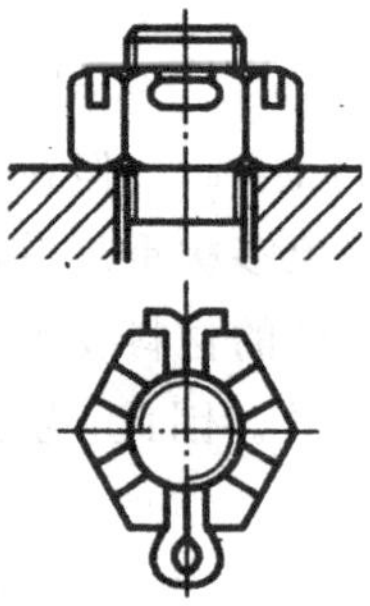	六角开槽螺母拧紧后，将开口销穿入螺栓尾部小孔和螺母的槽内，并将开口销尾掰开与螺母侧面贴紧，也可用普通螺母代替六角开槽螺母，但须拧紧螺母后再配钻销孔。 适用于较大冲击、振动的高速机械中运动部件的连接
	止动垫圈	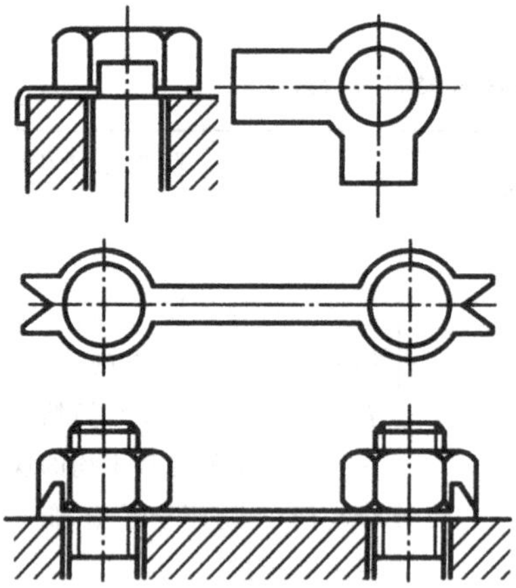	螺母拧紧后，将单耳或双耳止动垫圈分别向螺母和被连接件的侧面折弯贴紧，即可将螺母锁住。若两个螺栓需要双联锁紧时，可采用双联止动垫圈，使两个螺母相互制动。 结构简单，使用方便，防松可靠
	串联钢丝	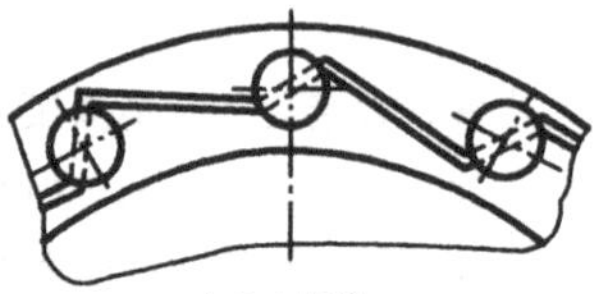 (a) 正确 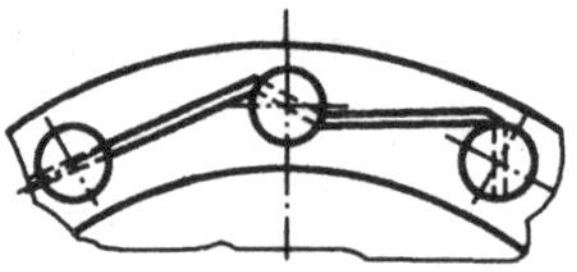 (b) 不正确	用低碳钢钢丝穿入各螺钉头部的孔内，将各螺钉串联起来，使其相互止动，使用时必须注意钢丝的穿入方向(图(a)正确，图(b)错误)。 适用于螺栓组连接，防松可靠，但装拆不便

3.3 单个螺栓连接的强度计算

螺栓的受力因螺栓连接类型不同，可分为两类，即普通螺栓连接和铰制孔用螺栓连接，它们分别直接承受轴向载荷或横向载荷，因此也分别成为受拉螺栓连接和受剪螺栓连接。

3.3.1　普通螺栓连接的强度计算

1. 松螺栓连接

松螺栓连接是螺栓在工作之前螺母不需要拧紧。图3-18所示为松螺栓应用实例，图中螺栓不预紧，只在工作时受滑轮传来的轴向工作载荷 F，螺栓的强度计算条件为

$$\sigma=\frac{F}{\frac{\pi}{4}d_1^2}\leqslant[\sigma] \tag{3-3}$$

式中$[\sigma]$——松螺栓连接许用应力，对钢螺栓，$[\sigma]=\sigma_s/S$，σ_s 为螺栓材料屈服强度，安全系数一般可取 $S=1.2\sim1.7$。设计公式为

$$d_1\geqslant\sqrt{\frac{4F}{\pi[\sigma]}} \tag{3-4}$$

根据式(3-4)求得 d_1 后，按国家标准查出螺纹大径并确定其他有关尺寸。

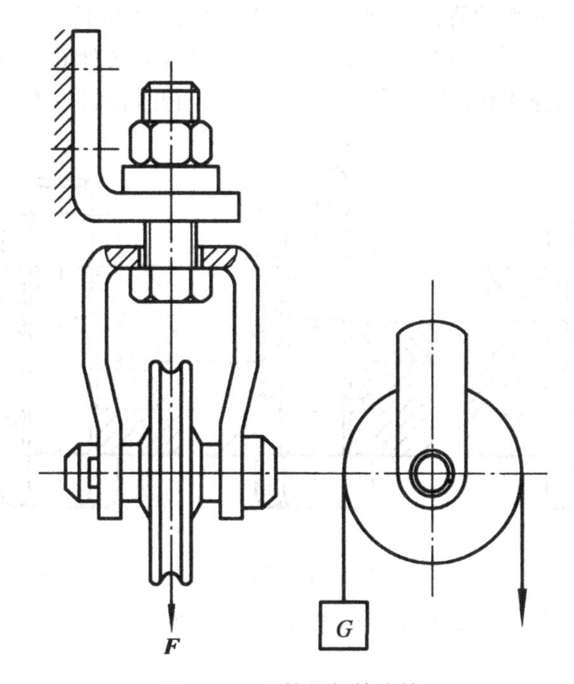

图3-18　受拉松螺栓连接

2. 只受预紧力作用的紧螺栓连接

紧螺栓连接装配时，螺母需要拧紧。在拧紧力矩作用下，螺栓受预紧力 F_0 作用产生的拉力和螺纹力矩作用产生的扭转切应力的联合作用。

螺栓危险截面的拉应力为

$$\sigma=\frac{F_0}{\frac{\pi}{4}d_1^2}$$

螺栓危险截面的扭转切应力为

$$\tau=\frac{F_0\tan(\psi+\varphi_v)\frac{d_2}{2}}{\frac{\pi}{16}d_1^3}=\frac{2d_2}{d_1}\cdot\frac{F_0}{\frac{\pi}{4}d_1^2}(\psi+\varphi_v)$$

对于 M10～M68 钢制普通螺纹螺栓，取 $\psi=2°30'$，$\rho_v=10°30'$，$d_2/d_1=1.04\sim1.08$，则由上式可以得出 $r\approx0.49\ \sigma$，根据塑性材料的第四强度理论有

$$\sigma_{ca}=\frac{1.3F_0}{\frac{\pi}{4}d_1^2}\leqslant[\sigma] \tag{3-5}$$

由此可见，对于 M10～M68 普通钢制紧螺栓连接，在拧紧时虽同时承受拉伸和扭转的联合作用，但计算时可以只按拉伸强度计算，并将所受的拉力（预紧力）增大 30％来考虑扭转切应力的影响。

这种靠摩擦力抵抗工作载荷的紧螺栓连接，要求保持较大的预紧力，否则在振动、冲击或变载荷下，由于摩擦系数的变动将使可靠性降低，有可能出现松脱。为避免上述缺陷，可用各种减载零件来承受横向工作载荷（见图 3-19），此时连接强度条件和零件的剪切、挤压强度条件计算，而螺纹连接只起连接作用，不再承受工作载荷，因此，预紧力不必很大。

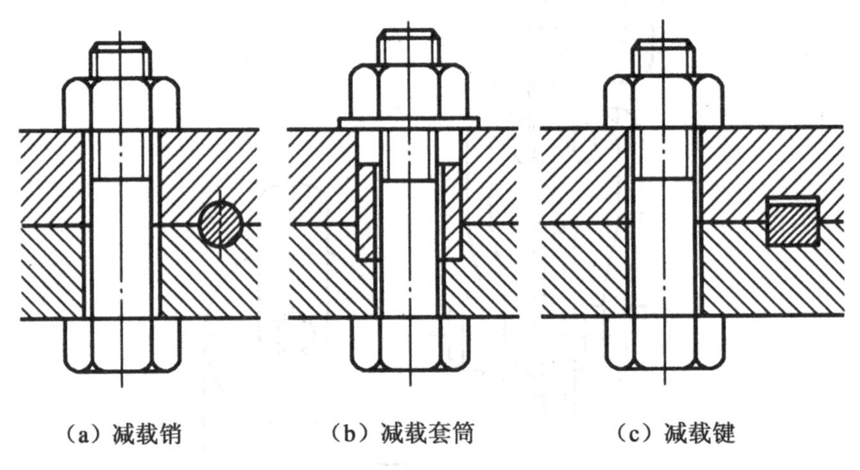

图 3-19　承受横向载荷的减载零件

3. 承受预紧力和工作载荷的紧螺栓连接

这种受力形式在紧螺栓连接中比较常见，因而也是最重要的一种。这种紧螺栓连接承受轴向拉伸工作载荷后，由于螺栓和被连接件的弹性变形，螺栓所受的总拉力并不等于预紧力和工作拉力之和。根据理论分析，螺栓的总拉力除了和预紧力 F_0、工作拉力 F 有关外，还受到螺栓刚度 c_b 及被连接件刚度 c_m 等因素的影响。因此，应从分析螺栓连接的受力和变形的关系入手，找出螺栓总拉力的大小。

图 3-20 所示为单个螺栓连接在承受轴向工作载荷前后的受力及变形情况。

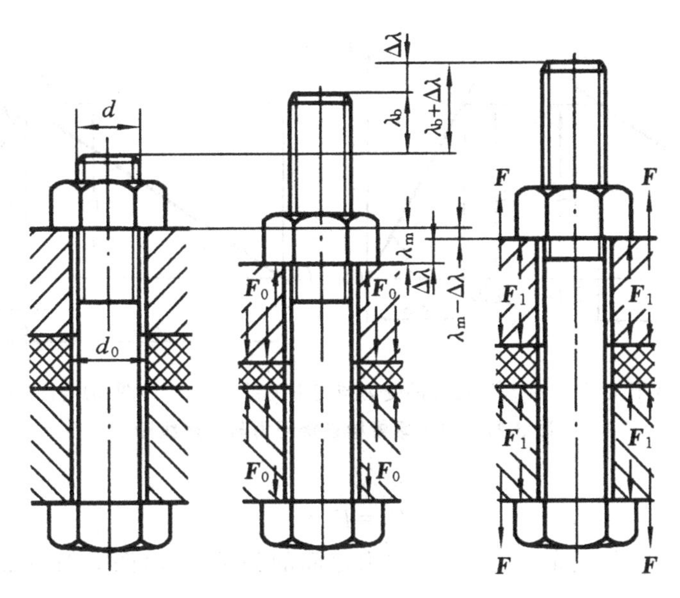

(a)未拧紧时　(b)已拧紧未承受工作载荷时　(c)承受工作载荷时

图 3-20　承受预紧力和工作载荷的紧螺栓连接

图 3-20(a)是螺母刚好拧到和被连接件相接触,但尚未拧紧。此时螺栓和被连接件都不受力,因而也不产生变形。

图 3-20(b)是螺母已拧紧,但尚未承受工作载荷。此时,螺栓受预紧力 F_0 的拉伸作用,其伸长量为 λ_b。相反,被连接件则在 F_0 的压缩作用下,其压缩量为 λ_m。

图 3-20(c)是承受工作载荷时的情况。此时,若螺栓和被连接件的材料在弹性变形的范围内,则两者的受力及变形关系符合胡克定律。当螺栓承受工作拉力 F 后,其伸长量增加 $\Delta\lambda$ 总伸长量为 $\lambda_b+\Delta\lambda$。与此同时,原来被压缩的被连接件,因螺栓伸长而被放松,其压缩量也随着减小。根据连接的变形协调条件,被连接件压缩变形的减少量应等于螺栓拉伸变形的增加量 $\Delta\lambda$。因此,总的压缩量为 $\lambda_m-\Delta\lambda$。被连接件的压缩力由 F_0 减至 F_1,F_1 称为残余预紧力。

显然,连接受载后,由于预紧力的变化,螺栓的总拉力 F_2 并不等于预紧力 F_0 与工作拉力 F 之和,而等于残余预紧力 F_1 与工作拉力 F 之和。

上述的螺栓与被连接件的受力与变形关系,还可以用线图表示。如图 3-21 所示,图中纵坐标代表力,横坐标代表变形。图 3-21(a)、(b)分别代表螺栓和被连接件的受力与变形的关系。由图可见,在连接件尚未承受工作拉力 F 时,螺栓的拉力和被连接件的压缩力都等于预紧力 F_0。因此,为分析方便可将图 3-21(a)、(b)合并成图 3-21(c)。

如图 3-21(c)所示,当连接承受工作载荷 F 时,螺栓的总拉力为 F_2,相应的总伸长量为 $\lambda_b+\Delta\lambda$,被连接件的压缩力等于残余预紧力 F_1,相应的总压缩量为 $\lambda_m-\Delta\lambda$。由图可见,螺栓的总拉力 F_2 等于残余预紧力 F_1 与工作拉力 F 之和,即

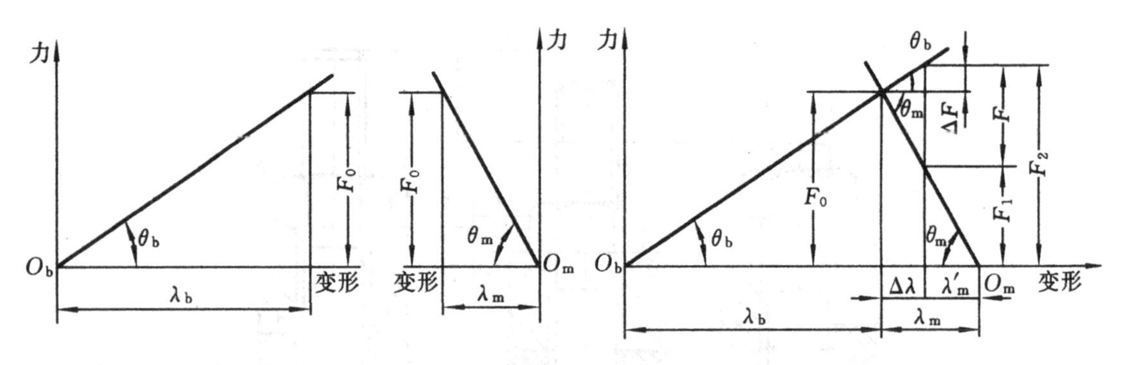

(a)螺栓的受力与变形关系　(b)被连接件的受力与变形关系　　(c)图(a)与图(b)合并

图 3-21　单个紧螺栓连接受力与变形线图

$$F_2=F_1+F \tag{3-6a}$$

螺栓的预紧力 F_0 与残余预紧力、总拉力之间的关系，可由图 3-21 中的几何关系推出。可得

$$F_0=F_1+(F-\Delta F) \tag{3-6b}$$

又

$$\frac{\Delta F}{F-\Delta F}=\frac{\Delta\lambda\tan\theta_b}{\Delta\lambda\tan\theta_m}=\frac{c_b}{c_m}$$

或

$$\Delta F=\frac{c_b}{c_m+c_b}F \tag{3-6c}$$

式中c_b、c_m——螺栓的刚度和被连接件的刚度，均为定值。可由图 3-21 中的几何关系推出

$$c_b=\tan\theta_b=\frac{F_0}{\lambda_b}$$

$$c_m=\tan\theta_m=\frac{F_0}{\lambda_m}$$

将式(3-6c)代入式(3-6b)得螺栓的预紧力为

$$F_0=F_1+\left(1+\frac{c_b}{c_m+c_b}\right)F=F_1+\frac{c_b}{c_m+c_b}F \tag{3-7}$$

螺栓的总拉力为

$$F_2=F_0+\Delta F=F_0+\frac{c_b}{c_m+c_b}F \tag{3-8}$$

式(3-6)和式(3-8)是螺栓总拉力的两种表达形式，计算时根据设计要求、工作条件、已知参数等选用。

用式(3-6)计算螺栓总拉力时，为保证连接的紧密性，以防止受载后接合面产生缝隙，应使 $F_1\geqslant 0$。推荐的残余预紧力的取值为：对于有紧密性要求的连接，$F_1=(1.5\sim1.8)F$；对于一般连接，工作载荷稳定时，$F_1=(0.2\sim0.6)F$；工作载荷不稳定时，$F_1=(0.6\sim1.0)F$；载荷有冲击时，$F_1=(1.0\sim1.5)F$；对于地脚螺栓连接，$F_1\geqslant F$。

在式(3-8)中，$\frac{c_b}{c_m+c_b}$称为螺栓的相对刚度，其大小与螺栓和被连接件的结构尺寸、材料以及垫片、工作载荷的位置等因素有关，其值在 0～1 之间变化。为降低螺栓的受力、提高螺栓连接的承载能力，应使$\frac{c_b}{c_m+c_b}$尽量小一些。一般设计时可参考表 3-2 推荐的数据选取。

表 3-2　螺栓的相对刚度$\frac{c_b}{c_m+c_b}$

被连接钢板间所用垫片类别	$\frac{c_b}{c_m+c_b}$
金属垫片或无垫片	0.2～0.3
皮革垫片	0.7
钢皮石棉垫片	0.8
橡胶垫片	0.9

求得螺栓的总拉力 F_2 后即可进行螺栓的强度计算。考虑到螺栓在总拉力的作用下可能需要补充拧紧，须计入扭转切应力的影响，按式(3-5)可得

$$\sigma_{ca}=\frac{1.3F_2}{\frac{\pi}{4}d_1^2}\leqslant[\sigma] \tag{3-9}$$

$$d_1\geqslant\sqrt{\frac{4\times1.3F_2}{\pi[\sigma]}} \tag{3-10}$$

对于受轴向变载荷的重要连接(如内燃机气缸盖螺栓连接等)，除按式(3-9)或式(3-10)作静强度计算外，还应根据下述方法对螺栓的疲劳强度作精确校核。

如图 3-22 所示，当工作拉力在 0～F 之间变化时，螺栓所受的总拉力将在 F_0～F_2 之间变化，如果不考虑螺纹摩擦力矩的扭转作用，则螺纹危险截面的最大拉应力 $\sigma_{max}=F_2/(\pi d_1^2/4)$，而最小拉应力为 $\sigma_{min}=F_0/(\pi d_1^2/4)$。受变载荷的螺栓大多为疲劳破坏，而应力幅 σ_a 是影响疲劳强度的主要因素。

$$\sigma_a=\frac{\sigma_{max}-\sigma_{min}}{2}=\frac{c_b}{c_m+c_b}\cdot\frac{2F}{\pi d_1^2}\leqslant[\sigma_a]$$

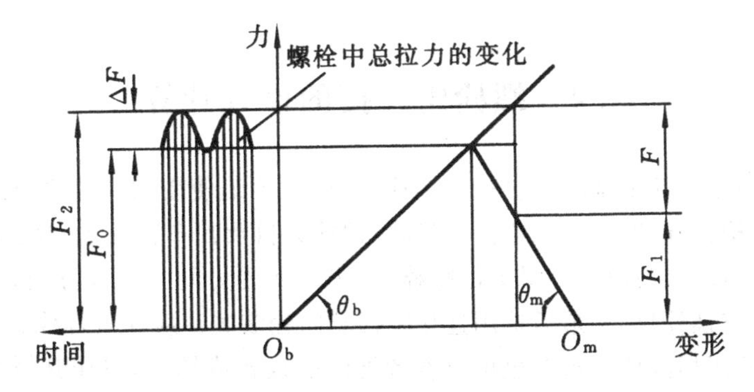

图 3-22　承受轴向变载荷的紧螺栓连接

3.3.2 铰制孔螺栓连接的强度计算

铰制孔螺栓靠侧面直接承受横向载荷(见图 3-23),连接的主要失效形式是:螺栓被剪断及螺栓或孔壁被压溃。因此计算

剪切强度

$$\tau=\frac{F}{m\frac{\pi}{4}d_0^2}\leqslant[\tau] \tag{3-11}$$

挤压强度

$$\sigma_p=\frac{F}{d_0L_{min}}\leqslant[\sigma_p] \tag{3-12}$$

式中F——单个螺栓的工作剪力(N);

d_0——铰孔直径(mm);

m——螺栓的剪切工作面数目;

L_{min}——螺栓与孔壁间的最小接触长度(mm),建议 $L_{min}\geqslant1.25d_0$;

$[\tau]$、$[\sigma_p]$——螺栓材料的许用切应力、螺栓或孔壁的许用挤压应力(MPa)。

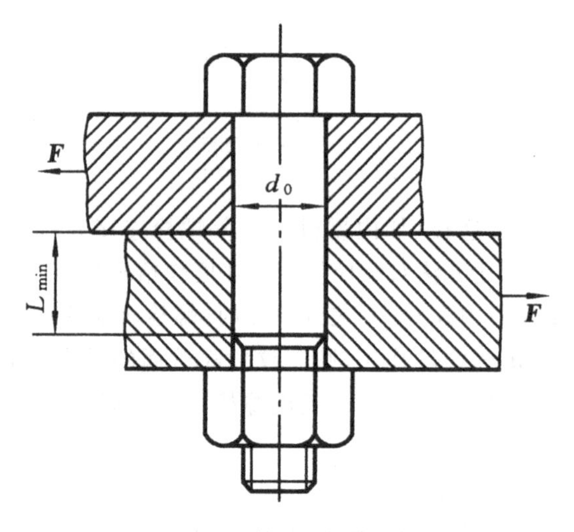

图 3-23 铰制孔螺栓连接

3.4 螺栓组连接的设计计算

螺栓连接一般是由几个螺栓(或螺钉、螺柱)组成螺栓组使用的。螺栓组连接设计的一般顺序是:先进行结构设计,即确定结合面的形状、螺栓数目及其布置方式;然后按螺栓组所受载荷进行受力分析和计算,找出受力最大的螺栓,求出其所受力的大小和方向;再按照单个螺栓进行强度计算,确定螺栓尺寸;最后选用连接附件和防松装置。应注意螺栓、螺母、垫圈等各种紧固件都要尽量选用标准件。有时也可以参考类似的设备或结构,参照其螺栓组的布置方式和尺寸,按类比法确定,必要时再作强度校核。

3.4.1　螺栓组连接的结构设计

螺栓组连接结构设计的主要目的是合理地确定连接结合面的几何形状和螺栓的布置形式，力求各螺栓和连接接合面间受力均匀，便于加工和装配。

连接接合面的几何形状要合理，通常选成轴对称的形状(见图 3-24)；接合接触面合理，最好有两个相互垂直的对称轴，便于加工制造。同一圆周上的螺栓数目一般取为 4、6、8、12 等，便于加工时分度。同一组螺栓的材料、直径和长度应尽量相同。通常采用环状或条状接合面(图 3-24 下图)，以减少加工量和接合面不平的影响，还可以提高连接强度。

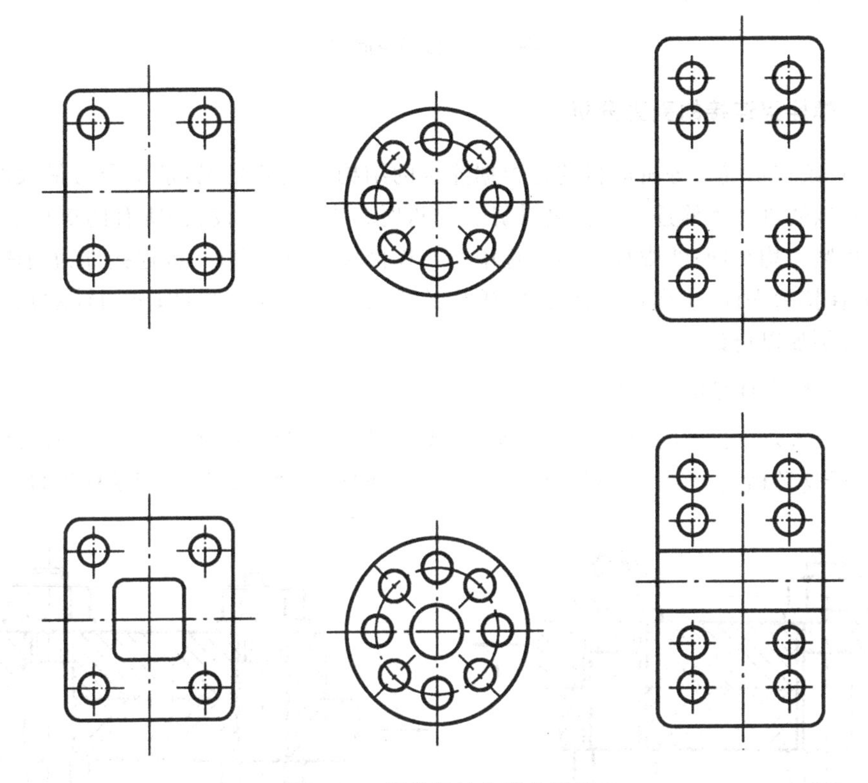

图 3-24　螺栓组接合面的形状

螺栓组的形心与接合面形心尽量重合，从而保证连接接合面受力均匀。

螺栓的位置应该使受力合理，应使螺栓靠近接合面边缘，以减少螺栓受力。如果螺栓同时承受较大轴向及横向载荷时，可采用销、套筒或键等零件来承受横向载荷。受横向载荷的螺栓组，沿力方向布置的螺栓不宜超过 6～8 个，以免螺栓受力严重不均匀。

各螺栓中心间的最小距离应不小于扳手空间的最小尺寸(见图 3-25)，最大距离应按连接用途及结构尺寸大小而定。

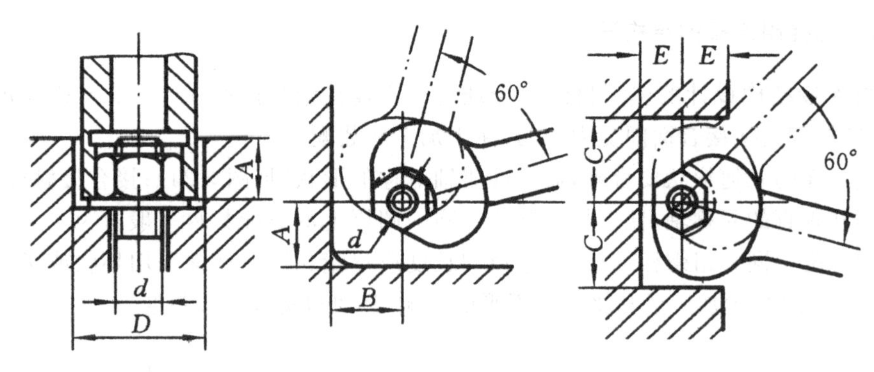

图 3-25　扳手空间

3.4.2　螺栓组连接的受力分析

进行螺栓组连接受力分析的目的是根据连接的结构和受载情况，求出受力最大的螺栓及其所受的力，以便进行螺栓连接的强度计算。分析时常做如下假设：①所有的螺栓的材料、直径、长度和预紧力均相同；②螺栓组的对称中心与连接接合面重合；③被连接件为刚体，即受载前后接合面保持为平面；④螺栓为弹性体，螺栓的应力不超过屈服强度；下面针对几种典型的受载情况，分别加以讨论。

1. 受横向载荷的螺栓组连接

图 3-26 所示为一受横向力的螺栓组连接，载荷 F_{Σ} 与螺栓轴线垂直，并通过螺栓组的对称中心。可承受这种横向力的螺栓有两种结构，即普通螺栓连接和铰制孔用螺栓连接。

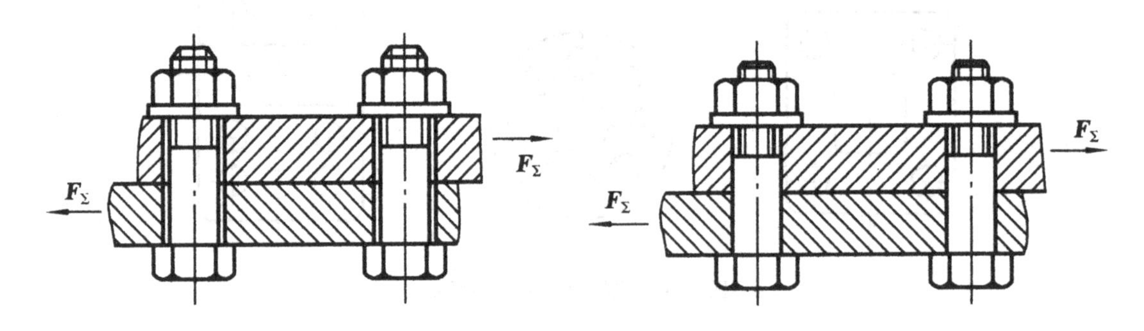

(a)普通螺栓连接　　(b)铰制孔螺栓连接

图 3-26　横向载荷的螺栓组

对于以上两种结构，都可以假设每个螺栓所承受的横向载荷是相同的，由此可得每个螺栓的工作载荷为

$$F=\frac{F_{\Sigma}}{z} \tag{3-13}$$

式中 z——螺栓的数目。

由于这两种螺栓连接的结构不同，因此承受工作载荷 F 的原理不同。

(1)普通螺栓连接

普通螺栓连接时,应保证连接预紧后,接合面间产生的最大摩擦力必须大于或等于横向载荷,即

$$fF_0 zi \geqslant K_s F_\Sigma \tag{3-14}$$

式中 f——接合面的摩擦系数;

i——接合面数;

K_s——防滑系数,按载荷是否平稳和工作要求决定,$K_s=1.1\sim1.3$。

(2)铰制孔螺栓连接

这种连接特点是靠螺杆的侧面直接承受工作载荷 F_Σ,一般采用过渡配合 H7/m6 或过盈配合 H7/u6,这种结构的拧紧力矩一般不大,所以预紧力和摩擦力在强度计算中可以不予考虑。

2. 受转矩的螺栓组连接

如图 3-27 所示,转矩 T 作用在连接接合面内,在转矩 T 的作用下,底板将绕通过螺栓组对称中心 O 并与接合面相垂直的轴线转动。为了防止底板转动,可采用普通螺栓连接,也可采用铰制孔螺栓连接。其传力方式和受横向载荷的螺栓组连接相同。

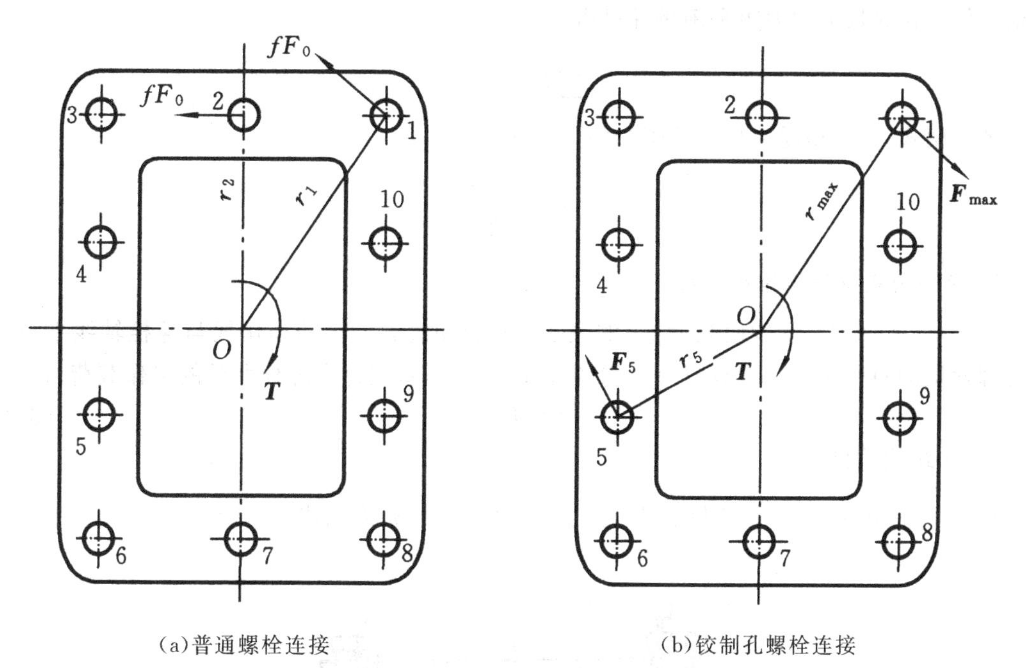

(a)普通螺栓连接　　(b)铰制孔螺栓连接

图 3-27　受转矩的螺栓组连接

(1)普通螺栓连接

采用普通螺栓连接时,靠连接预紧后在接合面间产生的摩擦力矩来抵抗转矩 T(见图 3-27(a))。假设各螺栓连接处的摩擦力相等,并集中作用在螺栓中心处,为阻止接合面间发生相对转动,各摩擦力应与各对应螺栓的轴线到螺栓组对称中心 O 的连线(即力臂 r_i)相垂直。根据底板静力矩平衡条件,应有

$$fF_0 r_1 + fF_0 r_2 + \cdots + fF_0 r_z \geqslant K_s T$$

由上式可得各螺栓所需的预紧力为

$$F_0 \geqslant \frac{K_s T}{f(r_1+r_2+\cdots+r_z)}=\frac{K_s T}{f\sum_{i=1}^{z} r_i} \tag{3-15}$$

式中f——接合面的摩擦系数；

r_i——第 i 个螺栓的轴线到螺栓组对称中心的距离；

z——螺栓数目；

K_s——防滑系数，同前。

(2)铰制孔螺栓连接

如图 3-27(b)所示，在转矩 T 作用下，螺栓靠侧面直接承受横向载荷，即工作剪力。按前面的假设，底座为刚体，因而底座受力矩 T，由于螺栓弹性变形，底座有一微小转角。各螺栓的中心与底板中心连线转角相同，而各螺栓的剪切变形量与该螺栓至转动中心 O 的距离成正比。由于各螺栓的剪切刚度是相同的，因而螺栓的剪切变形与其所受横向载荷 F 成正比。由此可得

$$F_i=F_{\max}\frac{r_i}{r_{\max}} \tag{3-16}$$

再根据作用在底板上的力矩平衡条件可得

$$\sum_{i=1}^{z} F_i r_i = T$$

联立解上两式，可求得受力最大的螺栓的工作剪力为

$$F_{\max}=\frac{T r_{\max}}{\sum_{i=1}^{z} r_i^2}$$

3. 受轴向载荷的螺栓组连接

图 3-28 所示为一受轴向载荷 F_Σ 的气缸盖螺栓组连接，F_Σ 的作用线与螺栓轴线平行，并通过螺栓组的对称中心。计算时可认为各螺栓受载均匀，则每个螺栓所受的工作载荷为

$$F=F_\Sigma/z \tag{3-17}$$

式中z——螺栓数目；

F_Σ——轴向载荷，$F_\Sigma=\frac{\pi}{4}D^2 p$，$D$ 为气缸直径(mm)，p 为气体压力(MPa)。

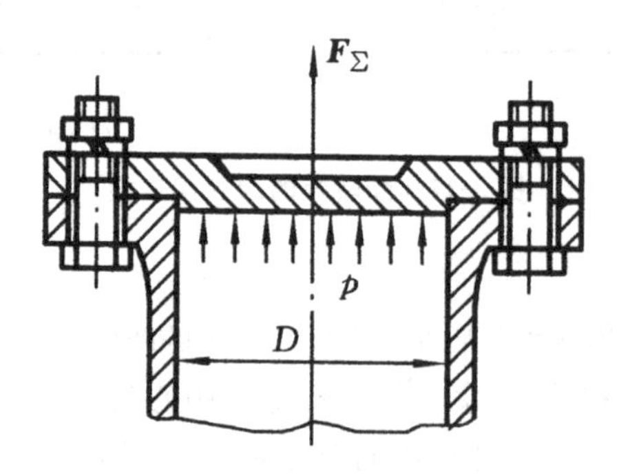

图 3-28　受轴向载荷的螺栓组连接

4. 受倾覆力矩的螺栓组连接

图 3-29 所示的基座用 8 个螺栓固定在地面上，在机座的中间平面内作用着倾覆力矩 M，按前面的假设，机座为刚体，在力矩 M 的作用下机座底板与地面的接合面仍保持为平面，并且有绕对称轴 $O-O$ 翻转的趋势。每个螺栓的预紧力为 F_0，M 作用后，$O-O$ 左侧的螺栓拉力增大，右侧的螺栓预紧力减少，而地面的压力增大。左侧拉力的增加等于右侧地面压力的增加。根据静力平衡条件，有

$$M=\sum_{i=1}^{z}F_iL_i$$

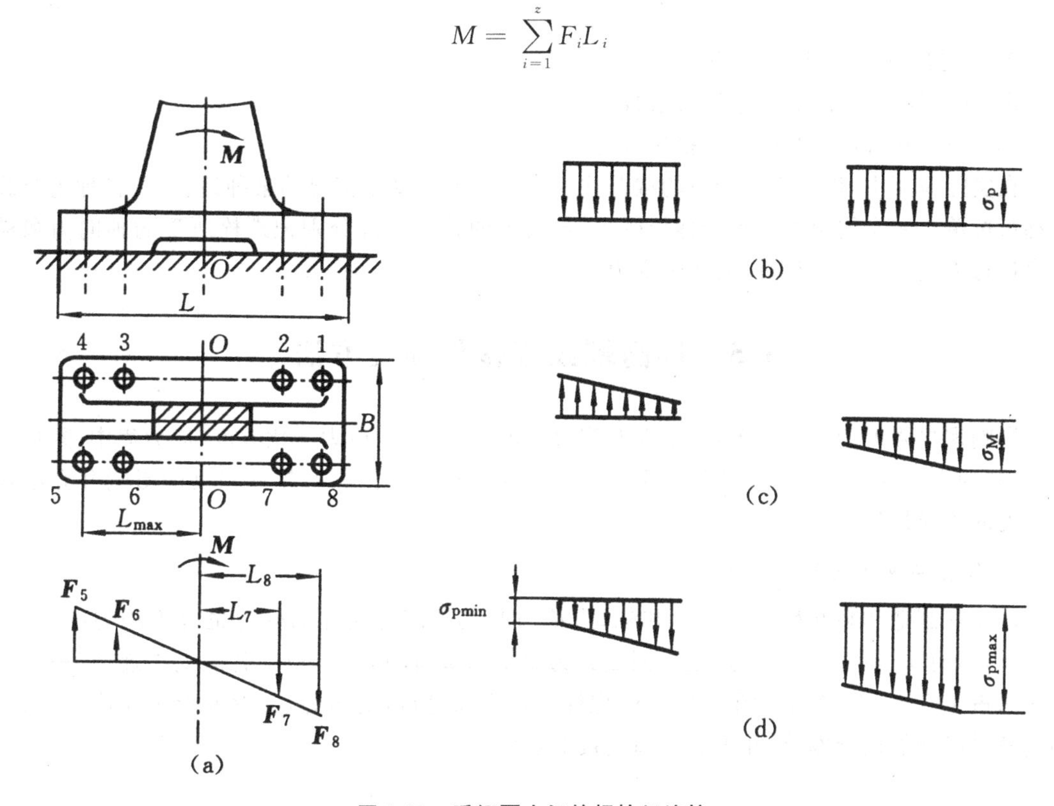

图 3-29　受倾覆力矩的螺栓组连接

由于机座的底板在工作载荷作用下保持平面，各螺栓的变形与其到 $O-O$ 的距离成正比，又因各螺栓的刚度相同，所以螺栓及地面所受工作载荷与该螺栓至中心 $O-O$ 的距离成正比，即

$$F_i=F_{max}\frac{L_i}{L_{max}} \tag{3-18}$$

则可得

$$F_{max}=\frac{ML_{max}}{\sum_{i=1}^{z}L_i^2} \tag{3-19}$$

式中 F_{max}——最大的工作载荷；

z——螺栓总数；

L_i——各螺栓轴线到底板轴线 $O-O$ 的距离；

L_{max}——L_i 中的最大值。

在确定受倾覆力矩螺栓组的预紧力时应考虑接合面的受力情况，图 3-29 中接合面的左侧边缘不应出现缝隙，右侧边缘处的挤压应力不应超过支承面材料的许用挤压应力，即

$$\sigma_{p\min}=\frac{zF_0}{A}-\frac{M}{W}>0 \tag{3-20}$$

$$\sigma_{p\max}=\frac{zF_0}{A}+\frac{M}{W}\leqslant[\sigma_p] \tag{3-21}$$

式中 A——接合面间的接触面积；

W——底座接合面的抗弯截面系数；

$[\sigma_p]$——接合面材料的许用挤压应力。

在实际应用中，作用于螺栓组的载荷往往是以上四种基本情况的某种组合，对各种组合载荷都可按单一基本情况求出每个螺栓受力，再按力的叠加原理分别把螺栓所受的轴向力和横向力进行矢量叠加，求出螺栓的实际受力。

3.5 提高螺纹连接件强度方法

影响螺栓强度的因素很多，主要涉及螺纹牙的载荷分配、应力变化幅度、应力集中、附加应力、材料的力学性能和制造工艺等几个方面。下面分析各种因素对螺栓强度的影响并介绍提高强度的相应措施。

1. 改善螺纹牙向载荷分配不均现象

即使是制造和装配精确的螺栓和螺母，传力时其各圈螺纹牙的受力也是不均匀的，如图 3-30 所示，有 10 圈螺纹的螺母，最下圈受力为总轴向载荷的 34%，以上各圈受力递减，最上圈螺纹只占 1.5%。这是由于图 3-31 中的螺栓受拉力而螺母，受压力，二者变形不能协调，采用加高螺母以增加旋合圈数，并不能提高连接的强度。

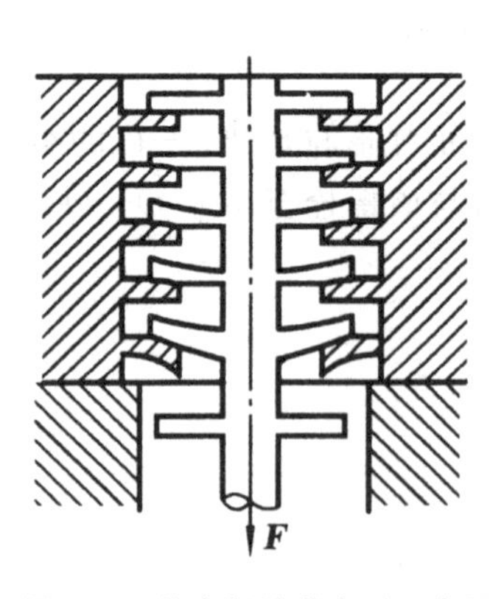

图 3-30　旋合螺纹的变形示意图

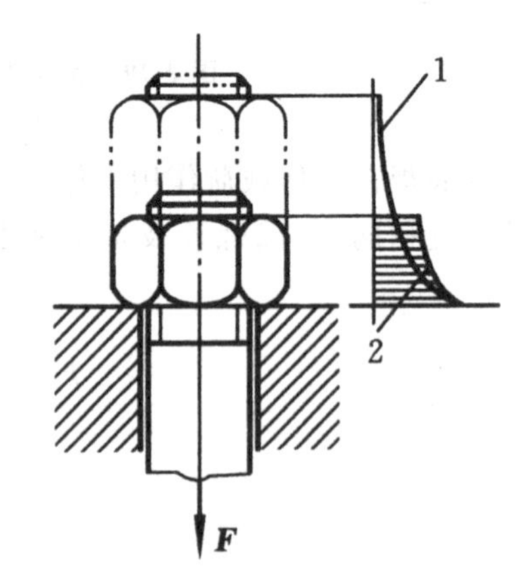

图 3-31　螺纹牙受力分配

1—用加高螺母时；2—用普通螺母时

为了使螺纹牙受力比较均匀，可用以下方法改进螺母的结构（见图 3-32）。

图 3-32(a)是悬置螺母，螺母与螺杆同受拉力，使其变形协调，载荷分布趋于均匀。

图 3-32(b)是环槽螺母，其工作原理与图 3-32(a)相近。

图 3-32(c)是内斜螺母，螺母旋入端有 10°～15°的内斜角，原受力较大的下面几圈螺纹牙受力点外移，使刚度降低，受载后易变形，载荷向上面的几圈螺纹转移，使各圈螺纹的载荷分布趋于均匀。

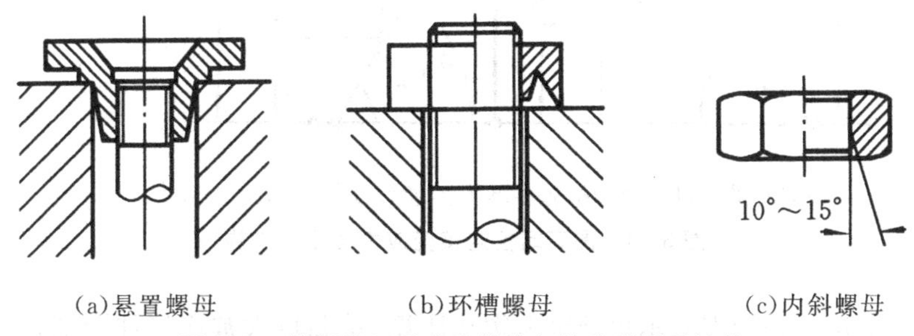

(a)悬置螺母　　(b)环槽螺母　　(c)内斜螺母

图 3-32　使螺纹牙受载比较均匀的几种螺母结构

2. 降低影响螺栓疲劳强度的应力幅

螺栓的最大应力一定时，应力幅越小，疲劳强度越高。在工作载荷和残余预紧力不变的情况下，减小螺栓刚度或增大被连接件刚度都能达到减小应力幅的目的，但预紧力应相应增大，见图 3-33。

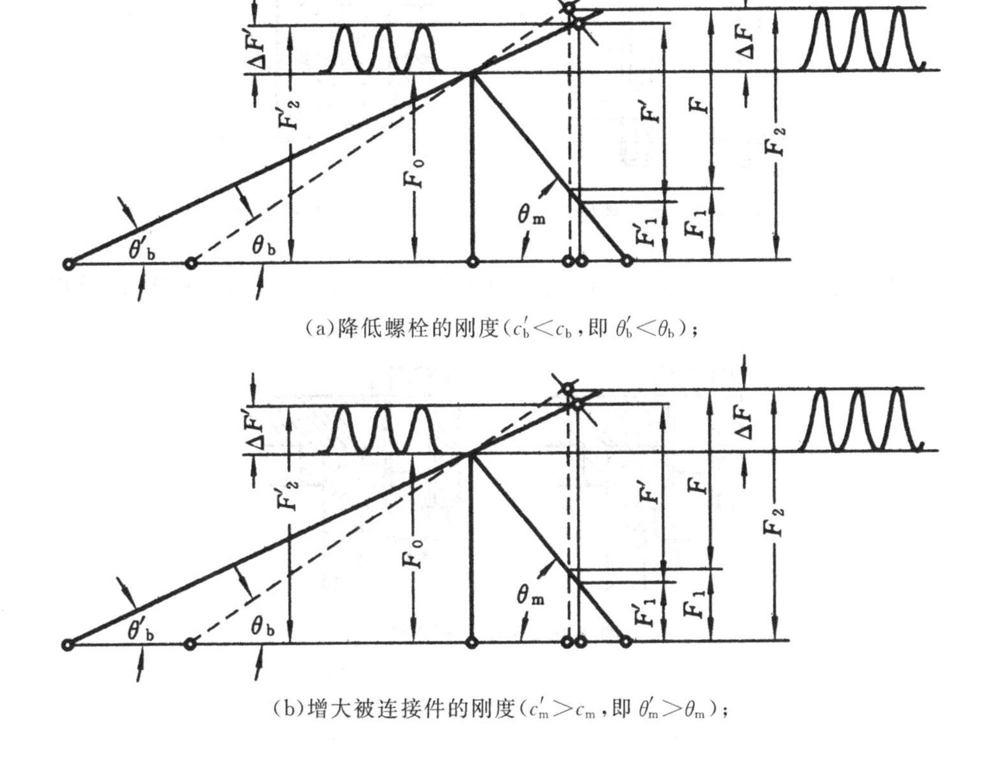

(a)降低螺栓的刚度($c_b'<c_b$，即 $\theta_b'<\theta_b$)；

(b)增大被连接件的刚度($c_m'>c_m$，即 $\theta_m'>\theta_m$)；

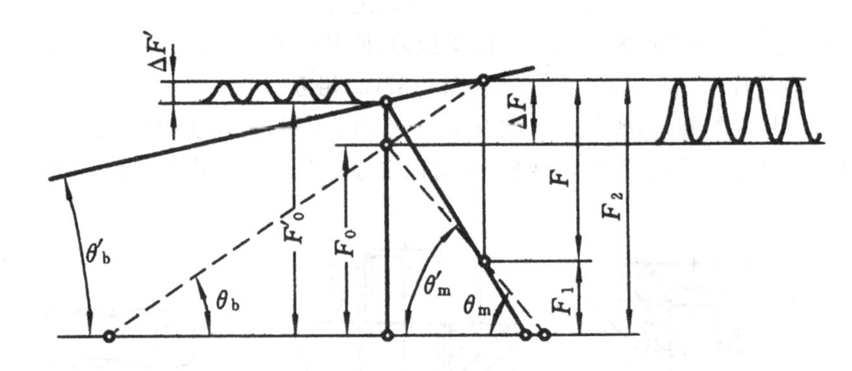

(c)同时采用以上两种措施并增大预紧力($F_0'>F_0$,$c_b'<c_b$,$c_m'>c_m$)

图 3-33 提高螺栓连接变应力强度的措施

图 3-33(a)、(b)、(c)分别表示单独降低螺栓刚度、单独增大被连接件刚度,以及把这两种措施与增大预紧力同时并用时,螺栓连接载荷变化情况。

减小螺栓刚度的措施有:适当增大螺栓的长度,部分减小螺杆的直径或做成中空的结构——柔性螺栓(见图 3-34),或在螺母下面安装弹性元件(见图 3-35)。

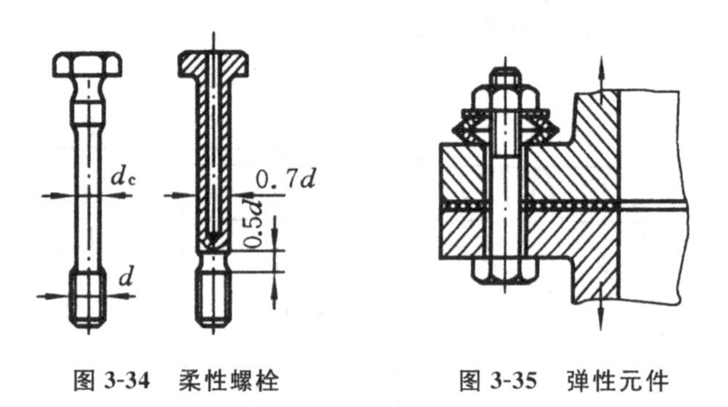

图 3-34 柔性螺栓 **图 3-35 弹性元件**

为增大被连接件的刚度,不宜采用刚度小的垫片。图 3-36 所示的紧密连接,就以用密封圈为佳。

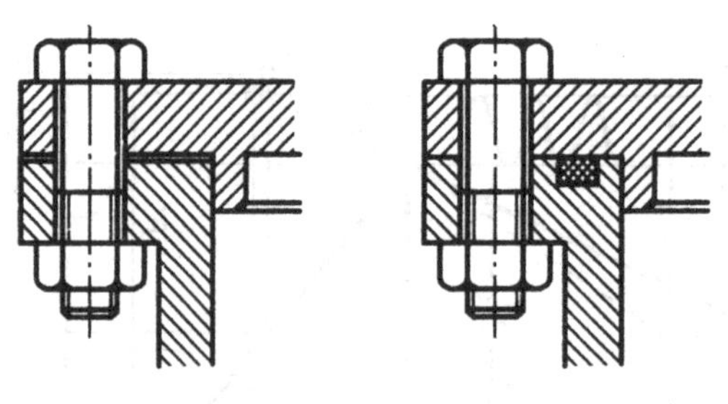

图 3-36 气缸密封元件

3. 减小应力集中

螺纹的牙根部、螺纹收尾处、杆截面变化处、杆与头连接处等都有应力集中。为了减小应力集中，可加大螺纹根部圆角半径，或加大螺栓头过渡部分圆角(见图 3-37(a))，或切制卸载槽(见图 3-37(b))，或采用卸载过渡圆弧(见图 3-37(c))，或在螺纹收尾处采用退刀槽等。

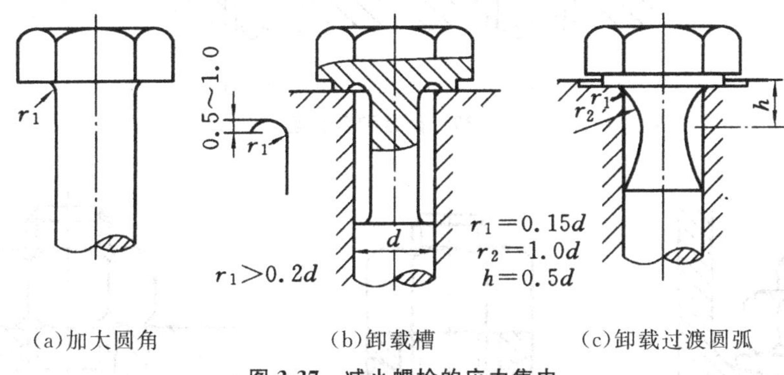

(a)加大圆角　(b)卸载槽　(c)卸载过渡圆弧

图 3-37　减小螺栓的应力集中

4. 避免附加应力

由于制造误差、支承表面不平或被连接件刚度小等原因，将在螺栓中产生附加应力(见图 3-38)。图 3-38(d)所示的钩头螺栓连接，在预紧力 F 作用下，除产生拉应力外，还可以产生附加的弯曲应力，对螺栓强度有较大影响，因而以上各种情况均应尽量避免。

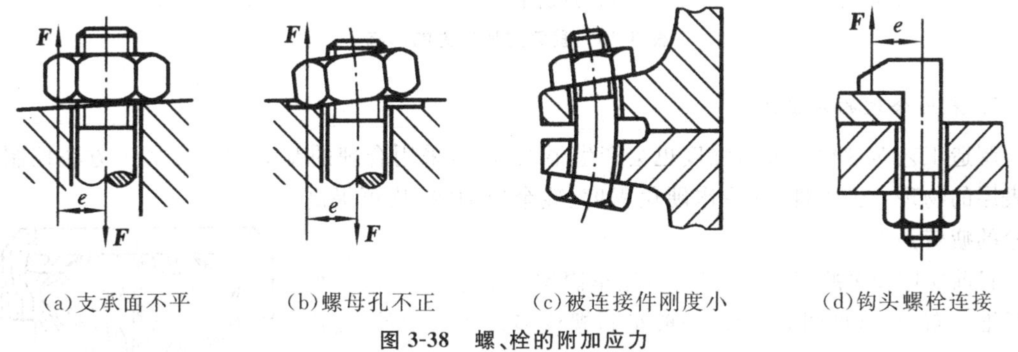

(a)支承面不平　(b)螺母孔不正　(c)被连接件刚度小　(d)钩头螺栓连接

图 3-38　螺、栓的附加应力

螺栓头、螺母与被连接件支承面均应加工。为减小被连接件加工面，可做成凸台或沉头座(鱼眼坑)，见图 3-39。

设计时避免采用斜支承面，如果采用槽钢翼缘等，可配置斜垫圈(见图 3-40(a))。为防止螺栓轴线偏斜，也可采用球面垫圈(见图 3-40(b))或环腰螺栓(见图 3-40(c))。

增加被连接件的刚度，如增加凸缘厚度或采取其他相应措施。此外，提高装配精度，增大螺纹预留长度，采用细长螺栓等，均可减小附加应力。

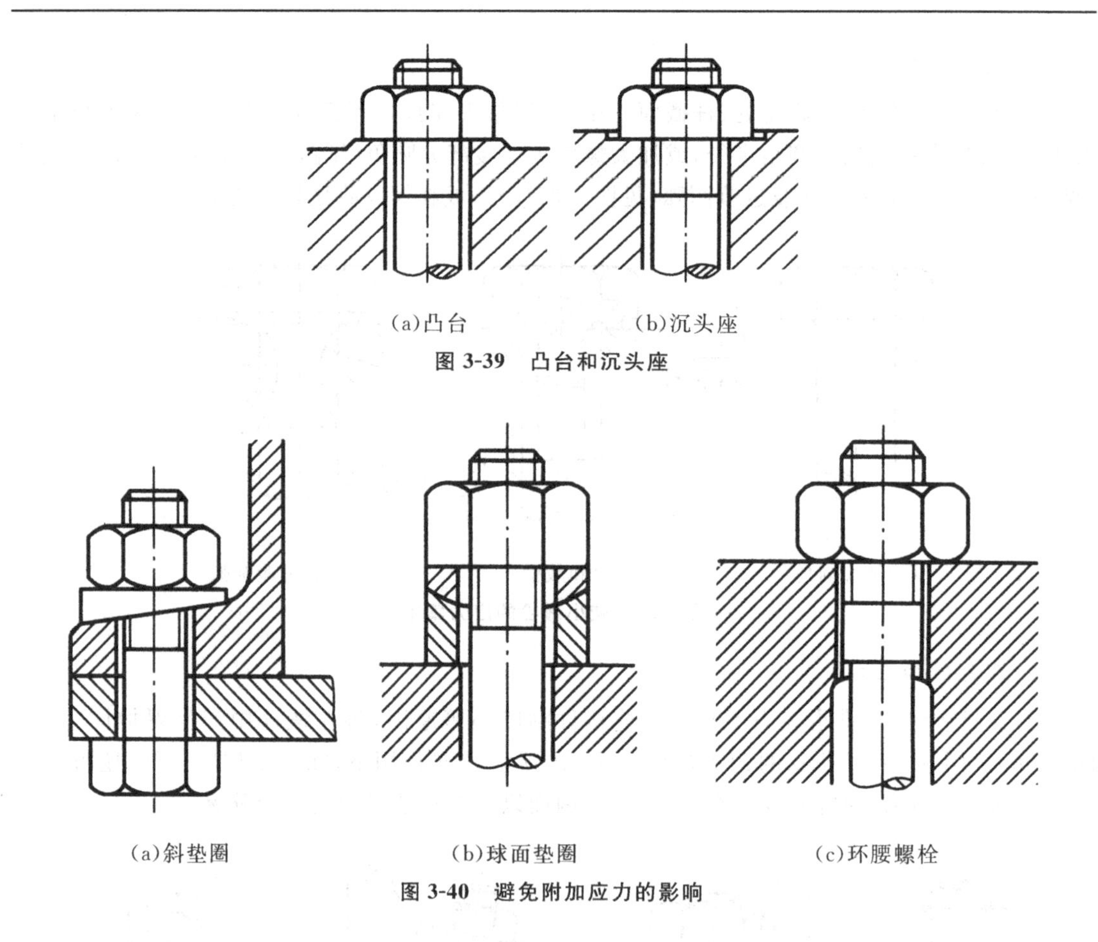

(a)凸台　　(b)沉头座

图 3-39　凸台和沉头座

(a)斜垫圈　　(b)球面垫圈　　(c)环腰螺栓

图 3-40　避免附加应力的影响

5. 采用合理的制造工艺

制造工艺对螺栓的疲劳强度也会产生很大影响，采用合理的制造方法和加工方法控制螺纹表层的物理一力学性质(冷作硬化程度、残余应力等)均可提高螺栓的疲劳强度。

目前应用较多的滚压螺纹工艺，比车制螺纹工艺好，螺纹表面的纤维分布合理(见图 3-41)。一般车制螺纹多采用钢棒料，无论是轧制棒料或拉制棒料，一般表面层质量均较好(晶体拉长)。但车制时将质量较好的材料车去，这种工艺不太合理。此外，车制螺纹时金属纤维被切断，而滚压螺纹工艺是利用材料的塑性成形，金属纤维连续，而且滚压加工时材料冷作硬化，滚压后金属组织紧密，螺纹工作时力流方向与材料纤维方向一致。因此滚压螺纹可比车制螺纹提高疲劳强度 40%～95%。如果热处理后再滚压螺纹，其疲劳强度可提高 70%～100%。这种工艺还具有材料利用率高、生产效率高和制造成本低等优点。

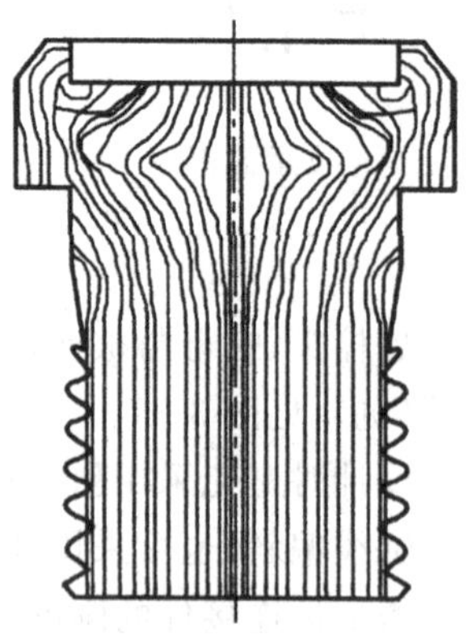

图 3-41　冷镦与滚压加工螺纹中的金属流线

3.6　螺旋传动

3.6.1　螺旋传动的运动形式

螺旋传动是利用螺杆和螺母组成的螺旋副来实现传动的要求的。它主要用于将回转运动转变为直线运动，同时传递运动和动力。

按螺杆和螺母的运动情况，螺旋传动有四种结构，如图 3-42 所示，它们的相对运动关系是相同的。

1. 螺母固定不动，螺杆转动并往复移动

螺杆在螺母中运动，螺母起支承作用，结构简单，工作时，螺杆在螺母左、右两个极限位置所占据的长度尺寸大于螺杆行程的两倍。因此这种结构占据空间较大，不适用于行程较大的传动，常用于螺旋千斤顶和外径百分尺(见图 3-42(a))。

2. 螺杆转动，螺母作直线运动

这种结构占据空间尺寸小，适用于长行程运动的螺杆。螺杆两端由轴承支承(有的只有一端有支承)，螺母有防转机构，结构比较复杂。车床丝杠、刀架移动机构多采用这种结构(见图 3-42(b))。

3. 螺母旋转并沿直线移动，螺杆固定不动

螺母在其上转动并移动，结构简单，但精度不高。常用于某些钻床工作台沿立柱上下移动的机构(见图 3-42(c))。

4. 螺母转动，螺杆沿直线移动

螺母要有轴承支承，螺杆应有防转机构，因而结构复杂，而且螺杆相对螺母左右移动占据空间位置大。这种结构很少应用(见图 3-42(d))。

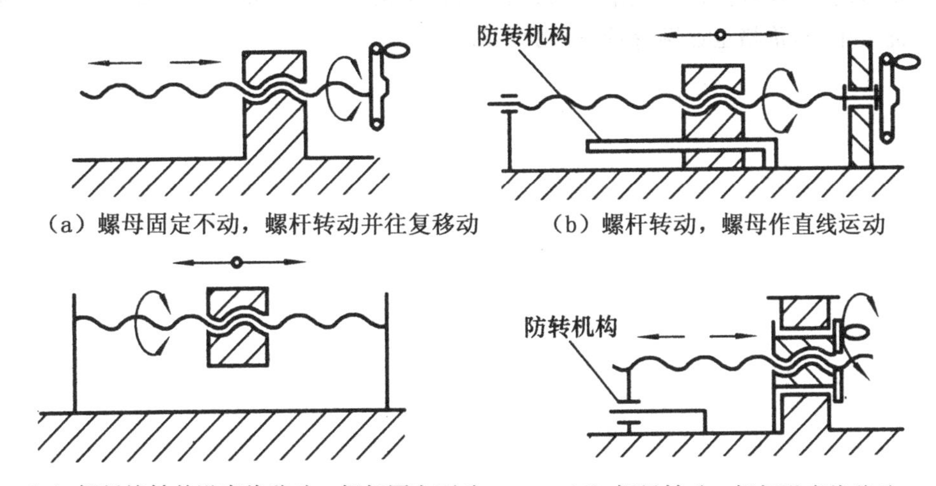

(a) 螺母固定不动，螺杆转动并往复移动　(b) 螺杆转动，螺母作直线运动

(c) 螺母旋转并沿直线移动，螺杆固定不动　(d) 螺母转动，螺杆沿直线移动

图 3-42　旋传动的类型

3.6.2 螺旋传动的类型

螺旋传动按其用途不同，可分为以下三种类型。

(1)传力螺旋

它以传递动力为主，要求以较小的转矩产生较大的轴向推力，用以克服工作阻力，如各种起重或加压装置的螺旋。这种传力螺旋主要是承受很大的轴向力，一般为间歇性工作，每次的工作时间较短，工作速度也不高，而且通常需具有自锁能力。

(2)传导螺旋

它以传递运动为主，有时也承受较大的轴向载荷，如机床进给机构的螺旋等。传导螺旋常需在较长的时间内连续工作，工作速度较高，因此要求具有较高的传动精度。

(3)调整螺旋

它用以调整、固定零件的相对位置，如机床、仪器及测试装置中的微调机构的螺旋。调整螺旋不经常转动，一般在空载下工作。

螺旋传动按其螺旋副的摩擦性质不同，又可分为以下三种情况。

(1)滑动螺旋(滑动摩擦)

滑动螺旋结构简单，易于制造，传力较大，能够实现自锁要求，应用广泛。主要缺点是容易磨损、效率低(一般为30%～40%)。螺旋千斤顶、夹紧装置、机床的进给装置常采用此类螺旋传动。

(2)滚动螺旋(滚动摩擦)

由于采用滚动摩擦代替了滑动摩擦，因此阻力小，传动效率高(可达90%以上)。

(3)静压螺旋(流体摩擦)

静压螺旋传动效率高(可达90%以上)，但需要配备供油系统。

滚动螺旋和静压螺旋，由于结构比较复杂，要求精度高，制造成本较高，常用在高精度、高效率的重要传动中，如数控机床进给机构、汽车转向机构等。目前滚动螺旋已作为标准部件由专门工厂批量生产，价格也逐渐降低，应用日益广泛。

第 4 章　键连接及其他连接

4.1　键连接

4.1.1　键的分类及特点

键是标准零件，分平键、半圆键、楔键和切向键四种。

1. 平键联接

(1)普通平键

普通平键联接的结构形式如图 4-1 所示，键的横截面为矩形，它的两个侧面与轮毂上的键槽有配合关系，为其工作表面，工作时靠键与键槽之间的挤压来传递扭矩。普通平键联接为静联接，即轴上零件不沿轴向移动的联接。

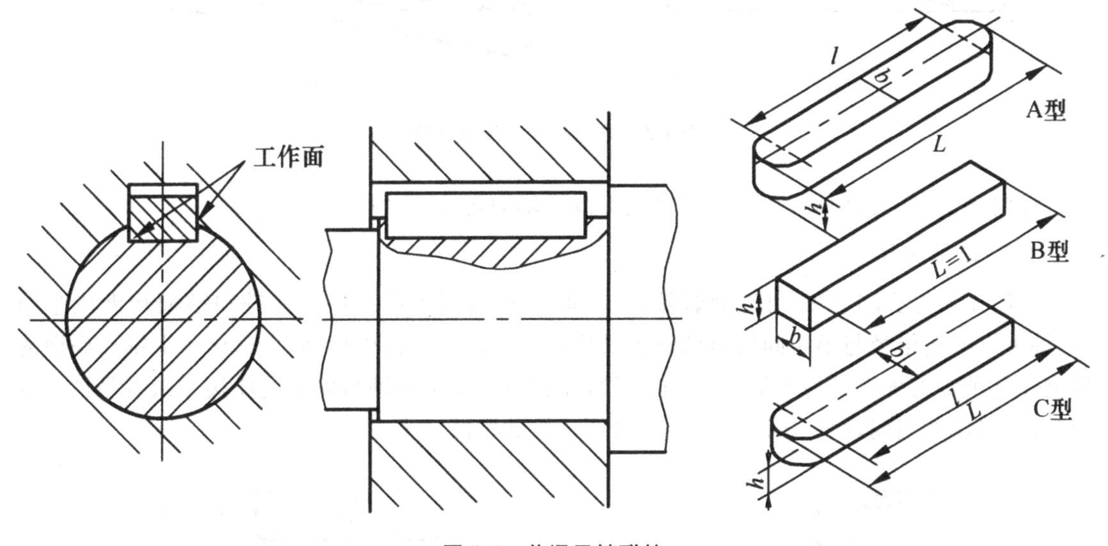

图 4-1　普通平键联接

普通平键按其端部形状不同分为圆头(A 型)、方头(B 型)、和半圆头(C 型)三种(图 4-1)。圆头键应用最多，与其相配的键槽是用指状铣刀加工的，键在键槽中轴向固定较好，但键的头部侧面与轮毂上的键槽并不接触，键的圆头部分不能充分利用，键槽端部应力集中较大。方头键与其相配的键槽是用盘状铣刀加工的，避免了圆头键的缺点，但键在键槽中固定不好，尺寸稍大的键一般需用紧定螺栓固定，半圆头键只适用于轴端处。

普通平键联接具有结构简单、装拆方便的优点，同时由于在装配时键的顶面与轮毂键槽之间留有间隙，因此不影响轮毂与轴的对中，对中性较好，因而应用广泛。但其只能实现周向固定以传递扭矩，不能传递轴向力和进行轴向固定。

(2)导向平键和滑键

当轮毂在工作过程中需在轴上移动时可采用导向平键或滑键。导向平键(图 4-2(a))长度较长,需用螺钉固定在轴上的键槽中,键上制有起键螺孔,可拧入螺钉将键拆出键槽。轮毂可沿键做轴向移动。当轮毂需沿轴向移动的距离较大时,可选用滑键(图 4-2(b)),如采用导向平键,则所需键的长度过大,键的制造困难。而滑键是固定在轮毂上的,键与轴上零件一起沿键槽轴向移动。由键槽控制轮毂的移动距离,键的尺寸较小。

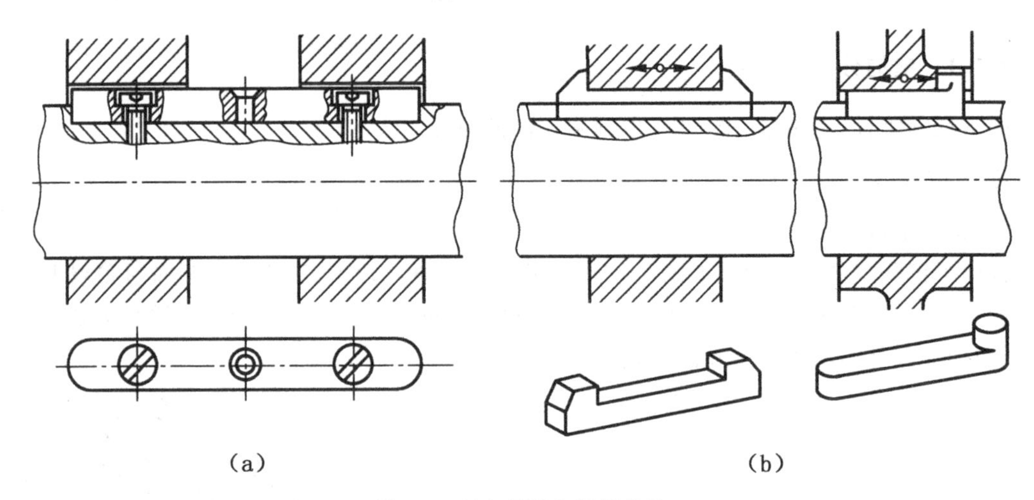

图 4-2 导向平键和滑键连接

导向平键和滑键构成动联接,即轮毂可以沿轴向运动的联接。

2. 半圆键联接

如图 4-3 所示,半圆键用于静联接,工作时靠其侧面来传递扭矩。键和键槽均做成半圆形,轴上键槽用半径与键相同的盘状铣刀铣出,因而,键能在槽中摆动,以适应毂上键槽底面的斜度。这种键的优点是易于加工,装配方便,尤其适用于锥形轴与轮毂的联接。缺点是轴上键槽较深,对轴的削弱较大,所以半圆键一般用于轻载联接。

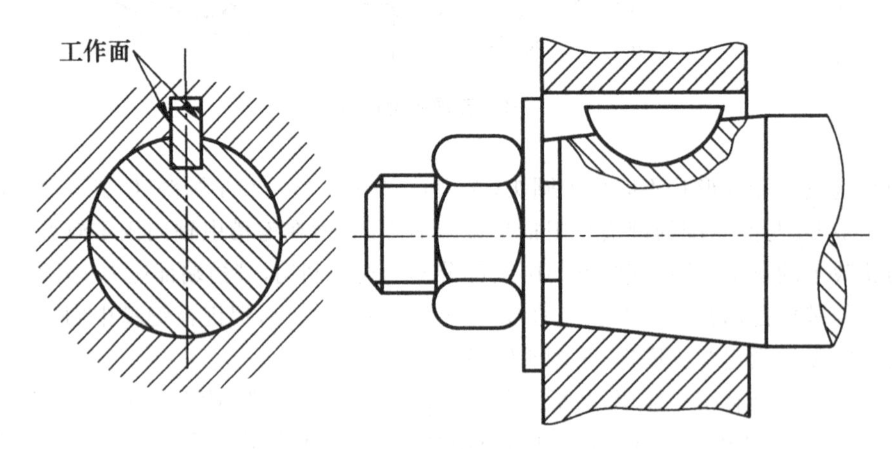

图 4-3 半圆键连接

3. 楔键联接

如图 4-4(a)所示，楔键只能用于静联接。楔键的上表面和轮毂键槽的底面都有 1∶100 的斜度，装配后，分别与轮毂和轴上键槽的底面贴合，键楔紧在轴和轮毂的键槽里。工作时靠键的楔紧作用来传递扭矩。楔键还能承受单方向的轴向力，因而在对轴上零件起周向固定的同时，还可对轮毂起单向的轴向固定作用。楔键联接的缺点是键在楔紧后，轴和轮毂的配合产生偏心，影响了轮毂与轴的对中性，故楔键一般用于转速不高、载荷轻、定心精度要求不高的场合。

楔键分为普通楔键和钩头楔键，普通楔键又分为圆头(A 型)、平头(B 型)和单圆头(C 型)三种形式(图 4-4(b))。

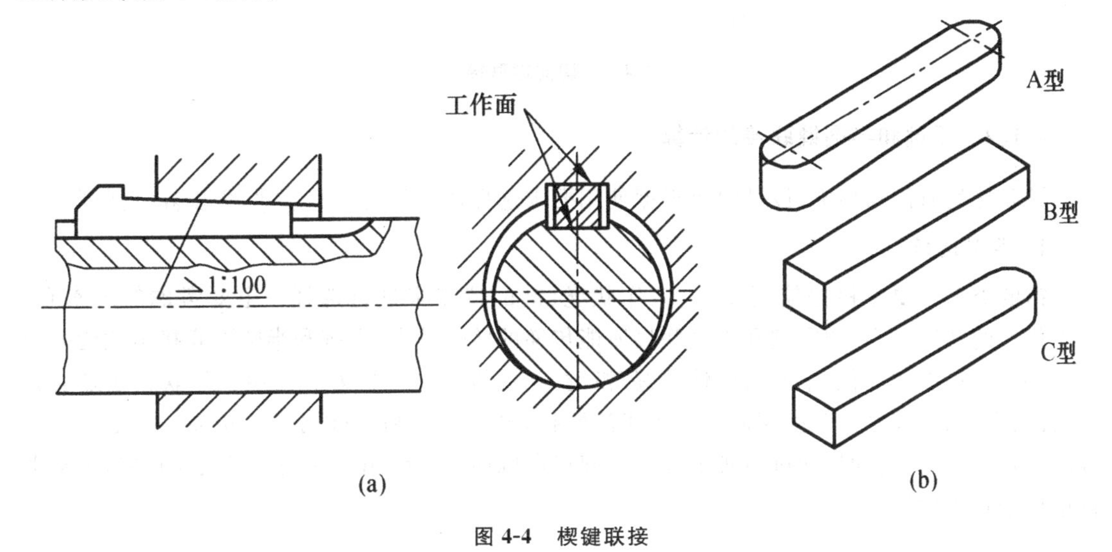

图 4-4　楔键联接

4. 切向键联接

切向键是由一对 1∶100 的楔键沿斜面拼合而成，如图 4-5(a)所示，拼合后两键的斜面互相贴合，上下表面是工作面，为互相平行的两个平面。装配时，两键分别从轮毂两端打入，使之楔紧，装配后，必须使其中一个工作表面处于包含轴心线的平面内，这样当联接工作时，工作面上的挤压力沿轴的切向作用，靠挤压力传递转矩。虽然在楔紧后，轴、毂之间的摩擦力能传递一部分转矩，但不是起主要作用。切向键也能传递单向轴向力，对轴上零件起单向轴向固定作用。用一个切向键只能传递单向转矩，如要转向，传递双向转矩，须用两个切向键，为避免对轴的强度削弱太大，两键通常要相隔 90°～120°(图 4-5(b))。

切向键能传递很大的转矩，但键槽对轴的削弱较大，同时切向键也会使轴上零件与轴的配合偏心，因而切向键常用于直径大于 100 mm，定心精度要求不高的场合。

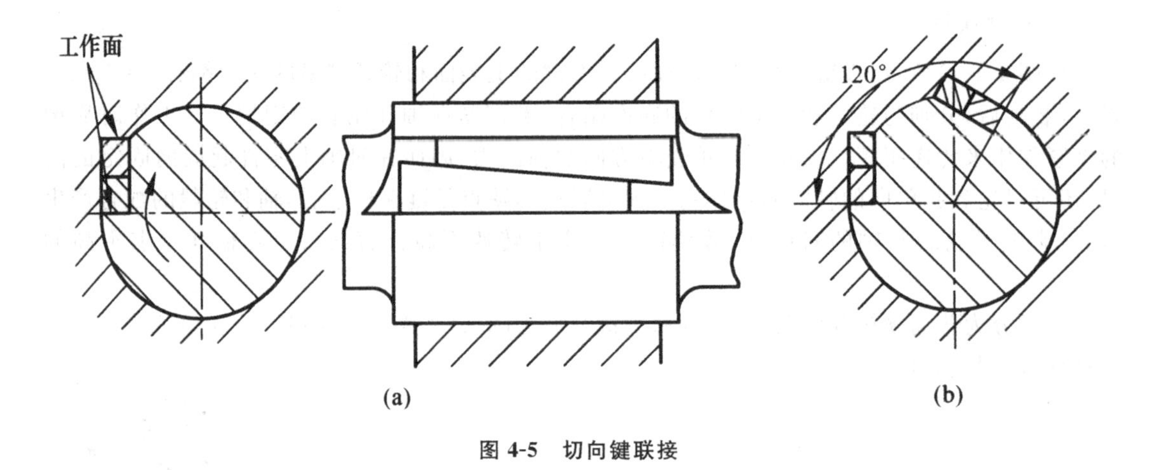

图 4-5 切向键联接

4.1.2 平键和半圆键联接的计算

键联接均有国家标准，设计时可根据使用要求选择适当的类型和尺寸，再验算其强度。

1. 类型选择

键的类型主要是根据使用要求、工作状况、键的特点来进行选择。主要考虑的因素有：①需传递的转矩大小，切向键和平键联接所能传递的转矩较大，楔键和半圆键联接承载能力较小。②定心精度的高低，平键对中性较好，楔键、切向键对中性较差。③用于静联接还是动联接，普通平键、半圆键、楔键、切向键均用于静联接，导向平键和滑键用于动联接。④是否需要轴向固定，只有楔键和切向键对轴上零件可起单向轴向固定作用。⑤是否安装在轴端，半圆平键适用于轴端联接。

2. 尺寸选择

键的主要尺寸为横截面的尺寸(键宽 $b\times$键高 h)与长度 L，横截面尺寸是根据轴径 d 由标准中选择，键的长度则是由轮毂长度选定，一般取键长略短于轮毂的长度，轮毂长度约为 1.5～2 d，d 为轴径。

3. 平键联接的强度计算

平键联接可能的失效形式是：对于静联接(普通平键联接)是键、轴、轮毂三者中较弱的零件(通常为轮毂)的工作表面被压溃，对于动联接(导向平键、滑键联接)是磨损过度。由于键的尺寸已标准化，一般情况下键不会被剪断，因此压溃和磨损是键的主要失效形式，所以只需要作联接的挤压强度和磨损校核。只有在重要的场合才做键的剪切强度校核。

如果忽略摩擦，平键联接的受力情况如图 4-6 所示，实际上平键联接的挤压力沿键的接触长度和键高的分布是不均匀的，工程上为简化计算通常将其假设成均匀分布。此外键与轴及轮毂互压的接触高度也是不同的，计算时把两边的接触高度近似取为键高的一半。上述原因引起的与零件实际工作情况的差异是通过降低许用应力的方法来解决的。挤压强度或耐磨性的条件性计算如下：

静联接(普通平键联接)

$$\sigma_p=\frac{2T}{h'ld}\leqslant[\sigma_p] \tag{4-1}$$

动联接(导向平键、滑键联接)

$$p=\frac{2T}{h'ld}\leqslant[p] \tag{4-2}$$

式中T——为传递的转矩(N·mm);

d——为轴的直径(mm);

h'——轮毂与键的接触高度(mm),$h'\approx h/2$;

l——键的接触长度(mm),圆头平键 $l=L-b$,方头平键 $l=L$,单圆头平键 $l=L-b/2$;

$[\sigma_p]$——为键联接许用挤压应力(MPa),

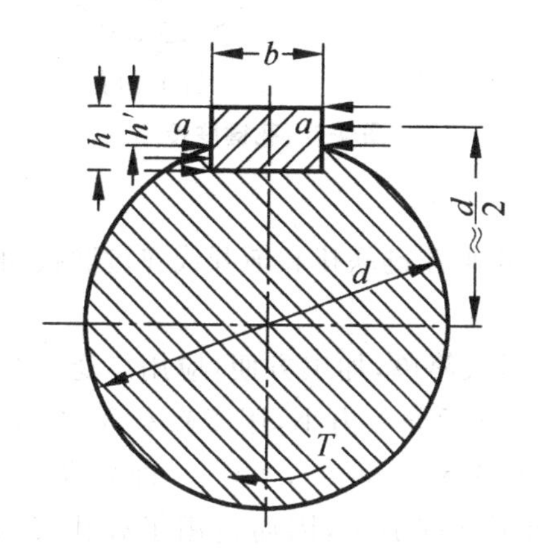

图4-6　平键联接受力情况

4. 半圆键联接的强度计算

半圆键联接只可用于静联接,其主要失效形式为工作面被压溃,只需进行挤压强度的校核,其强度校核与普通平键联接相同(式(4-1)),式中参数的含义也与平键相同,接触高度 h'应根据键的尺寸从标准中查取,接触长度 l 取键的公称长度 L。

设计键时,将初步选定的键尺寸代入式(4-1)或式(4-2)中,进行强度校核后,如果一个键联接的强度不够,可采用双键,值得注意的是,两平键的布置应相隔 180°布置;两个半圆键应布置在轴的同一条母线上;双键联接的强度计算不是按两个键来计算,而是按 1.5 个键计算,主要是考虑到载荷分布不均。

5. 键的材料

由于键联接的主要失效形式是压溃与磨损,所以键材料要有足够的硬度,按国家标准规定,键用钢材的抗拉强度不低于 600 MPa,常用的材料是 45 钢。

4.2　花键连接

花键联接已标准化,其齿数、尺寸、配合等均可按标准选取。

4.2.1　花键联接的分类及特点

花键是由外花键(图 4-7(a))和内花键(图 4-7(b))组成的,外花键上带有多个纵向键齿,键齿与轴为一体。花键联接由于键齿多,所传递的转矩也大。花键既可用作静联接,又可用作动联接。

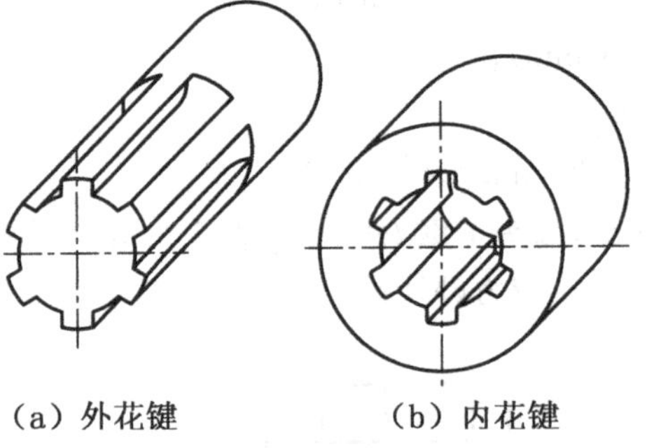

(a) 外花键　　(b) 内花键

图 4-7　花键联接

1. 花键联接的分类

花键根据齿形不同可分为矩形花键联接和渐开线花键联接两类。

(1)矩形花键

如图 4-8 所示,矩形花键形状简单,加工方便,应用广泛。按齿高的不同,标准中规定矩形花键有轻、中两个系列,轻系列承载能力小,用于轻载联接,中系列用于中等载荷的联接。标准中规定矩形花键的定心方式是以小径(d)定心,即外花键和内花键的小径(d)为配合面,由于内花键孔和花键轴均可磨削加工,因而适用于毂孔表面硬度较高(>40HRC)的联接,定心精度高,定心稳定性好。此外,也有采用大径(D)定心和宽度(B)定心的(图 4-9)。大径定心适用于毂孔表面硬度不高(<40HRC)的联接,内花键孔用拉刀加工就可保证大径的精度,成本较低。宽度定心由于载荷沿齿侧均匀分布,适用于传递较大载荷,但定心精度不高。

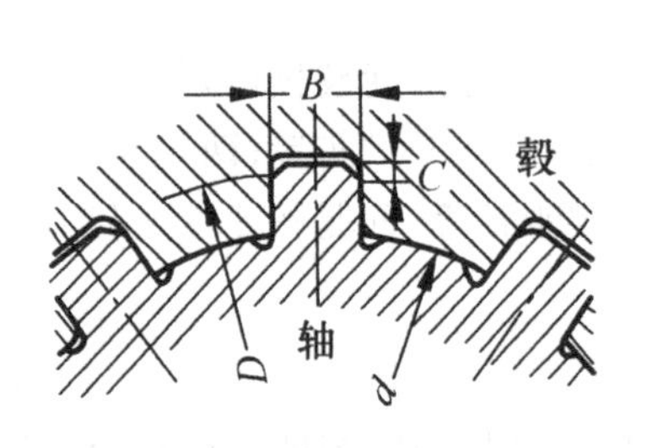

图 4-8　矩形花键联接

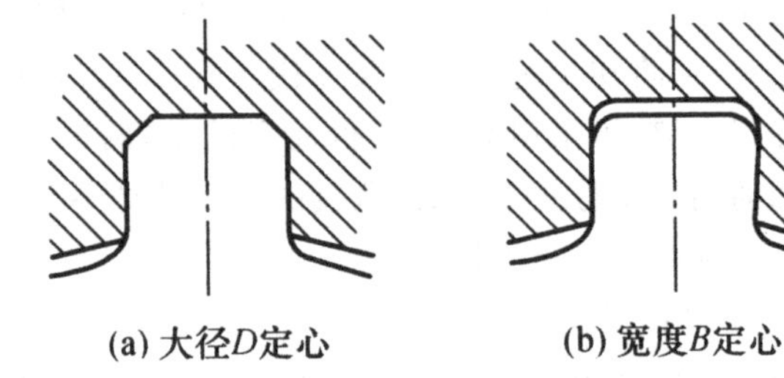

(a) 大径D定心　　(b) 宽度B定心

图 4-9　其他定心方式的花键联接

(2)渐开线花键

如图 4-10 所示,渐开线花键的齿廓为渐开线,压力角有 30°和 45°两种。渐开线花键的定心方式为齿形定心,是靠齿面上所受到的压力自动平衡来定心的。其制造方法与齿轮制造完全相同,制造精度较高。渐开线花键齿根较厚,因而有强度高、承载能力强,使用寿命长、易于定心等优点。在传递的载荷较大,轴径也较大时宜采用渐开线花键。

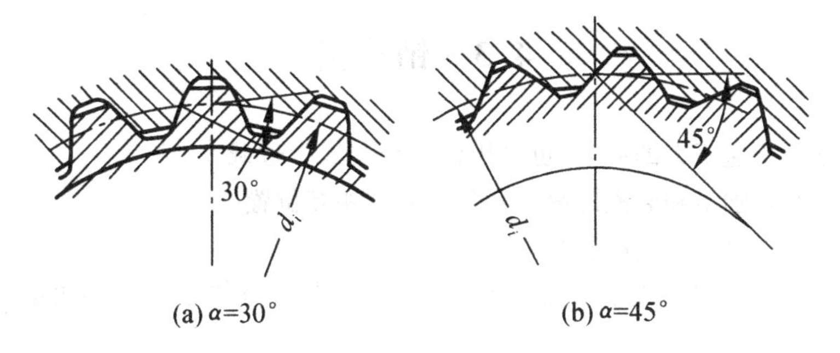

图 4-10　渐开线花键联接

45°渐开线花键齿数多,模数小,有时也将其齿做成三角形,亦称三角形花键,这种花键由于齿较细,承载能力较低,多用于载荷轻、直径小或薄壁零件的轴毂联接。

2. 花键联接的特点

与平键联接比较,花键联接有如下优点:①键的齿数多,总接触面积大,承载能力高;②键槽较浅,齿根处的应力集中小,对轴和毂的强度削弱相对较小;③键齿均匀对称分布,因而联接受力均匀;④轴上零件与轴的对中性好,适用于高速运转和精密机器;⑤导向性好,特别适用于动联接。

花键联接的缺点是:需用专门设备加工,成本较高,因此花键联接常用于载荷大、定心精度要求高或经常滑移的场合。

4.2.2　花键联接的计算

花键联接的计算与平键联接的计算相似,首先选择联接的类型,查出标准尺寸,再作强度校核。花键的受力情况也和平键类似,如图 4-11 所示,其可能的失效形式为:齿面被压溃(静联接)或过度磨损(动联接),因此只对联接进行挤压强度或耐磨性计算。

假设载荷在各齿的接触面上均匀分布,各齿压力的合力作用在平均直径 d_m 处,并引入系数足来考虑实际载荷分布不均的影响,则花键的强度条件为

静联接

$$\sigma_p=\frac{2T}{kzh'ld_m}\leqslant[\sigma_p]$$

动联接

$$p=\frac{2T}{kzh'ld_m}\leqslant[p]$$

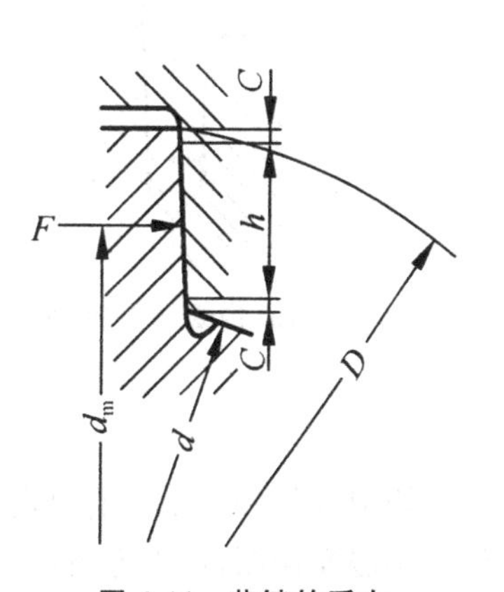

图 4-11　花键的受力

式中 T——转矩(N·mm);

k——各齿载荷分布不均系数,与齿数有关,一般取 $k=0.7\sim0.8$,齿数多时取偏小值;

z——为齿数;

h'——为键齿的工作高度(mm);

l——为键齿的接触长度(mm);

4.3 销连接

销联接通常只传递不大的载荷,也可用作安全装置中过载剪断的元件或在组合加工和装配时固定零件之间的相互位置。

销已标准化,分为以下多种类型。

圆柱销(图 4-12)靠过盈配合固定在销孔中,多次装拆有损于联接的可靠性和定位的精确性。

圆锥销(图 4-13)有 1∶50 的锥度,可以自锁,定位精度高,多次装拆对定位精确性和可靠性影响不大,因而应用广泛。此外还有几种特殊结构的圆锥销(图 4-14),内螺纹圆锥销(图 4-14(a))和螺尾圆锥销(图 4-14(b))用于销孔没开通或装拆困难的场合,开尾圆锥销(图 4-14(c))适用于有冲击、振动和变载作用下的场合。

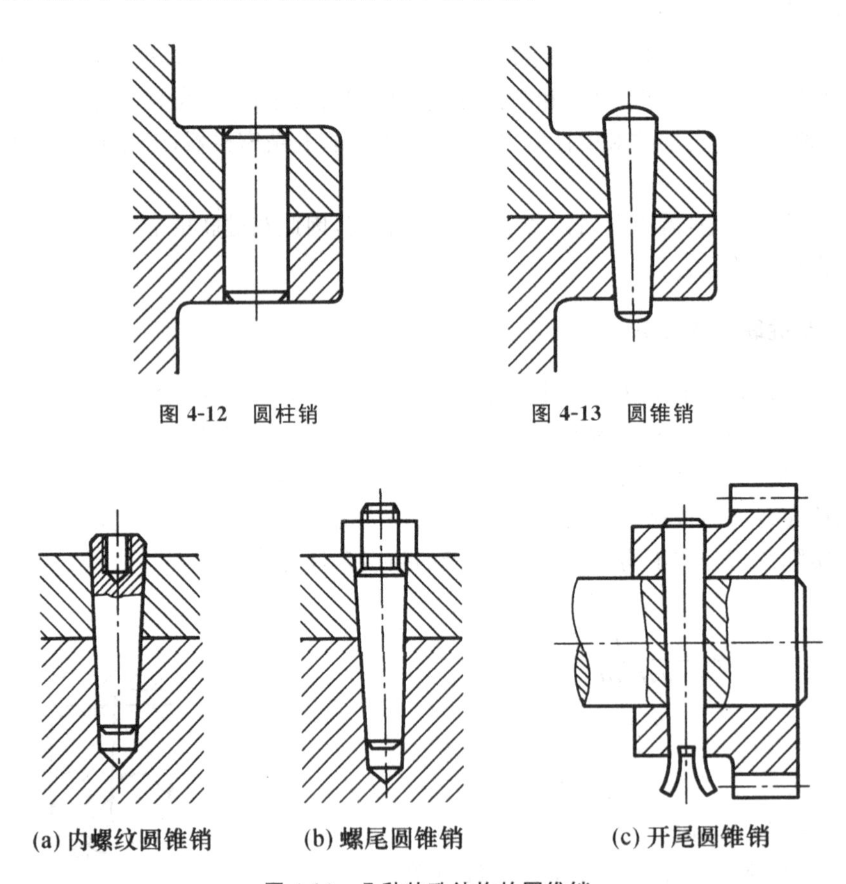

图 4-12 圆柱销

图 4-13 圆锥销

(a) 内螺纹圆锥销 (b) 螺尾圆锥销 (c) 开尾圆锥销

图 4-14 几种特殊结构的圆锥销

槽销(图 4-15)上开有纵向凹槽,槽销压入销孔后,借材料的弹性变形使销挤紧在销孔中,销孔不需要铰制,加工方便,可多次装拆。

开口销(图 4-16),装配时,将销插入销孔,再将尾部分开,防止脱出。

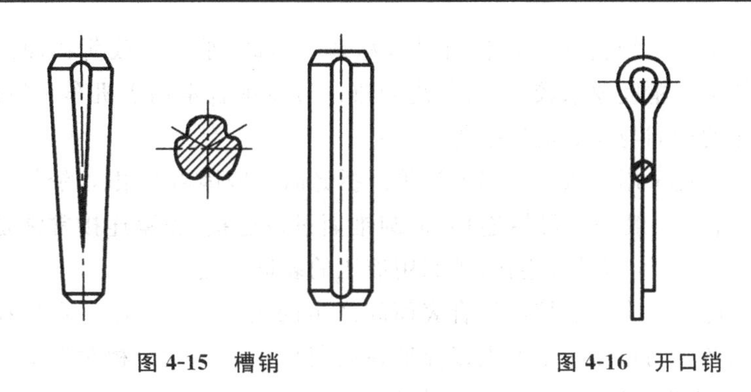

图 4-15　槽销　　　　图 4-16　开口销

弹性圆柱销是用弹簧钢带卷制而成的纵向开缝的圆管，靠材料的弹性均匀挤紧在销孔中，销孔不需要铰制，可多次装拆。

用作联接的销在工作时受到挤压和剪切，有时还受到弯曲，设计时可先根据联接的构造和工作要求来选择销的类型、材料和尺寸，再作适当的强度校核计算。用作安全装置的销，在机器过载时被剪断，因而其直径应按过载时被剪断的条件确定。定位用的销，通常不受载荷或受到的载荷很小，其直径可按结构确定，不作强度校核计算，同一结合面上的定位销数目至少两个，销装入每一联接件内的长度为销盲径的 1～2 倍。

4.4　无键连接

无键连接通常有过盈配合连接、膨胀连接和型面连接三种。

4.4.1　过盈配合连接

利用两个被连接零件间的过盈配合来实现的连接称为过盈配合连接（见图 4-17）。组成连接的两个零件一个为包容件，另一个为被包容件。它们装配后，在结合处由于过盈量 δ 的存在而使材料产生弹性变形，从而在配合表面间产生很大的正压力，工作时依靠正压力产生的摩擦力来传递载荷。载荷可以是轴向力、扭矩或弯矩。过盈配合连接分为圆柱面过盈配合连接和圆锥面过盈配合连接两种，其配合表面分别为圆柱面和圆锥面。

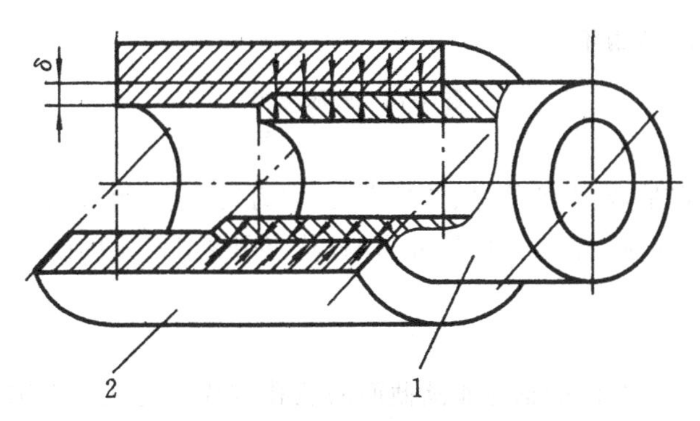

图 4-17　过盈配合连接

1—被包容件；2—包容件；δ—过盈量

过盈配合连接的优点是结构简单，定心性好，承载能力高，承受变载荷和冲击的性能好。主要缺点是配合面的加工精度要求较高，且装配困难。过盈配合常用于机车车轮的轮毂与轮心的连接，齿轮、蜗轮的齿圈与轮心的连接等。

过盈配合连接的装配采用压入法和温差法等。拆卸时一般因需要很大的外力而常常使零件被破坏，因此这种连接一般是不可拆连接，但圆锥面过盈连接、胀紧连接常常是可拆卸的。对于功率大、过盈量大的圆锥面过盈连接，可利用液压的装拆方法。

过盈连接的承载能力取决于连接件配合表面间产生的正压力的大小。在选择配合时，要使连接件配合表面间产生的正压力足够大以保证在载荷作用下不发生相对滑动，同时又要注意被连接件的强度，让零件在装配应力下不致被破坏。

4.4.2 膨胀连接

膨胀连接又称弹性环连接，是利用装在轴毂之间的以锥面贴合的一对内、外弹性钢环，在对钢环施加外力后从而使轴毂被挤紧的一种连接。如图 4-18 所示，当拧紧螺母时，在轴向压力作用下，两个弹性钢环压紧，内环缩小而箍紧轴，外环胀大而撑紧毂，于是轴与内环、内环与外环、外环与毂在接触面间产生很大的正压力，利用此压力所引起的摩擦力矩来传递载荷。

膨胀连接中的弹性钢环又称胀套，可以是一对，也可以是数对。当采用多对弹性环时，由于摩擦力的作用，轴向压紧力传到后面的弹性环时会有所降低，从而使在接触面间产生的正压力降低，进而减小接触面的摩擦力。所以，膨胀连接中的弹性钢环对数不宜太多，一般以 3～4 对为宜。

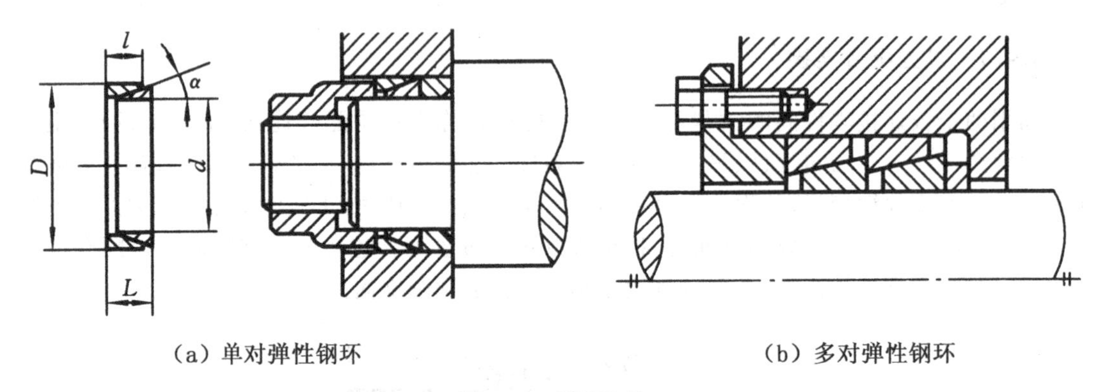

（a）单对弹性钢环　　（b）多对弹性钢环

图 4-18　膨胀连接

膨胀连接主要特点是：定心性能好、装拆方便、应力集中小、承载能力大等。但由于要在轴与毂之间安装弹性环，受轴与毂之间的尺寸影响，其应用受到一定的限制。

4.4.3 型面连接

型面连接是利用非圆截面的轴与非圆截面的毂孔构成的连接。沿轴向方向看去，轴与轮毂孔可以做成柱面（见图 4-19(a)），也可以做成锥面（见图 4-19(b)）。这两种表面都能传递转矩。除此之外，前者还可以形成沿轴向移动的动连接，后者则能承受单方向的轴向力。

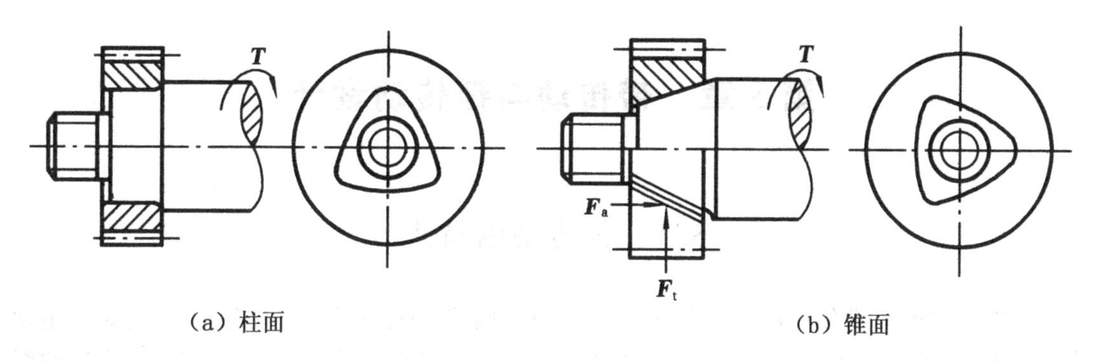

（a）柱面　　（b）锥面

图 4-19　型面连接

型面连接的优点是装拆方便，定心性好、没有应力集中源、承载能力大。但它的加工工艺比较复杂，特别是为了保证配合精度，非圆截面轴先经车削或铣削，毂孔先经钻镗或拉削，最后工序一般都要在专用机床上进行磨削加工，故目前型面连接的应用还不广泛。

型面连接常用的型面曲线有摆线和等距曲线两种。另外，型面连接还有方形、正六边形及带切口的非圆形截面形状等。

第5章　带传动与链传动设计

5.1　带传动的特点

如图5-1所示，带传动是两个或多个带轮之间用带作为挠性拉曳元件的传动，它是由主动轮(1)、从动轮(2)和带(3)三部分构成。当原动机驱动主动轮转动时，由于带和带轮之间的摩擦(或啮合)力，拖动从动轮转动，从而传递运动和动力。

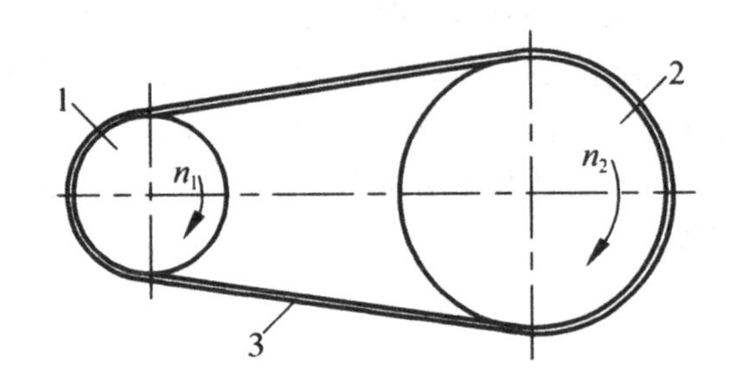

图5-1　带传动

1—小皮带轮　2—大皮带轮　3—皮带

带传动是一种挠性传动，所以具有以下优点：①能缓和载荷冲击；②运行平稳，无噪声；③制造和安装精度不像啮合传动那样严格；④过载时将引起带在带轮上打滑，因而可防止其他零件的损坏；⑤可增加带长以适应中心距较大的工作条件(可达15 m)。

带传动属于摩擦传动的一种，也有下列缺点：①有弹性滑动和打滑，使效率降低和不能保持准确的传动比(同步带传动是靠啮合传动的，所以可保证传动同步)；②传递同样大的圆周力时，轮廓尺寸和轴上的压力都比啮合传动大；③带的寿命较短。

5.1.1　带传动的分类

根据带的截面形状不同，带传动可分为平带传动、V带传动、多楔带传动、同步带传动等，见图5-2。

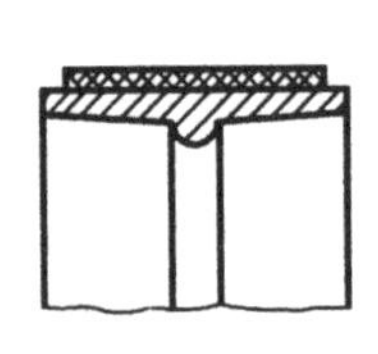

(a) 平带传动

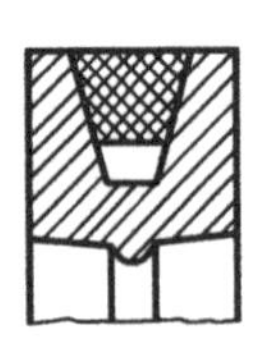

(b) V带传动

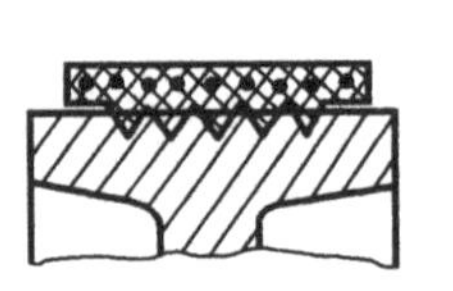

(c) 多楔带传动

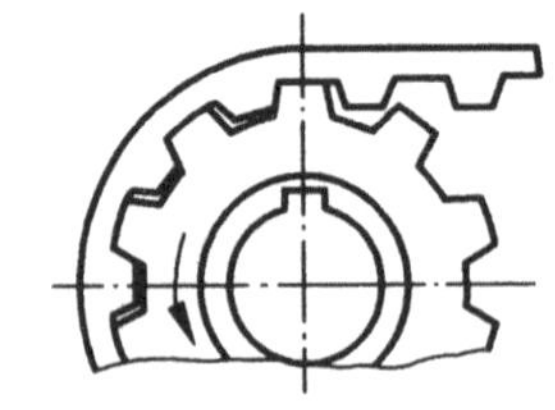

(d) 同步带传动

图5-2　带传动类型

平带传动结构最简单，带轮也容易制造，在传动中心距较大的情况下应用最多。在一般的机械传动中，应用最广的是 V 带传动。V 带的截面呈等腰梯形，带轮上也做成相应的轮槽。传动时，V 带只和轮槽的两个侧面接触，即以两个侧面为工作面。根据槽面摩擦原理，在同样的张紧力下，V 带产生的摩擦力更大，因此传递的功率更大，此外它可以实现更大的传动比，结构较为紧凑。V 带已经标准化并大量生产。本章重点讨论 V 带传动。

多楔带兼有平带和 V 带的优点：柔性好，摩擦力大，能传递的功率大。传动比可达 10，带速可达 40 m/s。主要用于传递功率较大而结构要求紧凑的场合。

5.1.2　传动形式和应用

带传动的应用范围很广。带的工作速度一般为 5～25 m/s，使用高速环形胶带时可达 60 m/s；使用锦纶片复合平带时，可高达 80 m/s。胶帆布平带传递功率小于 500 kW，普通 V 带传递功率小于 700 kw。

带的传动形式十分灵活，可以应用于平行轴传动，也可以应用于交叉轴传动。

5.2　带传动的基本理论

5.2.1　带传动的受力分析

当带传动安装时，带紧套在带轮上。如图 5-3(a)所示，当带传动不工作时，带两边所受的拉力相等，均为 F_0 称为初拉力。如图 5-3(b)所示，当主动轮上受驱动力矩 T_1 作用而工作时，由于带和带轮接触面上摩擦力的作用，带绕入带轮的一边被拉紧，称为紧边，拉力由 F_0 增大为 F_1；带的另一边脱离。带轮而被放松，称为松边，拉力由 F_0 减小为 F_2。

假设带紧边拉力增加量与松边的减小量相等，即满足

$$F_1-F_0=F_0-F_2 \tag{5-1}$$

如图 5-3(b)所示，取主动轮及其一侧的带作为分离体，根据力矩平衡可得

$$T_1=\frac{(F_1-F_2)d_1}{2} \tag{5-2}$$

式中 d_1——小带轮直径。

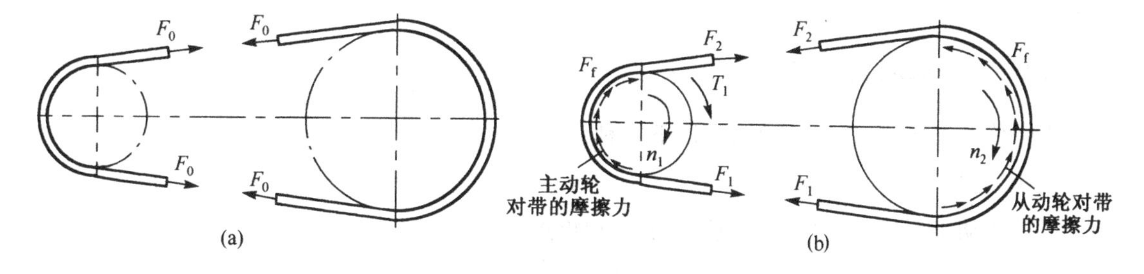

图 5-3　带的受力情况分析

式(5-2)显示，紧边与松边的拉力差 F_1-F_2 是传递力矩作用的圆周力，称为有效拉力 F_e，即

$$F_e = F_1 - F_2 \tag{5-3}$$

取主动轮一侧带的分离体作为研究对象，根据力矩平衡条件可得

$$F_f = F_1 - F_2 \tag{5-4}$$

式中F_f——小带轮和带在接触面上的摩擦力(N)。

式(5-3)和式(5-4)显示，有效拉力 F_e 等于带和带轮在接触面上的摩擦力 F_f。

有效拉力 F_e 和带传递的功率 P 及带速 v 满足

$$F_e = \frac{1000P}{v} \tag{5-5}$$

式中P——传递的功率(kW)；

v——带速(m/s)。

在其他条件不变，预紧力 F_0 一定时，带和带轮接触面上的摩擦力 F_f 有一个极限值，即最大摩擦力(或最大有效拉力 F_{max})。该极限值限制了带传动的传动能力。若需要传递的有效拉力 F_e 超过极限值 F_{max}，则带将在带轮上打滑，这时传动失效。

当带处于将要打滑而未打滑的临界状态时，紧边拉力 F_1 和松边拉力 F_2 的关系可由柔韧体摩擦的欧拉公式给出，即

$$F_1 = F_2 e^{f\alpha} \tag{5-6}$$

式中e——自然对数的底(e=2.718)；

f——带和轮接触面之间的摩擦系数；

α——传动带在小带轮上的包角(rad)。

联立式(5-1)、式(5-3)及式(5-6)，可得特定条件下带能传递的最大有效拉力 F_{max}为

$$F_{max} = 2F_0\,\frac{e^{f\alpha}-1}{e^{f\alpha}+1} \tag{5-7}$$

由式(5-7)可见，影响带传动最大有效拉力 F_{max}的因素有

(1)初拉力 F_0

初拉力 F_0 越大，带与带轮间的正压力越大，最大有效拉力 F_{max}越大。但当 F_0 过大时，将导致带的磨损加剧，带的寿命缩短；当 F_0 过小时，带的工作能力将不足，工作时易打滑。

(2)包角 α

最大有效拉力 F_{max}随包角 α 的增大而增大。为保证带的传动能力，一般要求 $\alpha_{min} > 120°$。

(3)摩擦系数 f

摩擦系数 f 越大，最大有效拉力 F_{max}越大。f 与带及带轮材料、表面状况及工作环境等有关。

5.2.2 带传动的应力分析

当带传动工作时，带中的应力有以下三种。

1. 拉应力

当带传动工作时，紧边产生的拉应力 σ_1 和松边产生的拉应力 σ_2 分别为

$$\begin{cases} \sigma_1 = \dfrac{F_1}{A} \\ \sigma_2 = \dfrac{F_2}{A} \end{cases} \tag{5-8}$$

式中σ_1——紧边拉应力(MPa)；

σ_2——松边拉应力(MPa)；

A——带的横截面积(mm^2)。

2. 离心应力

带在绕过带轮时做圆周运动，从而产生离心力，并在带中产生离心应力。离心应力作用于带长的各个截面上，且大小相等。离心应力 σ_c 可由下式计算：

$$\sigma_c = \frac{qv^2}{A} \tag{5-9}$$

式中σ_c——离心应力(MPa)；

q——带单位长度的质量(kg/m)；

v——带的线速度(m/s)。

3. 弯曲应力

当带绕过带轮时，因弯曲而产生弯曲应力，弯曲应力只产生在带绕上带轮的部分。根据材料力学有

$$\sigma_b = E\frac{2h_a}{d_d} \tag{5-10}$$

式中σ_b——弯曲应力(MPa)；

E——带的弹性模量(MPa)；

h_a——带的最外层到中性层的距离(mm)；

d_d——带轮的基准直径(mm)。

由式(5-10)可知，带轮基准直径 d_d 越小，带的弯曲应力越大。为防止过大的弯曲应力，对每种型号的 V 带，都规定了相应的最小带轮直径 d_{dmin}，见表 5-1。

表 5-1　V 带最小带轮直径 d_{dmin} 和推荐轮槽数

带型	Y	Z SPZ	A SPA	B SPB	C SPC	D	E
d_{dmin}/mm	20	50 63	75 90	125 140	200 224	355	500
推荐轮槽数 z	1～3	1～4	1～6	2～8	3～9	3～9	3～9

图 5-4 表示了带上各个截面的应力分布情况。带中最大应力发生在带的紧边开始绕入小带轮处，其值为

$$\sigma_{max} = \sigma_1 + \sigma_c + \sigma_{b1} \tag{5-11}$$

图 5-4 中显示，当带在传动时，作用在带上某点的应力，随它所处的位置不同而变化。当带回转一周时，应力变化一个周期。当应力循环一定次数时，带将疲劳断裂。

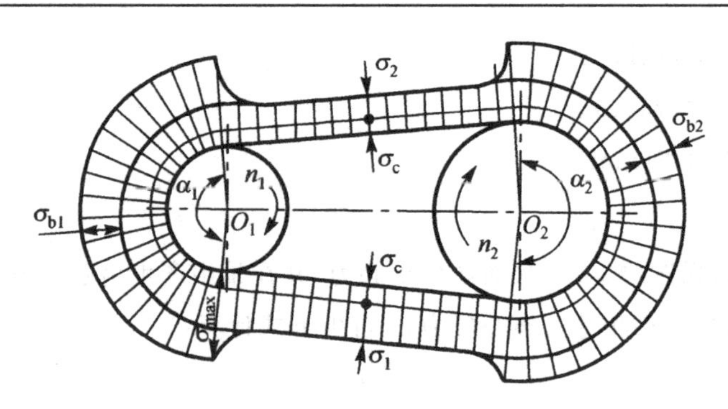

图 5-4 带上各截面应力分布

5.2.3 带传动的弹性滑动

带是弹性体,受到拉力会产生弹性伸长,且拉力越大,弹性伸长随之增加。如图 5-5 所示,当带刚绕上主动轮于点 A_1 时,带速和主动轮的圆周速度相等。在带由点 A_1 运动到点 B_1 的过程中,带的拉力由 F_1 逐渐减小为 F_2。与此相应,带的伸长量也由点 A_1 处的最大逐渐减小到点 B_1 处的最小,带相对于带轮出现回缩,导致带速小于带轮的圆周速度,出现带与带轮间的相对滑动。在从动带轮一侧,在带由点 A_2 转到点 B_2 的过程中,带的拉力由 F_2 逐渐增大为 F_1,带的弹性伸长也随之由最小增加到最大,带相对于带轮出现向前拉伸,导致带速大于带轮的圆周速度,使带与带轮间产生相对滑动。综上所述,由于带的紧边与松边的拉力差引起带的弹性变形量的逐渐变化,导致带与带轮之间发生相对滑动,这种现象称为带传动的弹性滑动,弹性滑动是带传动不可避免的现象。

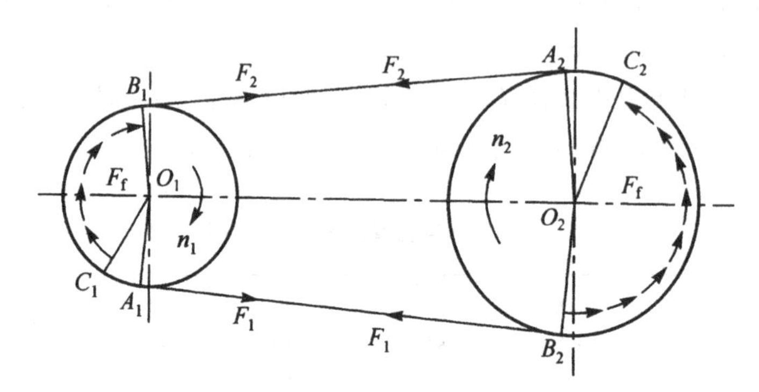

图 5-5 带传动中的弹性滑动

弹性滑动导致从动带轮的圆周速度小于主动带轮的圆周速度,使传动比不准确。弹性滑动也会降低传动效率,引起带的磨损。

带传动弹性滑动引起的从动带轮相对于主动带轮的圆周速度降低率称为滑动率 ε,滑动率 ε 为

$$\varepsilon=\frac{v_1-v_2}{v_1}=\frac{\pi d_{d1}n_1-\pi d_{d2}n_2}{\pi d_{d1}n_1}=1-\frac{d_{d2}n_2}{d_{d1}n_1} \tag{5-12}$$

式中 d_{d1}、d_{d2}——主、从动带轮的基准直径(mm);

n_1、n_2——主、从动带轮的转速(r/min)。

因此，带的平均传动比为

$$i=\frac{n_1}{n_2}=\frac{d_{d2}}{(1-\varepsilon)d_{d1}} \tag{5-13}$$

通常，ε 为 0.01～0.02，在一般带传动计算中可以忽略不计。

实验结果表明，弹性滑动并非发生在带与带轮的全部接触弧上，只发生在带离开带轮的那部分圆弧上（图 5-5 中的 C_1B_1 和 C_2B_2），有弹性滑动的接触弧称为滑动弧；没有发生弹性滑动的接触弧称为静止弧（图 5-5 中的 A_1C_1 和 A_2C_2）。在带速不变的条件下，随着传递功率的增加，带与带轮之间的总摩擦力增大，使滑动弧长度随之增加。当总摩擦力达到极值时，整个接触弧成为滑动弧；当传递的功率进一步增加时，带和带轮之间发生打滑。当出现打滑时，带传动不能工作，传动失效。所以，带传动正常工作时，应避免出现打滑。

5.3　V 带传动的设计

5.3.1　单根 V 带的许用功率

1. 带传动的失效形式与设计准则

根据带传动的工作情况分析可知，带传动的主要失效形式为打滑和疲劳破坏。因此，摩擦型带传动设计的主要准则是保证带在工作中不打滑，并具有一定的疲劳强度和使用寿命。

2. 单根 V 带的许用功率

带传动不打滑应满足

$$F_e=\frac{1000P}{v}\leqslant F_{max} \tag{5-14}$$

将式(5-7)中的摩擦系数 f 用当量摩擦系数 f_v 代替后，可得出当带处于开始打滑的临界状态时，带的最大有效拉力 F_{max} 及带的紧边拉力 F_1 应满足

$$F_{max}=F_1\left(1-\frac{1}{e^{f_v\alpha}}\right) \tag{5-15}$$

带的疲劳强度条件为

$$\sigma_{max}=\sigma_1+\sigma_c+\sigma_{b1}\leqslant[\sigma] \tag{5-16}$$

式中[σ]——许用应力(MPa)。

当带不发生疲劳破坏且最大应力 σ_{max} 达到许用应力[σ]时，紧边拉应力 σ_1 为

$$\sigma_1=[\sigma]-\sigma_c-\sigma_{b1} \tag{5-17}$$

由式(5-8)及式(5-14)可得 V 带能传递的最大功率为

$$P=\frac{F_e v}{1000}=\frac{([\sigma]-\sigma_c-\sigma_{b1})A\left(1-\frac{1}{e^{f_v\alpha}}\right)v}{1000} \tag{5-18}$$

式中 v——带速(m/s)；

A——带的截面面积(mm^2)，

可根据附表 5-1 中的数据得出；σ_c、σ_{b1}(MPa)可分别由式(5-9)及式(5-10)计算；[σ]可通过实验得到。

许用应力$[\sigma]$和V带的型号、材料、长度及预期寿命等因素有关，由实验结果得出，在$10^8\sim10^9$次循环应力条件下，许用应力$[\sigma]$为

$$[\sigma]=\sqrt[11.1]{\frac{CL_d}{3600mvT_h}} \tag{5-19}$$

式中m——带轮数目；

v——V带的速度(m/s)；

T_h——V带的使用寿命(h)；

L_d——V带的基准长度(m)；

C——由V带材料及结构决定的实验系数。

在传动比$i=1$(即包角$\alpha=180°$)、特定带长、载荷平稳条件下，将式(5-18)计算所得的单根普通V带传递的基本额定功率为P_0。

当传动比$i>1$时，带传动的工作能力有所提高，即单根V带有一定的功率增量ΔP，这时单根V带能传递的功率为$P_0+\Delta P$。

如果实际工况下，包角不等于180°，当V带长度与特定带长不相等时，引入包角修正系数K_α和长度修正系数K_L，对单根V带所能传递的功率进行修正。在实际工况下，单根V带所能传递的功率P_r为

$$P_r=(P_0+\Delta P)K_\alpha K_L \tag{5-20}$$

式中，P_r——实际工况下单根V带所能传递的功率(kW)；

ΔP——传动比不等于1时，单根V带额定功率的增量(kW)；

K_α——包角修正系数；

K_L——长度修正系数。

5.3.2 V带传动的设计与参数选择

1. V带传动设计的一般内容

V带传动设计的已知条件包括：带传动的工作条件(原动机种类、工作机类型和特性等)，传递的功率P，主从动轮的转速n_1、n_2或传动比，传动位置和外部尺寸的要求等。

带传动设计的内容包括：带的型号、长度和根数的确定，带轮中心距的确定，带轮的材料、结构及尺寸的设计与选择，带的初拉力及作用在带轮轴上的压力计算，带张紧装置的设计等。

2. 设计计算步骤及参数选择的原则

(1)确定计算功率

根据带传动的工作条件及带传递的功率P，计算功率P_{ca}。可由下式给出：

$$P_{ca}=K_A P \tag{5-21}$$

式中P_{ca}——计算功率(kW)；

K_A——工作情况系数；

P——带传递的功率(kW)。

(2)选择V带类型

根据计算功率P_{ca}及小带轮转速，由图5-6确定普通V带的类型。

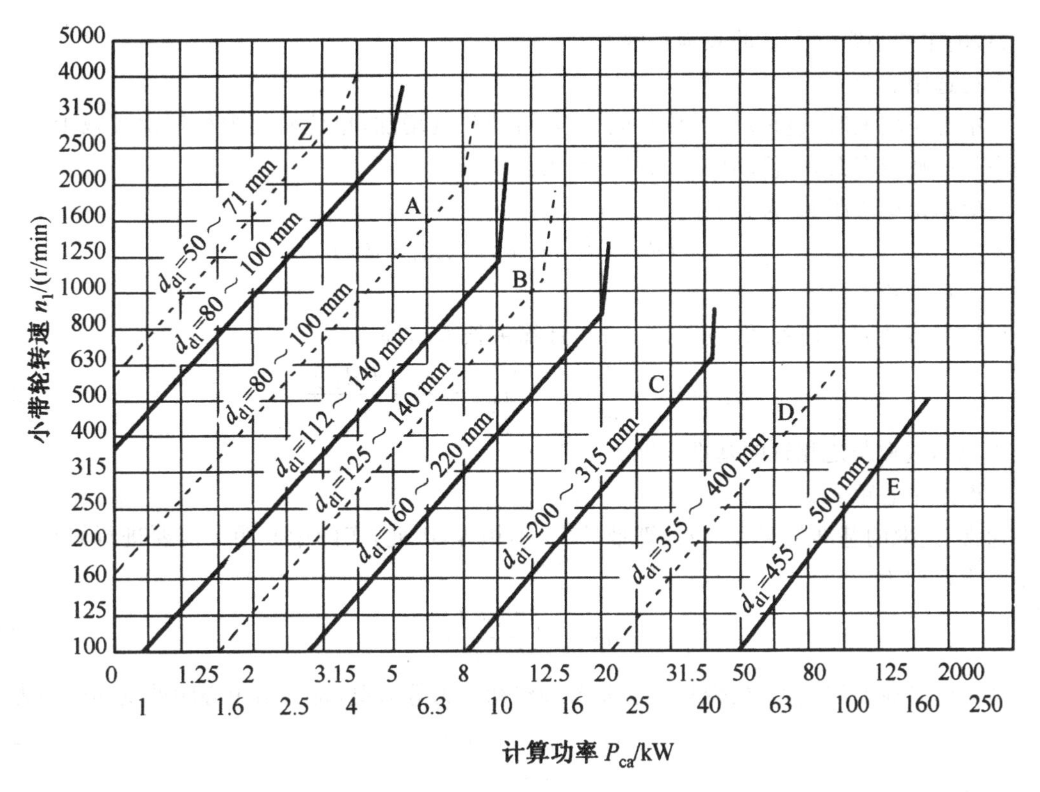

图 5-6　普通 V 带选型图

(3)确定带轮的基准直径 d_{d1}、d_{d2}

①初选小带轮基准直径 d_{d1}。

当带轮直径较小时,虽然带传动结构紧凑,但带弯曲应力较大,导致带疲劳强度降低;若传递相同功率,带轮直径小,则需要的有效拉力大,使得带的根数增加。因此,为防止过大的弯曲应力,一般取 $d_{d1} \geqslant d_{dmin}$。$d_{dmin}$的值参见表 5-1。

②验算带速。

根据式(5-22),验算带速 V,即

$$v=\frac{\pi d_{d1} n_1}{60 \times 1000} \tag{5-22}$$

式中v——带速(m/s);

d_{d1}——小带轮基准直径(mm);

n_1——小带轮转速(r/min)。

当传递的功率一定时,若带速较高,则需要的有效拉力较小,使带的根数减少,带传动的结构比较紧凑。若带速过高,导致带的离心应力较大,同时还使单位时间内带的循环次数增加,导致带的疲劳强度降低。较大的离心应力使带与轮之间的压力减小,导致带传动易打滑。因此,带速不宜过高或过低,一般推荐 $v=5 \sim 25$ m/s。

③计算大带轮直径。

按照 $d_{d2}=i d_{d1}$ 计算大带轮直径。

(4)确定中心距 a 及带的基准长度 L_d

①初选中心距 a_0。

当中心距较大时,包角增加,传动能力强,带的长度增加,单位时间内循环次数减少,有利于提高带的疲劳寿命,但传动的外廓尺寸增大。

一般初定中心距 a_0 为

$$0.7(d_{d1}+d_{d2})\leqslant a_0\leqslant 2(d_{d1}+d_{d2}) \tag{5-23}$$

②计算带长 L_{d0}。

根据带传动的几何关系,按照式(5-24)计算带长 L_{d0},即

$$L_{d0}=2a_0+\frac{\pi}{2}(d_{d1}+d_{d2})+\frac{(d_{d1}+d_{d2})^2}{4a_0} \tag{5-24}$$

算出 L_{d0}后,选取与之相近的基准长度 L_d。

③确定中心距 a_0。

通常,选取的基准长度 L_d 与计算带长 L_{d0}不相等,因此,实际中心距 a 需要进行修正。实际中心距近似为

$$a\approx a_0+\frac{L_d-L_{d0}}{2} \tag{5-25}$$

考虑到带轮的制造误差、带长的误差及调整初拉力等需要,常给出中心距的变动范围为

$$a_{\min}=a-0.015L_d \tag{5-26}$$

$$a_{\max}=a+0.03L_d$$

(5)验算小带轮上的包角 α_1

带传动中,小带轮上的包角 α_1 小于大带轮上的包角 α_2,使得小带轮上的包角 α_1 成为影响带传动能力的重要因素。通常,应保证

$$\alpha_1\approx 180^\circ-\frac{d_{d2}+d_{d1}}{a}\times 57.3\geqslant 120^\circ \tag{5-27}$$

特殊情况下允许 $\alpha_1\geqslant 90^\circ$。

(6)确定 V 带根数 z

$$z\geqslant\frac{P_{ca}}{P_r} \tag{5-28}$$

式中 z——V 带的根数;

P_{ca}——计算功率(kW);

P_r——由式(5-20)确定的单根带的许用功率(kW)。

根据式(5-28)的计算结果圆整 V 带根数 z。若 V 带根数超过表 5-1 中推荐的轮槽数时,应选截面较大的带型,以减少带的根数。

(7)确定初拉力

对于非自动张紧的 V 带传动,既要保证传递额定功率时不打滑,又要保证有一定寿命,这时单根 V 带适当的初拉力为

$$F_0=500\,\frac{(2.5-K_\alpha)P_{ca}}{K_\alpha zv}+qv^2 \tag{5-29}$$

式中,各符号的意义及单位同前。对于新安装的带,初拉力应为上式计算值的 1.5 倍。

(8)计算带对轴的压力

槽设计和计算带轮轴及轴承,需要计算带传动时带作用于轴上的压力 F_p。忽略带两边的拉力差及离心力,带作用于轴上的压力 F_p 为

$$F_p = 2zF_0 \sin\frac{\alpha_1}{2} \tag{5-30}$$

式中 F_p——压轴力(N);

z——带的根数;

F_0——初拉力(N);

α_1——小带轮包角。

5.3.3　V 带轮的结构设计

V 带轮的材料主要采用铸铁,常用材料的牌号为 HT150 或 HT200;转速较高时宜采用铸钢;小功率时可用铸铝或塑料。

当带轮基准直径 $d_d \leqslant (2.5 \sim 3)d$($d$ 为轴的直径,mm)时,可采用实心式结构,如图 5-7 所示。

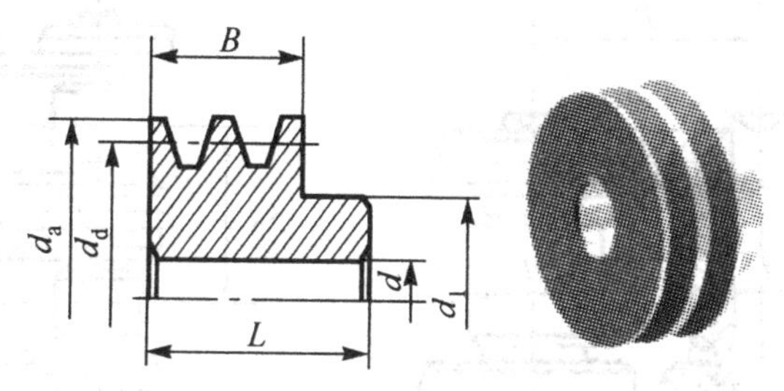

图 5-7　普通 V 带实心式结构

当面 $d_d \leqslant 300$ mm 时,可采用腹板式或孔板式结构,如图 5-8(a)、(b)所示;当 $d_d > 300$ mm 时,可采用轮辐式结构,如图 5-8(c)所示。

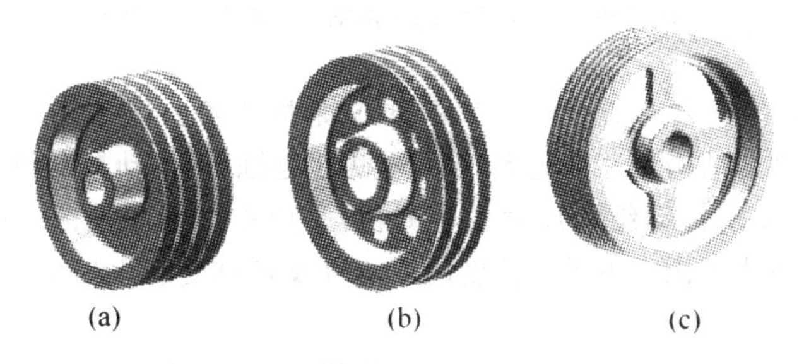

图 5-8　普通 V 带的结构

带轮轮槽尺寸要精细加工(表面粗糙度为 3.2),以减小带的磨损;各槽的尺寸和角度应保持一定的精度,使载荷分布较均匀。

带轮的结构设计,主妻是根据带轮的基准直径选择结构形式;根据带的型号确定轮槽尺寸。带轮的其他结构尺寸可参照机械设计手册。

5.4　滚子链链条与链轮

5.4.1　传动链的类型及结构

传动链的类型主要有滚子链和齿形链。滚子链的应用最为广泛。

如图5-9(a)所示,滚子链由内链板1、外链板2、销轴3、套筒4和滚子5组成。销轴与外链板、套筒与内链板分别用过盈配合连接;而销轴与套筒、滚子与套筒之间则为间隙配合。所以,当链条与链轮轮齿啮合时,滚子与轮齿间的摩擦基本上为滚动摩擦;套筒与销轴间、滚子与套筒间的摩擦为滑动摩擦。链板一般做成8字形,以减轻重量和运动时的惯性力,且能保证链板各横截面的抗拉强度接近相等。

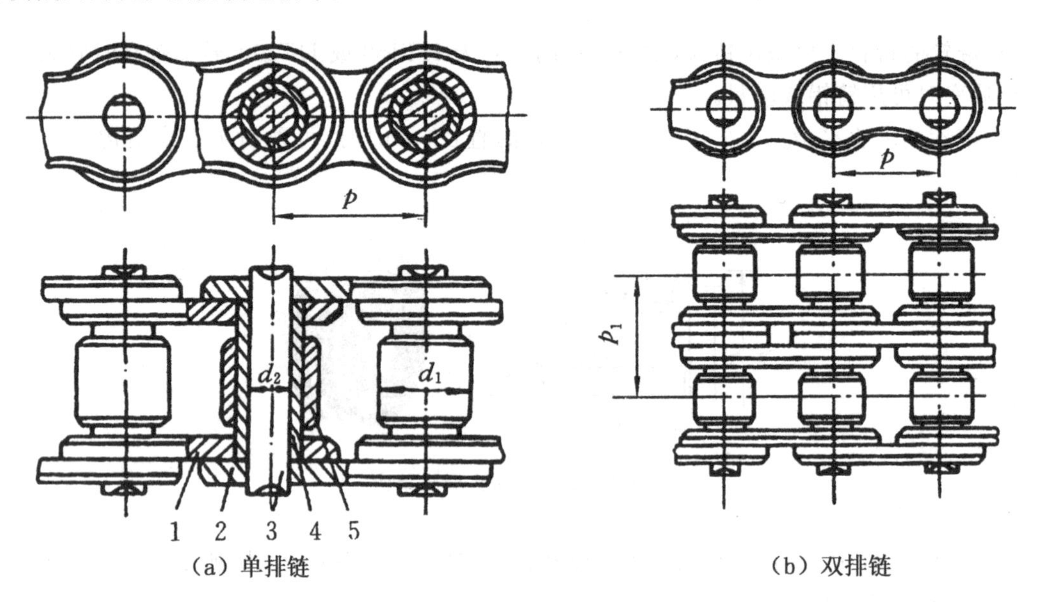

图5-9　滚子链的结构

1—内链板;2—外链板;3—销轴;4—套筒;5—滚子

滚子链是标准件,其主要参数是链的节距 p,它是指链条上相邻两销轴中心之间的距离。节距越大,链条各零件的结构尺寸也越大,承载能力也越强,但传动越不稳定,重量也增加。当需要传递大功率而又要求传动结构尺寸较小时,可采用小节距双排链(见图5-9(b))或多排链,其承载能力与排数成正比。由于受精度的影响以及各排受载不易均匀,故排数不宜过多,四排以上很少应用。

链的长度用链节数 L_p 表示。链节数最好取为偶数,以便使链条构成环形时,接头处正好是外链板与内链板相连接。

5.4.2　滚子链链轮

滚子链链轮如图5-10所示,链轮有整体式、孔板式、组合式等,如图5-11所示。组合式结构的连接方式可以是焊接也可用螺栓连接,齿圈与轮毂可用不同材料制造。

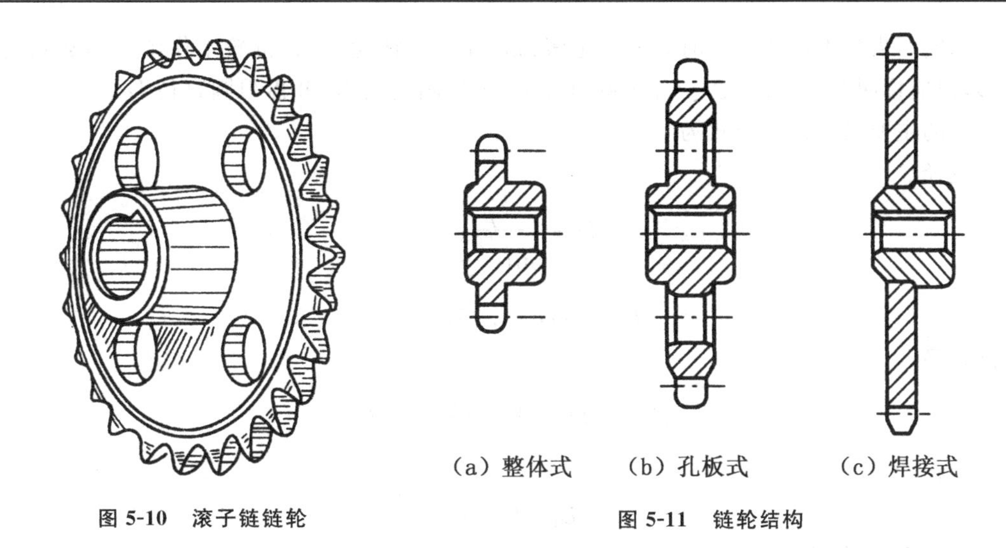

图 5-10　滚子链链轮

图 5-11　链轮结构

轮齿的齿形应保证链节能平稳地进入和退出啮合,受力良好,不易脱链,便于加工制造。

滚子链与链轮的啮合属于非共轭啮合,其链轮齿形的设计比较灵活。在 GB/T1243—2006 中没有规定具体的链轮齿形,仅仅规定了最小和最大齿槽形状及其极限参数。实际齿槽形状取决于加工轮齿的刀具和加工方法,并应使其位于最小和最大齿槽形状之间。“三圆弧一直线”齿形符合上述规定的齿槽形状范围,其齿槽形状由 aa、ab、cd 三段圆弧和一段直线 bc 构成,如图 5-12 所示。它的优点是:接触应力小、磨损轻、冲击小,齿顶较高不易跳齿和脱链,切

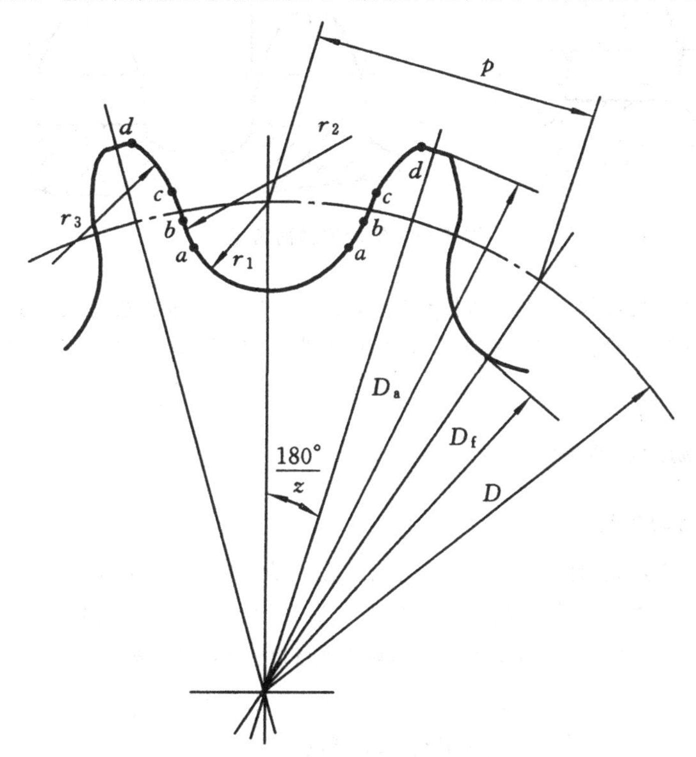

图 5-12　滚子链链轮端面标准齿形

削节距相同而齿数不同的链轮时只需一把滚刀。在设计链轮时，在链轮工作图中不必画出端面齿形，但应标明节距 p、齿数 z、分度圆直径 D、齿顶圆直径 D_a 和齿根圆直径 D_f。

链轮的主要尺寸计算公式为

分度圆直径

$$D=\frac{p}{\sin\left(\frac{180^\circ}{z}\right)}$$

$$D_{amax}=D+1.25p-d_1$$

齿顶圆直径

$$D_{amin}=D+\left(1-\frac{1.6}{z}\right)p-d_1$$

齿根圆直径

$$D_f=D-d_1$$

式中 d_1——滚子直径。

链轮的轴面齿形呈圆弧状（见图 5-13），以便链节的进入和退出。在链轮工作图上，需要画出其轴面齿形，以便车削链轮毛坯。

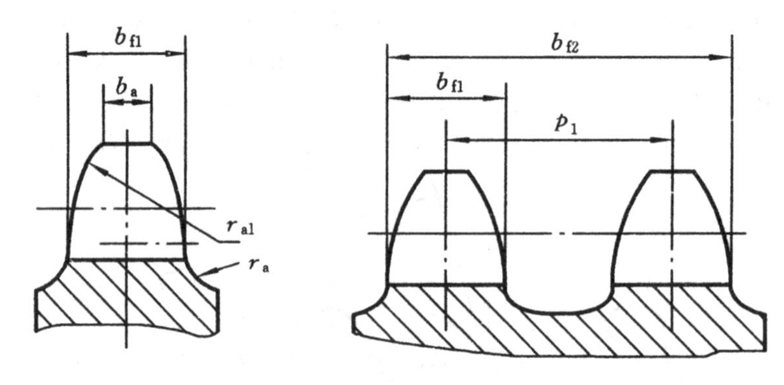

图 5-13　链轮的轴面齿形

链轮端面齿形的其他尺寸和轴面齿形的结构尺寸见国家标准及有关的设计手册。

链轮的材料应保证轮齿有足够的强度和耐磨性，一般是根据尺寸及工作条件参照表 5-5 选取。

5.4.3　链传动的运动特性

1. 链传动运动的不均匀性

滚子链结构的特点是，刚性链节通过销轴铰接而成，当它绕在链轮上时即形成折线，因此，链传动相当于一对多边形轮之间的传动（见图 5-14）。两多边形的边数分别等于两链轮的齿数 z_1、z_2，边长等于链节距 p，链轮每转一周，随之转过的链长为 zp。设 n_1、n_2 分别为两链轮转速，则链速为

$$v=\frac{z_1pn_1}{60\times1000}=\frac{z_2pn_2}{60\times1000}\ (\text{m/s}) \tag{5-31}$$

传动比

$$i=\frac{n_1}{n_2}=\frac{z_1}{z_2} \tag{5-32}$$

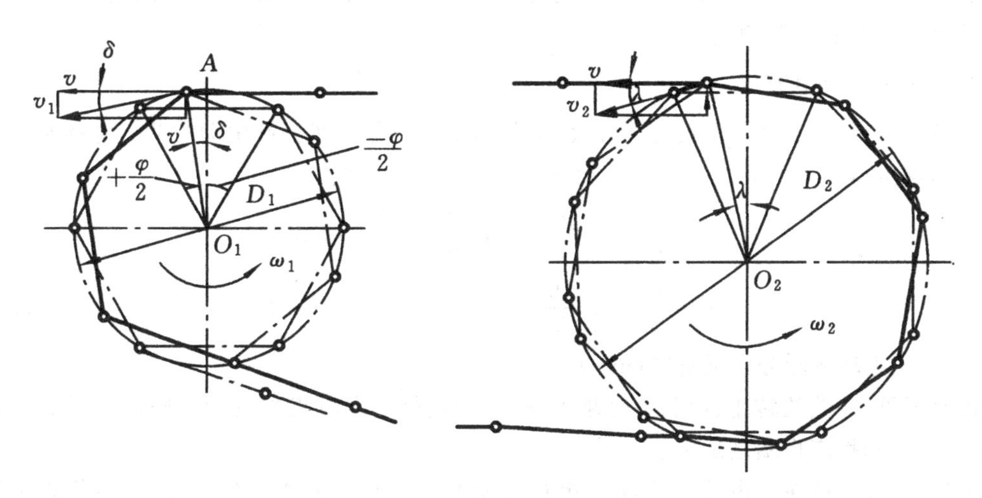

图 5-14　链传动的速度分析

由以上两式求得的链速和传动比都是平均值。实际上，由于链传动的多边形效应，其瞬时速度和瞬时传动比均是呈周期性变化的。下面通过示意图来具体分析其变化的原因及规律。

如图 5-14 所示，为了便于分析，假设链条主动边在传动时总是处于水平位置。当主动链轮以等角速度 ω_1 回转时，铰链 A 的速度即为链轮分度圆的圆周速度 $v_1=\frac{D_1}{2}\omega_1$，它在沿链条前进方向的分速度为 $v=\frac{D_1}{2}\omega_1\cos\delta$。当链条主动边处于最高位置（$\delta=0$）时，链速最大 $v_{\max}=\frac{D_1}{2}\omega_1$；当链条主动边处于最低位置$\left(\delta=\pm\frac{\varphi}{2}\right)$时，链速最小 $v_{\min}=\frac{D_1}{2}\omega_1\cos\frac{\varphi}{2}$。每一链节从进入啮合到退出啮合，$\delta$ 角在$-\frac{\varphi}{2}$到$+\frac{\varphi}{2}$的范围内变化，链速 v 由小到大、再由大到小周期性地变化。一个链节在主动链轮上所对应的中心角 $\varphi=\frac{360^\circ}{z}$。与此同时，链条还在垂直于前进方向的横向往复运动一次，横向瞬时分速度 $v'=\frac{D_1}{2}\omega_1\sin\delta$ 也作周期变化，因而链条在工作时会发生抖动。

设从动链轮分度圆的圆周速度为 v_2、角速度为 ω_2，则

$$v_2=\frac{v}{\cos\lambda}=\frac{D_1\omega_1\cos\delta}{2\cos\lambda}=\frac{D_2}{2}\omega_2\,(\mathrm{m/s}) \tag{5-33}$$

由此可得出主、从动轮的瞬时传动比为

$$i_{12}=\frac{\omega_1}{\omega_2}=\frac{D_2\cos\lambda}{D_1\cos\delta} \tag{5-34}$$

由于 δ、λ 均是随时间发生变化的，故链速 v、瞬时传动比 i_{12} 也是随时间变化的。即使主动

链轮作匀速运动，链速和从动链轮的角速度也将发生周期性变化，每转一个链节变化一次。链轮齿数越少，节距 p 越大，则 δ 和 λ 的变化范围就越大，链传动的运转就越不平稳。只有当链轮齿数 $z_1=z_2$（即 $D_1=D_2$），且传动的中心距 a 为链节距 p 的整数倍时，δ、λ 的变化才相同，瞬时传动比才能恒定不变（等于1）。

2. 链传动的动载荷

链传动中，链速 v 和从动链轮角速度 ω_2 的周期性变化必然会产生动载荷。将链速对时间 t 取导数，则可得链条的前进加速度 a 和横向加速度 a' 分别为

$$a=\frac{\mathrm{d}v}{\mathrm{d}t}=-\frac{D_1}{2}\omega_1\sin\delta\frac{\mathrm{d}\delta}{\mathrm{d}t}=-\frac{D_1}{2}\omega_1^2\sin\delta$$

$$a'=\frac{\mathrm{d}v'}{\mathrm{d}t}=-\frac{D_1}{2}\omega_1\cos\delta\frac{\mathrm{d}\delta}{\mathrm{d}t}=-\frac{D_1}{2}\omega_1^2\cos\delta \tag{5-35}$$

式中 D_1——主动链轮分度圆直径（mm）。

由此可见，链轮的转速越高、节距越大（即链轮直径一定时齿数越少），则传动时的动载荷就越大，冲击和噪声也随之加大。

另外，链节和链轮轮齿啮合瞬间的相对速度也会引起冲击和动载荷；由于链条的松弛下垂，在启动、制动、反转、突然超载和卸载情况下出现的惯性冲击也将对传动装置产生很大的动载荷。

3. 链传动的受力分析

链传动和带传动相似，在安装时链条也受到一定的张紧力，它并不决定链传动的工作能力，只是为了使链条工作时的松边不致过松，影响链的啮入、啮出，产生跳齿和脱链，所以，链条的张紧力不大多受力分析时可忽略其影响。作用在链上的力主要有如下几种。

（1）工作拉力 F

$$F=\frac{1000P}{v}\ (\mathrm{N}) \tag{5-36}$$

式中 P——所传递的名义功率（kW）；

v——链速（m/s）。

（2）离心拉力 F_c

$$F_c=qv^2\,(\mathrm{N}) \tag{5-37}$$

式中 q——每米链长的质量（kg/m）。

（3）悬垂拉力 F_y

$$F_y=K_yqga\ (\mathrm{N}) \tag{5-38}$$

式中 a——传动的中心距（m）；

g——重力加速度，$g=9.8\ \mathrm{m/s^2}$；

K_y——下垂量 $y=0.02a$ 时的垂度系数，其值与两链轮中心连线与水平面之夹角 φ 的大小有关。

链的紧边受工作拉力 F、离心拉力 F_c 和悬垂拉力 F_y 的作用，故紧边所受的总拉力 F_1 为

$$F_1=F+F_c+F_y\,(\mathrm{N}) \tag{5-39}$$

链的松边不受工作拉力 F 的作用，因此松边所受的总拉力 F_2 为

$$F_2=F_c+F_y(\mathrm{N}) \tag{5-40}$$

链条作用在轴上的拉力 F_Q 可近似地取为紧边拉力 F_1 与松边拉力 F_2 之和。离心拉力 F_c 不作用在轴上，不应计算在内，又由于悬垂拉力 F_y 不大，约为(0.10～0.15)F，故可取

$$F_Q=(1.2\sim1.3)F\ (\mathrm{N}) \tag{5-41}$$

当外载荷有冲击和振动时取大值

5.4.4　滚子链传动的设计

1. 已知条件及设计内容

已知条件：传动的用途、工作情况、原动机和工作机的种类、传递的名义功率 P 及载荷性质、链轮的转速 n_1 和 n_2 或传动比 i、传动布置以及对结构尺寸的要求。

主要设计内容：合理选择传动参数(链轮齿数 z_1 和 z_2、传动比 i、中心距 a、链节数 L_p 等)、确定链条的型号(链节距 p、排数)、确定润滑方式及设计链轮等。

2. 链传动主要参数的选择

(1)链轮齿数 z_1、z_2 及传动比 i

链轮齿数的多少对传动平稳性和使用寿命有很大影响。小链轮齿数 z_1 过少，会增加链传动的不均匀性和动载荷，冲击加大，链传动寿命降低，链节在进入和退出啮合时，相对转角增大，磨损增加，功率损耗也增大。因此，小轮齿数 z_1 不宜过少。滚子链传动的小链轮齿数 z_1 可参照链速 v 和传动比 i 选取。

但小链轮齿数也不宜过多。如 z_1 选得太大，大链轮齿数 z_2 则将更大，这样除了增大结构尺寸和重量外，也会因磨损使链条节距伸长而发生脱链，导致使用寿命降低。z_1 确定后，从动轮齿数 $z_2=iz_1$。

由于链节数常为偶数，考虑到链条和链轮轮齿的均匀磨损，链轮齿数一般应取为与链节数互为质数的奇数。

链传动的传动比 i 通常小于 6，推荐 $i=2\sim3.5$，但在 $v<3$ m/s，载荷平稳、外形尺寸不受限制时，可取 $i_{max}\leqslant10$。

(2)链节 p 和排数

链节距 p 是链传动的重要参数，它的大小不仅反映了链传动结构尺寸的大小及承载能力的高低，而且直接影响到传动的质量。在一定条件下，链节距 p 越大，能传递的功率 P 越大，但运动的不均匀性、动载荷及噪声也随之加大。因此，设计时应尽量选用小节距的单排链，高速重载时可选用小节距的多排链。

链节距 p 可根据单排链的额定功率 P_0 和小链轮传速 n_1。链传动所需的额定功率按下式确定

$$P_0\geqslant\frac{K_A P}{K_z K_L K_p}\ (\mathrm{kW}) \tag{5-42}$$

式中 P——传递的名义功率(kW)；

K_A——工况系数；

K_z——小链轮齿数系数；

K_L——链长系数；

K_p——多排链系数。

(3)中心距 a 和链节数 L_p

中心距的大小对传动有很大影响。中心距小时，链节数减少；链速一定时，单位时间内每一链节的应力变化次数和屈伸次数增多，因此，链的疲劳强度降低、磨损增加。中心距大时，链节数增多，吸振能力增强，使用寿命增加。但中心距 a 太大，又会发生链的颤抖现象，而且结构也不紧凑，重量增大。因此，一般初选中心距 $a_0=(30\sim50)p$，最大可为 $a_{0\max}=80p$。

链条的长度一般用链节数 L_p 表示。根据带长的计算公式，可导出链节数的计算公式为

$$L_{p0}=\frac{2a_0}{p}+\frac{z_1+z_2}{2}+\frac{p}{a_0}\left(\frac{z_2-z_1}{2\pi}\right)^2 \tag{5-43}$$

L_{p0} 应取相近的整数 L_p，且最好取偶数，以避免使用过渡链节。

第6章　齿轮传动设计

6.1　齿轮的传动特点及类型

6.1.1　齿轮传动的主要优缺点

(1)齿轮传动的主要优点

①工作可靠,使用寿命长。设计制造正确合理、使用维护良好的情况下,齿轮传动工作十分可靠,寿命可达一、二十年,在所有的机械传动形式中是最高的。

②瞬时传动比为常数。齿轮传动是一种可以实现恒速、恒传动比的机械啮合传动形式,齿轮传动广泛应用的重要原因之一是其能够实现稳定的传动比。

③传动效率高。常用的机械传动中,齿轮传动所能够实现的效率最高,二级齿轮传动能够达到的效率高达99%。这样的高效率对大功率传动十分重要。

④结构紧凑。与带传动、链传动相比,齿轮传动的空间体积要小得多。

⑤功率和速度适用范围广。带传动和链传动的圆周速度都有一定的限制,而齿轮传动可以达到的速度要大得多。

(2)齿轮传动的主要缺点

①齿轮制造需专用机床和设备,成本较高。

②精度低时,振动和噪声较大。

③不宜用于轴间距离大的传动。

6.1.2　齿轮传动的主要类型

①按轴的布置方式分。可分为平行轴齿轮传动、相交轴齿轮传动、交错轴齿轮传动。

②按齿线相对于齿轮母线方向分。可分为直齿齿轮传动、斜齿齿轮传动、人字齿齿轮传动、曲线齿齿轮传动。

③按齿轮传动工作条件分。可分为闭式齿轮传动、开式齿轮传动、半开式齿轮传动

④按齿轮的齿廓曲线分。渐开线齿轮,摆线齿轮,圆弧齿轮。

⑤按齿轮齿面硬度分。软齿面齿轮(≤350 HB),硬齿面齿轮(>350 HB)。

6.2　齿轮传动的失效形式和设计准则

6.2.1　齿轮传动的失效形式

齿轮传动常见的失效形式有轮齿折断和齿面损伤。后者又分为齿面点蚀、磨损、胶合和塑性变形等。

1. 轮齿折断

轮齿受力后，其根部受弯曲应力作用，且该弯曲应力为变应力。在齿根过渡圆角处，应力最大且有应力集中，当此处的变应力超过了材料的疲劳极限时，其拉伸侧将产生疲劳裂纹（见图 6-1(a)）。裂纹不断扩展，最终造成轮齿的弯曲疲劳折断。齿宽较小的直齿圆柱齿轮，裂纹往往沿全齿根扩展，导致全齿折断；齿宽较大的直齿圆柱齿轮（因制造误差使载荷集中在齿的一端）、斜齿圆柱齿轮和人字齿轮（接触线倾斜），其齿根裂纹往往沿倾斜方向扩展，发生轮齿的局部折断（见图 6-1(b)）。

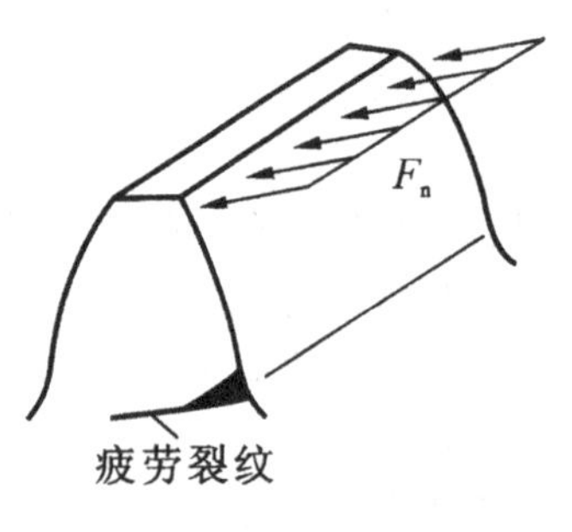

（a）疲劳裂纹的产生　　（b）局部折断

图 6-1　轮齿折断

当齿轮受到短时过载或冲击载荷时，易引起轮齿过载折断。

选用合适的材料和热处理方法，使齿根心部有足够的韧性；采用正变位齿轮，增大齿根圆角半径，对齿根处进行喷丸、辗压等强化处理工艺，均可提高轮齿的抗折断能力。

2. 齿面点蚀

轮齿受力后，齿面接触处将产生循环变化的接触应力，在接触应力反复作用下，轮齿表面或次表层出现不规则的细线状疲劳裂纹，疲劳裂纹扩展，使齿面金属脱落而形成麻点状凹坑，称为齿面疲劳点蚀，简称为点蚀（见图 6-2）。齿轮在啮合过程中，因轮齿在节线处啮合时，同时啮合的轮齿对数少，接触应力大，且在节点处齿廓相对滑动速度小，油膜不易形成，摩擦力大，故点蚀首先出现在节线附近的齿根表面上，然后再向其他部位扩展。

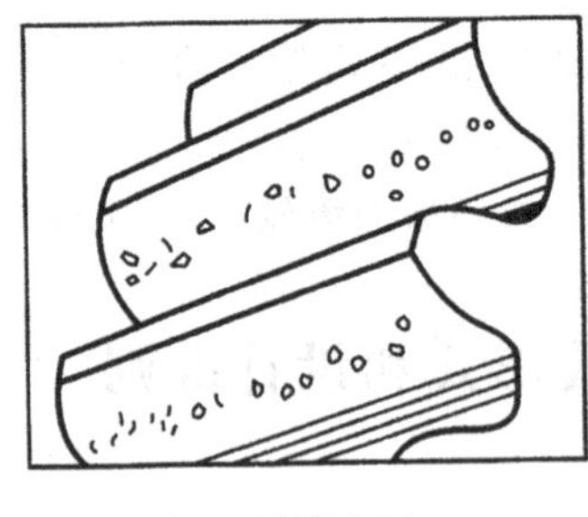

（a）早期点蚀

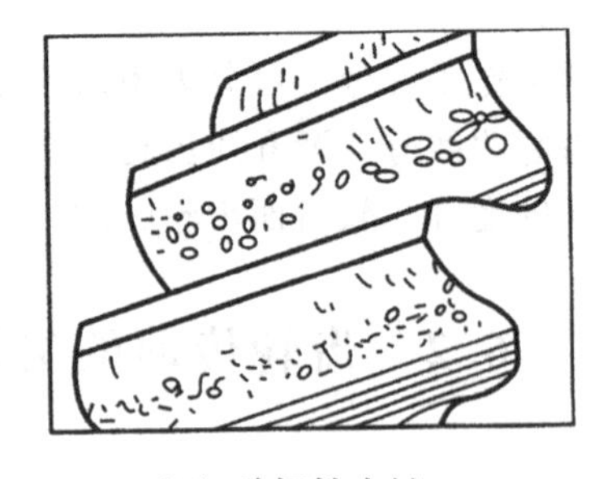

（b）破坏性点蚀

图 6-2　齿面点蚀

对于软齿面齿轮(硬度≤350 HBS),当载荷不大时,在工作初期,由于相啮合的齿面接触不良,会造成局部应力过高而出现麻点。齿面经一段时间跑合后,接触应力趋于均匀,麻点不再扩展,甚至消失,这种点蚀称为早期点蚀。如果在足够大的载荷作用下,齿面点蚀面积不断扩展,麻点数量不断增多,点蚀坑大而深,就会发展成破坏性点蚀。这种点蚀带来的结果,往往是强烈的振动和噪声,最终导致齿轮失效。点蚀是润滑良好的闭式软齿面传动中最常见的失效形式。

对于硬齿面齿轮(硬度>350 HBS),其齿面接触疲劳强度高,一般不易出现点蚀,但由于齿面硬、脆,一旦出现点蚀,它就会不断扩大,形成破坏性点蚀。

在开式齿轮传动中,一般不会出现点蚀。这是因为开式齿轮磨损快,齿面一旦出现点蚀就会被磨去。

提高齿面硬度和润滑油的黏度,采用正角度变位传动等,均可减缓或防止点蚀的产生。

3. 齿面磨损

在齿轮传动中,当齿面间落入砂粒、铁屑、非金属物等磨料性物质时,会引起齿面磨损,这种磨损称为磨粒磨损(见图 6-3)。齿面磨损后,齿廓形状破坏,引起冲击、振动和噪声,且由于齿厚减薄而可能发生轮齿折断。磨粒磨损是开式齿轮传动的主要失效形式。

改善密封和润滑条件,在油中加人减摩添加剂,保持油的清洁,提高齿面硬度等,均能提高抗磨粒磨损能力,

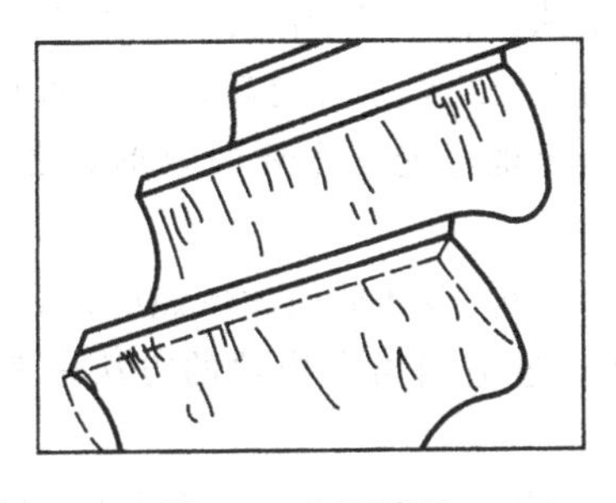

图 6-3　齿面磨损

图 6-4　齿面胶合

4. 齿面胶合

互相啮合的轮齿齿面,在一定的温度或压力作用下,发生黏着,随着齿面的相对运动,使金属从齿面上撕落而引起严重的黏着磨损,这就是齿面胶合(见图 6-4)。在重载、高速齿轮传动中,由于啮合处产生很大的摩擦热,导致局部温度过高,使齿面油膜破裂,产生两接触齿面金属融焊而黏着,称为热胶合。热胶合是高速、重载齿轮传动的主要失效形式。在重载、低速齿轮传动中,由于局部齿面啮合处压力很高,且速度低,不易形成油膜,使接触表面膜被刺破而黏着,称为冷胶合。

减小模数、降低齿高、采用角度变位齿轮以减小滑动系数,提高齿面硬度,采用抗胶合能力强的润滑油(极压油)等,均可减缓或防止齿面胶合。

5. 齿面塑性变形

当轮齿材料较软,载荷及摩擦力又很大时,轮齿在啮合过程中,齿面表层的材料就会沿着

摩擦力的方向产生塑性变形。由于主动轮齿上所受的摩擦力是背离节线分别朝向齿顶及齿根作用的，故产生塑性变形后，齿面沿节线处形成凹沟；从动轮齿上所受的摩擦力方向则相反，故产生塑性变形后，齿面沿节线处形成凸棱(见图 6-5)。

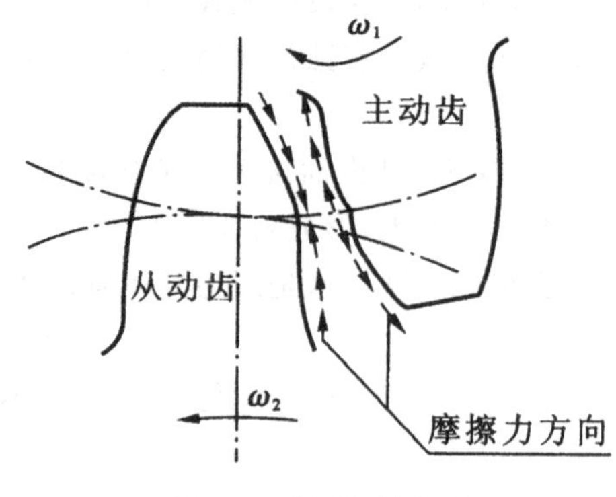

图 6-5　齿面塑性变形

提高齿面硬度，采用黏度高的润滑油，均可防止或减轻齿面的塑性变形。

6.2.2　齿轮传动的设计准则

闭式软齿面齿轮传动的主要失效形式是齿面疲劳点蚀，其次是轮齿折断；闭式硬齿面齿轮传动的主要失效形式是轮齿折断，其次是齿面疲劳点蚀。在中速、中载下工作的闭式齿轮传动，其设计约束主要是不出现轮齿折断和齿面点蚀，相应的约束条件是轮齿的弯曲疲劳强度条件和接触疲劳强度条件。对于高速、重载齿轮传动，胶合也可能是主要失效形式之一，故其约束条件除上述两者之外，还有胶合强度条件。

开式齿轮传动的主要失效形式是齿面磨损和轮齿折断，因磨损尚无成熟的计算方法，只能近似地认为其约束条件是轮齿弯曲疲劳强度条件，并通过适当增大模数的方法来考虑磨损的影响。

短期过载的齿轮传动，其主要失效形式是过载折断或塑性变形，其设计约束条件为静强度条件。

设计齿轮时，除应满足上述强度约束条件外，还应考虑诸如经济性、环境污染(主要是振动和噪声)等问题。

6.3　齿轮传动的计算载荷

6.3.1　齿轮受力分析

图 6-6 所示为一对直齿圆柱齿轮，转矩 T_1 由主动齿轮 1 传给从动齿轮 2。若略去齿面间的摩擦力，轮齿上的法向力 F_n 可分解为两个互相垂直的分力：切于分度圆上的圆周力 F_t 和沿半径方向的径向力 F_r。由图 6-6 得

$$
\left.\begin{aligned}
F_t &= \frac{2T_1}{d_1}\ (\text{N}) \\
F_r &= F_t \tan\alpha\ (\text{N}) \\
F_n &= \frac{F_t}{\cos\alpha} = \frac{2T_1}{d_1 \cos\alpha}\ (\text{N})
\end{aligned}\right\} \tag{6-1}
$$

其中，

$$T_1 = 9.55 \times 10^6 \frac{P_1}{n_1} (\text{N} \cdot \text{mm})$$

式中T_1——主动齿轮传递的名义转矩(N·mm)；

d_1——主动齿轮的分度圆直径(mm)；

α——分度圆压力角(°)；

P_1——主动齿轮传递的功率(kW)；

n_1——主动齿轮的转速(r/min)。

作用在主动轮和从动轮上的各对应力等值、反向。各分力的方向：①圆周力 F_t 在主动轮上是阻力，其方向与回转方向相反，在从动轮上是驱动力，其方向与回转方向相同；②径向力 F_r，分别指向两轮轮心(外啮合齿轮传动)。

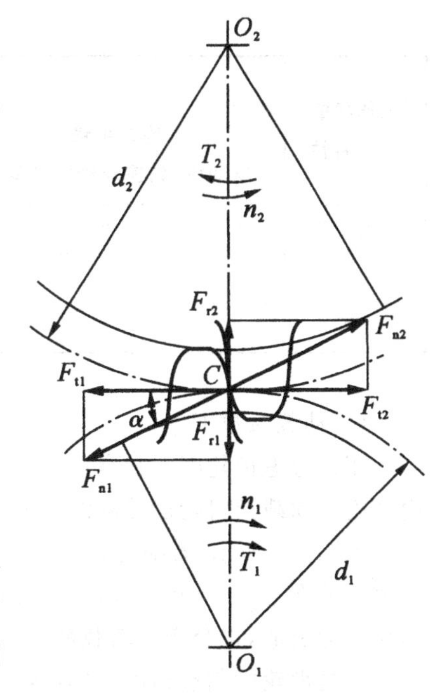

图 6-6　齿轮受力分析

6.3.2　计算载荷

按式(6-1)计算的 F_n、F_t 和 F_r 均是作用在轮齿上的名义载荷。在实际工作中，还应考虑下列因素的影响：由于原动机和工作机的振动和冲击，在轮齿啮合过程中产生的动载荷；制造安装误差或受载后轮齿产生的弹性变形以及轴、轴承、箱体的变形等原因，造成的载荷沿齿宽方向的分布不均及啮合的各轮齿间载荷的分布不均等。为此，应将名义载荷乘以载荷系数，修正为计算载荷，进行齿轮的强度计算时，按计算载荷进行计算。与圆周力对应的计算载荷为

$$F_{tc} = KF_t \tag{6-2}$$

其中，

$$K = K_A K_v K_\alpha K_\beta \tag{6-3}$$

式中K——载荷系数；

K_A——使用系数；

K_v——动载系数；

K_β——齿向载荷分布系数；

K_α——齿间载荷分配系数。

(1)使用系数 K_A

用来考虑原动机和工作机的工作特性等引起的动力过载对轮齿受载的影响，其值可查表 6-1 得到。

表 6-1 使用系数 K_A

工作机的工作特性	原动机的工作特性及其示例			
	均匀平稳 电动机，匀速转动的汽轮机	轻微冲击 汽轮机，液压马达	中等冲击 多缸内燃机	严重冲击 单缸内燃机
均匀平稳	1.00	1.10	1.25	1.50
轻微冲击	1.25	1.35	1.50	1.75
中等冲击	1.50	1.60	1.75	2.00

(2)动载系数 K_v

用来考虑齿轮副在啮合过程中，因啮合误差(基节误差、齿形误差和轮齿变形等)所引起的内部附加动载荷对轮齿受载的影响。

如图 6-7 所示，若啮合轮齿的基节不等，如 $p_{b1} < p_{b2}$ 时，则第二对轮齿在尚未进入啮合区时就提前在 A' 点开始啮合，使瞬时速比发生变化而产生冲击和动载荷。若齿形有误差，瞬时速比不为定值，也会产生动载荷。齿轮的速度越高，齿轮振动越大。

提高齿轮的制造精度，可以减小内部动载荷。对齿轮进行适当的修形，将齿顶按虚线所示切掉一部分(见图 6-7)，可使 A' 点延迟进入啮合，也可达到降低动载荷的目的。对于直齿圆柱齿轮传动，可取 $K_v = 1.05 \sim 1.4$；对于斜齿圆柱齿轮传动，因传动平稳，可取 $K_v = 1.02 \sim 1.2$。齿轮精度低、速度高时，K_v 取大值；反之取小值。

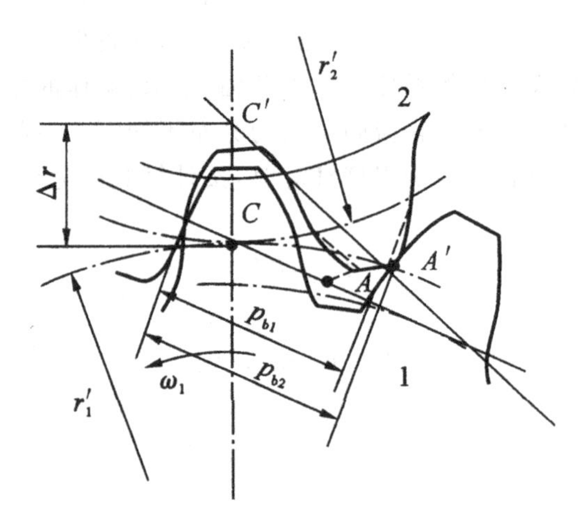

图 6-7 基节误差产生的动载荷分析

(3)齿向载荷分布系数 K_β

用以考虑由于轴的变形和齿轮制造误差等引起的载荷沿齿宽方向分布不均匀的影响。

如图 6-8(a)所示，当齿轮相对轴承布置不对称时，齿轮受载后，轴产生弯曲变形，两齿轮随之偏斜，使得作用在齿面上的载荷沿接触线分布不均匀(见图 6-8(b))，这种现象称为载荷集中。轴因受转矩作用而发生扭转变形，同样会使载荷沿齿宽分布不均匀。靠近转矩输入端一侧，轮齿上的载荷最大。为了减少载荷集中，应将齿轮布置在远离转矩输入端。

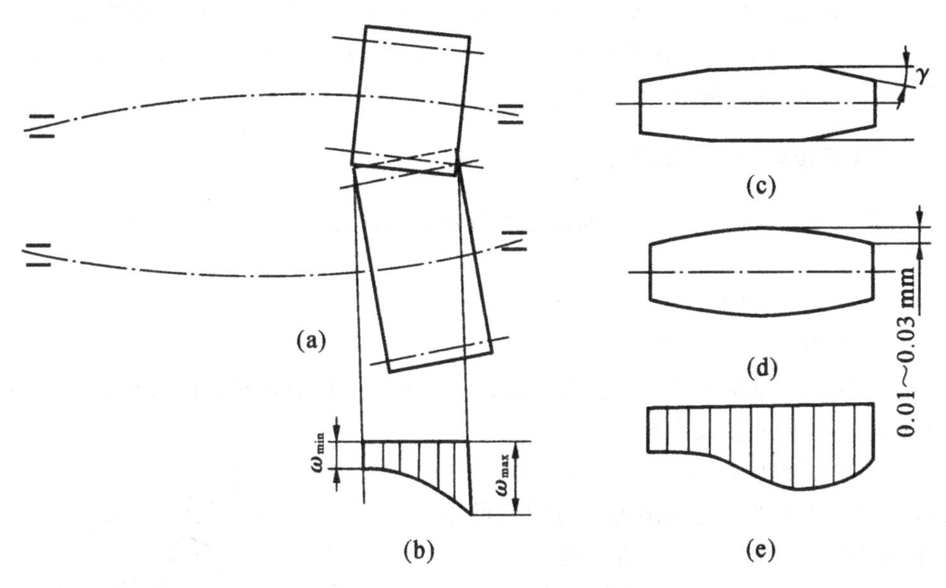

图6-8　轮齿载荷分布的不均匀

此外，齿宽、齿轮制造误差（如齿向误差）和安装误差（如轴线的平行度误差）、齿面跑合性、轴承及箱体的变形等对载荷集中均有影响。

提高齿轮的制造和安装精度以及轴承和箱体的刚度、合理选择齿宽、合理布置齿轮在轴上的位置、将齿侧沿齿宽方向进行修形（见图6-8(c)）或将齿面制成鼓形（见图6-8(d)）等，均可降低轮齿上的载荷集中（见图6-8(e)）。当两轮之一为软齿面时，取 $K_\beta=1\sim1.2$；当两轮均为硬齿面时，取 $K_\beta=1.1\sim1.35$。当宽径比 b/d_1 较小、齿轮在两支承中间对称布置、轴的刚性大时取小值，反之取大值。

(4)齿间载荷分配系数 K_α

用以考虑同时啮合的各对轮齿间载荷分配不均匀的影响。齿轮在啮合过程中，当重合度为 $1<\varepsilon_\alpha\leqslant2$ 时，在实际啮合线上，存在单对齿啮合区 BD 和双对齿啮合区 AB 及 DE（见图6-9(a)）。在双对齿啮合区啮合，由于轮齿的弹性变形和制造误差，载荷在两对齿上分配是不均匀的（见图6-9(b)）。这是因为轮齿从齿根到齿顶啮合的过程中，齿面上载荷作用点随轮齿在啮合线上位置的不同而改变。由于齿面上力作用点位置的改变，轮齿在啮合线上不同位置的变形及刚度不同，刚度大者承担载荷大，因此在同时啮合的两对轮齿间，载荷的分配是不均匀的。

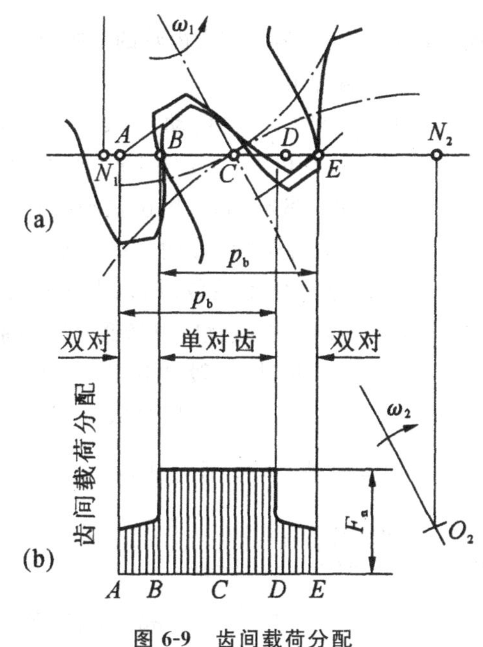

图6-9　齿间载荷分配

此外，基节误差、齿轮的重合度、齿面硬度、齿顶修缘等对齿间载荷分配也有影响。

对于直齿圆柱齿轮传动，取 $K_\alpha=1\sim1.2$；对于斜齿圆柱齿轮传动，齿轮精度高于7级时取 $K_\alpha=1\sim1.2$，齿轮精度低于7级时取 $K_\alpha=1.2\sim1.4$。当齿轮制造精度低、齿面为硬齿面时，取大值；当精度高、齿面为软齿面时，取小值。

6.3.3 齿面接触疲劳强度条件

为了防止齿面出现疲劳点蚀，齿面接触疲劳强度条件为

$$\sigma_H \leqslant \sigma_{HP}$$

式中 σ_H——接触应力(MPa)；

σ_{HP}——许用接触应力(MPa)。

一对渐开线圆柱齿轮在C点啮合时(见图6-10(a))，其齿面接触状况可近似认为与以 ρ_1、ρ_2 为半径的两圆柱体的接触相当。

轮齿在啮合过程中，齿廓接触点是不断变化的，因此，齿廓的曲率半径也将随着啮合位置的不同而变化(见图6-10(b))。对于重合度 $1<\varepsilon_\alpha\leqslant2$ 的渐开线直齿圆柱齿轮传动，在双齿对啮合区，载荷将由两对齿承担，在单齿对啮合区，全部载荷由一对齿承担。节点C处的 ρ 值虽不是最小，但该点一般处于单对齿啮合区，只有一对齿啮合，且点蚀也往往先在节线附近的表面出现。因此，接触疲劳强度计算通常以节点为计算点。

在节点C处，有

$$\rho_1=\frac{d_1'}{2}=\sin\alpha',\rho_2=\frac{d_2'}{2}=\sin\alpha'$$

式中 d_1'、d_2'——小齿轮和大齿轮的节圆直径(mm)；

α'——啮合角(°)。

对于直齿圆柱齿轮传动：当 $\varepsilon_\alpha=1$ 时，接触线长度L与齿宽b相等；当 $\varepsilon_\alpha>1$ 时，啮合过程中，将会有几对齿同时参与啮合，单位接触线长度上的载荷减小，接触应力下降，此时，接触线长度可取为 $L=b/Z_\varepsilon^2$，Z_ε 为重合度系数，用以考虑因重合度增加、接触线长度增加、接触应力降低的影响系数。对于直齿圆柱齿轮传动，一般可取 $Z_\varepsilon=0.85\sim0.92$。齿数多时，$\varepsilon_\alpha$ 大，Z_ε 取小值，反之取大值。

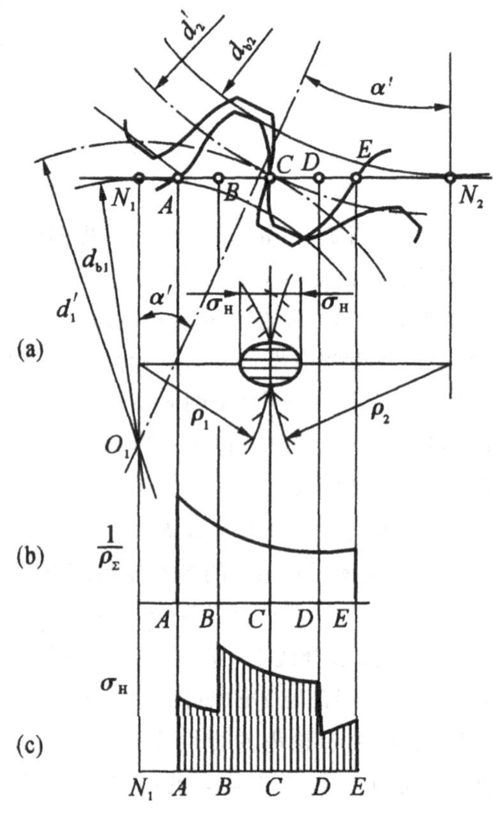

图6-10 齿面上的接触应力

根据表面最大应力推导式，F_n 改为轮齿上的计算载荷 $F_{nc}(F_{nc}=KF_n)$，考虑齿数 $u=\frac{z_2}{z_1}=\frac{d_1'}{d_2'}$，$d_1'=\frac{d_1\cos\alpha}{\cos\alpha'}$，则

$$\sigma_H=Z_HZ_EZ_\varepsilon\sqrt{\frac{2KT_1(u\pm1)}{bd_1^2u}}\ (\text{MPa}) \tag{6-4}$$

式中 Z_H——节点区域系数，$Z_H=\sqrt{\dfrac{2}{\cos^2\alpha\cdot\tan\alpha'}}$，考虑节点齿廓形状对接触应力的影响，其值可在图 6-11 中查得；

Z_E——材料系数，$Z_E=\sqrt{\dfrac{1}{\pi\left(\dfrac{1-\mu_1^2}{E_1}+\dfrac{1-\mu_2^2}{E_2}\right)}}$ ($\sqrt{\text{MPa}}$)，可由表 6-2 查得。

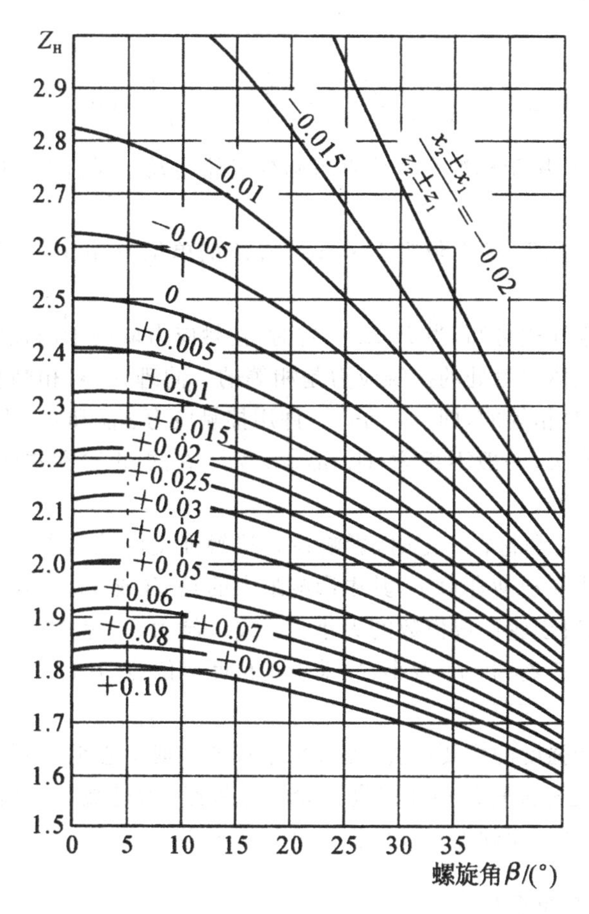

图 6-11　节点区域系数 Z_H =（$\alpha_H=20°$）

表 6-2　材料系数 Z_E ($\sqrt{\text{MPa}}$)

小轮材料	大轮材料				
	锻钢	铸钢	球墨铸铁	灰铸铁	夹布胶木
锻钢	189.8	188.9	181.4	162.0	56.4
铸钢	—	188.0	180.5	161.4	—
球墨铸铁	—	—	173.9	156.6	—
灰铸铁	—	—	—	143.7	—

于是，直齿圆柱齿轮的齿面接触疲劳强度条件为

$$\sigma_H = Z_H Z_E Z_\varepsilon \sqrt{\frac{2KT_1(u \pm 1)}{bd_1^2 u}} \leqslant \sigma_{HP} \tag{6-5}$$

式中 σ_{HP}——许用接触应力(MPa)。

令齿宽系数 $\psi_d = \frac{b}{d_1}$，将 $b = \psi_d d_1$。代入式(6-5)，得齿面接触疲劳强度条件的另一表达形式：

$$d_1 \geqslant \sqrt[3]{\left(\frac{Z_H Z_E Z_\varepsilon}{\sigma_{HP}}\right)^2 \cdot \frac{2KT_1}{\psi_d} \cdot \frac{u \pm 1}{u}} \ (\text{mm}) \tag{6-6}$$

式(6-5)和式(6-6)适用于标准和变位直齿圆柱齿轮传动。设计时，用式(6-6)可计算出齿轮的分度圆直径。

式(6-5)和式(6-6)中：T_1 的单位为 N·mm，d_1、b 的单位为 mm；"＋"号用于外啮合，"－"号用于内啮合。

由表面最大应力推导式可知，当 F_n、L 一定时，接触应力取决于两接触物体的材料和综合曲率半径，因此，两圆柱体接触处的接触应力是相等的。同理，一对相啮合的大、小齿轮，在啮合点处，其接触应力也是相等的，即 $\sigma_{H1} = \sigma_{H2}$。许用接触应力 σ_{HP1} 和 σ_{HP2} 与齿轮的材料、热处理方式和应力循环次数有关，一般不相等，即 $\sigma_{HP1} \neq \sigma_{HP2}$。在式(6-5)和式(6-6)中，取 σ_{HP1} 和 σ_{HP2} 两者中的较小值代入计算。

由式(6-5)可知，载荷和材料一定时，影响齿轮接触强度的几何参数主要有：直径 d(或中心距 a)、齿宽 b、齿数比 u 和啮合角 α'，其中影响最大的是 d(或 a)，即齿轮接触强度主要取决于齿轮的大小，而不取决于轮齿或模数的大小。d 或 a 越大，σ_H 就越小。由式(6-5)和 Z_H 的计算式可知，α'增大，可使 Z_H 和 σ_H 减小，故采用正角度变位传动($x_1 + x_2 > 0$，可增大 α')，可提高齿面接触强度。

提高齿轮接触疲劳强度的主要措施：加大齿轮直径 d 或中心距 a、适当增大齿宽 b(或齿宽系数 ψ_d)、采用正角度变位齿轮传动和提高齿轮精度等级，均可减小齿面接触应力；改善齿轮材料和热处理方式(提高齿面硬度)，可以提高许用接触应力 σ_{HP} 值。

6.3.4 轮齿弯曲强度条件

为了防止轮齿折断，轮齿的弯曲强度条件为

$$\sigma_F \leqslant \sigma_{FP}$$

式中 σ_F——齿根弯曲应力(MPa)

σ_{FP}——许用弯曲应力(MPa)。

计算 σ_F 时，首先要确定齿根危险截面，其次要确定轮齿上的载荷作用点。

(1)齿根危险截面

将轮齿视为悬臂梁，作与轮齿对称中线成 30°角并与齿根过渡曲线相切的直线，通过两切点作平行于齿轮轴线的截面，此截面即为齿根危险截面。

(2)载荷作用点

啮合过程中,轮齿上的载荷作用点是变化的,应将其中使齿根产生最大弯矩者作为计算时的载荷作用点。轮齿在双齿对啮合区中的 E 点(见图6-9)啮合时,力臂最大,但此时有两对轮齿共同承担载荷,齿根所受弯矩不是最大;轮齿在单齿对啮合区上界点 D(见图6-9)处啮合时,力臂虽较前者稍小,但仅一对轮齿承担总载荷,因此,齿根所受弯矩最大,应以该点作为计算时的载荷的作用点。但由于按此点计算较为复杂,为简化起见,一般可将齿顶作为载荷的作用点,并引入重合度系数 Y_ε,将力作用于齿顶时产生的齿根应力折算为力作用于单齿对啮合区上界点时产生的齿根应力。

如图6-12所示,略去齿面间摩擦力,将 F_n 移至轮齿的对称线上,并分解为切向分力 $F_n\cos\alpha_{Fa}$ 和径向分力 $F_n\sin\alpha_{Fa}$。切向分力使齿根产生弯曲应力和切应力,径向分力使齿根产生压应力。由于切应力和压应力比弯曲应力小得多,且齿根弯曲疲劳裂纹首先发生在拉伸侧,故校核齿根弯曲疲劳强度时应按危险截面拉伸侧的弯曲应力进行计算。其弯曲应力为

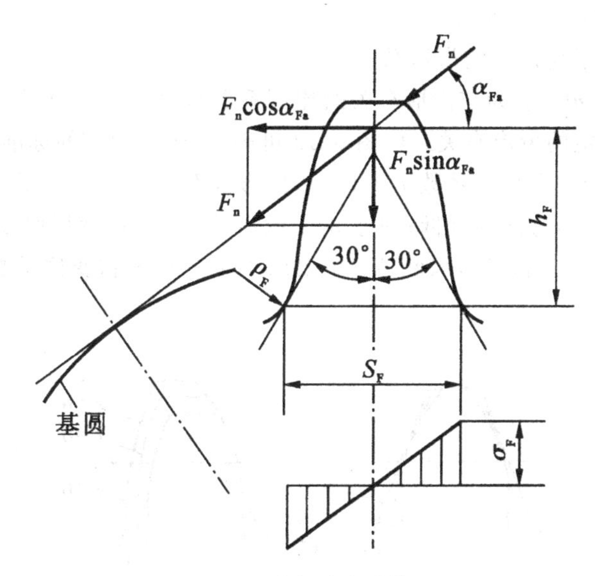

图6-12　齿根应力计算图

$$\sigma_F=\frac{M}{W}=\frac{F_n\cos\alpha_{Fa}h_F}{b\dfrac{S_F^2}{6}}=\frac{2KT_1}{bd_1m}\cdot\frac{6\left(\dfrac{h_F}{m}\right)\cos\alpha_{Fa}}{\left(\dfrac{S_F}{m}\right)^2\cos\alpha}\ (\text{MPa}) \tag{6-7}$$

式中 h_F——弯曲力臂;

S_F——危险截面厚度;

b——齿宽;

α_{Fa}——载荷作用角。

令

$$Y_{\mathrm{Fa}}=\frac{6\left(\dfrac{h_{\mathrm{F}}}{m}\right)\cos\alpha_{\mathrm{Fa}}}{\left(\dfrac{S_{\mathrm{F}}}{m}\right)^{2}\cos\alpha} \tag{6-8}$$

考虑齿根应力集中和危险截面上的压应力和切应力的影响，引入应力修正系数 Y_{Sa}，计入重合度系数 Y_{ε} 后，得轮齿弯曲疲劳强度条件为

$$\sigma_{\mathrm{F}}=\frac{2KT_1}{bd_1m}Y_{\mathrm{Fa}}Y_{\mathrm{Sa}}Y_{\varepsilon}=\frac{2KT_1}{\psi_{\mathrm{d}}z_1^2m^3}Y_{\mathrm{Fa}}Y_{\mathrm{Sa}}Y_{\varepsilon}\leqslant\sigma_{\mathrm{FP}}(\mathrm{MPa}) \tag{6-9}$$

式(6-9)所示的弯曲疲劳强度条件，还可写成式(6-10)的形式。设计时，用此式可计算出齿轮的模数，即

$$m\geqslant\sqrt[3]{\frac{2KT_1Y_{\mathrm{Fa}}Y_{\mathrm{Sa}}Y_{\varepsilon}}{\psi_{\mathrm{d}}z_1^2m^3\sigma_{\mathrm{FP}}}}\ (\mathrm{mm}) \tag{6-10}$$

式中σ_{FP}——许用弯曲应力(MPa)；

Y_{Fa}——载荷作用于齿顶时的齿形系数。

因 $h_{\mathrm{F}}=\lambda m$，$S_{\mathrm{F}}=\gamma m$（λ、γ 为与齿形有关的比例系数），由式(6-8)可知，Y_{Fa}与模数 m 无关，只与由 λ、γ、α_{Fa}和 α 决定的齿形有关。由图 6-13 可知：对于 $\alpha=20°$的标准齿制齿轮（其齿顶高系数为标准值），其齿数 z 和变位系数 x 不同时，齿形也不同，故 Y_{Fa}主要与 z、x 有关，齿数少，齿根厚度薄，Y_{Fa}大，σ_{F} 大，弯曲强度低；对于正变位齿轮（$z>0$），齿根厚度大（见图 6-13(b)），使 Y_{Fa}减小，可提高齿根弯曲强度，因此，Y_{Fa}主要取决于齿数 z 和变位系数 x。Y_{Fa}值可根据 z 和 x 由图 6-14 查得。

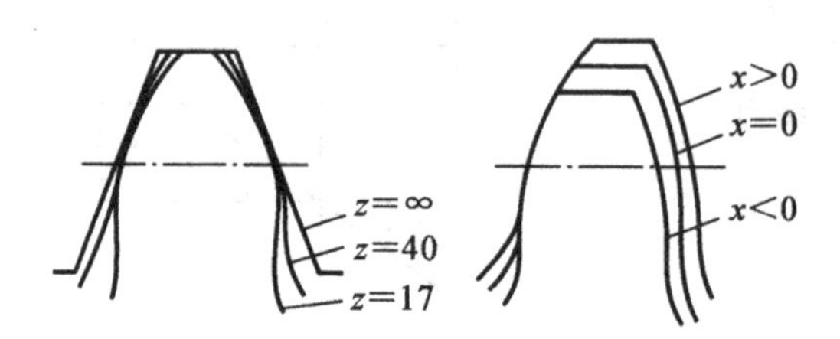

(a) 齿数的影响　　(b) 变位系数的影响

图 6-13　齿数和变位系数对齿形的影响

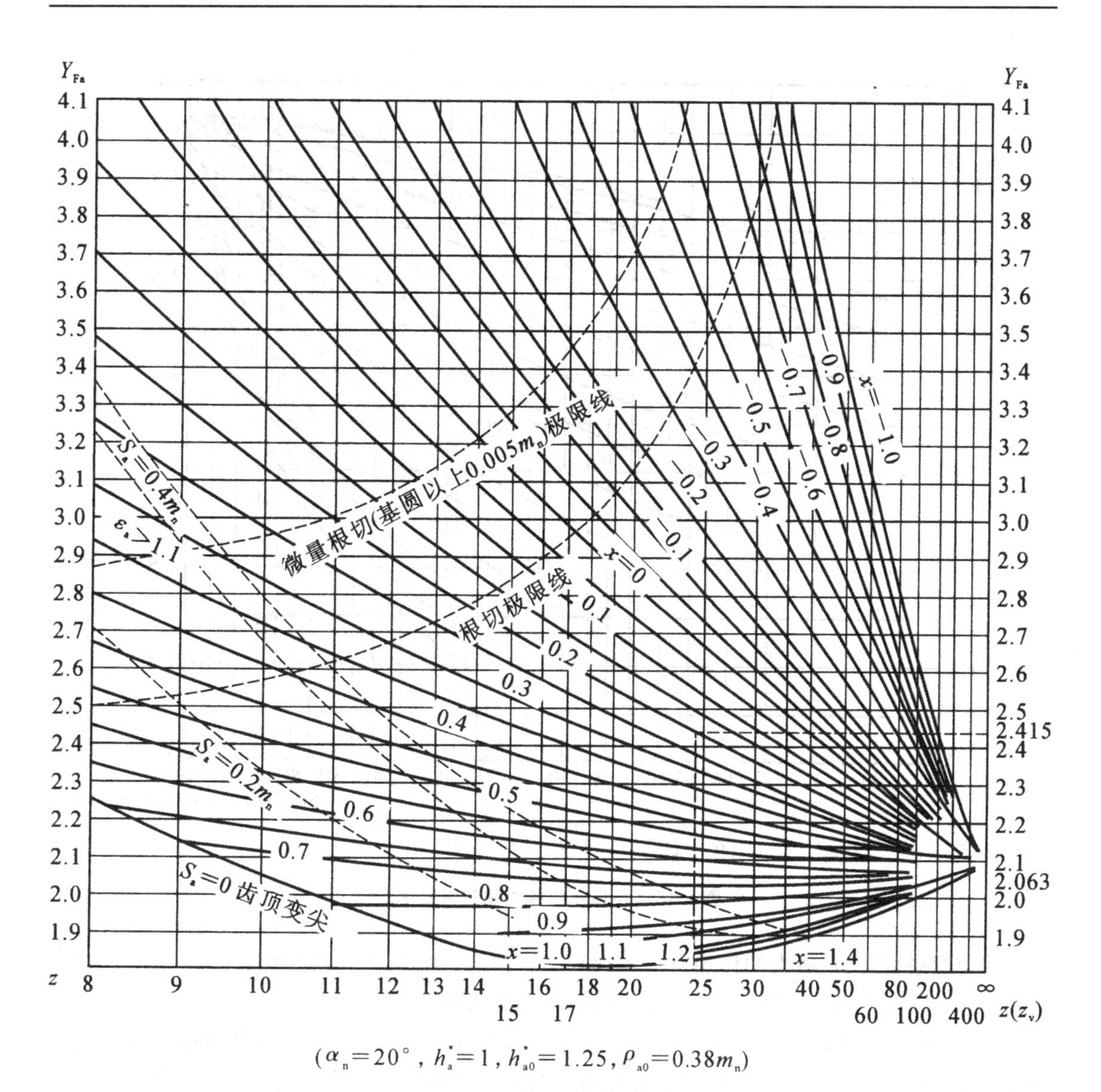

($\alpha_n=20°$, $h_a^*=1$, $h_{a0}^*=1.25$, $\rho_{a0}=0.38m_n$)

图 6-14　外齿轮的齿形系数 Y_{Fa}

应力修正系数 Y_{Sa}同样主要与 z、x 有关，其值可根据和 x 由图 6-15 查得。

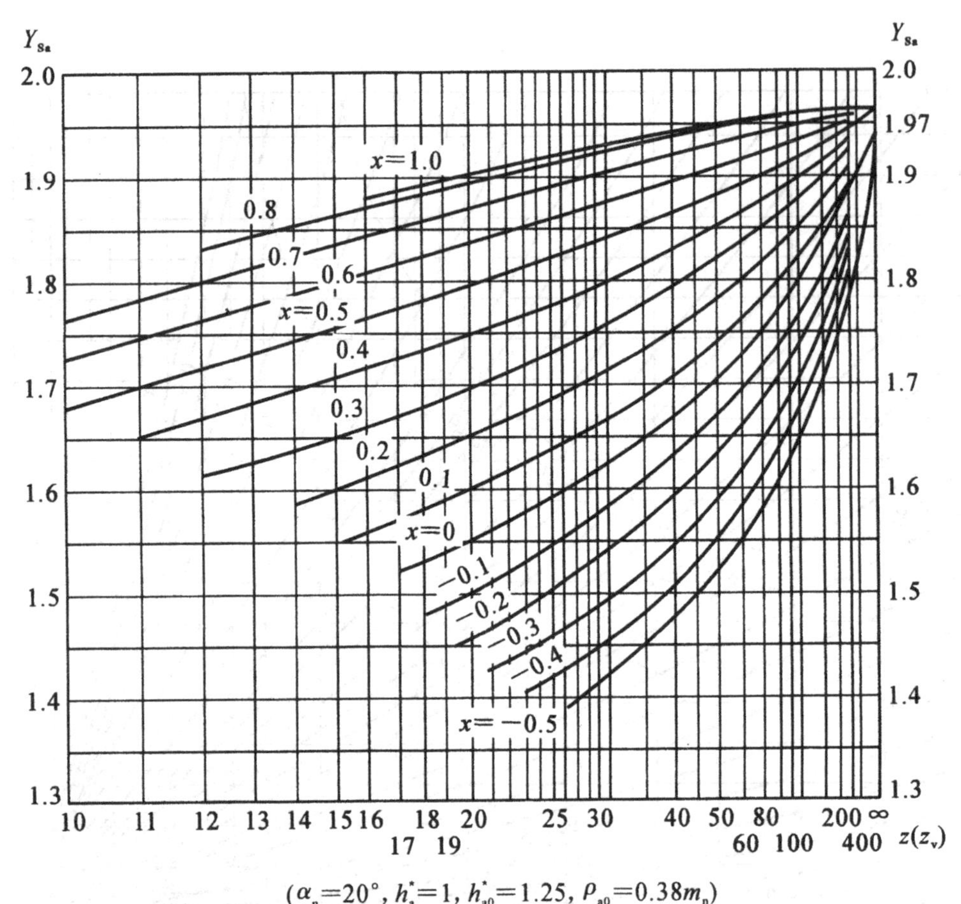

$(\alpha_n=20°, h_a^*=1, h_{a0}^*=1.25, \rho_{a0}=0.38m_n)$

图 6-15　外齿轮的应力修正系数 Y_{Sa}

重合度系数 Y_ε 是将力的作用点由齿顶转移到单齿对啮合区上界点的系数。当 $\varepsilon_\alpha<2$ 时，取 $Y_\varepsilon=0.65\sim0.85$，$z$ 大时，ε_α 大，Y_ε 取小值，反之取大值。

因大、小齿轮的 Y_{Fa}、Y_{Sa}不相等，所以，它们的弯曲应力是不相等的。材料或热处理方式不同时，其许用弯曲应力也不相等，故进行轮齿弯曲强度校核时，大、小齿轮应分别计算。

由式(6-10)可知，大、小齿轮的$\frac{Y_{Fa}Y_{Sa}}{\sigma_{FP}}$比值可能不同，大者其弯曲疲劳强度较弱，设计时应以$\frac{Y_{Fa1}Y_{Sa1}}{\sigma_{FP1}}$与$\frac{Y_{Fa2}Y_{Sa2}}{\sigma_{FP2}}$两者中的大值代入。求得 m 后，应将其圆整为标准模数。

影响轮齿弯曲强度的几何参数主要有齿数 z、模数 m、齿宽 b 和变位系数 x。当 z、m、b 和 x 增大时，σ_F 减小。在中心距 a 或直径 d 和齿宽 b 确定后，σ_F 的大小主要取决于 m 和 z，增加齿数，虽可能因 $Y_{Fa}Y_{Sa}$减小而使 σ_F 有所降低，但由于仇对 σ_F 的影响比 z 大，所以，在 d 一定的条件下，增大 m 并相应减小 z，可提高轮齿的弯曲强度。

因此，提高轮齿弯曲疲劳强度的主要措施为：增大模数、适当增大齿宽、选用较大的变位系数、提高齿轮精度等，以减小齿根弯曲应力；改善齿轮材料和热处理方式，以提高其许用弯曲应力。

6.4　齿轮材料和许用应力

6.4.1　齿轮材料

制造齿轮的材料主要是锻钢，其次是铸钢、球墨铸铁、灰铸铁和非金属材料。

1. 锻钢

制造齿轮的锻钢按热处理方式和齿面硬度不同分为两类。

(1)正火或调质钢

常用 45 钢、50 钢等作正火处理或用 45 钢、40Cr、35 SiMn、38SiMnMo 等作调质处理后制作齿轮。用经正火或调质处理后的锻钢切齿而成的齿轮，其齿面硬度不超过 350HBS，称为软齿面齿轮。由于啮合过程中，小齿轮的啮合次数比大齿轮多，齿根应力较大齿轮大，故为了使大、小齿轮的寿命接近相等，推荐小齿轮的齿面硬度比大齿轮高 30～50HBS。软齿面齿轮常用于对齿轮尺寸和精度要求不高的传动中。

(2)表面硬化钢和渗氮钢

齿轮一般用锻钢切齿后经表面硬化处理(如表面淬火、渗碳淬火、渗氮等)，淬火后(特别是渗碳淬火)，因热处理变形大，一般都要经过磨齿等精加工，以保证齿轮所需的精度。渗氮齿轮变形小，在精度低于 7 级时，一般不需磨齿。渗氮齿轮因硬化层深度很小(0.1～0.6 mm)，不宜用于有冲击或有磨料磨损的场合。硬齿面齿轮常用的材料为 20Cr、20CrMnTi、40Cr、38CrMoAlA 等。这类齿轮由于齿面硬度高，承载能力高于软齿面齿轮，常用于高速、重载、精密的传动中。随着硬齿面加工技术的进一步发展，对于一般精度的齿轮，软齿面齿轮将有可能被硬齿面齿轮所取代。

2. 铸钢

铸钢的耐磨性及强度均较好，其承载能力稍低于锻钢，常用于尺寸较大($d>400$～600 mm)不宜锻造的场合。

3. 铸铁

铸铁的抗弯及耐冲击性能较差，主要用于低速、工作平稳、传递功率不大和对尺寸与重量无严格要求的开式齿轮。常用的材料有灰铸铁 HT300、HT350，球墨铸铁 QT500-7 等。

4. 非金属材料

非金属材料(如夹布胶木、尼龙等)的弹性模量小，在同样的载荷作用下，其接触应力较小，但它的硬度、接触强度和抗弯曲强度较低。因此，它常用于高速、小功率、精度不高或要求噪声低的齿轮传动中。

6.4.2　许用应力

齿轮的许用应力是根据试验齿轮的接触疲劳极限和弯曲疲劳极限确定的，试验齿轮的疲劳极限又是在一定试验条件下获得的。当设计齿轮的工作条件与试验条件不同时，需加以修正。经修正后，许用接触应力为

$$\sigma_{HP}=\frac{\sigma_{Hlim}}{S_{Hlim}}=Z_N \tag{6-11}$$

许用弯曲应力为

$$\sigma_{FP}=\frac{\sigma_{Flim}Y_{ST}}{S_{Flim}}Y_N \tag{6-12}$$

式中σ_{Hlim}、σ_{Flim} 试验齿轮的接触疲劳极限和弯曲疲劳极限(MPa)；

Z_N、Y_N——接触强度和弯曲强度计算的寿命系数；

Y_{ST}——试验齿轮的应力修正系数，按国家标准取$Y_{ST}=2.0$；

S_{Hlim}、S_{Flim}——接触强度和弯曲强度计算的最小安全系数。

1. 试验齿轮的疲劳极限 σ_{Hlim}、σ_{Flim}

试验齿轮的疲劳极限是在持久寿命期限内，失效概率为1%时，经运转试验获得的。接触疲劳极限的试验条件：节点速度 $v=10$ m/s，矿物油润滑(运动黏度 $v=100$ mm²/s)，齿面平均粗糙度 $R_z=3$ μm。σ_{Hlim}的值可由图 9-16 查得。弯曲疲劳极限的试验条件：$m=3\sim5$ mm，$\beta=0°$，$b=10\sim50$ mm，$v=-10$ m/s。齿根表面平均粗糙度 $R_z=10$ μm，轮齿受单向弯曲。σ_{Flim}值可由图 6-17 查得。图 6-16 和图 6-17 中给出的 σ_{Hlim}、σ_{Flim}值有一定的变动范围，这是由于同一批齿轮中，其材质、热处理质量及加工质量等有一定的差异，致使所得到的试验齿轮的疲劳极限值出现较大的离散性。图中，ML 表示齿轮材料品质和热处理质量达到最低要求时 σ_{Hlim}、σ_{Flim}的取值线；MQ 表示齿轮材料品质和热处理质量达到中等要求时 σ_{Hlim}、σ_{Flim}的取值线；ME 表示齿轮材料品质和热处理质量很高时 σ_{Hlim}、σ_{Flim}的取值线。通常可按 MQ 线选取 σ_{Hlim}、σ_{Flim}值。当齿面硬度超过其区域范围时，可将图向右作适当的线性延伸。图中，σ_{Flim}值是在单向弯曲条件即受脉动循环变应力下得到的疲劳极限；对于受双向弯曲的齿轮(如行星轮、中间惰轮等)，轮齿受对称循环变应力作用，此时的弯曲疲劳极限应将图示值乘以系数 0.7。

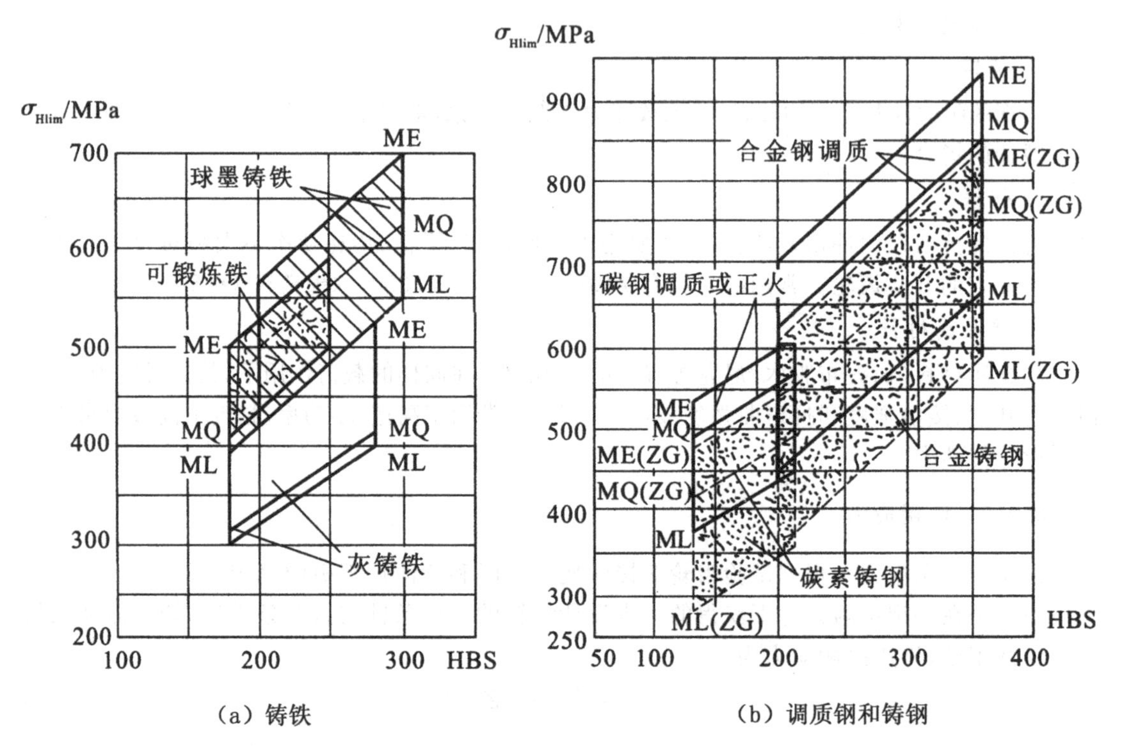

(a) 铸铁　　(b) 调质钢和铸钢

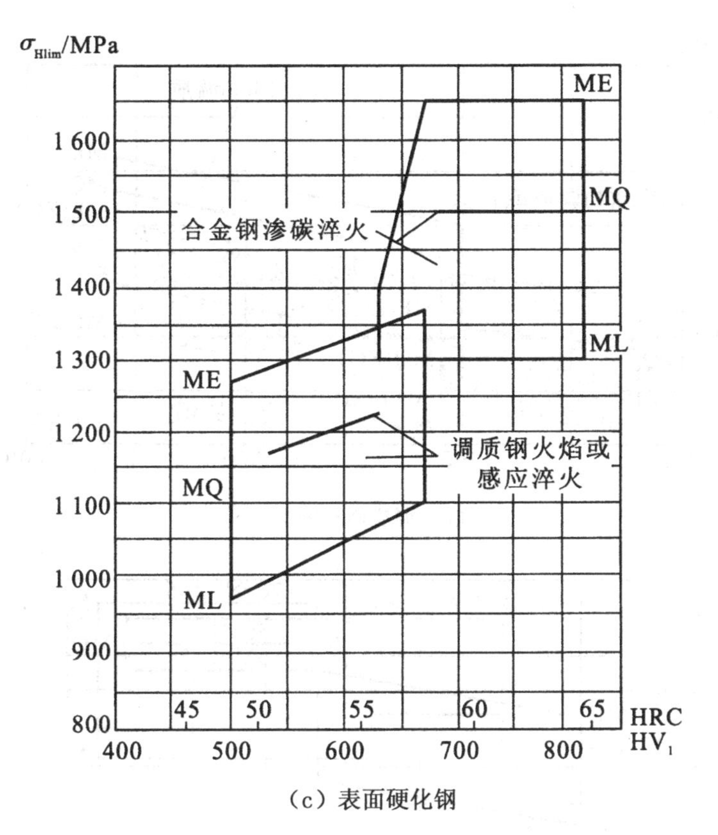

（c）表面硬化钢

图 6-16　齿面接触疲劳强度 σ_{Hlim}

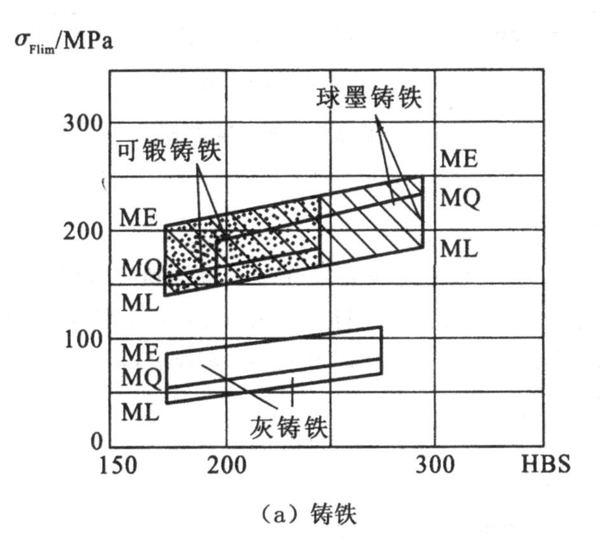

（a）铸铁

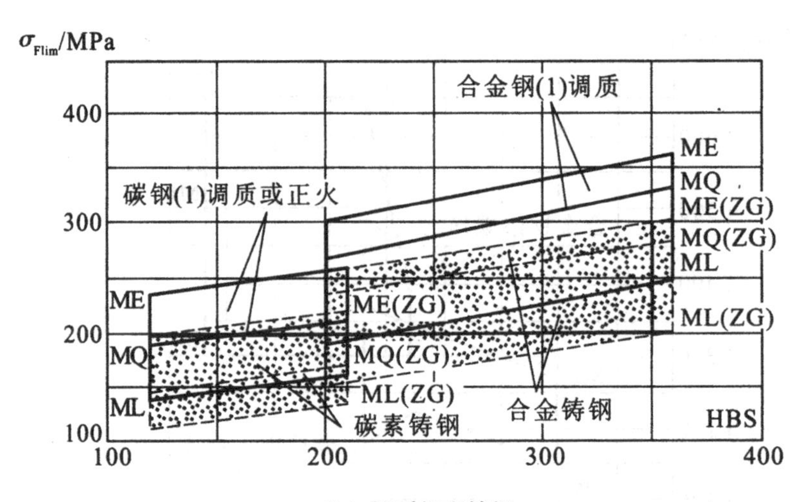

（b）调质钢和铸钢

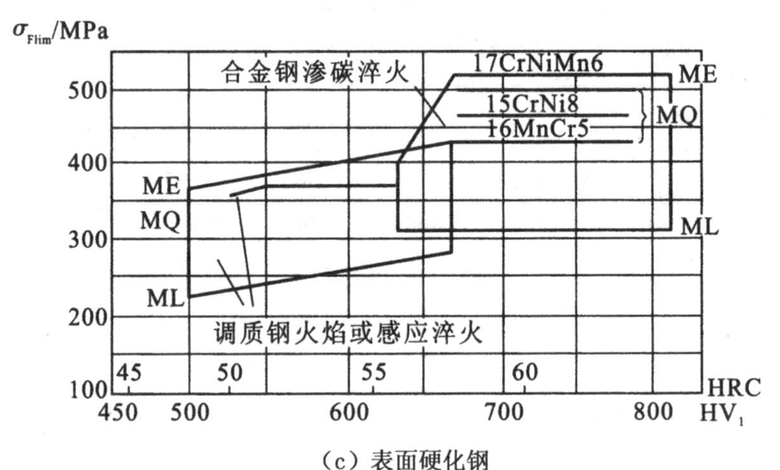

（c）表面硬化钢

图 6-17　齿根弯曲疲劳强度 σ_{Flim}

注:(1)碳的质量百分数>0.32%

2. 寿命系数 Z_N、Y_N

因图 6-16、图 6-17 中的疲劳极限是按无限寿命试验得到的数据，当要求所设计的齿轮为有限寿命时，其疲劳极限还会有所提高，应将 σ_{Hlim} 乘以 Z_N、σ_{Flim} 乘以 Y_N 进行修正。齿轮受稳定载荷作用时，Z_N 按轮齿经受的循环次数 N 由图 6-18 查取，Y_N 按 N 由图 6-19 查取。转速不变时，N 可由下式计算：

$$N=60nat \tag{6-13}$$

式中 n——齿轮转速(r/min)；

a——齿轮每转一转，轮齿同侧齿面啮合次数；

t——齿轮总工作时间(h)。

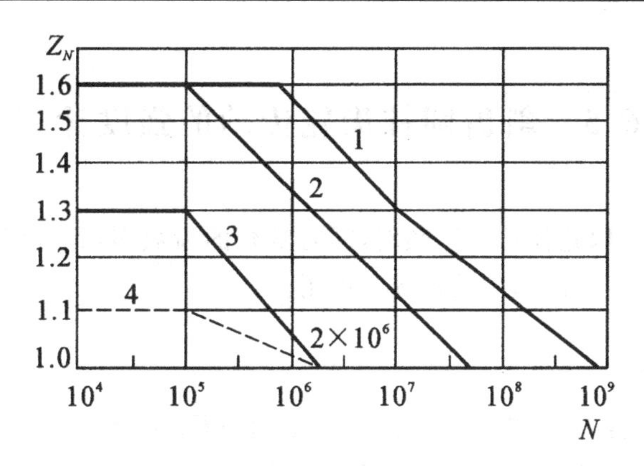

图 6-18　接触强度计算寿命系数 Z_N

1—碳钢(经正火、调质、表面淬火、渗碳淬火),球墨铸铁,珠光体可锻铸铁(允许一定的点蚀);

2—材料和热处理同 1,不允许出现点蚀;

3—碳钢调质后气体渗氮、渗氮钢气体氮化,灰铸铁;

4—碳钢调质后液体渗氮

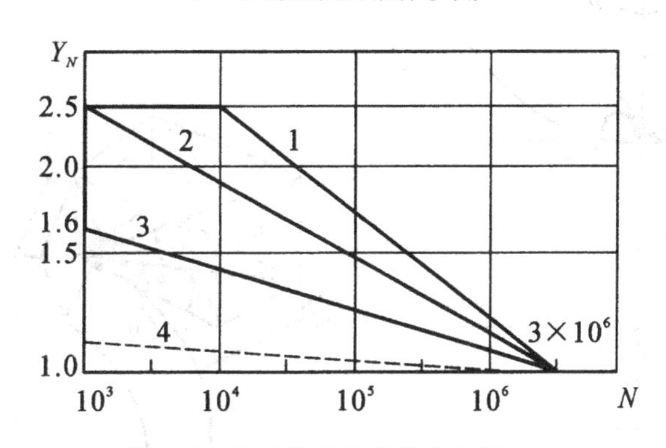

图 6-19　弯曲强度计算寿命系数 Y_N

1—碳钢(经正火、调质),球墨铸铁,珠光体可锻铸铁;

2—碳钢经表面淬火、渗碳淬火;

3—碳钢调质后气体渗氮、渗氮钢气体氮化,灰铸铁;

4—碳钢调质后液体渗氮

3. 最小安全系数 S_{Hlim}、S_{Flim}

选择最小安全系数时,应考虑齿轮的载荷数据和计算方法的正确性以及对齿轮的可靠性要求等。S_{Hlim}、S_{Flim}的值可按表 6-3 查取。在计算数据的准确性较差,计算方法粗糙,失效后可能造成严重后果等情况下,两者均应取大值。

表 6-3　最小安全系数 S_{Hlim}、S_{Flim}值

安全系数	静强度		疲劳强度	
	一般传动	重要传动	一般传动	重要传动
接触强度 S_{Hlim}	1~0	1.3	1.0~1.2	1.3~1.6
弯曲强度 S_{Flim}	1.4	1.8	1—4~1.5	1.6~3.0

6.5 斜齿圆柱齿轮传动的强度计算

斜齿圆柱齿轮传动，因轮齿接触线倾斜，同时啮合的齿数多，重合度大，故传动平稳，噪声小，承载能力强，常在速度较高的传动系统中使用。

6.5.1 受力分析

若略去齿面间的摩擦力，则作用于节点C的法向力F_n可分解为径向力F_r和分力F，分力F又可分解为圆周力F_t和轴向力F_a（见图 6-20），有

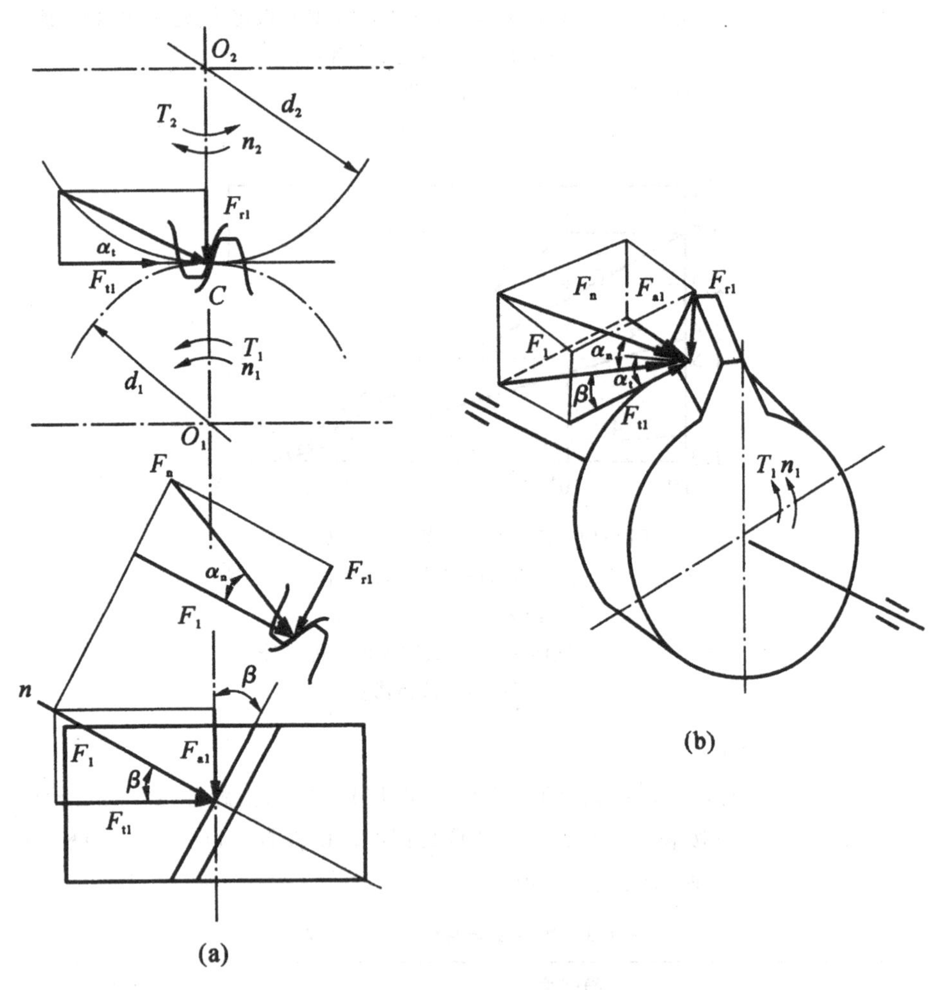

图 6-20 斜齿圆柱齿轮传动的受力分析

$$\left.\begin{aligned} F_t &= 2T_1/d_1 \\ F_r &= F_t \tan\alpha_n/\cos\beta \\ F_a &= F_t \tan\beta \\ F_n &= \frac{F_t}{\cos\alpha_n \cdot \cos\beta} = \frac{F_t}{\cos\alpha_t \cdot \cos\beta_b} = \frac{2T_1}{d_1\cos\alpha_t \cdot \cos\beta_b} \end{aligned}\right\} \tag{6-14}$$

式中α_n——法面分度圆压力角；

α_t——端面分度圆压力角；

β——分度圆螺旋角；

β_b——基圆螺旋角。

作用在主动轮和从动轮上的各力均对应等值、反向。各分力的方向可用下面的方法判定。

(1)圆周力 F_t 在主动轮上与回转方向相反，在从动轮上与回转方向相同。

(2)径向力 F_r 分别指向各自的轮心。

(3)轴向力 F_a 的方向取决于齿轮的回转方向和螺旋线方向，可以用“主动轮左、右手定则”来判断：当主动轮为右旋时，以右手四指的弯曲方向表示主动轮的转向，拇指指向即为它所受轴向力的方向；当主动轮为左旋时，用左手，方法同上。从动轮上的轴向力方向与主动轮的相反。上述左、右手定则仅适用于主动轮。

6.5.2　齿面接触疲劳强度条件

计算斜齿圆柱齿轮传动的接触应力时，考虑其特点：①啮合的接触线是倾斜的，有利于提高接触强度，引入螺旋角系数 $Z_\beta=\sqrt{\cos\beta}$；②节点的曲率半径按法面计算；③重合度大，传动平稳。

与直齿圆柱齿轮传动相同，可导出斜齿圆柱齿轮传动齿面接触疲劳互虽度条件为

$$\sigma_H = Z_H Z_E Z_\varepsilon Z_\beta \sqrt{\frac{2KT_1(u\pm1)}{bd_1^2 u}} \leqslant \sigma_{HP}(\text{MPa}) \tag{6-15}$$

取 $b=\psi_d d_1$，代入上式，可得齿面接触疲劳强度条件的另一表达形式，设计时，用此式可计算出齿轮的分度圆直径 d_1，即

$$d_1 \geqslant \sqrt[3]{\left(\frac{Z_H Z_E Z_\varepsilon Z_\beta}{\sigma_{HP}}\right)^2 \cdot \frac{2KT_1}{\psi_d} \cdot \frac{u\pm1}{u}}\ (\text{mm}) \tag{6-16}$$

其中，

$$Z_H = \sqrt{\frac{2\cos\beta_b}{\cos^2\alpha_t \tan\alpha_t'}}$$

式中Z_H——节点区域系数，其值可由图 6-11 查得；

Z_ε——重合度系数，因斜齿圆柱齿轮传动的重合度较大，可取 $Z_\varepsilon=0.75\sim0.88$，齿数多时，取小值；反之取大值。

式(6-15)和式(6-16)对标准和变位的斜齿圆柱齿轮均适用。式中有关单位和其余系数的取值方法与直齿圆柱齿轮相同。

由于斜齿圆柱齿轮的 Z_H、Z_ε、K_v 比直齿圆柱齿轮小，在同样条件下，斜齿圆柱齿轮传动的接触疲劳强度比直齿圆柱齿轮传动高。

6.5.3 齿根弯曲疲劳强度条件

由于斜齿圆柱齿轮的接触线是倾斜的，所以轮齿往往发生局部折断(见图 6-1(b))，而且，啮合过程中，其接触线和危险截面的位置都在不断变化，其齿根应力很难精确计算，只能近似将其视为按轮齿法面展开的当量直齿圆柱齿轮，利用式(6-9)进行计算。考虑到斜齿圆柱齿轮倾斜的接触线对提高弯曲强度有利，引入螺旋角系数 Y_β 对式(6-9)的齿根应力进行修正，并以法向模数 m_n 代替 m，可得斜齿圆柱齿轮轮齿的弯曲疲劳强度条件为

$$\sigma_F = \frac{2KT_1}{bd_1 m_n} Y_{Fa} Y_{Sa} Y_\varepsilon Y_\beta \leqslant \sigma_{FP} \tag{6-17}$$

因大、小齿轮的 σ_F 和 σ_{FP} 均可能不相同，故应分别进行验算。

将 $b=\psi_d d_1$，$d_1=\dfrac{m_n z_1}{\cos\beta}$代入式(6-17)，可得弯曲疲劳强度条件的另一表达形式，设计时，用此式可计算出齿轮的模数 m_n，即

$$m_n \geqslant \sqrt[3]{\frac{2KT_1\cos^2\beta Y_\varepsilon Y_\beta}{\psi_d z_1^2} \cdot \frac{Y_{Fa}Y_{Sa}}{\sigma_{FP}}}\ (\text{mm}) \tag{6-18}$$

式中Y_β——螺旋角系数，$Y_\beta=0.85 \sim 0.92$，β 角大时取小值，反之取大值。

Y_{Fa}、Y_{Sa}——按当量齿数 $z_v=z/\cos^3\beta$，分别由图 6-14、图 6-15 查得。Y_ε 和 σ_{FP} 与直齿圆柱齿轮的相同。

用式(6-18)计算时，应取$\dfrac{Y_{Fa1}Y_{Sa1}}{\sigma_{FP1}}$与$\dfrac{Y_{Fa2}Y_{Sa2}}{\sigma_{FP2}}$两者中的较大值代入。

因 $z_v > z$，故斜齿圆柱齿轮的 $Y_{Fa}Y_{Sa}$ 比直齿圆柱齿轮的小，K_v 也小，式中还增加了一个小于 1 的螺旋角系数，由式(6-17)和式(6-9)可知，在相同条件下，斜齿圆柱齿轮传动的轮齿弯曲应力比直齿圆柱齿轮传动的小，其弯曲疲劳强度比直齿圆柱齿轮传动的高。

6.6 直齿锥齿轮传动的强度计算

锥齿轮传动常用于传递两相交轴之间的运动和动力。根据轮齿方向和分度圆母线方向的相互关系，锥齿轮传动可分为直齿锥齿轮传动、斜齿锥齿轮传动和曲线齿锥齿轮传动。本节仅介绍常用的轴交角 $\Sigma=\delta_1+\delta_2=90°$的直齿锥齿轮传动的强度条件。

由于锥齿轮的理论齿廓为球面渐开线，而实际加工出的齿形与其有较大的误差，不易获得高的精度，故在传动中会产生较大的振动和噪声，因而直齿锥齿轮传动仅适用于 $v \leqslant 5$ m/s 的传动。

直齿锥齿轮的标准模数为大端模数 m，其几何尺寸按大端计算。由于直齿锥齿轮的轮齿从大端到小端逐渐收缩，轮齿沿齿宽方向的截面大小不等，受力后不同截面的弹性变形各异，引起载荷分布不均，其受力和强度计算都相当复杂，故一般以齿宽中点的当量直齿圆柱齿轮作为计算基础。

6.6.1　直齿锥齿轮传动的当量齿轮的几何关系

由图 6-21 可有下列几何关系：
齿数比

$$u=z_2/z_1$$

分度圆锥角

$$\delta_1=\frac{d_1}{2}/\frac{d_2}{2}=\frac{1}{u},\delta_2=\frac{d_2}{2}/\frac{d_1}{2}=u,\cos\delta_1=\frac{u}{\sqrt{1+u^2}}$$

当量齿数

$$z_{v1}=\frac{z_1}{\cos\delta_1}$$

$$z_{v2}=\frac{z_2}{\cos\delta_2}$$

当量齿数比

$$u_v=\frac{z_{v1}}{z_{v2}}=u^2$$

齿宽系数

$$\psi_R=\frac{b}{R}$$

锥距

$$R=0.5d_1\sqrt{1+u^2}$$

当量齿轮直径

$$d_{v1}=\frac{d_{m1}}{\cos\delta_1},d_{v2}=\frac{d_{m2}}{\cos\delta_2}$$

齿宽中点直径

$$d_{m1}=(1-0.5\psi_R)d_1$$

齿宽中点模数

$$m_m=(1-0.5\psi_R)m$$

6.6.2　受力分析和计算载荷

1. 受力分析

如前所述，直齿锥齿轮传动，其载荷沿齿宽分布不均(大端处的单位载荷大)，但分析作用力时，为简便起见，可近似假定载荷沿齿宽分布均匀，并集中作用于齿宽中点节线处的法向平面内(见图 6-21)。

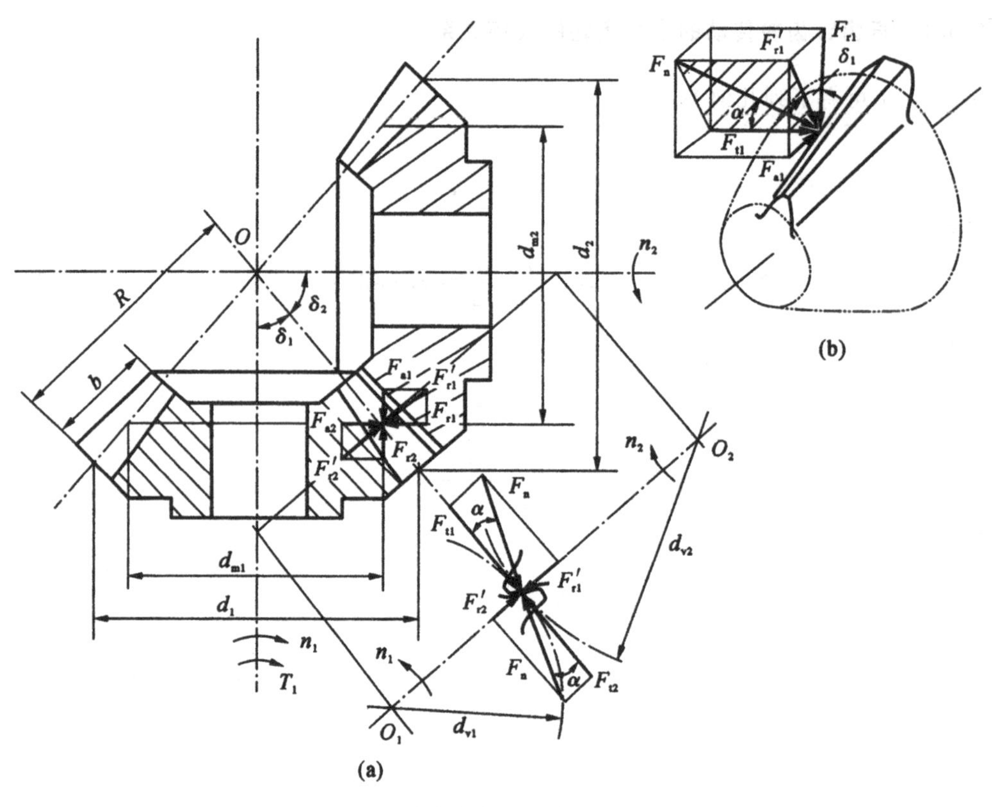

图 6-21 直齿锥齿轮传动的受力分析

齿面间的法向力 F_n 可分解为三个分力：圆周力 F_t、径向力 F_r 和轴向力 F_a，各分力的大小为

$$\left.\begin{aligned}F_t&=\frac{2T_1}{d_{m1}}=\frac{2T_1}{(1-0.5\psi_R)d_1}=F_{t2}\\F_{r1}&=F'_{r1}\cos\delta_1=F_{t1}\tan\alpha\cdot\cos\delta_1=-F_{a2}\\F_{a1}&=F'_{r1}\sin\delta_1=F_{t1}\tan\alpha\cdot\sin\delta_1=-F_{r2}\\F_n&=\frac{F_{t1}}{\cos\alpha}\end{aligned}\right\}\tag{6-19}$$

对于各分力的方向，可作如下判定。

(1)圆周力 F_t：在主动轮上是阻力，与回转方向相反；在从动轮上是驱动力，与回转方向相同。

(2)径向力 F_r：分别指向各自的轮心。

(3)轴向力 F_a：分别由各轮的小端指向大端。

2. 计算载荷

直齿锥齿轮传动的计算圆周力为

$$F_{tc}=F_tK=F_tK_AK_vK_\beta K_\alpha\tag{6-20}$$

式中，K_A 按表 6-1 查取。根据直齿锥齿轮传动的特点，其余系数可在下列范围内选取：=1.1～1.4；K_β=1.1～1.3；K_α=1。

6.6.3 齿面接触疲劳强度条件

齿面接触疲劳强度按齿宽中点处的当量直齿圆柱齿轮进行计算。因直齿锥齿轮一般制造精度较低,可忽略重合度的影响,即略去 ZE,并取有效齿宽 $b_{eH}=0.85b$,将当量齿轮的有关参量代入式(6-5),得

$$\sigma_H=Z_H Z_E\sqrt{\frac{2KT_{v1}(u_v+1)}{b_{eH}d_{v1}^2 u_v}}\leqslant\sigma_{HP}(\text{MPa})$$

考虑 $T_{v1}=F_{t1}\cdot\frac{d_{v1}}{2}=F_{t1}\cdot\frac{d_{m1}}{2\cos\delta_1}=\frac{T_1}{\cos\delta_1}$,并将直齿锥齿轮的当量齿轮的几何关系式代入,化简后得齿面接触疲劳强度条件为

$$\sigma_H=Z_H Z_E\sqrt{\frac{4KT_1}{0.85\psi_R(1-0.5\psi_R)^2 d_1^3 u}}\leqslant\sigma_{HP}(\text{MPa}) \quad (6\text{-}21)$$

式(6-21)还可写成式(6-22)的形式,用此式可计算出齿轮的分度圆直径 d_1,即

$$d_1\geqslant\sqrt[3]{\left(\frac{Z_H Z_E}{\sigma_{HP}}\right)^2\cdot\frac{4KT_1}{0.85\psi_R(1-.05\psi_R)^2 u}}\ (\text{mm}) \quad (6\text{-}22)$$

式中,Z_H、Z_E、σ_{HP}与直齿圆柱齿轮传动的相同。

6.6.4 轮齿弯曲疲劳强度条件

作与齿面接触疲劳强度计算时相同的处理,忽略重合度系数 Y_ε,按齿宽中点的当量直齿圆柱齿轮进行计算,将当量齿轮的参量代入式(6-9),得

$$\sigma_F=\frac{2KT_{v1}Y_{Fa}Y_{Sa}}{bd_{v1}m_m}\leqslant\sigma_{FP}(\text{MPa})$$

将 T_{v1}、d_{v1}、m_m 等几何关系式代入上式,得轮齿弯曲疲劳强度条件为

$$\sigma_F=\frac{4KT_1Y_{Fa}Y_{Sa}}{\psi_R(1-.05\psi_R)^2 m^3 z_1^2\sqrt{1+u^2}}\leqslant\sigma_{FP}(\text{MPa}) \quad (6\text{-}23)$$

式(6-23)还可写成式(6-24)的形式,用此式可计算出齿轮的模数 m,即

$$m\geqslant\sqrt[3]{\frac{4KT_1Y_{Fa}Y_{Sa}}{\psi_R(1-.05\psi_R)^2\sigma_{FP}z_1^2\sqrt{1+u^2}}}\ (\text{mm}) \quad (6\text{-}24)$$

式中,Y_{Fa}、Y_{Sa}按当量齿数 $z_v=\frac{z}{\cos\delta}$分别查图 6-14 和图 6-15,σ_{FP}与直齿圆柱齿轮的相同。

按式(6-24)计算时,应取$\frac{Y_{Fa1}Y_{Sa1}}{\sigma_{FP1}}$与$\frac{Y_{Fa2}Y_{Sa2}}{\sigma_{FP2}}$两者中的较大值代入。

6.7 齿轮传动的设计方法

6.7.1 设计任务

设计齿轮传动系统时,应根据齿轮传动的工作条件和要求、输人轴的转速和功率、齿数比、原动机和工作机的工作特性、齿轮工况、工作寿命、外形尺寸要求等,确定齿轮材料和热处理方

式、主要参数(对于圆柱齿轮传动，为 z_1、z_2、m_n、b_1、b_2、a、x_1、x_2、β；对于直齿锥齿轮传动，为 z_1、z_2、m、b、R、δ_1、δ_2、)和几何尺寸(d_1、d_2、d_{a1}、d_{a2}、d_{f1}、d_{f2})、结构形式及尺寸、精度等级及其检验公差等。一般情况下，可获得多种能满足功能要求和设计约束条件的可行方案，设计时，应根据具体的目标，通过评价决策，从中选出较优者作为最终的设计方案。

6.7.2 设计过程和方法

在设计时，所有参量均为未知，要先假设预选，预选内容包括齿轮材料、热处理方式、精度等级和主要参数(z_1、z_2、β、x_1、x_2、ψ_d、ψ_R)，然后根据强度条件初步计算出齿轮的分度圆直径或模数，并进一步计算出齿轮的主要几何尺寸。以此为基础，选出若干能满足强度条件的可行方案。通过评价决策，从中选出较优者作为最终的参数设计方案。根据所得的参数设计方案，按照结构设计的准则设计出齿轮的结构，并绘制出齿轮的零件工作图。应注意的是：这些参量往往不是经一次选择就能满足设计要求的，计算过程中，必须不断修改或重选，进行多次反复计算，才能得到最佳结果。选择参量时需考虑如下几个方面的内容。

1. 齿轮材料、热处理方式

选择齿轮材料时，应使轮芯具有足够的强度和韧性，以抵抗轮齿折断，并使齿面具有较高的硬度和耐磨性，以抵抗齿面的点蚀、胶合、磨损和塑性变形。另外，还应考虑齿轮加工和热处理的工艺性及经济性等要求。通常，对于重载、高速或体积、重量受到限制的重要场合，应选用较好的材料和热处理方式；反之，可选用性能较次但较经济的材料和热处理方式。

2. 齿轮精度等级

齿轮精度等级应根据齿轮传动的用途、工作条件、传递功率和圆周速度的大小及其他技术要求等来选择。一般而言，在传递功率大、圆周速度高、要求传动平稳、噪声小等场合，应选用较高的精度等级；反之，为了降低制造成本，精度等级可选得低些。表 6-4 列出了齿轮在不同传动精度等级下适用的速度范围，可供选择时参考。

表 6-4 齿轮在不同传动精度等级下适用的速度范围

齿的种类	传动种类	齿面硬度 HBS	齿轮精度等级				
			3,4,5	6	7	8	9
直齿	圆柱齿轮	≤350	>12	≤18	≤12	≤6	≤4
		>350	>10	≤15	≤10	≤5	≤3
	锥齿轮	≤350	>7	≤10	≤7	≤4	≤3
		>350	>6	≤9	≤6	≤3	≤2.5
斜齿及曲齿	圆柱齿轮	≤350	>25	≤36	≤25	≤12	≤8
		>350	>20	≤30	≤20	≤9	≤6
	锥齿轮	≤350	>16	≤24	≤16	≤9	≤6
		>350	>13	≤19	≤13	≤7	≤6

3. 主要参数

(1)齿数 z

对于闭式软齿面齿轮传动，在保持分度圆直径 d 不变和满足弯曲强度的条件下，齿数 z_1 应选得多些，以提高传动的平稳性和减小噪声。齿数增多，模数减小，还可减少金属的切削量，节省制造费用。模数减小还能降低齿高，减小滑动系数，减少磨损，提高抗胶合能力。一般可取 $z_1=20\sim40$。对于高速齿轮或噪声小的齿轮传动，建议取 $z_1=25$。对于闭式硬齿面齿轮、开式齿轮和铸铁齿轮传动，其齿根弯曲强度往往是薄弱环节，应取较少齿数和较大的模数，以提高轮齿的弯曲强度。一般取 $z_1=17\sim25$。

对于承受变载荷的齿轮传动及开式齿轮传动，为了保证齿面磨损均匀，宜使大、小齿轮的齿数互为质数，至少不要成整数倍。

(2)齿宽系数 ψ_d、ψ_R 和齿宽 b

载荷一定时，齿宽系数大，可减小齿轮的直径或中心距。这样能在一定程度上减轻整个传动系统的重量，但同时会增大轴向尺寸，增加载荷沿齿宽分布的不均匀性，设计时，必须合理选择。圆柱齿轮的齿宽系数可参考表6-5选用。其中：闭式传动支承刚性好，ψ_d 可取大值；开式传动齿轮一般悬臂布置，轴的刚性差，ψ_d 应取小值。

表6-5　圆柱齿轮的齿宽系数 ψ_d

齿轮相对轴承的位置	大轮或两轮齿面硬度≤350HBS	两轮齿面硬度>350HBS
对称布置	0.8～1.4	0.4～0.9
不对称布置	0.6～1.2	0.3～0.6
悬臂布置	0.3～0.4	0.2～0.25

对于直齿锥齿轮传动，因轮齿由大端向小端缩小，载荷沿齿宽分布不均，ψ_R 不宜太大，常取 $\psi_R=0.25\sim0.3$。

对于圆柱齿轮，大齿轮齿宽 $b_2=\psi_d d_1$，并圆整成整数，而小齿轮齿宽 $b_1=b_2+(5\sim10)$ mm，以降低装配精度要求。对于锥齿轮，$b_1=b_2=\psi_R R$。

(3)模数

根据齿轮强度条件计算出的模数，对于传递动力用的圆柱齿轮传动，其模数应不小于1.5 mm；对于锥齿轮传动，其模数应不小于2 mm。

(4)分度圆螺旋角 β

增大螺旋角 β 可提高传动的平稳性和承载能力，但 β 过大，会导致轴向力增加，轴承及支承装置的尺寸也相应增大，同时，传动效率也将因 β 的增大而降低。一般可取 $\beta=10°\sim25°$。但从减小齿轮传动的振动和噪声来考虑，目前有采用大螺旋角的趋势。对于人字齿轮传动，因其轴向力可相互抵消，β 可取大些，一般可取到 $\beta=25°\sim40°$，常取30°以下。

6.8 齿轮的结构设计

通过齿轮传动的强度计算，只能确定出齿轮的主要尺寸，如齿数、模数、齿宽、螺旋角、分度圆直径等，而齿圈、轮辐、轮毂等的结构形式及尺寸大小，通常都由结构设计而定。

齿轮的结构设计与齿轮的几何尺寸、毛坯、材料、加工方法、使用要求及经济性等因素有关。进行齿轮结构设计时，必须综合地考虑上述各方面的因素。通常是先按齿轮的直径大小，选定合适的结构形式，然后再根据经验公式，确定具体结构尺寸。

根据齿轮的大小，常采用如下结构形式。

1. 齿轮轴

对于直径很小的钢制齿轮，当它为圆柱齿轮时(见图 6-22(a))，若齿根圆到键槽底部的距离 $e<2\ m_t$(m_t 为端面模数)；当它为锥齿轮时(见图 6-22(b))，按齿轮小端尺寸计算而得的 $e<1.6\ m$ 时，均应将齿轮和轴做成一体，叫做齿轮轴(见图 6-23)。若 e 值超过上述尺寸时，齿轮与轴分开制造较为合理。

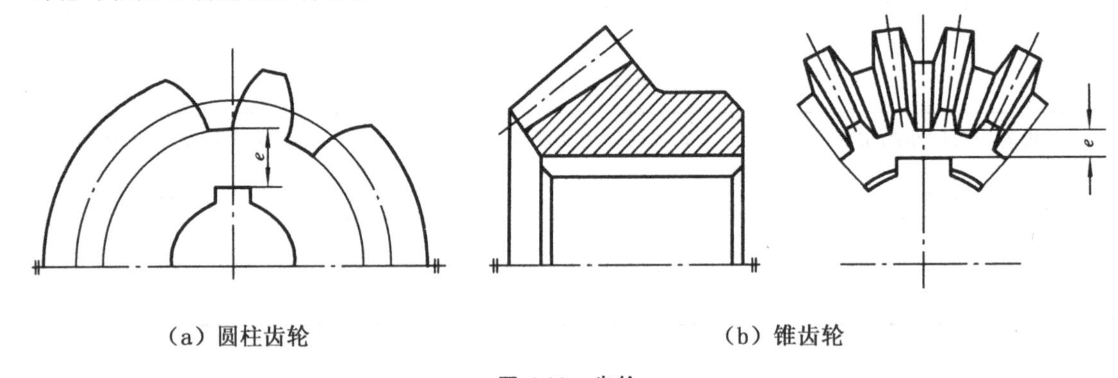

(a) 圆柱齿轮　　(b) 锥齿轮

图 6-22　齿轮

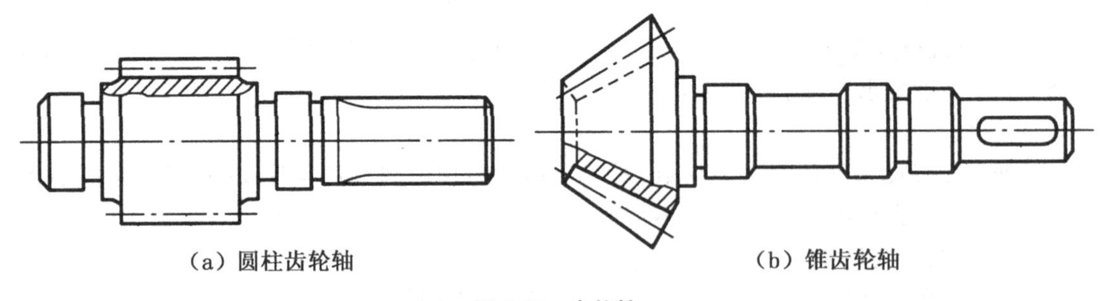

(a) 圆柱齿轮轴　　(b) 锥齿轮轴

图 6-23　齿轮轴

2. 实心式齿轮

当齿顶圆直径 $d_a \leqslant 160$ mm 时，可以做成实心结构的齿轮(见图 6-22、图 6-24)。

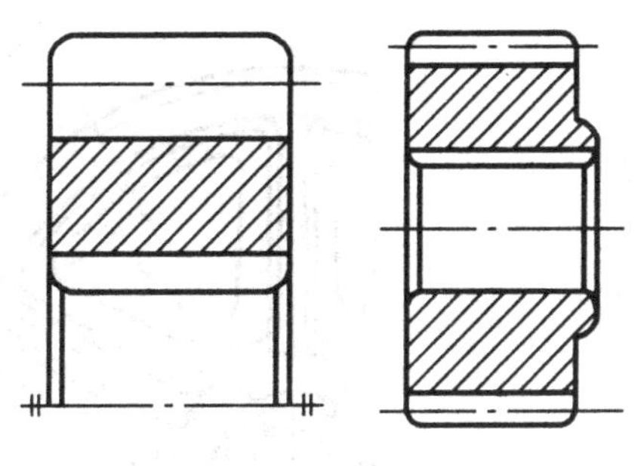

图6-24 实心式齿轮

3. 腹板式齿轮

当齿顶圆直径 $d_a \leqslant 500$ mm时,可做成腹板式结构(见图6-25),腹板上开孔的数目按结构尺寸大小及需要而定。由于毛坯制造方法有自由锻造、模锻、铸造等方式,因而齿轮的结构也略有不同,详见机械设计手册。

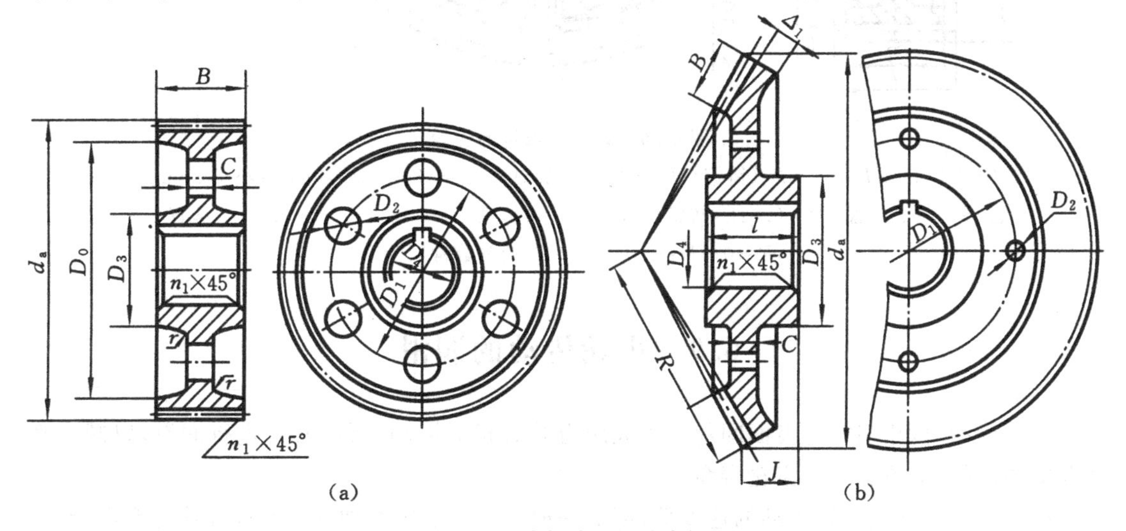

图6-25 腹板式结构的齿轮

$D_1 \approx (D_0 + D_3)/2$;$D_2 \approx (0.25 \sim 0.35)(D_0 \sim D_3)$;

$D_3 \approx 1.6\ D_4$(钢材);$D_3 \approx 1.7 D_4$(铸铁);$n_1 \approx 0.5$ mn;r≈5 mm;

圆柱齿轮:$D_0 \approx d_a - (10 \sim 14) m_n$;$C \approx (0.2 \sim 0.3) B$;

锥齿轮:$l \approx (1 \sim 1.2) D_4$;$C \approx (3 \sim 4)\ m$;尺寸 J 由结构设计而定;$\Delta_1 = (0.1 \sim 0.2) B$;

常用齿轮的 C 值不应小于10 mm

4. 轮辐式齿轮

当齿顶圆直径 $400 < d_a \leqslant 1000$ mm时,可做成轮辐截面为"十"字形的轮辐式结构(见图6-26)。除上述结构形式外,大直径的齿轮还可采用组装式或焊接式齿轮。

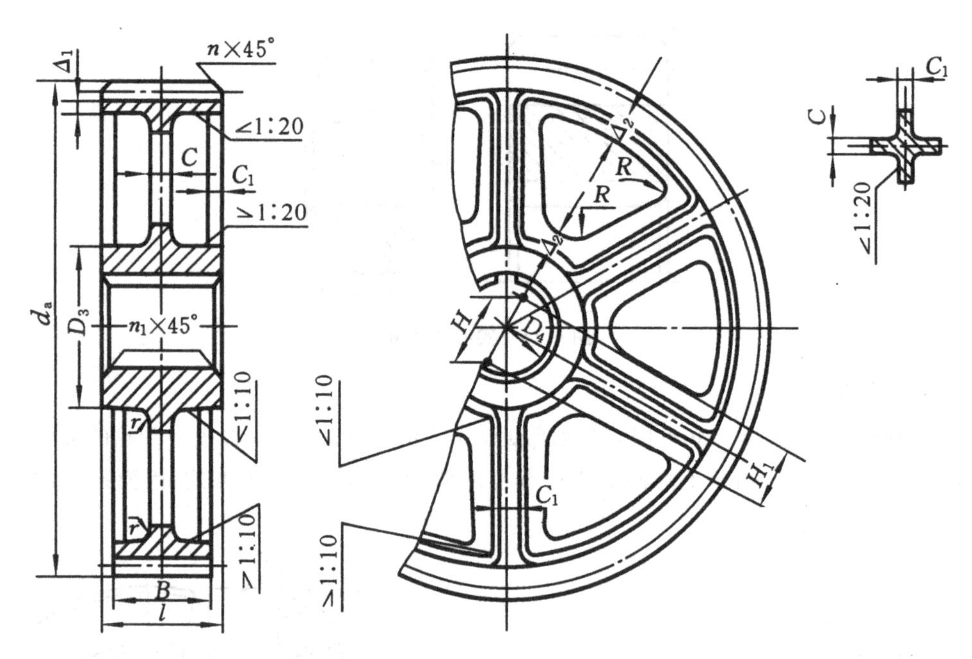

图 6-26　轮辐式结构的齿轮

$B<240$ mm；$D_3\approx1.6D_4$（铸钢）；$D_3\approx1.7D_4$（铸铁）；$\Delta_1\approx(3\sim4)m_n$，但不应小于 8 mm；

$\Delta_2\approx(1\sim1.2)\Delta_1$；$H\approx0.8D_4$（铸钢）；$H\approx0.9D_4$（铸铁）；$H_1\approx0.8H$；$C\approx H/5$；$C_1\approx H/6$；

$R\approx0.5H$；$1.5D_4>l\geqslant B$；轮辐数常取为 6

6.9　齿轮传动的润滑

齿轮传动时，相啮合的齿面间承受很大压力并有相对滑动，所以必须进行润滑，以减小摩擦和磨损，利于散热和延长齿轮寿命。

因开式和半开式齿轮传动的速度低，因而一般采用人工定期加油或在齿面涂抹润滑脂。

在闭式传动中，润滑方式取决于齿轮的圆周速度 v。、当 $v\leqslant12$ m/s 时，可采用浸油润滑，如图 6-27 所示。将大齿轮浸入油池中，转动时，大齿轮将油带入啮合处进行润滑，同时还将油甩到箱体内壁上散热。浸油深度根据齿轮形式和齿轮速度确定。对于圆柱齿轮，浸油深度通常不宜超过 1 个齿高，但一般不小于 10 mm；对于锥齿轮，应浸入全齿宽，至少应浸入齿宽的一半。当 $v>12$ m/s 时，因离心力较大，宜采用喷油润滑，用一定压力将油喷入啮合处，如图 6-28 所示。喷油的方向与齿轮的圆周速度及转向有关。当 $v\leqslant25$ m/s 时，喷嘴位于轮齿啮入边和啮出边均可；当 $v>25$ m/s 时，喷嘴应位于轮齿的啮出边，以便使润滑油能及时冷却刚啮合过的轮齿，同时也对轮齿进行润滑。

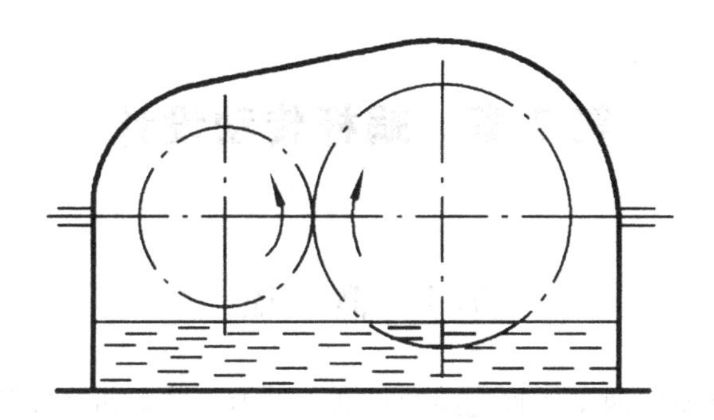

图 6-27　浸油润滑

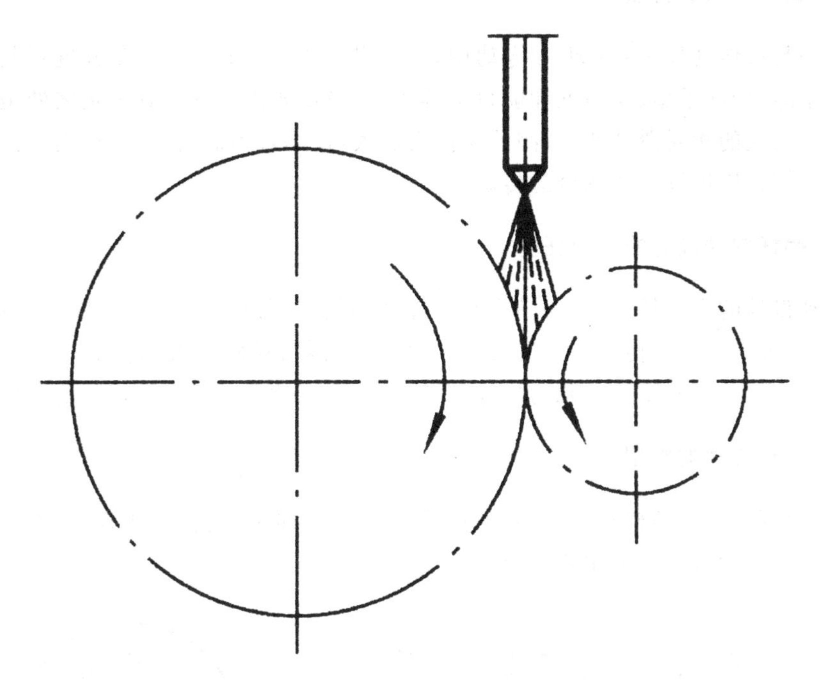

图 6-28　喷油润滑

第7章　蜗杆传动设计

7.1　概　述

蜗杆传动用于传递空间两交错轴之间的运动和动力。通常两轴线的交错角为90°。

7.1.1　蜗杆传动的特点

蜗杆传动具有传动比大(在动力传动中,一般传动比 $i=10\sim80$;在分度机构中,i 可达1000)、结构紧凑、传动平稳、噪声低和能自锁等优点,应用颇为广泛。其不足之处是:由于在啮合齿面间产生很大的相对滑动速度,因此摩擦发热大,传动效率低,且常需耗用非铁合金,故不适用于大功率和长期连续工作场合的传动。

7.1.2　蜗杆传动设计的主要任务

蜗杆传动设计的主要任务是:在满足蜗杆传动的轮齿强度、蜗杆刚度、热平衡和经济性等约束条件下,合理确定蜗杆传动的主要类型、参数(如模数、蜗杆头数、蜗轮齿数、变位系数、蜗杆分度圆柱导程角和中心距等)、几何尺寸和结构尺寸,以达到预定的传动功能和性能的要求。

7.1.3　蜗杆传动的类型

按蜗杆的形状分为:圆柱蜗杆传动(见图7-1(a))、环面蜗杆传动(见图7-1(b))和锥面蜗杆传动(见图7-1(c))等。下面主要介绍圆柱蜗杆传动。

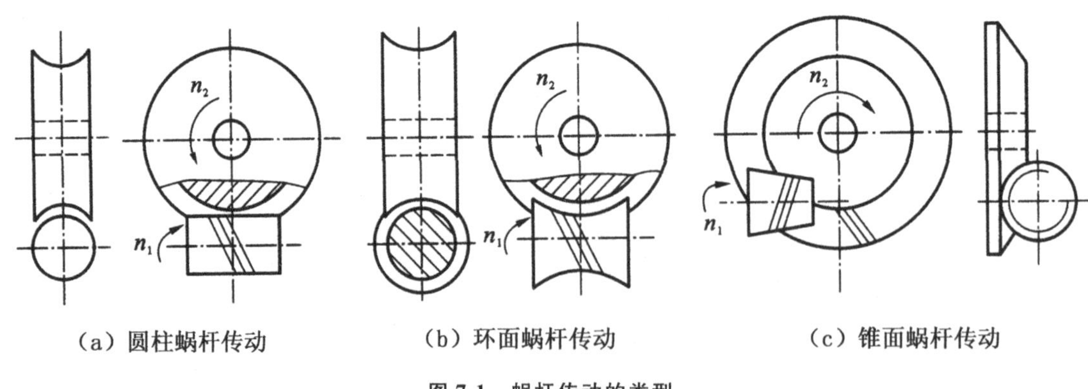

(a) 圆柱蜗杆传动　(b) 环面蜗杆传动　(c) 锥面蜗杆传动

图7-1　蜗杆传动的类型

圆柱蜗杆传动分为普通圆柱蜗杆传动和圆弧圆柱蜗杆传动。

1. 普通圆柱蜗杆传动

普通圆柱蜗杆传动多用直母线刀刃加工。按齿廓曲线的不同,普通圆柱蜗杆传动可分为如图 7-2 所示的四种。

(1)阿基米德蜗杆(ZA 蜗杆)

蜗杆的齿面为阿基米德螺旋面,在轴向剖面 *I-I* 上具有直线齿廓,端面齿廓为阿基米德螺旋线。加工时,车刀切削平面通过蜗杆轴线(见图 7-2(a))。车削简单,但当导程角大时,加工不便,且难于磨削,不易保证加工精度。一般用于低速、轻载或不太重要的传动。

(2)渐开线蜗杆(ZI 蜗杆)

蜗杆的齿面为渐开螺旋面,端面齿廓为渐开线。加工时,车刀刀刃平面与基圆相切(见图 7-2(b))。可以磨削,易保证加工精度。一般用于蜗杆头数较多、转速较高和较精密的传动。

(3)法向直廓蜗杆(ZN 蜗杆)

蜗杆的端面齿廓为延伸渐开线,法面 *N-N* 齿廓为直线。车削时,车刀刀刃平面置于螺旋线的法面上(见图 7-2(c))。加工简单,可用砂轮磨削,常用于多头、精密传动。

(4)锥面包络圆柱蜗杆(ZK 蜗杆)

蜗杆的齿面为圆锥面族的包络曲面,在各个剖面上的齿廓都呈曲线。加工时,采用盘状铣刀或砂轮放置在蜗杆齿槽的法向面内,由刀具锥面包络而成(见图 7-2(d))。切削和磨削容易,易获得高精度,目前应用广泛。

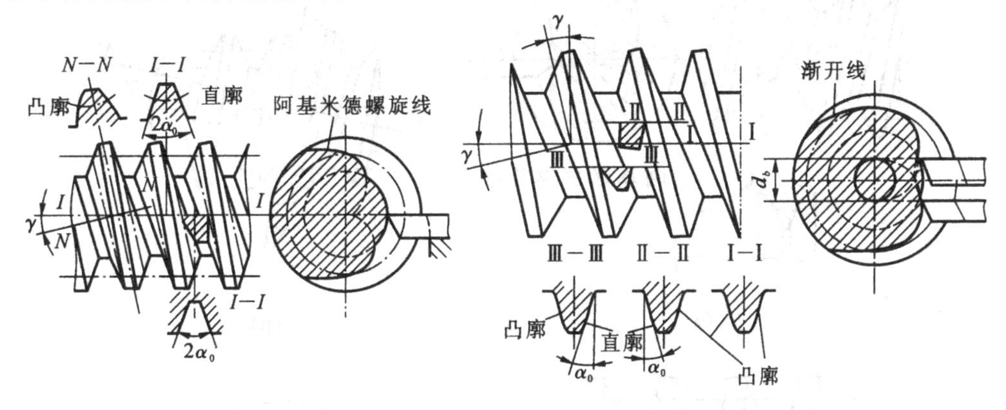

(a) 阿基米德蜗杆(ZA蜗杆)　　(b) 渐开线蜗杆(ZI蜗杆)

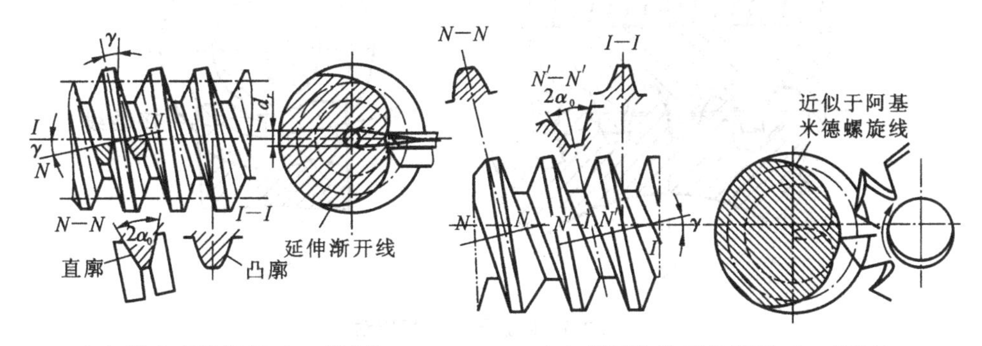

(c) 法向直廓蜗杆(ZN蜗杆)　　(d) 锥面包络圆柱蜗杆(ZK蜗杆)

图 7-2　普通圆柱蜗杆的类型

2. 圆弧圆柱蜗杆传动(ZC 型)

圆弧圆柱蜗杆的齿形分为两种:一种是蜗杆轴向剖面为圆弧形齿廓,用圆弧形车刀加工,切削时,刀刃平面通过蜗杆轴线(见图 7-3(a));另一种是蜗杆用轴向剖面为圆弧的环面砂轮,装置在蜗杆螺旋线的法面内,由砂轮面包络而成(见图 7-3(b)),可获得很高的精度,目前我国正推广这一种。圆弧圆柱蜗杆传动在中间平面上蜗杆的齿廓为内凹弧形,与之相配的蜗轮齿廓则为凸弧形,是一种凹凸弧齿廓相啮合的传动(见图 7-3(c)),其综合曲率半径大,承载能力高,一般较普通圆柱蜗杆传动高 50%~150%,同时,由于瞬时接触线与滑动速度方向交角大(见图 7-3(d)),有利于啮合面间的油膜形成,摩擦小,传动效率高,一般可达 90%以上。蜗杆能磨削,精度高,广泛应用于冶金、矿山、化工、起重运输等机械中。

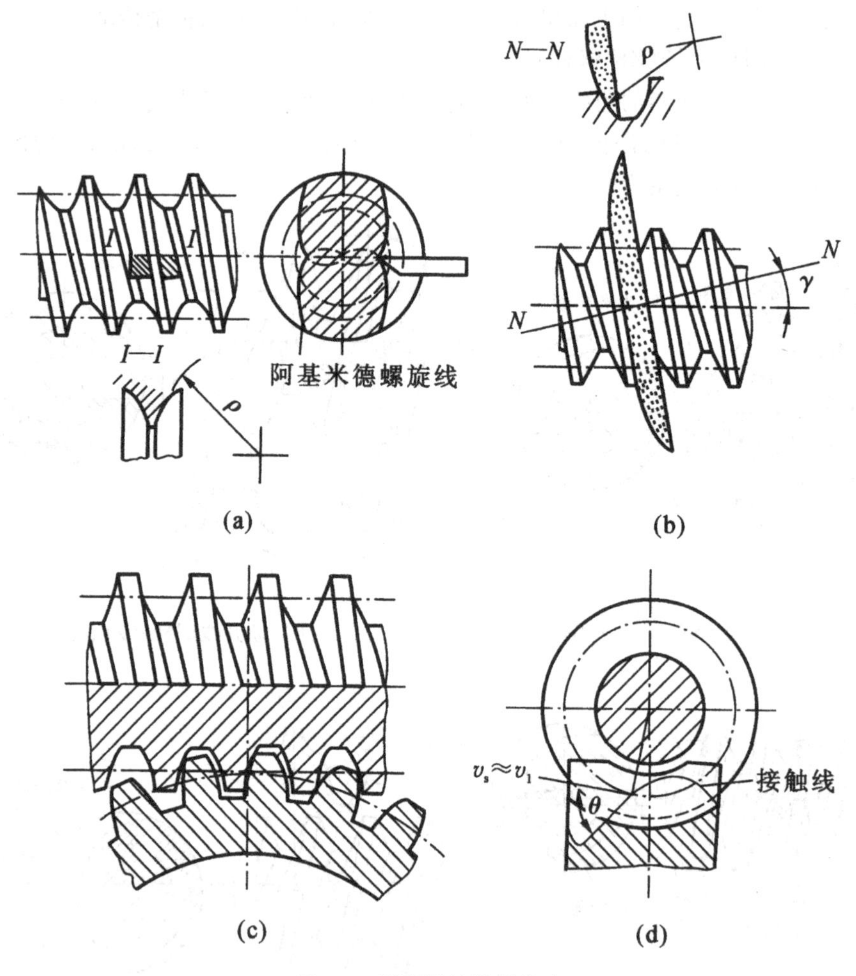

图 7-3 圆弧圆柱蜗杆传动

7.2　圆柱蜗杆传动的主要参数

7.2.1　普通圆柱蜗杆传动的主要参数

对于阿基米德蜗杆传动，在中间平面（通过蜗杆轴线且垂直于蜗轮轴线的平面，参见图 7-4）上，相当于齿条与齿轮的啮合传动。在设计时，常取此平面内的参数和尺寸作为计算基准。

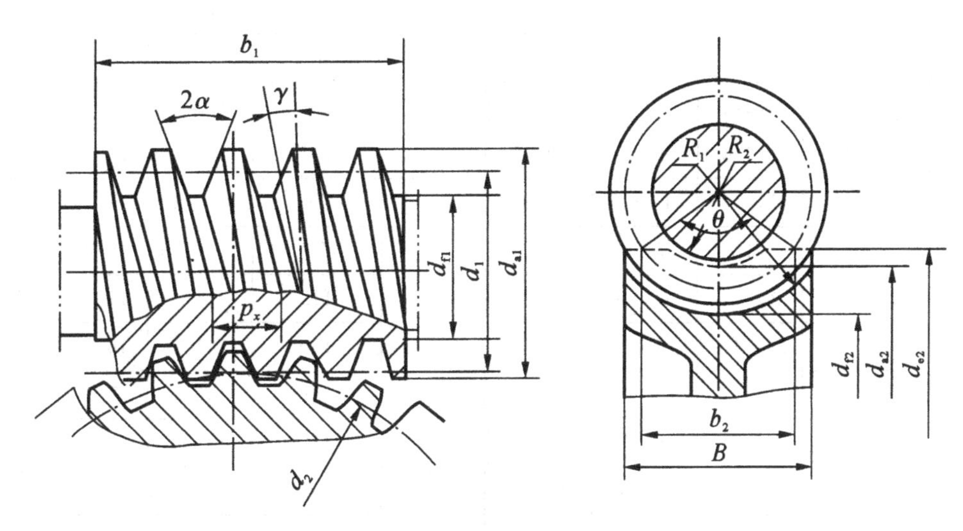

图 7-4　普通圆柱蜗杆传动的几何尺寸

蜗杆传动的主要参数有模数 m、齿形角 α、蜗杆头数 z_1、蜗轮齿数 z_2、蜗杆直径系数 q、蜗杆分度圆柱导程角 γ、传动比 i、中心距 a 和蜗轮变位系数 x_2 等。

（1）模数 m 和齿形角 α

蜗杆和蜗轮啮合时，在中间平面上，蜗杆的轴向模数 m_{x1}、轴向压力角 α_{x1} 分别与蜗轮的端面模数 m_{t2}、端面压力角 α_{t2} 相等，即 $m_{x1}=m_{t2}=m$，$\alpha_{x1}=\alpha_{t2}=\alpha$。模数 m 取标准值。ZA 蜗杆的轴向压力角为标准值，$\alpha_x=20°$，其余三种（ZN、ZI、ZK）蜗杆的法向压力角为标准值，即 $\alpha_n=20°$。

（2）蜗杆分度圆直径 d_1 和直径系数 q

加工蜗轮时，常用与配对蜗杆具有同样参数和直径的蜗轮滚刀来加工。这样，只要有一种尺寸的蜗杆，就必须用与之配对的蜗轮滚刀。为了减少蜗轮滚刀的数目，便于刀具的标准化，将蜗杆分度圆直径 d_1 定为标准值，即对应于每一种标准模数规定一定数量的蜗杆分度圆直径 d_1，并把 d_1 与 m 的比值称为蜗杆直径系数 q，即

式中，m、$d_。$、z，和 q 的匹配情况如表 7-1 所示。

表 7-1　普通圆柱蜗杆传动常用的参数匹配

模数 m/mm	分度圆直径 d_1/mm	蜗杆头数 z_1	直径系数 q	m^2d_1	模数 m/mm	分度圆直径 d_1/mm	蜗杆头数 z_1	直径系数 q	m^2d_1
1.25	20	1	16.000	31	6.3	80	1,2,4	12.698	3175
	22.4	1	17.900	35		112	1	17.798	4445
1.6	20	1,2,4	12.500	51.2	8	63	1,2,4	7.875	4032
	28	1	17.500	72		80	1,2,4,6	10.000	5120
2	18	1,2,4	9.000	72		100	1,2,4	12.500	6400
	22.4	1,2,4	11.2	89.2		140	1	17.500	8960
	28	1,2,4	14.00	112	10	71	1,2,4	7.100	7100
	35.5	1	17.750	142		90	1,2,4,6	9.000	9000
2.5	20	1,2,4	8.000	125		112	1	11.200	11200
	25	1,2,4,6	10.000	156		160	1	16.000	16000
	31.5	1,2,4	12.600	197	12.5	90	1,2,4	7.200	14062
	45	1	18.000	281		112	1,2,4	8.960	17500
3.15	25	1,2,4	79.37	248		140	1,2,4	11.200	21875
	31.5	1,2,4,6	10.000	313		200	1	16.000	31250
	40	1,2,4	12.678	396	16	112	1,2,4	7.000	2867
	56	1	17.778	556		140	1,2,4	8.750	35840
4	31.5	1,2,4	7.875	504		180	1,2,4	11.250	46080
	40	1,2,4,6	10.000	640		250	1	15.625	64000
	50	1,2,4	12.500	800	20	140	1,2,4	7.000	56000
	71	1	17.750	1136		160	1,2,4	8.000	64000
5	40	1,2,4	8.000	1000		224	1,2,4	11.200	89600
	50	1,2,4,6	10.000	1250		315	1	15.750	126000
	63	1,2,4	12.600	1575	25	180	1,2,4	7.200	112500
	90	1	18.000	2250		200	1,2,4	8.000	125000
6.3	50	1,2,4	7.963	1984		280	1,2,4	11.200	175000
	63	1,2,4,6	10.000	2500		400	1	16.000	250000

(3)传动比 i

通常蜗杆传动是以蜗杆为主动的减速装置,故其传动比 i 为

$$i=\frac{n_1}{n_2}=\frac{z_1}{z_2}$$

式中 n_1、n_2——蜗杆和蜗轮的转速(r/min)。

将蜗杆分度圆柱螺旋线展开成图 7-5 所示的直角三角形的斜边。图中,p_z 为导程,对于多头蜗杆,$p_z=z_1p_x$,其中,$p_x=\pi m$ 为蜗杆的轴向齿距。蜗杆分度圆柱导程角为

$$\tan\gamma=\frac{p_z}{\pi d_1}=\frac{z_1p_x}{\pi d_1}=\frac{z_1m}{d_1}=\frac{z_1}{q}$$

由蜗杆传动的正确啮合条件可知,当两轴线的交错角为 90°时,导程角 γ 与蜗轮分度圆螺旋角 β 相等,且方向相同。

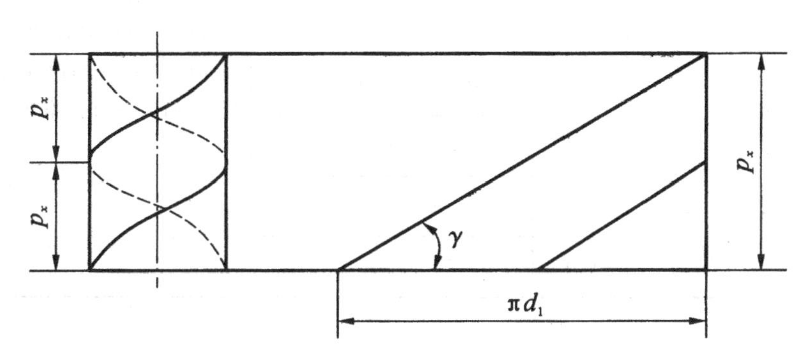

图 7-5　导程角与导程的关系

(4)变位系数 x_2

普通圆柱蜗杆传动变位的主要目的是凑中心距和凑传动比,使之符合标准或推荐值。

蜗杆传动的变位方法与齿轮传动相同,也是在切削时,将刀具相对于蜗轮移位。

凑中心距时,蜗轮变位系数 x_2 为

$$x_2=\frac{a'}{m}-\frac{1}{2}(q+z_2)=\frac{a'-a}{m}$$

式中 a、a'——未变位时的中心距和变位后的中心距。

凑传动比时,变位前、后的传动中心距不变,即 $a=a'$,用改变蜗轮齿数 $z2$ 来达到传动比略作调整的目的。变位系数 x_2 为

$$x_2=\frac{z_2-z_2'}{2}$$

式中 z_2'——变位蜗轮的齿数。

普通圆柱蜗杆传动的几何尺寸计算公式如表 7-2(参见图 7-4)所示。

表 7-2　普通圆柱蜗杆传动的蜗轮宽度 B、顶圆直径 d_{e2} 及蜗杆螺纹部分长度 b_1 的计算公式

z_1	B	d_{e2}	x_2	b_1	
1	$\leqslant 0.75d_{a1}$	$\leqslant d_{e2}+2m$	0	$\geqslant(11+0.06z_2)m$	当变位系数 x_2 为中间值时，6，取 x_2 邻近两公式所求值的较大者。经磨削的蜗杆，按左式所求的长度应再增加一定的值： 当 $m<10$ mm 时，增加 25 mm； 当 $m=10\sim16$ mm 时，增加 35～40 mm； 当 $m>16$ mm 时，增加 50 mm
			-0.5	$\geqslant(8+0.06z_2)m$	
			-0.1	$\geqslant(10.5+z_1)m$	
2		$\leqslant d_{e2}+1.5m$	0.5	$\geqslant(11+0.1z_2)m$	
			1.0	$\geqslant(12+0.1z_2)m$	
3			0	$\geqslant(12.5+0.09z_2)m$	
			-0.5	$\geqslant(9.5+0.09z_2)m$	
			-0.1	$\geqslant(10.5+z_1)m$	
			0.5	$\geqslant(12.5+0.1z_2)m$	
4	$\leqslant 0.67d_{a1}$	$\leqslant d_{e2}+m$	0.1	$\geqslant(13+0.1z_2)m$	

7.2.2　圆弧圆柱蜗杆传动的主要参数

圆弧圆柱蜗杆的基本齿廓是指通过蜗杆分度圆柱的法截面齿形，如图 7-6 所示。圆弧圆柱蜗杆传动的主要参数有模数 m、齿形角 α_0、齿廓圆弧半径 d_E 和蜗轮变位系数 x_2 等。砂轮轴截面齿形角 $\alpha_0=23°$；砂轮轴截面圆弧半径 $\rho=(5\sim6)m$（m 为模数）。蜗轮变位系数 $x_2=0.5\sim1.5$。

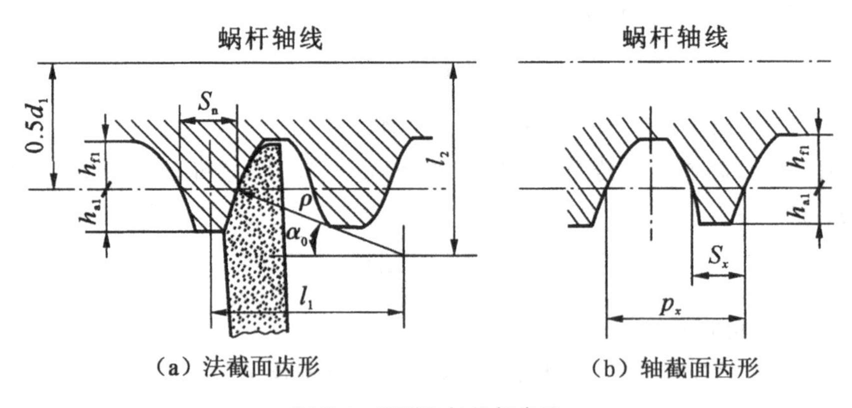

（a）法截面齿形　　（b）轴截面齿形

图 7-6　圆弧圆柱蜗杆齿形

7.3 蜗杆传动的滑动速度、失效形式及设计约束

7.3.1 蜗杆传动的滑动速度

如图 7-7 所示，当蜗杆传动在节点啮合处啮合时，蜗杆的圆周速度为 v_1，蜗轮的圆周速度为 v_2，滑动速度 v_s 为

$$v_s=\frac{v_1}{\cos\gamma}=\frac{\pi d_1 n_1}{60000\cos\gamma}\ (\text{m/s}) \tag{7-6}$$

由于秒。比蜗杆的圆周速度还要大，所以在蜗杆、蜗轮的齿廓间将产生很大的相对滑动，引起较大的摩擦、磨损和发热，导致传动效率的降低。

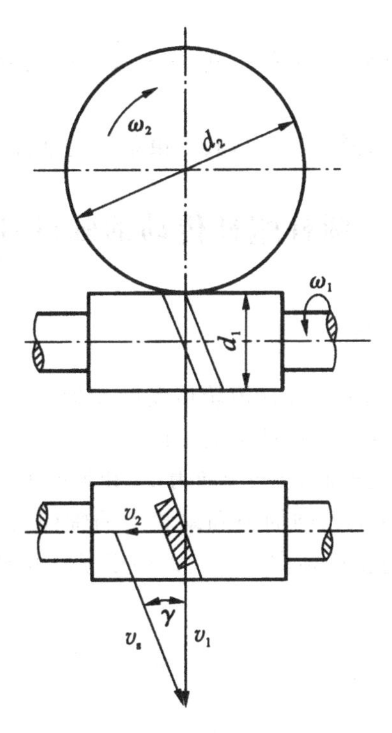

图 7-7　蜗杆传动的滑动速度

7.3.2 蜗杆传动的失效形式

闭式蜗杆传动的失效形式主要是轮齿齿面的点蚀、磨损和胶合，有时($z_2>80$)会出现轮齿的弯曲折断。通常情况下，蜗杆材料的机械强度高于蜗轮，故失效多发生在强度较低的蜗轮上。在一般闭式传动中，由于蜗杆、蜗轮齿面间的相对滑动速度大，摩擦发热大，使润滑油黏度因温度升高而下降，润滑条件变坏，容易发生胶合或点蚀。在开式传动中，主要是轮齿的磨损和弯曲折断。

7.3.3 蜗杆传动的设计约束

根据蜗杆传动的失效形式和工作特点，设计时应作不同的考虑。

(1)闭式传动

控制蜗轮齿面的点蚀和胶合，按齿面接触强度条件计算，其约束条件是接触应力不超过许用值。当 $z_2>80$ 时，还需防止轮齿弯曲折断，按轮齿弯曲疲劳强度条件计算，其约束条件是齿根弯曲应力不超过许用值。

(2)连续工作的闭式传动

在这种工作条件下，摩擦发热大，效率低，温升高，若散热不好，将可能因润滑条件恶化而产生胶合。因此，其约束条件除上述两项外，还应控制温升，即热平衡时，润滑油的温度不超过许用值。

(3)开式传动

主要控制因磨损而引起的蜗轮轮齿的折断，按轮齿弯曲疲劳强度条件计算，其约束条件是轮齿弯曲应力不超过许用值。

对蜗杆来说，主要是控制蜗杆轴的变形，其约束条件是蜗杆轴的变形不超过许用值。

7.4 圆柱蜗杆传动的强度计算

7.4.1 蜗杆传动的受力分析

蜗杆传动受力分析的过程和斜齿圆柱齿轮传动的相似。为简化起见，受力分析时通常不考虑摩擦力的影响。假定作用在蜗杆齿面上的法向力 F_n 集中作用于节点 C 上(见图 7-8)，F_n 可分解为三个相互垂直的分力：圆周力 F_t、径向力 F_r 和轴向力 F_a。由于蜗杆轴与蜗轮轴在空间交错成 90°。所以作用在蜗杆上的圆周力和蜗轮上的轴向力、蜗杆上的轴向力和蜗轮上的圆周力、蜗杆上的径向力和蜗轮上的径向力分别大小相等而方向相反。

各力的大小分别为

$$F_{t1}=\frac{2T_1}{d_1}=F_{a2} \tag{7-7}$$

$$F_{a1}=F_{t2}=\frac{2T_2}{d_2} \tag{7-8}$$

$$F_{r1}=F_{r2}=F_{t2}\tan\alpha \tag{7-9}$$

$$F_n=\frac{F_{a1}}{\cos\alpha_n\cos\gamma}=\frac{F_{t2}}{\cos\alpha_n\cos\gamma}=\frac{2T_2}{d_2\cos\alpha_n\cos\gamma} \tag{7-10}$$

式中 T_1、T_2——蜗杆、蜗轮上的名义转矩，$T_2=T_1 i\eta$，其中，i 为传动比，η 为传动效率；

α_n——蜗杆法面压力角。

确定各分力的方向时，先确定蜗杆受力的方向。因蜗杆主动，所以蜗杆所受的圆周力 F_{t1} 的方向与它的转向相反；径向力 F_{r1}。的方向总是沿半径指向轴心；轴向力 F_{a1} 的方向，分析方法与斜齿圆柱齿轮传动相同，对主动蜗杆用左(右)手法则判定。蜗轮所受的三个分力的方向可由图 7-8 所示的关系确定。

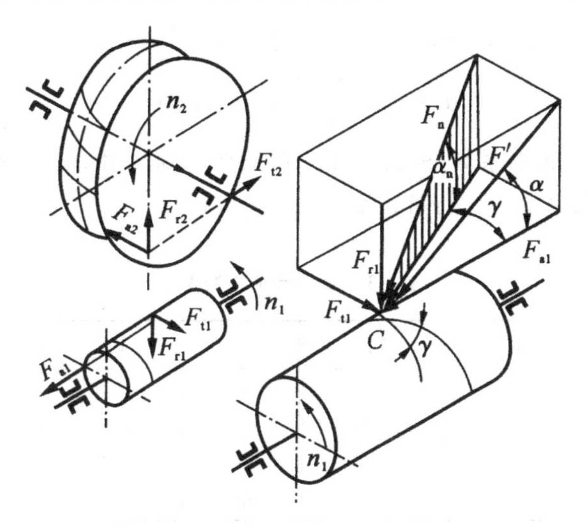

图 7-8 蜗杆传动的受力分析

7.4.2 蜗杆传动的强度条件

根据设计约束分析,蜗杆传动的强度条件包括蜗轮齿面接触强度条件和轮齿弯曲疲劳强度条件。如前所述,蜗杆传动的失效多发生在蜗轮上,所以,在进行蜗杆传动的强度计算时,只需对蜗轮轮齿进行强度校核,至于蜗杆的强度可按轴的强度计算方法进行,必要时还要进行蜗杆的刚度计算。对于闭式蜗杆传动,只需校核齿面接触疲劳强度,一般无须校核蜗轮轮齿的弯曲疲劳强度,只有当蜗轮齿数很多($z_2>80$)时,才需校核蜗轮轮齿的弯曲疲劳强度。对于开式蜗杆传动,只需校核齿根弯曲疲劳强度。

1. 普通圆柱蜗杆传动的强度条件

(1)齿面接触疲劳强度条件

蜗轮与蜗杆啮合处的齿面接触应力与齿轮传动相似,利用赫兹应力公式,考虑蜗杆传动的特点,可得普通圆柱蜗杆传动的齿面接触疲劳强度条件:

$$\sigma_H = Z_E\sqrt{\frac{9K_A T_2}{m^2 d_1 z_2^2}} \leqslant \sigma_{HP}(\text{MPa}) \tag{7-11}$$

将上式整理后,得蜗杆传动齿面接触疲劳强度的设计公式:

$$m^2 d_1 \geqslant 9K_A T_2\left(\frac{Z_E}{z_2\sigma_{HP}}\right)^2(\text{mm}^3) \tag{7-12}$$

式中K_A——使用系数;

Z_E——弹性系数,青铜或铸铁蜗轮与钢蜗杆配对时,$Z_E=160\sqrt{\text{MPa}}$。

设计时,由上式求出m^2d_1后,按表7-1查出相应的m、d_1及q值,作为蜗杆传动的设计参数。

(2)弯曲疲劳强度条件

蜗轮轮齿的齿形复杂,难以精确计算,借用斜齿圆柱齿轮轮齿弯曲疲劳强度条件公式,考虑蜗轮齿形的特点,经简化,可得普通圆柱蜗杆传动的弯曲疲劳强度条件:

$$\sigma_F = \frac{1.64K_A T_2}{m^2 d_1 z_2} Y_{Fa} Y_\beta \leqslant \sigma_{FP}(\text{MPa}) \tag{7-13}$$

将上式整理后，得蜗轮轮齿弯曲疲劳强度的设计公式：

$$d_1 \geqslant \frac{1.64K_A T_2}{z_2 \sigma_{FP}} Y_{Fa} Y_{\beta} (\mathrm{mm}^3) \tag{7-14}$$

式中Y_{Fa}——蜗轮轮齿的齿形系数，根据当量齿数 $z_v = z/\cos^2\gamma$ 由表 7-3 查取；

Y_{β}——螺旋角系数，$Y_{\beta} = 1 - \gamma/140°$。

表 7-3　蜗轮齿形系数 Y_{Fa}

z_v	Y_{Fa}	z_v	Y_{Fa}	z_v	Y_{Fa}	z_v	Y_{Fa}
20	2.24	30	1.99	40	1.76	80	1.52
40	2.12	32	1.94	45	1.68	1	1.47
26	2.10	35	1.86	50	1.64	150	1.44
28	2.04	38	1.82	60	1.59	300	1.4

(3)许用应力

①许用接触应力

当蜗轮材料为强度极限 $\sigma_b < 300$ MPa 的青铜，而蜗杆材料为钢时，传动的承载能力常取决于蜗轮的接触疲劳强度。表 7-4 列出了应力循环次数 $N = 10^7$ 的基本许用应力 σ'_{HP}，当应力循环次数 $N \neq 10^7$ 时，σ'_{HP}应乘以寿命系数 Z_N，即 $\sigma_{HP} = \sigma'_{HP} Z_N$。若 t_h 为工作时间(h)，n_2 为蜗轮的转速(r/min)，则寿命系数 Z_N 为

$$Z_N = \sqrt[8]{\frac{10^7}{N}}, N = 60 n_2 t_h \tag{7-15}$$

若 $N > 25 \times 10^7$，应取 $N = 25 \times 10^7$，再代入计算。

表 7-4　普通圆柱蜗杆传动中蜗轮的基本许用应力 σ'_{HP}和 σ'_{FP} (MPa)

蜗轮材料	铸造方法	适用的滑动速度/(m/s)	机械性能		σ'_{HP} 蜗杆齿面硬度		σ'_{FP}	
			$\sigma_{0.2}$	σ_b	≤350 HBS	>45 HRC	一侧受载	两侧受载
ZCuSn10P1	砂模金属模	≤12	130	220	180	200	51	32
		≤25	170	310	200	220	70	40
ZCuSnPb5Zn5	砂模金属模	≤10	90	200	110	125	33	24
		≤12	100	250	135	150	40	29
ZCuAl10Fe3	砂模金属模	≤10	180	496	见表 7-5		82	64
			200	540			90	80
HT150	砂模	≤2	—	150			40	25
HT200	砂模	≤2～2.5		200			48	30

当蜗轮材料为铸铁或为强度极限 $\sigma_b>300$ MPa 的青铜时,传动的承载能力常取决于蜗轮的抗胶合能力。目前尚无成熟的胶合计算方法,故采用接触强度公式计算是一种条件性的计算。但许用应力的大小与应力循环次数无关,而与齿面间相对滑动速度 v_s 有关,其许用接触应力 σ_{HP} 按表 7-5 选取。表 7-5 的数据是在良好的跑合与润滑条件下给出的,若不满足此条件,则表中的数据应降低 30%左右。

表 7-5　铸铁或青铜($\sigma_b>300$ MPa)蜗轮的许用接触应力 σ_{HP}(MPa)

材料		滑动速度 v_s/(m/s)						
蜗轮	蜗杆	0.5	1	2	3	4	6	8
ZCuAl10Fe3	钢(淬火)	250	230	210	180	160	120	90
HT200 HT150	渗碳钢	130	115	90				
HT150	钢(调质或正火)	110	90	70				

②许用弯曲应力

表 7-4 中还列出了应力循环次数 $N=10^6$ 时常用材料的基本许用弯曲应力 σ'_{FP},当 $N\neq10^6$ 时,应将 σ'_{FP} 乘以寿命系数 Y_N,即 $\sigma_{FP}=\sigma'_{FP}Y_N$。其中,$Y_N$ 按下式计算:

$$Y_N=\sqrt[9]{10^6/N} \tag{7-16}$$

当 $N>25\times10^7$ 时,应取 $N=25\times10^7$。

2. 圆弧圆柱蜗杆传动的强度条件

(1)蜗轮齿面接触疲劳强度条件

蜗轮与蜗杆啮合处的齿面接触应力,与普通圆柱蜗杆传动相似,利用赫兹应力公式,考虑蜗杆和蜗轮齿廓特点,可得齿面接触疲劳强度条件:

$$\sigma_H=Z_EZ_\rho\sqrt{T_2\frac{K_A}{a^3}}\leqslant\sigma_{HP}\,(\text{MPa}) \tag{7-17}$$

式中 Z_E——材料弹性系数($\sqrt{\text{MPa}}$),可由表 7-6 查得;

Z_ρ——接触系数,是考虑蜗杆传动的接触线长度和曲率半径对接触强度的影响系数,根据 d_1/a 的值由图 7-9 查得(d_1/a 现按已知尺寸算出,初步设计时,按 i 选取:当 $i=70\sim20$ 时,$d_1/a=0.3\sim0.4$;当 $i=20\sim5$ 时,$d_1/a=0.4\sim0.5$;i 较小时取大值);

T_2——蜗轮转矩(N·mm);

K_A——使用系数;

a——中心距(mm);

σ_{HP}——许用接触应力(MPa)。

由式(7-17)可得圆弧圆柱蜗杆传动的中心距设计公式:

$$a\geqslant\sqrt[3]{T_2K_A\left(\frac{Z_EZ_\rho}{\sigma_{HP}}\right)^2}\ (\text{mm}) \tag{7-18}$$

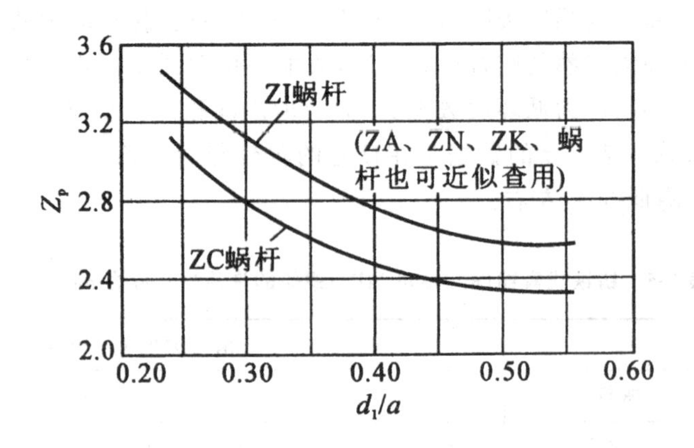

图 7-9　圆柱蜗杆传动的接触系数 Z_ρ

(2)蜗轮轮齿的弯曲疲劳强度条件

由于蜗轮轮齿的齿形比较复杂,难以精确计算其弯曲应力,根据实践经验,齿根弯曲强度主要与模数 m 和齿宽有关,可用简单的条件性计算法,即 U 系数法来校核。蜗轮轮齿弯曲疲劳强度条件为

$$U=\frac{F_{t2}K_A}{mb_2}\leqslant U_p \tag{7-19}$$

式中F_{t2}——蜗轮的圆周力(N);

K_A——使用系数;

m——蜗杆轴向模数,即蜗轮端面模数;

b_2——蜗轮齿宽(mm);

U_p——许用 U 系数。

(3)许用应力

①齿面许用接触应力 σ_{HP}

$$\sigma_{HP}=\sigma_{Hlim}\frac{Z_N Z_n}{S_{Hlim}}\ (\text{MPa}) \tag{7-20}$$

式中σ_{Hlim}——蜗轮材料的接触疲劳极限;

Z_N——寿命系数,$Z_N=\sqrt[6]{\frac{25000}{t_h}}\leqslant 1.6$,其中,$t_h$ 为工作小时数(h),对于载荷不变的间歇或短时传动,按实际运转时数计算;

Z_n——转速系数,$Z_n=\left[\frac{1}{\left(\frac{n_2}{8}\right)+1}\right]^{\frac{1}{8}}$;

S_{Hlim}——最小安全系数,根据机器要求的可靠度和由失效将引起的后果的严重程度而定,一般可取 $S_{Hlim}=1\sim1.3$。

表 7-6　圆弧圆柱蜗杆传动中蜗轮常用材料的性能

蜗轮材料牌号(德国)	铸造方法	抗拉强度 σ_b/MPa	屈服强度 $\sigma_{0.2}$/MPa	弹性模量 E/MPa	弹性系数 Z_E/MPa	接触疲劳极限 σ_{Hlim}/MPa	极限系数 U_{lim}/MPa	相近的国产材料牌号	铸造方法	玑扭强度 σ_b/MPa	屈服强度 $\sigma_{0.2}$/MPa
GCuSn12	砂模铸造	260	140	88300	147	265	115	铸锡青铜 ZCuSn10Pl	砂模铸造	250	140
GZ-CuSn12	离心铸造	280	150	88300	147	425	190		离心铸造	250	200
G-CuAl10Fe	砂模铸造	500	180	122600	164	250	400	铸铝铁青铜 ZCuAl10Fe3	砂模铸造	250	140
GZ-CuAl10Fe	离心铸造	550	220	122600	164	265	500		离心铸造	250	200
GG-25	砂模铸造	300	120	98100	152.2	350	150	HT300	砂模铸造	300	

②许用 U 系数 U_p

$$U_p = \frac{U_{lim}}{S_{Flim}} \tag{7-21}$$

式中 U_{lim}——轮齿弯曲计算时的极限 U 系数(MPa),可由表 7-6 查得;

S_{Flim}——弯曲强度最小安全系数,根据机器要求的可靠度和重要性而定,一般 $S_{Flim}=1\sim1.7$。

7.5　蜗杆传动的效率及热平衡计算

7.5.1　蜗杆传动的效率

闭式蜗杆传动的总效率 η 包括:轮齿啮合损耗功率的效率 η_1;轴承摩擦损耗功率的效率 η_2;浸入油中的零件搅油损耗功率的效率 η_3,即

$$\eta = \eta_1 \eta_2 \eta_3 \tag{7-22}$$

当蜗杆主动时,η_1 可近似按下式计算,即

$$\eta_1 = \frac{\tan\gamma}{\tan(\gamma+\rho_v)} \tag{7-23}$$

式中 ρ_v——当量摩擦角,根据相对滑动速度 v_s(m/s)由表 7-7 选取。

导程角 γ 是影响蜗杆传动啮合效率的最主要的参数之一。设 μ_v 为当量摩擦系数,从图 7-10 可以看出,η_1 随 γ 增大而提高,但到一定值后即下降。当 $\gamma>28°$后,η_1 随 γ 的变化就比较缓慢,而大导程角的蜗杆制造困难,所以一般取 $\gamma<28°$。

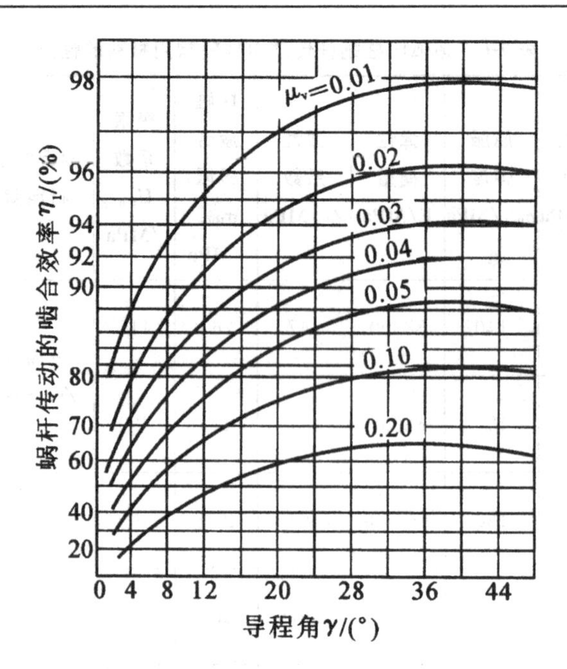

图 7-10　蜗杆传动的效率与蜗杆导程角的关系

由于轴承摩擦及浸入油中零件搅油损耗的功率不大，一般 $\eta_2\eta_3$＝0.95～0.96。

表 7-7　圆柱蜗杆传动的当量摩擦角 ρ_v 值

蜗杆传动类型	普通圆柱蜗杆传动			圆弧圆柱蜗杆传动		
蜗轮齿圈材料	锡青铜	无锡青铜	灰铸铁	锡青铜	无锡青铜	灰铸铁
v_s/(m/s)	ρ_v			ρ_v		
1.0	2°3 5′～3°10′	4°00′	4°00′～5°10′	1°45′～2°25′	3°12′	3°12′～4°17′
1.5	2°17′～2°52′	3°43′	3°43′～4°34′	1°40′～2°11′	2°59′	2°59′～3°43′
2.0	2°00′～2°35′	3°09′	3°09′～4°00′	1°21′～1°54′	2°25′	2°25′～3°12′
2.5	1°43′～2°17′	2°52′		1°16′～1°47′	2°21′	
3.0	1°36′～2°00′	2°35′		1°05′～1°33′	2°07′	
4.0	1°22′～1°47′	2°17′		1°02′～1°23′	1°54′	
5	1°16′～1°40′	2°00′		0°59′～1°20′	1°40′	
8	1°02′～1°30′	1°43′		0°48′～1,16′	1°26′	
10	0°55′～1,22′			0°41′～1°09′		
15	0°48′～1°09′			0°38′～0°59′		

在设计之初，普通圆柱蜗杆传动的效率可按以下方式近似选取：当 $z_1=1$ 时，$\eta=0.7$；当 $z_1=2$ 时，$\eta=0.8$；当 $z_1=3$ 时，$\eta=0.8$；当 $z_1=4$ 时，$\eta=0.9$。圆弧圆柱蜗杆传动的效率比普通圆柱蜗杆传动高 5%～10%。

7.5.2　蜗杆传动的热平衡计算

传动时，蜗杆、蜗轮啮合面间相对滑动速度大，摩擦、发热大，效率低。对于闭式蜗杆传动，若散热不良，会因油温不断升高，而使润滑条件恶化，导致齿面失效。所以，设计闭式蜗杆传动时，要进行热平衡计算。

设热平衡时的工作油温为芒。，则热平衡约束条件为

$$t_1=\frac{1000P_1(1-\eta)}{K_tA}+t_0\leqslant t_p$$

式中 t_p——油的许用工作温度(℃)，一般为 60℃～70℃，最高不超过 90℃；

t_0 一一环境温度(℃)，一般取 $t_0=20$℃；

P_1——蜗杆传递的功率(kW)；

η——蜗杆传动的总效率；

A——箱体的散热面积(m2)，即箱体内表面被油浸着或油能飞溅到，且外表面又被空气所冷却的箱体表面积，凸缘及散热片面积按 50%计算；

K_t——散热系数(W/(m^2・℃))，在自然通风良好的地方，取 $K_t=14$～17.5；通风不好时，取 $K_t=8.7$～10.5。

若计算结果芒，超出允许值，可采取以下措施：

(1)在箱体外壁增加散热片，以增大散热面积 A；

(2)在蜗杆轴端装风扇(见图 7-11(a))，进行人工通风，以增大散热系数 K_t，此时，$K_t=20$～28 W/(m^2・℃)；

(3)在箱体油池中设蛇形冷却管(见图 7-11(b))；

(4)采用压力喷油润滑(见图 7-11(c))。

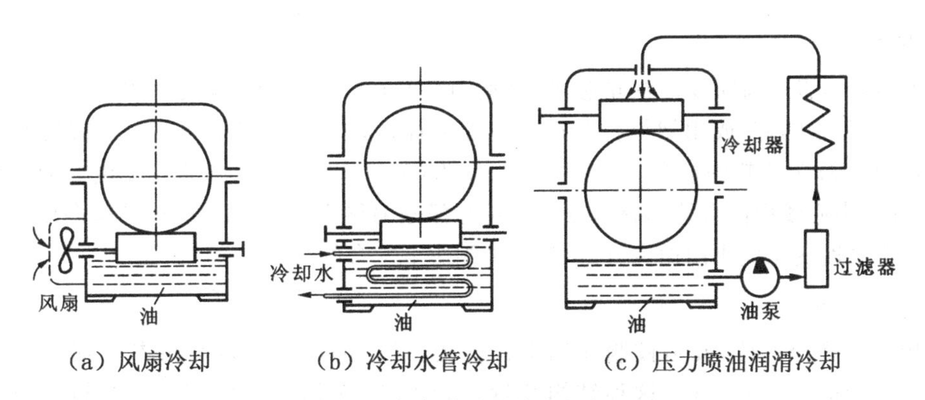

(a) 风扇冷却　　(b) 冷却水管冷却　　(c) 压力喷油润滑冷却

图 7-11　蜗杆减速器的冷却方法

7.6 圆柱蜗杆和蜗轮的结构形式

7.6.1 蜗杆的结构形式

蜗杆螺旋部分的直径不大，所以常和轴做成一个整体，称为蜗杆轴，结构形式如图 7-12 所示。其中图 7-12(a)所示的结构无退刀槽，加工螺旋部分时只能用铣制的办法；图 7-12(b)所示的结构则有退刀槽，螺旋部分可以车制，也可以铣制，但这种结构的刚度比前一种差。当蜗杆螺旋部分的直径较大时，可以将蜗杆与轴分开制作。

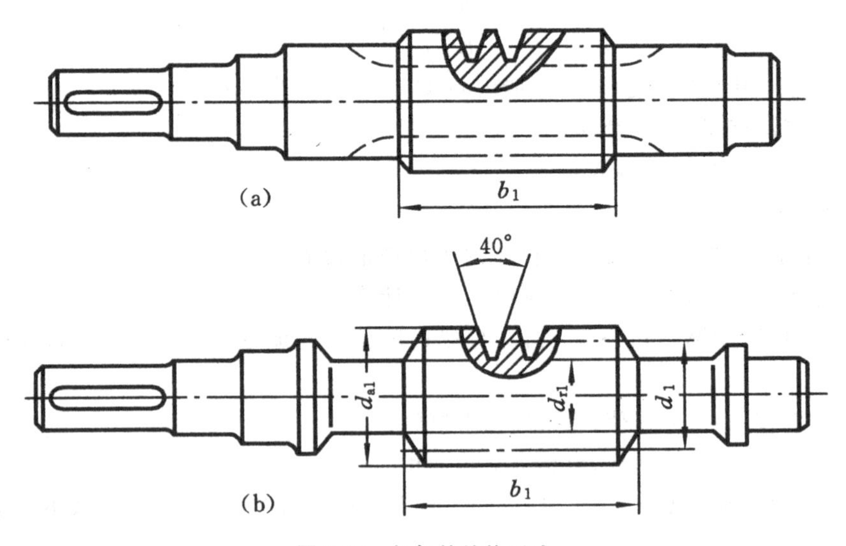

图 7-12 蜗杆的结构形式

7.6.2 蜗轮的结构形式

1. 齿图式

这种结构由青铜齿圈及铸铁轮芯组成(见图 7-13(a))。齿圈与轮芯多用 H7/r6 配合，并加装 4～6 个紧定螺钉(或用螺钉拧紧后将头部锯掉)，以增强连接的可靠性。螺钉直径取作(1.2～1.5)m，m 为蜗轮的模数。螺钉拧入深度为(0.3～0.4)B，B 为蜗轮宽度。为了便于钻孔，应将螺孔中心线由配合缝向材料较硬的轮芯部分偏移 2～3 mm。这种结构多用于尺寸不太大或工作温度变化较小的地方，以免热胀冷缩影响配合的质量。

2. 螺栓连接式

可用普通螺栓连接，或用铰制孔用螺栓连接，螺栓的尺寸和数目可参考蜗轮的结构尺寸取定，然后作适当的校核。这种结构装拆比较方便，多用于尺寸较大或容易磨损的蜗轮(见图 7-13(b))。

3. 整体浇铸式

主要用于铸铁蜗轮或尺寸很小的青铜蜗轮(见图 7-13(c))。

4．拼铸式

这是在铸铁轮芯上加铸青铜齿圈，然后切齿。只用于成批制造的蜗轮（图7-13(d)）。

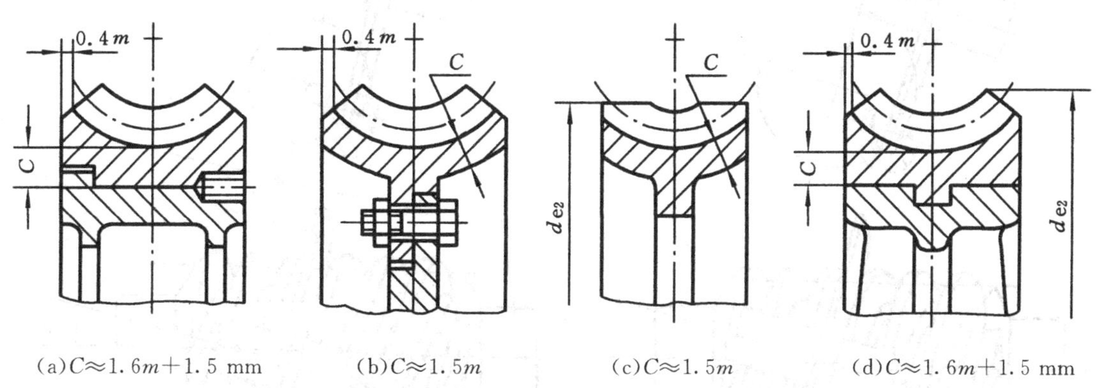

(a)$C\approx1.6m+1.5$ mm　(b)$C\approx1.5m$　(c)$C\approx1.5m$　(d)$C\approx1.6m+1.5$ mm

图7-13　蜗轮的结构形式（m为模数，m和C的单位均为mm）

7.7　圆弧圆柱蜗杆传动简介

7.7.1　圆弧圆柱蜗杆传动的类型

圆弧圆柱蜗杆传动是一种新型的蜗杆传动。它是在普通圆柱蜗杆传动的基础上发展起来的。圆弧圆柱蜗杆的齿面一般为圆弧形凹面，由此命名，代号为ZC蜗杆。

圆弧圆柱蜗杆传动可分为圆环面包络圆柱蜗杆传动和轴向圆弧齿圆柱蜗杆传动两种类型。

1．圆环面包络圆柱蜗杆（ZC_1和ZC_2蜗杆）传动

蜗杆齿面是圆环面砂轮与蜗杆作相对螺旋运动时，砂轮曲面族的包络面。

圆环面包络圆柱蜗杆传动又分为两种形式。

(1)ZC_1蜗杆传动

蜗杆齿面是由圆环面（砂轮）形成的，蜗杆轴线与砂轮轴线的公垂线通过蜗杆齿槽的某一位置，砂轮与蜗杆齿面的瞬时接触线是一条固定的空间曲线，砂轮与蜗杆的相对位置如图7-14(a)所示。

(2)ZC_2蜗杆传动

蜗杆齿面是由圆环面（砂轮）形成的，．蜗杆轴线与砂轮轴线的轴交角为某一角度，该二轴线的公垂线通过砂轮齿廓曲率中心。砂轮与蜗杆齿面的瞬时接触线是一条与砂轮的轴向齿廓互相重合的固定平面曲线。砂轮与蜗杆的相对位置如图7-14(b)所示。

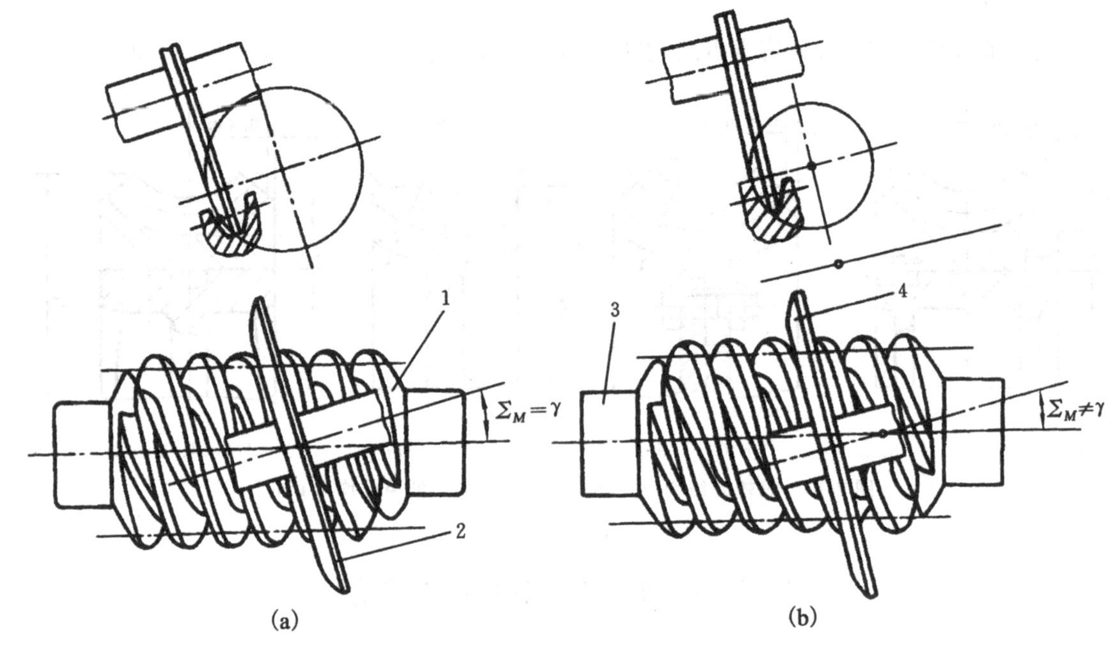

图 7-14　络圆柱蜗杆的加工

1、3—蜗杆；2、4—砂轮

2. 轴向圆弧圆柱蜗杆(ZC_3 蜗杆)传动

蜗杆齿面是由蜗杆轴向平面(含轴平面)内一段凹圆弧绕蜗杆轴线作螺旋运动时形成的，也就是将凸圆弧车刀前刃面置于蜗杆轴向平面内，车刀绕蜗杆轴线作相对螺旋运动时所形成的轨迹曲面。车刀与蜗杆的相对位置如图 7-15 所示。

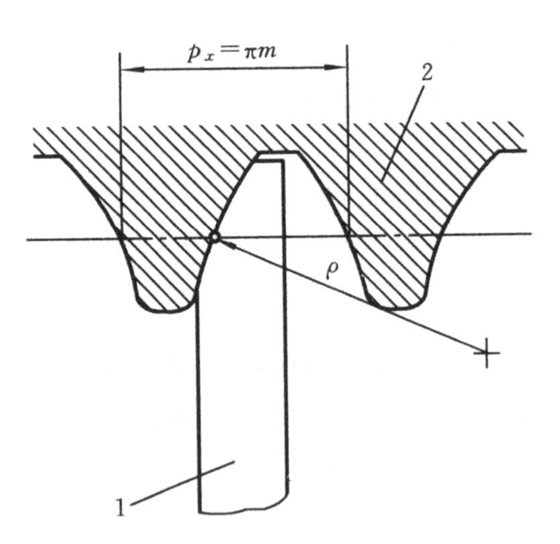

图 7-15　轴向圆弧圆柱蜗杆的加工

1—车刀；2—蜗杆

7.7.2 圆弧圆柱蜗杆传动的特点

圆弧圆柱蜗杆传动和普通圆柱蜗杆传动相比，具有以下主要特点。

(1)蜗杆和蜗轮两共轭齿面是凹凸啮合，综合曲率半径较大，因而降低了齿面接触应力，增大了齿面强度。

(2)蜗杆与蜗轮啮合时的瞬时接触线方向与相对滑动方向的夹角(润滑角)较大(见图 7-16)，易于形成和保持油膜，从而减少了啮合面间的摩擦，故磨损小，发热量低，传动效率高。

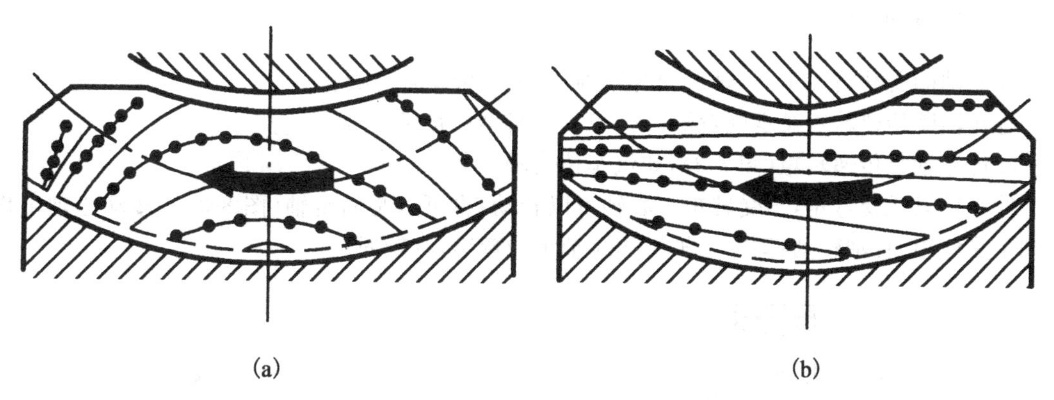

图 7-16 蜗杆与蜗轮啮合时的瞬时接触线

(a)圆弧圆柱蜗杆；(b)普通蜗杆

(3)在蜗杆齿强度不减弱的情况下，能够增大蜗轮的齿根厚度，使蜗轮齿的弯曲强度增大。

(4)由于齿面和齿根强度的提高，使承载能力增大。与普通圆柱蜗杆传动相比，在传递同样功率的情况下，体积小，重量轻，结构也较为紧凑。

(5)蜗杆与蜗轮相啮合时，蜗轮为正变位，啮合节线位于接近蜗杆齿顶的位置，啮合性能好。

此外，在加工和装配工艺方面也不复杂。因此，这种传动方式已逐渐广泛地应用到冶金、矿山、化工及起重运输等机械中。

第8章　轴的设计

8.1　概　述

8.1.1　轴的分类

按照轴的受载情况不同，轴可分为转轴、心轴和传动轴三类。

①转轴既传递转矩又承受弯矩(图8-1)，是机器中最常见轴。

②传动轴只传递转矩(图8-2)，如汽车传动轴。

③心轴只承受弯矩，不受转矩。心轴可以转动，也可以是固定轴(图8-3)。转动心轴工作时轴承受弯矩，且轴转动；固定心轴工作时轴承受弯矩，且轴固定。

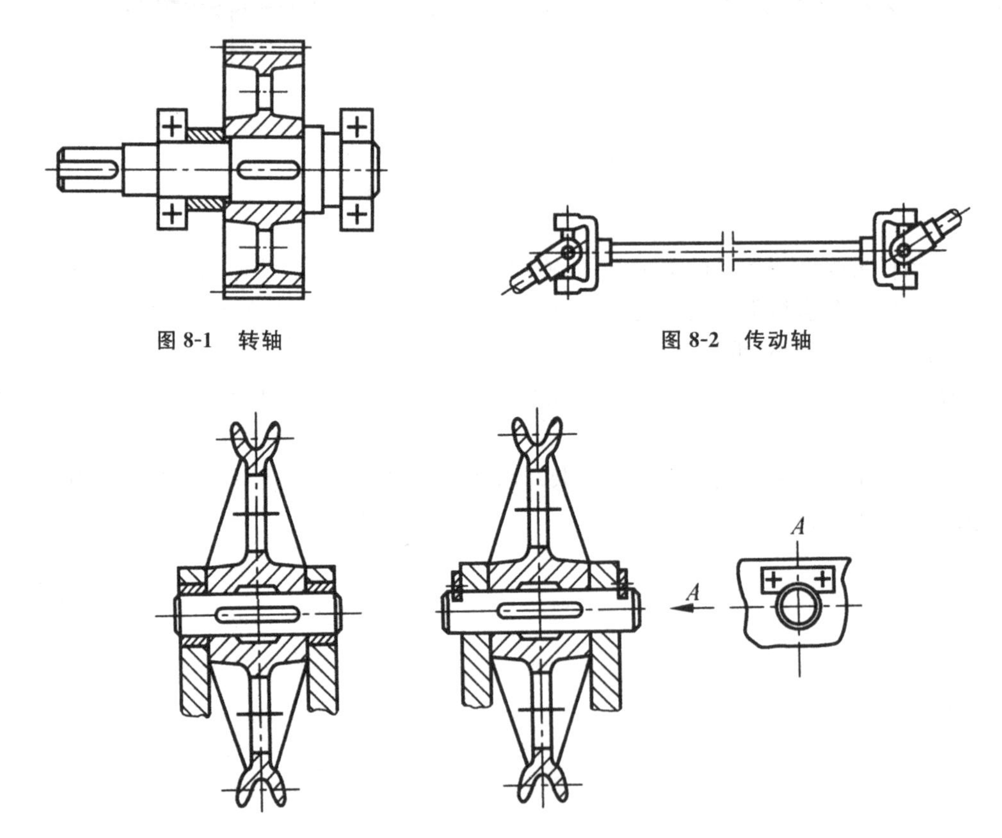

图8-1　转轴

图8-2　传动轴

图8-3　转动心轴和固定心轴

按照轴线几何形状的不同，轴又可分为曲轴、直轴和挠性轴。

①直轴为各轴段轴线为同一直线的轴，直轴又可分为光轴和阶梯轴两类(图8-4)。若根据其内部状况，分为实心和空心轴，直轴一般都是实心的，若根据机器结构要求在轴中安装其

他零件或减小轴的质量，也可做成空心的。空心轴内外径比值为 0.5～0.6，以保证轴的刚度及扭转稳定性。

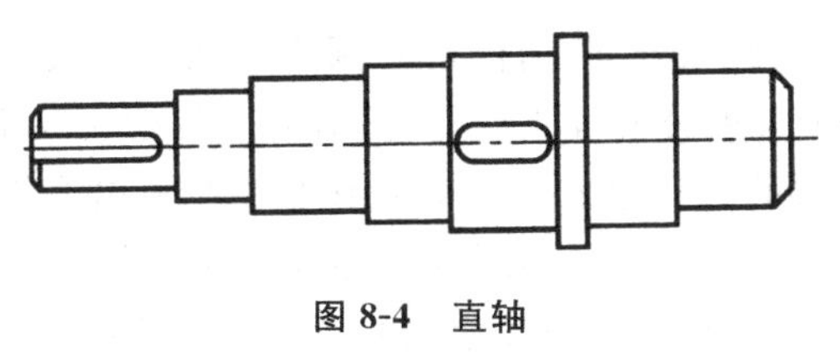

图 8-4　直轴

②曲轴为轴段轴线不在同一直线上的轴，主要用于有往复式运动的机械中，如用于汽油机和柴油机中，见图 8-5。

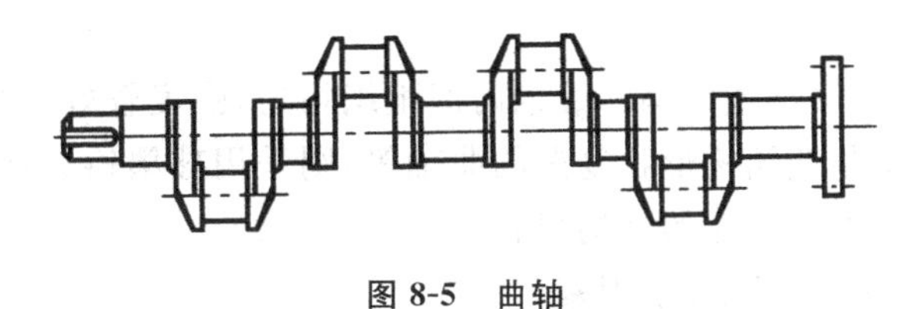

图 8-5　曲轴

③钢丝软轴（又称挠性轴）常用在农业机械中，它由几层紧贴在一起的钢丝卷绕而成，可将运动和转矩传递到空间任意位置，见图 8-6。

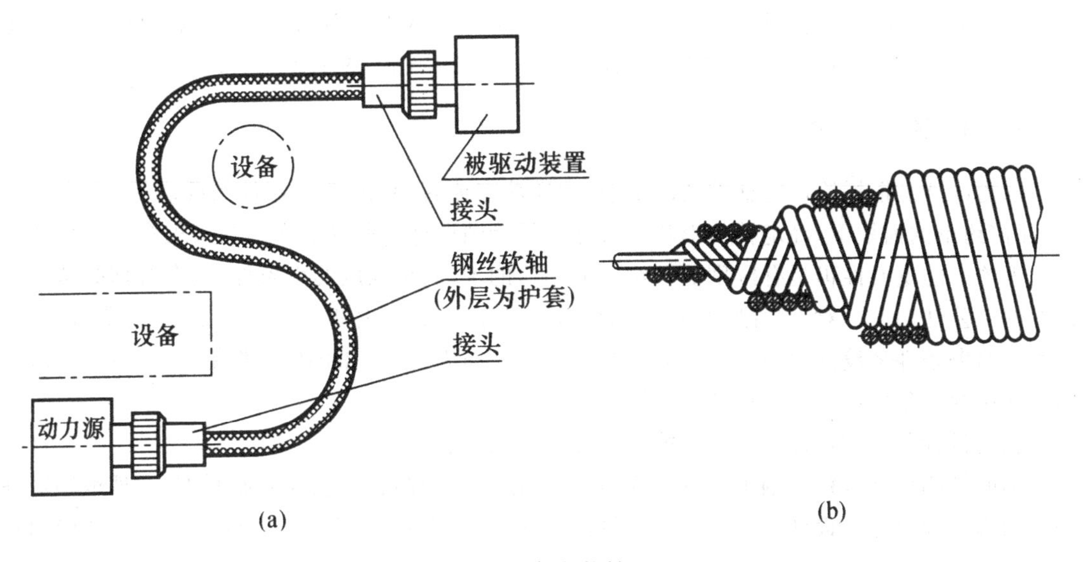

图 8-6　钢丝软轴

8.1.2　轴的材料及选择

轴的材料种类很多，常用材料是碳素钢和合金钢。

(1)碳素钢

该类材料比合金钢价格低廉，对应力集中的敏感性低，可通过热处理改善其综合性能，加工工艺性好，故应用最广。一般用途的轴，多用含碳量为 0.25%～0.5% 的中碳钢，尤其是 45

钢十分常用。对于不重要或受力较小的轴也可用 Q235A 等普通碳素钢。

(2)合金钢

对于用在高温、高速和重载条件下、结构紧凑、质量小等使用要求的轴,可选合金钢。该类材料具有比碳素钢更好的机械性能和淬火性能,但对应力集中比较敏感,且价格较贵,多用于对强度和耐磨性有特殊要求的轴。如 20Cr、20CrMnTi 等低碳合金钢,经渗碳处理后可提高耐磨性;20CrMoV、38CrMoAl 等合金钢,有良好的高温机械性能。

需要注意的是,由于常温下合金钢与碳素钢的弹性模量相差很小,因此想通过选用合金钢来提高轴的刚度是不可行的;合金钢对于应力集中敏感性较高,所以在结构设计时要减小其应力集中,降低表面粗糙度。

低碳钢和低碳合金钢经渗碳淬火,可提高其耐磨性,常用于韧性要求较高或转速较高的轴。

轴的毛坯多用轧制的圆钢或锻钢。锻钢内部组织均匀,强度较好,因此,重要的大尺寸的轴,常用锻造毛坯。对于制造结构形状复杂的曲轴等,则采用球墨铸铁和高强度铸铁,因其具有良好的工艺性,而易于得到所需的结构形状。

轴的材料选择时应主要考虑如下因素:

①轴的强度、刚度及耐磨性要求。

②轴的热处理方法及机加工工艺性的要求。

③轴的材料来源和经济性等。

一般来说,轴的常用材料为优质碳钢,35,45,50 正火或调质处理,对于一般的轴采取普通碳钢如 Q235,Q275,重要的轴采用合金钢 40Cr,35SiMn 调质,表面淬火处理。

8.1.3 轴的设计准则

轴的设计是根据给定的轴的功能要求(传递功率或转矩,所支持零件的要求等)和满足物理、几何约束的前提下,确定轴的形状和尺寸。尽管轴设计中所受的物理约束很多,但设计时,其物理约束的重要性仍是有区别的。对一般用途的轴,满足强度约束条件,具有合理的结构和良好的工艺性即可。对于静刚度要求高的轴,如机床主轴,工作时不允许有过大的变形,则应按刚度约束条件来设计轴的尺寸。对于高速或载荷作周期变化的轴,为避免发生共振,则需按临界转速约束条件进行轴的稳定性计算。

轴的设计包括结构设计和工作能力计算两方面内容:

轴的结构设计是根据轴上零件的安装、定位以及轴的制造工艺等方面要求,合理地确定轴的结构形式和尺寸。设计不合理会影响轴的工作能力和轴上零件的工作可靠性,还会增加轴的制造成本和轴上零件装配困难等。

轴的工作能力计算指轴的强度、刚度和振动稳定性等方面的计算。为了保证轴具有足够的承载能力,要根据轴的工作要求对轴进行强度计算,以防止轴的断裂和塑性变形。对刚度要求高和受力较大的细长轴,应进行刚度计算,以防止产生过大的弹性变形。对高速轴应进行振动稳定性计算,以防止产生共振。

由分类可知,转轴既受弯矩又受转矩,所以掌握了转轴的设计方法,也就掌握了心轴和传动轴的设计方法。在轴的设计过程中,结构设计和设计计算应交叉进行,边设计边修改,并无固定的步骤，要根据具体情况来定。一般可按如下步骤来设计：

①根据工作要求选择轴的材料和热处理方式。

②按扭转确定约束条件或同类机器类比，初步确定轴的最小直径。

③考虑轴上零件的定位和装配及轴的加工等条件，进行轴的结构设计，画出草图，确定轴的几何尺寸，得到轴的跨距和力的作用点。

④根据结构尺寸和工作要求，进行强度计算。

如不满足要求，则修改初定的最小轴径，重复③、④步骤，直到满足设计要求。

值得指出的是：轴结构设计的结果具有多样性。不同的工作要求、不同的轴上零件的装配方案以及轴的不同加工工艺等，都将得出不同的轴的结构形式。因此，设计时，必须对其结果进行综合评价，确定较优的方案。

8.2　轴的结构设计

8.2.1　轴上零件的轴向固定

零件安装在轴上，要有准确的定位。各轴段长度的确定，应尽可能使结构紧凑。对于不允许轴向滑动的零件，零件受力后不改变其准确的位置，即定位要准确，固定要可靠。与轮毂相配装的轴段长度，即轴头长度应略小于轮毂宽 2～3 mm。对轴向滑动的零件，轴上应留出相应的滑移距离。

轴上零件的轴向固定是以轴肩（轴环）、套筒、圆螺母、轴端挡圈和轴承端盖等来保证的。

（1）轴肩与轴环

轴肩分为定位轴肩和非定位轴肩两类（图 8-7），利用轴肩定位是最方便可靠的方法，但采用轴肩就必然会使轴的直径加大，而且轴肩处将因截面突变而引起应力集中。另外，轴肩过多时也不利于加工。因此，轴肩定位多用于轴向力较大的场合。定位轴肩的高度 h 一般取为 $h=(0.07\sim0.1)d$，d 为与零件相配处的轴径尺寸。为了使零件能靠紧轴肩而得到准确可靠的定位，轴肩处的过渡圆角半径 r 必须小于与之相配的零件毂孔端部的圆角半径 R 或倒角尺寸 C。非定位轴肩是为了加工和装配方便而设置的，其高度没有严格的规定，一般取 1～2 mm。

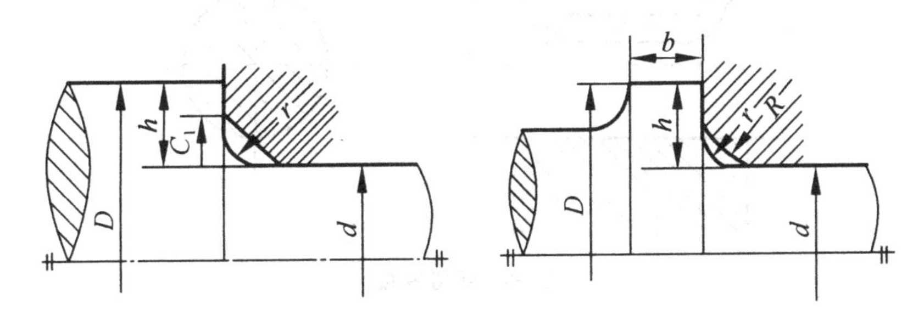

图 8-7　轴肩与轴环

（2）套筒

套筒固定结构简单，定位可靠，轴上不需开槽、钻孔和切制螺纹，因而不影响轴的疲劳强度，一般用于轴上两个零件之间的固定。如两零件的间距较大时，不宜采用套筒固定，以免增大套筒的质量及材料用量。因套筒与轴的配合较松，如轴的转速较高时，也不宜采用套筒固定。

(3)圆螺母

圆螺母固定可承受大的轴向力，但轴上螺纹处有较大的应力集中，会降低轴的疲劳强度，故一般用于固定轴端的零件，有双圆螺母和圆螺母与止动垫片(图 8-8)两种形式。当轴上两零件间距离较大不宜使用套筒固定时，也常采用圆螺母固定。

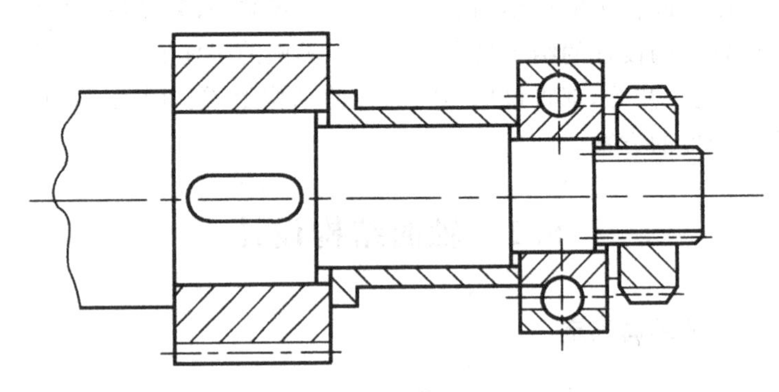

图 8-8　套筒及圆螺母

8.2.2　轴上零件的周向固定

轴上零件与轴的周向固定所形成的联接，通常称为轴毂联接，轴毂联接的形式多种多样，本节介绍常用的几种。

(1)平键联接

平键工作时，靠其两侧面传递转矩，键的上表面和轮毂槽底之间留有间隙。这种键定心性较好，装拆方便。但这种键不能实现轴上零件的轴向固定。如图 8-9 所示。

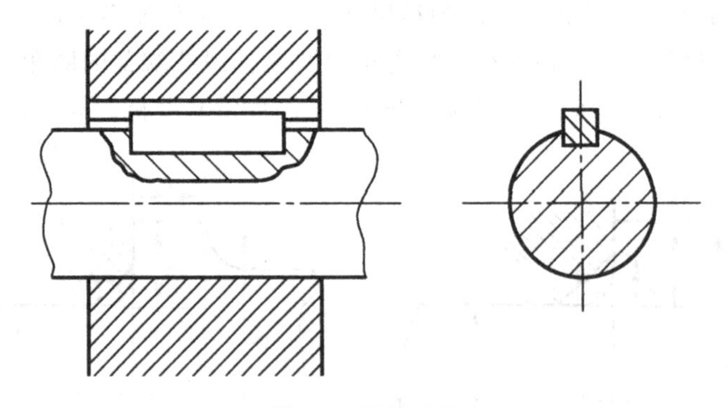

图 8-9　平键联接

(2)花键联接

花键联接的齿侧面为工作面，可用于静联接或动联接，如图 8-10 所示。它比平键联接有更高的承载能力，较好的定心性和导向性；对轴的削弱也较小，适用于载荷较大或变载及定心要求较高的静联接、动联接。

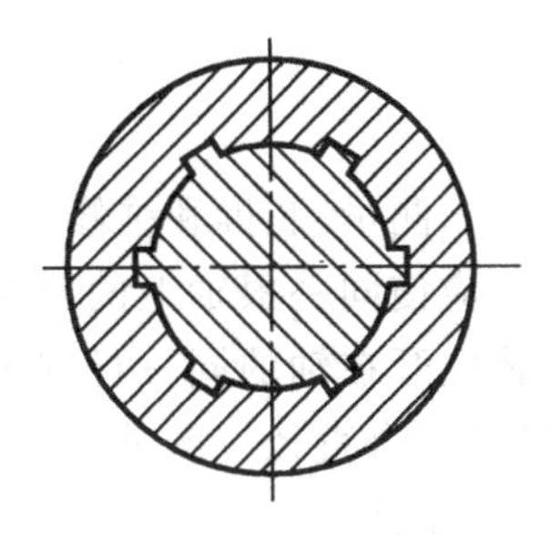

图8-10　花键联接

(3)成形联接

成形联接利用非圆剖面的轴和相应的轮毂构成的轴毂

联接,是无键联接的一种形式。轴和毂孔可做成柱形和锥形,前者可传递转矩,并可用于不在载荷作用下的轴向移动的动联接;后者除传递转矩外,还可承受单向轴向力。成形联接无应力集中源,定心性好,承载能力高。但加工比较复杂,特别是为了保证配合精度,最后一道工序多要在专用机床上进行磨削,故目前应用还不广泛。

(4)过盈联接

过盈联接是利用零件间的过盈量来实现联接的。轴和轮毂孔之间因过盈配合而相互压紧,在配合表面上产生正压力,工作时依靠此正压力产生的摩擦力(也称为固持力)来传递载荷。过盈联接既能实现周向固定传递转矩,又能实现轴向固定传递轴向力。其结构简单,定心性能好,承载能力大,受变载和冲击载荷的能力好。常用于某些齿轮、车轮、飞轮等的轴毂联接。其缺点是承载能力取决于过盈量的大小,对配合面加工精度要求较高,装拆也不方便。

过盈联接的配合表面常为圆柱面和圆锥面,如图8-11所示,前者的装配有压入法和温差法,当过盈量或尺寸较小时,一般用压入法装配,当过盈量或尺寸较大时,或对联接量要求较高时,常用温差法装配。后者的装配可通过螺纹联接和液压装拆法实现(图8-11(b)、(c))。螺纹压紧联接使配合面间产生相对的轴向位移和压紧,这种结构常用于轴端;液压装拆是用高压油泵将高压油通过油孔和油沟压入联接的配合面,使轮毂孔径胀大而轴径缩小,同时施加一定的轴向力使之相互压紧,当压至预定的位置时,排除高压油即可,这种装配对配合面的接触精度要求较高,需要高压油泵等专用设备。

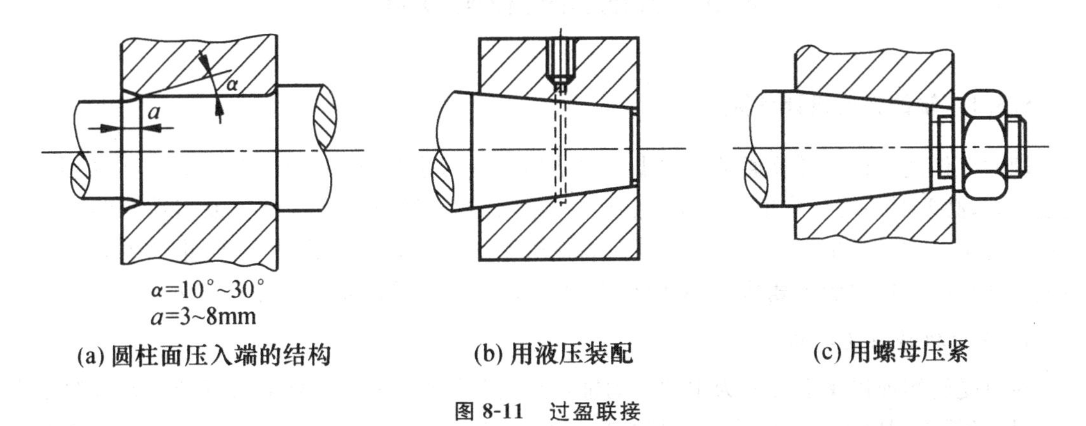

图8-11　过盈联接

8.2.3 保证轴的结构工艺性

设计轴时，要使轴的结构便于加工、测量、装拆和维修，力求减少劳动量，提高劳动生产率。为了便于加工，减小加工工具的种类，应使同一根轴上的圆角半径、键槽、越程槽、退刀槽的尺寸各自应相同。一根轴上的各个键槽应开在轴的同一母线上。当有几个花键轴段时，花键尺寸最好也应统一。为了便于装配，轴的配合直径应圆整为标准值，轴端应加工出倒角（一般为45°）；过盈配合零件轴端应加工出导向锥面。

8.2.4 各轴段直径和长度的确定

各轴段所需的直径与轴上载荷的大小有关。初步确定轴的直径时，通常还不知道支反力的作用点，不能决定弯矩的大小与分布情况，因而还不能按轴所受的具体载荷及其引起的应力来确定轴的直径。但在进行轴的结构设计前，通常已能求得轴所受的转矩。因此，可按轴所受的转矩初步估算轴所需的最小直径 d_{min}，然后再按轴上零件的装配方案和定位要求，从 d_{min} 处起逐一确定各段轴的直径。在实际设计中，轴的直径亦可凭设计者的经验取定，或参考同类机械用类比的方法确定。

有配合要求的轴段，应尽量采用标准直径。安装标准件（如滚动轴承、联轴器、密封圈等）部位的轴径，应取为相应的标准值及所选配合的公差。为了使齿轮、轴承等有配合要求的零件装拆方便，并减少配合表面的擦伤，在配合轴段前应采用较小的直径。为了使与轴作过盈配合的零件易于装配，相配轴段的压入端应制出锥度；或在同一轴段的两个部位上采用不同的尺寸公差。

确定各轴段长度时，应尽可能使结构紧凑，同时还要保证零件所需的装配或调整空间。轴的各段长度主要是根据各零件与轴配合部分的轴向尺寸和相邻零件间必要的空隙来确定的。为了保证轴向定位可靠，与齿轮和联轴器等零件相配合部分的轴段长度一般应比轮毂长度短2～3 mm。

轴的结构设计中，除了轴的直径有待强度或刚度计算确定外，其他如轴上零件布置和固定方法、支承点位置、装配工艺、制造方法等都必须在结构设计中有通盘的考虑。

8.3 轴的强度和刚度计算

8.3.1 轴的强度设计计算

轴的工作能力设计计算通常在初步完成结构设计后进行，根据轴的工作要求，进行强度、刚度计算，必要时还要校核轴的振动稳定性。强度计算可防止轴发生断裂或塑性变形。刚度计算可防止工作时产生较大弹性变形。对高速轴则进行振动稳定性计算，防止产生共振。轴的强度计算应根据轴的承载情况，采用相应的计算方法，常见的轴强度计算方法有如下几种。

1. 基于扭转强度计算

对只受转矩或以承受转矩为主的传动轴，应按扭转强度条件计算轴的直径。若有弯矩作用，可用降低许用应力的方法来考虑其影响。通常用这种方法初步估算轴径，对于不太重要的轴，也可作为最后计算结果。

轴的扭转强度约束条件为

$$\tau_T=\frac{T}{W_T}=\frac{9550\times10^3 P/n}{W_T}\leqslant[\tau_T] \tag{8-1}$$

式中 τ_T——轴危险截面的最大扭剪应力（MPa）；

T——轴所传递的转矩（N·mm）；

W_T——轴危险截面的抗扭截面模量（mm^3）；

P——轴所传递的功率（kW）；n 为轴的转速（r/min）；

$[\tau_T]$——为轴的许用扭剪应力（MPa）。

对实心圆轴，$W_T=\pi d^3/16\approx d^3/5$，以此代入式（8-1），可得扭转强度条件的设计式

$$d\geqslant\sqrt[3]{\frac{5}{[\tau_T]}\left(9550\times10^3\ \frac{P}{n}\right)}=C\sqrt[3]{\frac{P}{n}} \tag{8-2}$$

式中 C——由轴的材料和受载情况决定的系数。

当弯矩相对转矩很小时，C 值取较小值，$[\tau_T]$ 取较大值；反之，C 取较大值，$[\tau_T]$ 取较小值。

应用式（8-2）求出的 d 值，一般作为轴受转矩作用段最细处的直径，一般是轴端直径。若计算的轴段有键槽，则会削弱轴的强度，作为补偿，此时应将计算所得的直径适当增大，若该轴段同一剖面上有一个键槽，则将 d 增大 5%，若有两个键槽，则增大 10%。

此外，也可采用经验公式来估算轴的直径。如在一般减速器中，高速输入轴的直径可按与之相联的电机轴的直径 D 估算：$d=(0.8\sim1.2)D$；各级低速轴的轴径可按同级齿轮中心距 a 估算，$d=(0.3\sim0.4)a$。

2. 基于弯扭合成强度条件计算

对于同时承受弯矩和转矩的轴，可根据转矩和弯矩的合成强度进行计算。计算时，先根据结构设计所确定的轴的几何结构和轴上零件的位置，画出轴的受力简图，然后，绘制弯矩图、转矩图，按第三强度理论条件建立轴的弯扭合成强度约束条件

$$\sigma_{ca}=\frac{\sqrt{M^2+T^2}}{W}=\frac{M_{ca}}{W}\leqslant[\sigma] \tag{8-3}$$

考虑到弯矩 M 所产生的弯曲应力和转矩 T 所产生的扭剪应力的性质不同，对上式中的转矩 T 乘以折合系数 α，则强度约束条件一般公式为

$$\sigma_{ca}=\frac{\sqrt{M^2+(\alpha T)^2}}{W}=\frac{M_{ca}}{W}\leqslant[\sigma_{-1}]_b \tag{8-4}$$

式中 M_{ca}——当量弯矩；

α——根据转矩性质而定的折合系数；转矩不变时，$\alpha=[\sigma_{-1}]_b/[\sigma_{+1}]_b\approx0.3$；转矩按脉动循环变化时，$\alpha=[\sigma_{-1}]_b/[\sigma_0]_b\approx0.6$；转矩按对称循环变化时，$\alpha=[\sigma_{-1}]_b/[\sigma_{-1}]_b\approx1$。若转矩的变化规律不清楚，一般也按脉动循环处理。$[\sigma_{-1}]_b$、$[\sigma_0]_b$、$[\sigma_{+1}]_b$ 分别为对称循环、脉动循环及静应力状态下的许用应力。

W——轴的抗弯截面模量（mm^3）。

对实心轴，式（8-4）也可写为

$$d \geqslant \sqrt[3]{\frac{M_{cn}}{0.1[\sigma_{-1}]_b}} \tag{8-5}$$

若计算的剖面有键槽，则应将计算所得的轴径 d 增大，方法同扭转强度计算。

3. 基于疲劳强度的安全系数校核计算

按当量弯矩计算轴的强度中没有考虑轴的应力集中、轴径尺寸和表面品质等因素对轴的疲劳强度的影响，因此，对于重要的轴，还需要进行轴危险截面处的疲劳安全系数的精确计算，评定轴的安全裕度。即建立轴在危险截面的安全系数的约束条件。

安全系数的约束条件为

$$S=\frac{S_\sigma S_\tau}{\sqrt{S_\sigma^2+S_\tau^2}} \geqslant [S] \tag{8-6}$$

$$S_\sigma=\frac{k_{N\sigma-1b}}{\frac{k_\sigma}{\beta\varepsilon_\sigma}\sigma_a+\psi_\sigma\sigma_m} \tag{8-7}$$

$$S_\tau=\frac{k_{N\tau-1b}}{\frac{k_\tau}{\beta\varepsilon_\tau}\tau_a+\psi_\tau\tau_m} \tag{8-8}$$

式中S——计算安全系数；

$[S]$——为最小许用安全系数；

S_σ、S_τ——受弯矩和转矩作用时的安全系数；

σ_{-1}、τ_{-1}——对称循环应力时材料试件的弯曲和扭转疲劳极限；

k_σ、k_τ——弯曲和扭转时的有效应力集中系数；

k_N——寿命系数；

ε_σ、ε_τ——弯曲和扭转时的绝对尺寸系数；

β——弯曲和扭转时的表面状态系数；

ψ_σ、ψ_τ——弯曲和扭转时平均应力折合应力幅的等效系数；

σ_a、τ_a——弯曲和扭转的应力幅；

σ_m、τ_m——弯曲和扭转平均应力。

当式(8-6)不能满足时，则说明轴的疲劳强度不足，需采取相应措施予以改进。如改进轴的结构以降低应力集中；采用热处理、表面强化处理等工艺措施提高强度；加大轴的直径；或改用较好材料等。

4. 基于静强度的安全系数计算

对于应力循环严重不对称或短时过载严重的轴，在尖峰载荷作用下，可能产生塑性变形，为了防止在疲劳破坏前发生大的塑性变形，还应按尖峰载荷校核轴的静强度安全系数。其约束条件为

$$S_0=\frac{S_{0\sigma}S_{0\tau}}{\sqrt{S_{0\sigma}^2+S_{0\tau}^2}} \geqslant [S_0] \tag{8-9}$$

$$S_{0\sigma}=\frac{\sigma_S}{\sigma_{max}} \tag{8-10}$$

$$S_{0\tau}=\frac{\tau_S}{\tau_{max}} \tag{8-11}$$

式中S_0——静强度计算安全系数；

$S_{0\sigma}$、$S_{0\tau}$——受弯矩和转矩作用时的静强度安全系数；

$[S_0]$——静强度最小许用安全系数；

σ_S、τ_S 为材料抗弯、抗扭屈服极限；

σ_{max}、τ_{max}——为尖峰载荷所产生的最大弯曲、扭剪应力。

结论：根据校核，齿轮中心截面足够安全，其他截面尚需作进一步分析与校核。此外，安全系数较大时，对轴全面分析后应考虑有无可能减小轴直径。对于重要的轴，所有可能出现危险的截面都要校核。轴上有过盈配合零件的还应考虑过盈配合对应力集中的影响，不能忽略。

8.3.2　轴的刚度计算

轴在弯矩和转矩的作用下会产生弹性变形，包括弯曲变形和扭转变形，变形严重时，将使轴和轴上的零件不能正常工作，影响机器的工作性能。如安装齿轮的轴，若弯曲变形过大，会使轮齿上的载荷沿齿宽分布不均，引起偏载；机床主轴变形过大，会降低被加工零件的制造精度。因此，对刚度要求较高的轴，为防止工作中出现过大的弹性变形，需要进行刚度计算。

轴的刚度计算有弯曲刚度和扭转刚度两种，弯曲刚度用轴的挠度 y 或偏转角 θ 来表示，扭转刚度用轴的扭转角 φ 来表示。刚度计算就是计算轴在工作载荷下的变形量，并要求其在允许的范围内，使其满足下列刚度条件：

$$y\leqslant[y],\theta\leqslant[\theta],\varphi\leqslant[\varphi] \tag{8-12}$$

式中y，$[y]$——轴的挠度和许用挠度(mm)；

θ，$[\theta]$分别为轴的偏转角和许用偏转角(rad)；

φ，$[\varphi]$分别为轴的扭转角和许用扭转角(°/m)。

按材料力学中的公式计算，相应的许用值则根据机器的要求确定。

1. 弯曲刚度计算

进行轴的弯曲刚度计算时，须计算轴的弯曲变形。由于轴承间隙、箱体刚度、配合在轴上零件的刚度以及轴的局部削弱等都要影响到轴的刚度，所以精确计算轴的弯曲变形很复杂。机械设计中通常按材料力学的方法计算挠度和偏转角，常用的有当量轴径法和能量法。

(1)当量轴径法

当量轴径法适用于轴的各段直径相差较小且需作近似计算的场合。它是通过将阶梯轴转化为当量等径光轴后求其弯曲变形。当量轴径 d_v 可用下面公式求出

$$d_v=\frac{\sum d_i l_i}{l} \tag{8-13}$$

式中l——支点间距离；

l_i、d_i——轴上第 i 段的长度和直径。

(2)能量法

能量法适用于阶梯轴弯曲刚度较精确的计算。它是通过对轴受外力作用后所引起的变形能的分析,并应用材料力学的方法分析轴的变形。

2. 扭转刚度计算

轴受转矩作用时,其扭角 $\phi=Tl/(GI_p)\leqslant[\phi]$,由此可得单位轴长的扭角为

$$\frac{\phi}{l}=\frac{T}{GI_p}\leqslant[\phi] \tag{8-14}$$

式中l——轴受转矩作用的长度;

I_p——轴截面的极惯性矩;

G——轴材料的切变模量。

扭角 ϕ 的单位是 rad,每米轴长的许可扭角$[\phi]$单位是 rad/m。

对于钢制实心轴,代入 $T=9.55\times10^6 P/n$ (N·mm),$I_p=\pi d^4/32(\text{mm}^4)$,每米轴长许可扭角为$[\phi°]$,$G=81000$ MPa,则上式可化成

$$d\geqslant\sqrt[4]{\frac{9.55\times10^6\times1000}{8.1\times10^4\times\frac{\pi}{32}\times\frac{[\phi°]}{57.3}}}\sqrt[4]{\frac{P}{n}}=A\sqrt[4]{\frac{P}{n}} \tag{8-15}$$

8.3.3 轴的临界转速

大多数机器中的轴虽然不受周期性外载荷的作用,但由于零件的材质分布不均匀,以及制造、安装误差等原因,将导致零件的质心与回转轴线之间偏移一段距离,因而回转时将产生离心力,使轴受到周期性载荷的干扰作用。若周期性载荷引起的强迫振动频率与轴的固有频率相同或接近时,轴将产生显著的振动,这种现象称为轴的共振,产生共振时轴的转速称为临界转速(记为 n_c)。如果轴的转速停滞在临界转速附近,则轴的弹性变形将迅速增大,以至于轴或轴上零件乃至整个机器遭到破坏。因此,对于转速极高的轴或受周期性外载荷作用的轴,必须进行临界转速计算,使轴的工作转速避开临界转速。

轴的临界转速可以有多个,最低的一个称为一阶临界转速,其余为二阶、三阶临界转速等,分别记为 $n_{c1},n_{c2},n_{c3},\cdots$。工作转速低于一阶临界转速的轴称为刚性轴,超过一阶临界转速的轴称为挠性轴。

对于刚性轴应使轴的工作转速 $n<0.85n_{c1}$;对于挠性轴应使 $1.15n_{c1}<n<0.85n_{c2}$ 有些情况下,还需要计算高阶的临界转速。

8.3.4 提高轴强度的常用措施

1. 合理布置轴上零件以减小轴的载荷

为了减小轴所承受的弯矩,传动件应尽量靠近轴承,并尽可能不采用悬臂的支承形式,力求缩短支承跨距及悬臂长度等。图 8-12 中(a)方案较(b)方案优,可减少轴的弯矩,使载荷分布更趋合理。

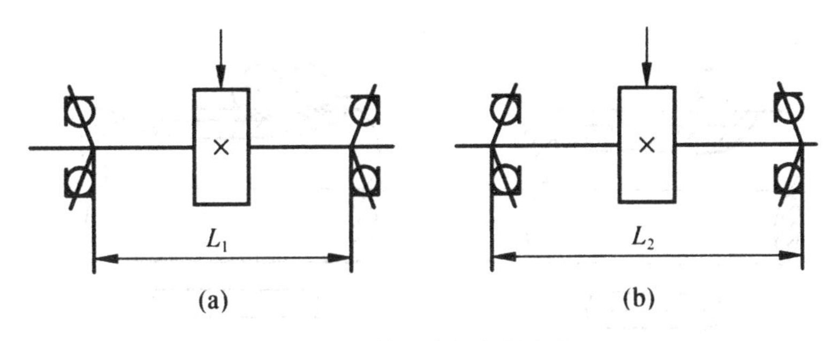

图 8-12　轴承弯矩布置方案

当转矩由一个传动件输入，再由几个传动件输出时，为了减小轴上扭矩，应将输入件放在中间，而不要置于一端。图 8-13 中，输入扭矩为 $T_1=T_2+T_3+T_4$，按图 8-13(a)布置时，轴所受的最大扭矩为 $T_2+T_3+T_4$ 若改为图 8-13(b)布置时，轴所受的最大扭矩减小为 T_3+T_4。

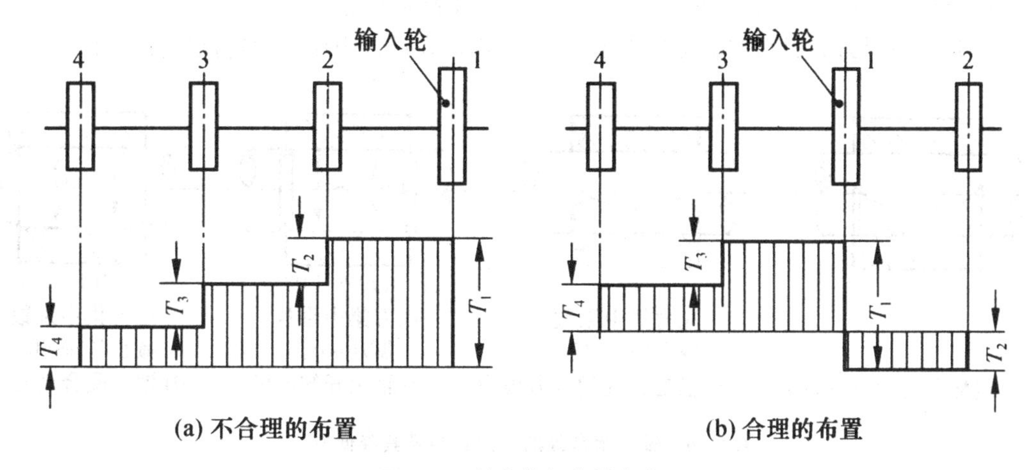

图 8-13　轴上转矩布置方案

2. 改进轴的结构以减小应力集中的影响

轴通常是在变应力条件下工作的，轴的截面尺寸发生突变处要产生应力集中，轴的疲劳破坏往往在此发生。为了提高轴的疲劳强度，应尽量减少应力集中源和降低应力集中程度。为此轴肩处应采用较大的过渡圆角半径 r 来降低应力集中。但对定位轴肩，还必须保证零件得到可靠的定位。当靠轴肩定位的零件的圆角半径很小时，为了增大轴肩处的圆角半径，可采用内凹圆角或加装隔离环，如图 8-14 所示。

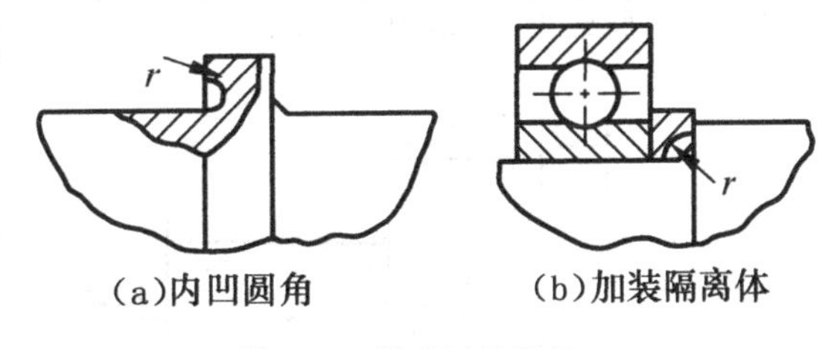

图 8-14　轴肩过渡结构

用盘状铣刀加工的键槽比用键槽铣刀加工的键槽在过渡处对轴的截面削弱较为平缓(图 8-15)，因而应力集中较小；渐开线花键比矩形花键在齿根处的应力集中小，在轴的结构设计时应予以考虑；由于切制螺纹处的应力集中较大，故应尽量避免在轴上受载较大的区段切制螺纹。

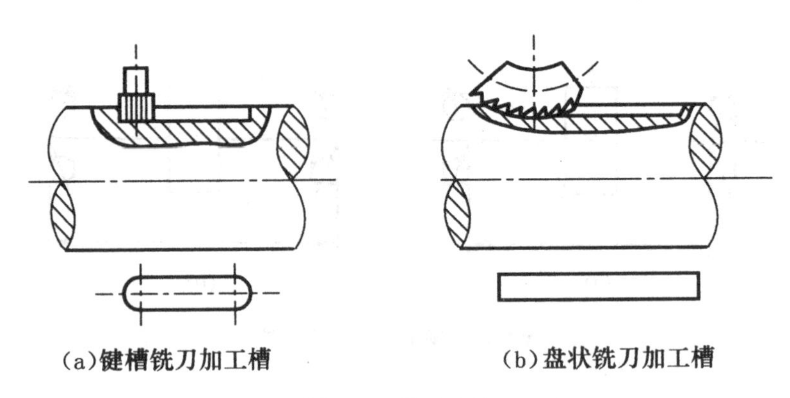

(a)键槽铣刀加工槽　　(b)盘状铣刀加工槽

图 8-15　平键连接

当轴与轮毂为过盈配合时,配合边缘处会产生较大的应力集中(图 8-16(a))。为了减小应力集中,可在轮毂上或轴上开卸载槽(图 8-16(b)、(c));或者加大配合部分的直径(图 8-16(d))。由于配合的过盈量越大,引起的应力集中也越严重,因而在设计中应合理选择零件与轴的配合。

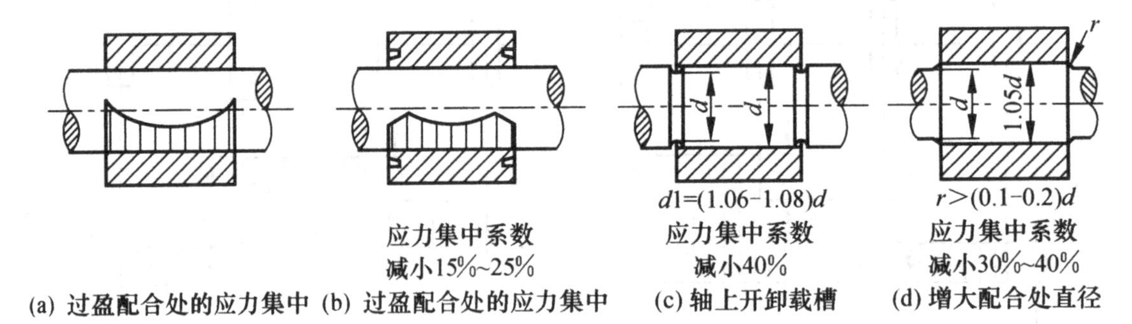

(a) 过盈配合处的应力集中　(b) 过盈配合处的应力集中　(c) 轴上开卸载槽　(d) 增大配合处直径

图 8-16　轴毂配合处的应力集中及其降低方法

3. 改进轴上零件的结构以减小轴的载荷

通过改进轴上零件的结构也可减小轴上的载荷。图 8-17(a)中所示卷筒轴工作时,既受弯矩又受转矩作用;当卷筒的安装结构改为图 8-17(b)时,卷筒轴则只受弯矩作用,且轴向结构更紧凑,因此改变了轴的应力状态。

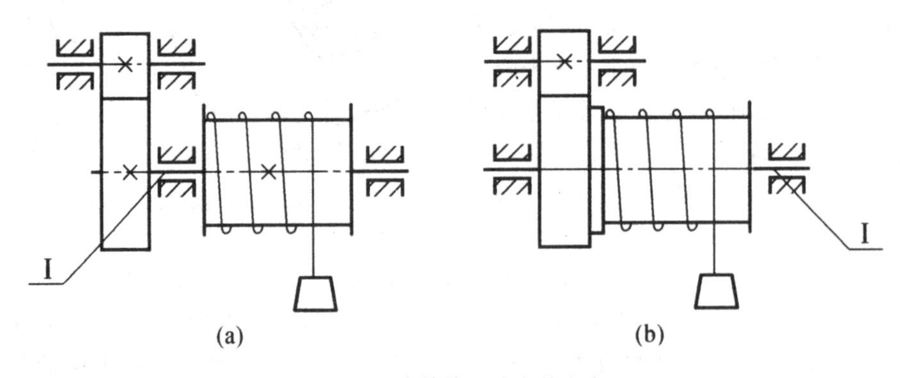

图 8-17　卷筒的两种安装方案

4. 改进轴的表面质量以提高轴的疲劳强度

轴的表面粗糙度和表面强化处理方法也会对轴的疲劳强度产生影响。轴的表面越粗糙，疲劳强度也越低。因此，应合理减小轴的表面及圆角处的加工粗糙度值。当采用对应力集中甚为敏感的高强度材料制作轴时，表面质量尤应予以注意。

表面强化处理的方法有：表面高频淬火等热处理；表面渗碳、氰化、氮化等化学热处理；碾压、喷丸等强化处理。通过碾压、喷丸进行表面强化处理时可使轴的表层产生预压应力，从而提高轴的抗疲劳能力。

8.4　轴的设计举例

对于轴的设计步骤，以下通过两则例题加以说明。

例 8-1　设计带式运输机减速器的输出轴。已知该轴传递功率 $P=13$ kW，转速 $n=250$ r/min，齿轮齿宽 $B=100$ mm，齿数 $z=40$，模数 $m_n=5$ mm，螺旋角 $\beta=9°22'$，$\alpha_n=20°$，$h_a^*=1$，轴端用联轴器联接，本例不考虑联轴器由于制造和安装误差产生的附加圆周力，结构见图 8-18。

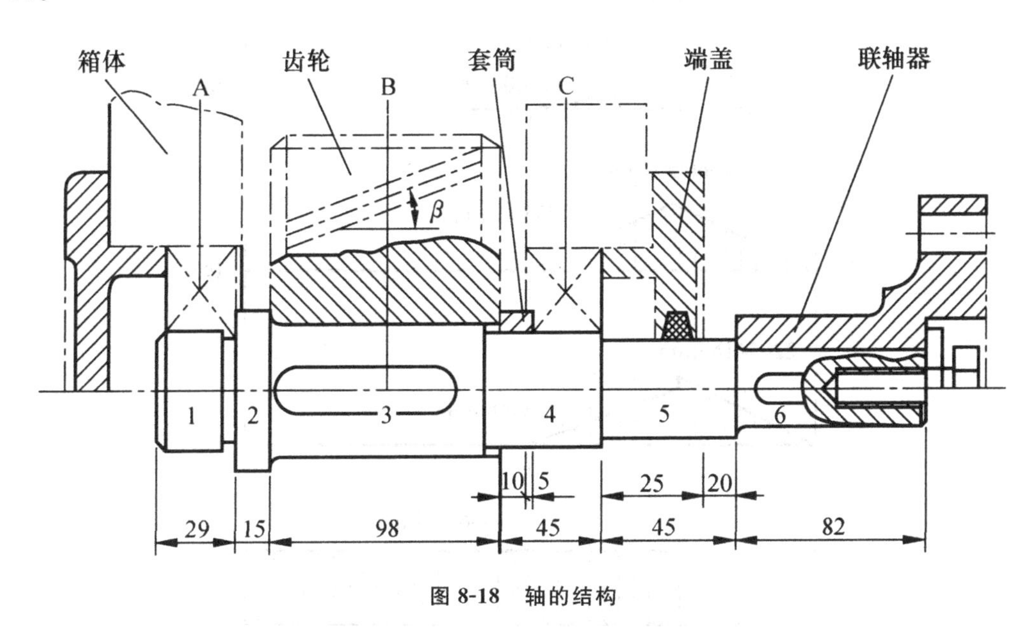

图 8-18　轴的结构

解　说明：对于零件作用于轴上的分布载荷或转矩(因轴上零件如齿轮、联轴器等均有宽度)可当作集中力作用于轴上零件的宽度中点。对于支反力的位置，随轴承类型和布置方式不同而异，应从滚动轴承样本手册中查取确定轴承载荷中心的 a 值。对于跨距较大时可近似认为支反力位于轴承宽度的中点，本例题取在中心附近，跨接长度为齿轮中心距到轴承中心距离，如图 8-19(a)所示，取 $AB=BC=80$。

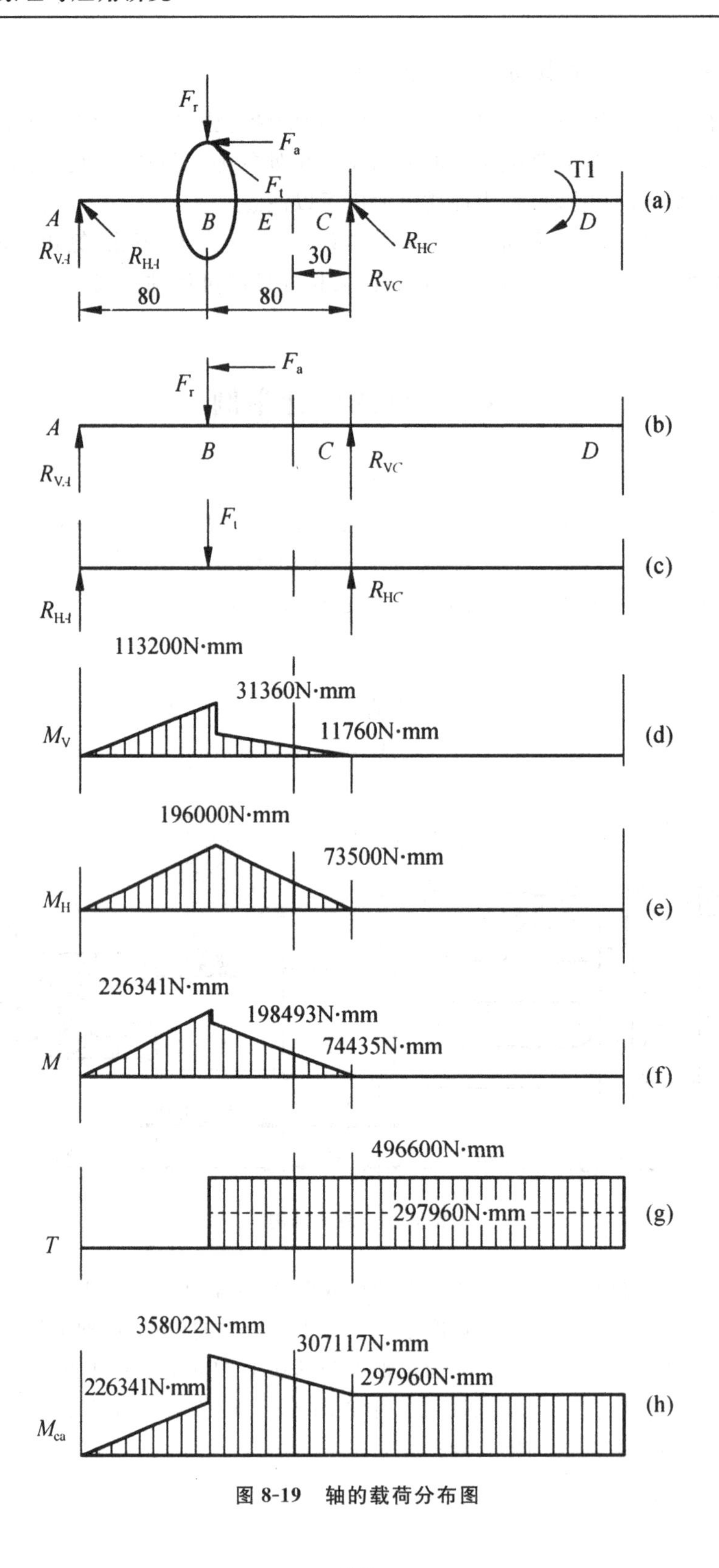

图 8-19　轴的载荷分布图

一般而言，轴的强度是否满足要求只需对危险截面进行校核即可，而轴的危险截面多发生在当量弯矩最大或当量弯矩较大且轴的直径较小处。根据轴的结构尺寸和当量弯矩图可知，齿轮中间截面处弯矩最大(B点位置)，且有齿轮配合与键槽引起的应力集中，截面尺寸也非最大，属于危险截面；距离B点30 mm处的轴段3和4联接处，即E点位置处，当量弯矩不大但轴径较小，有轴承配合引起的应力集中，也属于危险截面。而对于其他截面受纯转矩作用，但由于轴最小直径是按扭转强度较为宽裕地确定的，故强度肯定满足，无须校核弯扭合成强度，本例题选B和E处校核。

第 9 章 滑动轴承设计

9.1 概 述

回转运动的轴需要有元件对其支承，轴承就是这种能对作回转运动的轴进行支承的部件。此外，轴承还可以对装在轴上并相对轴进行回转运动的零部件进行支承。

轴承的种类很多，但按照摩擦性质，在目前工业应用中最为常见的有两种。一种是以滑动摩擦方式工作的滑动轴承，另一种是以滚动摩擦方式工作的滚动轴承。根据承受的载荷方向，这两种轴承又可以分为径向轴承（轴承上产生的反作用力与轴线方向垂直）和推力轴承（轴承上产生的反作用力与轴线方向一致）。再进一步细分，滑动轴承在工作过程中摩擦面有两种摩擦状态。一种情况下，摩擦面间能够形成液体油膜，将两表面完全隔开，处于完全的液体润滑状态，称为液体润滑滑动轴承。液体润滑滑动轴承又分为液体动压润滑滑动轴承（靠两表面间的收敛形间隙和足够的相对运动，将润滑液体带入摩擦面间隙中，形成足以抵抗外部载荷的动压油膜）和液体静压润滑滑动轴承（由外部输入的压力油建立压力油膜，使两摩擦表面分开）两种。另一种情况下，滑动轴承的两摩擦表面间无法形成完全的油膜，称为非液体润滑滑动轴承，这时的摩擦面一般处于边界摩擦或混合摩擦状态。

本章主要讨论液体滑动轴承的设计问题，重点讨论径向滑动轴承，包括：滑动轴承的结构形式设计、滑动轴承的轴瓦和轴承衬材料的选择、滑动轴承的结构参数确定方法、滑动轴承的润滑方式选择和润滑剂选择方法、滑动轴承的工作能力及有关性能参数计算方法。

9.2 滑动轴承的结构形式

9.2.1 径向滑动轴承的基本结构

径向滑动轴承的结构一般有整体式和剖分式两种。如图 9-1(a)所示为整体式径向滑动轴承的结构。主要由轴承座、轴套、油孔、油杯螺纹孔构成。轴承座通过螺栓与机座联接，顶部的螺纹孔用于安装油杯，轴承孔通过压入方式安装减摩材料制作的轴套，轴套上开有用于输送润滑油的油孔，轴套内表面上开有油沟以均布润滑油。整体式滑动轴承的优点是结构简单，常应用于低速、轻载条件下工作的轴承和不重要的机械设备或手动机构中。主要缺点是磨损后间隙过大时无法调整，轴径只能从轴承端部轴向安装与拆卸，很不方便，也无法用于中间轴颈上。

如图 9-1(b)所示为剖分式滑动轴承结构，一般由轴承座、轴承盖、剖分式轴瓦、轴承盖螺柱等组成。在轴瓦的内表面上常贴附一层轴承衬，起到改善性能和节省贵重金属的作用。不重要的轴承也可以不用轴瓦，轴承与机架之间采用螺栓联接，轴瓦内表面上不承受载荷部分开设油沟，润滑油通过进油孔和油沟进入轴承间隙。轴瓦的剖分面最好与载荷方向近于垂直，多数轴承的剖分面是水平的，也有倾斜的，轴承座的剖分面做成阶梯形，以便安装定位和防止工作中错动。

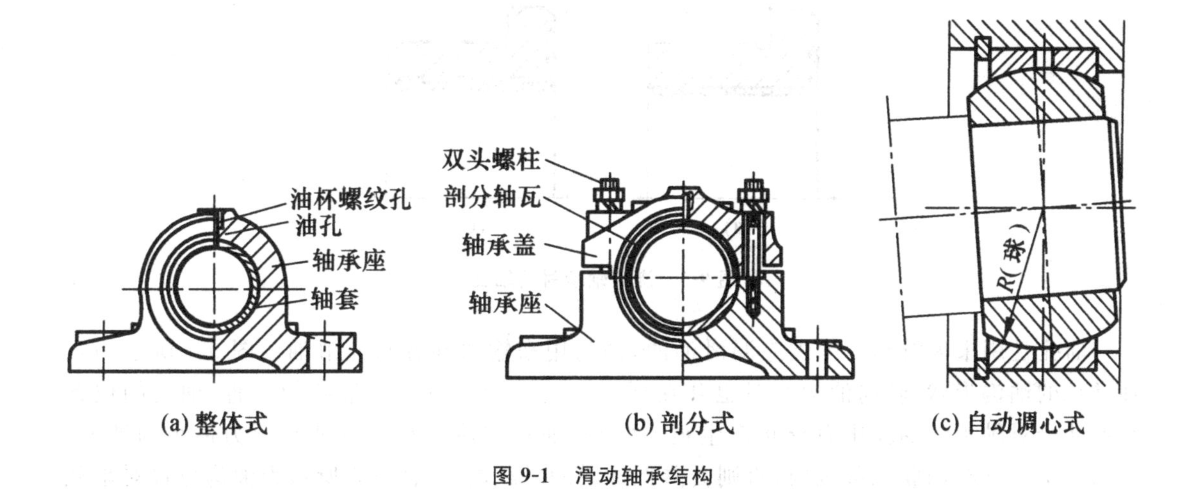

图 9-1　滑动轴承结构

如图 9-1(c)所示为自动调心滑动轴承，其特点是轴瓦外表面做成球形面，与轴承座的球状内表面相配合，轴瓦可以自动调位以适应轴颈在轴弯曲或偏斜时所产生的偏移。这种轴承一般用于轴承的宽径比较大的情形，所谓宽径比是指轴承的宽度 B 与轴承的直径 d 之比，宽径比越大，由于轴径偏移所产生的干涉作用会越强，对于 $B/d>1.5$ 的轴承，应该考虑采用自动调心滑动轴承。

9.2.2　轴瓦、轴承衬、油孔、油沟和油室

轴瓦分为整体式和剖分式两种，如图 9-2 所示。为了改善轴瓦表面的摩擦性质，常在其内表面上浇铸一层或两层减摩材料(图 9-3)，通常称为轴承衬，所以轴瓦又有双金属轴瓦和三金属轴瓦。轴承衬的厚度一般随轴承直径的增大而增大。

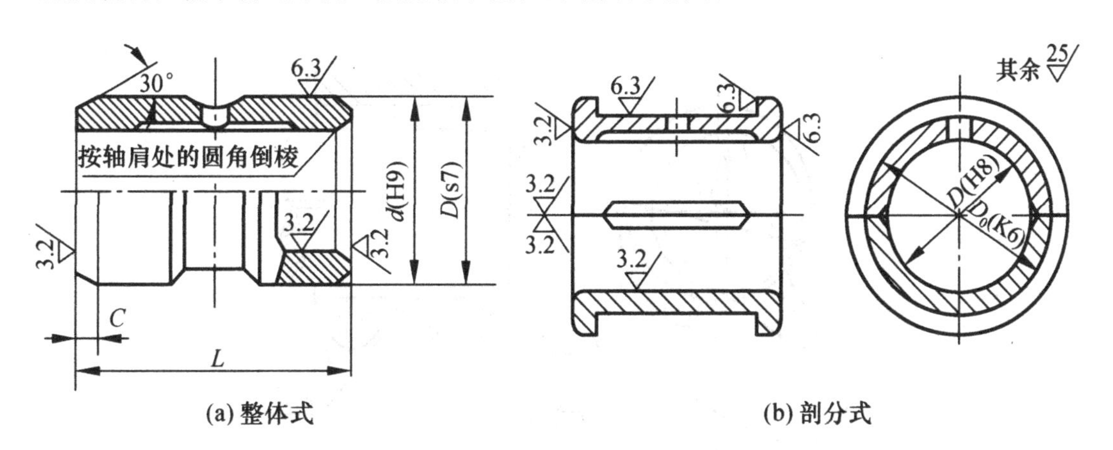

图 9-2　整体式和剖分式轴瓦结构

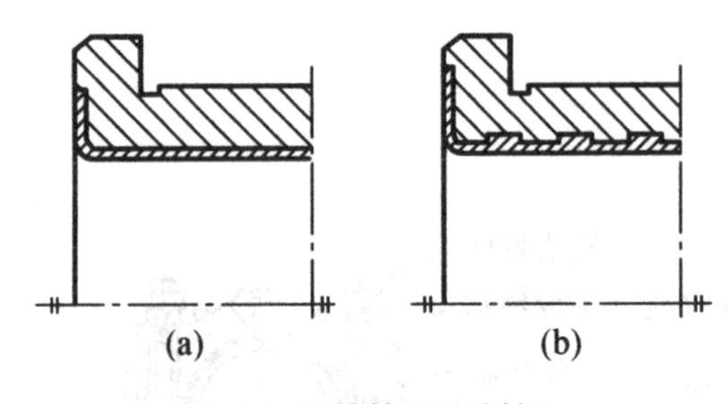

图 9-3 浇铸轴承衬的轴瓦

油孔是用来为滑动轴承供应润滑油的，油沟用来输送和分布润滑油。图 9-4 所示为几种常见的油沟形状，轴向油沟有时也开在剖分面上(图 9-2(b))。油孔的位置、油沟的位置和形状会对轴承的油膜压力分布产生很大影响，油孔应该开在润滑油膜压力最小的地方，油沟也不应开在油膜承载区内，否则会降低油膜的承载能力，图 9-5 所示为油沟位置对承载能力的影响。轴向油沟应较轴承宽度稍短，以免润滑油从油沟端部流失过大。图 9-6 为油室结构，油室的主要作用是使润滑油沿轴承宽度方向均匀分布，并同时起储存润滑油和稳定供油的作用。

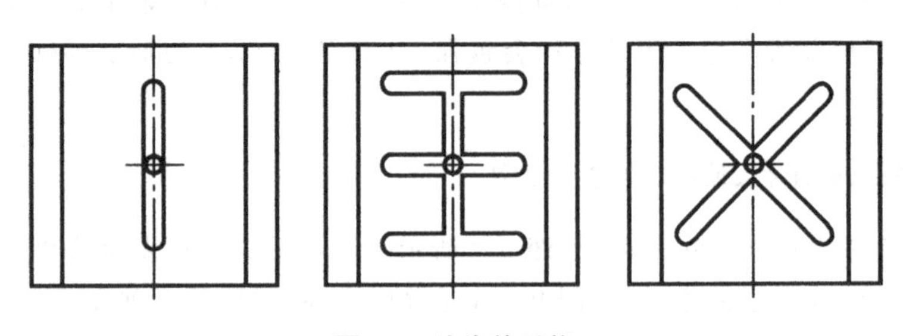

图 9-4 油沟的形状

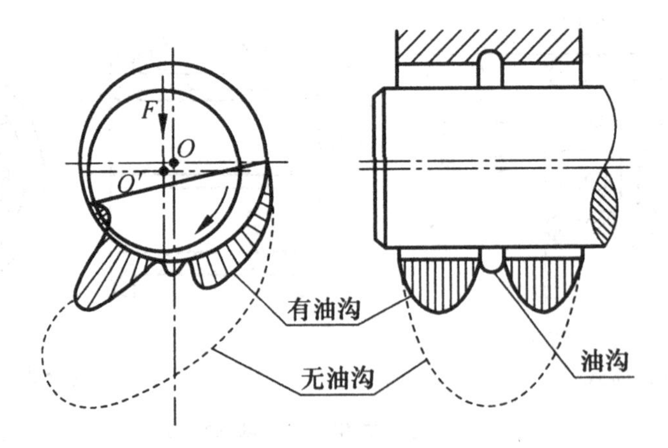

图 9-5 油沟位置对承载能力的影响

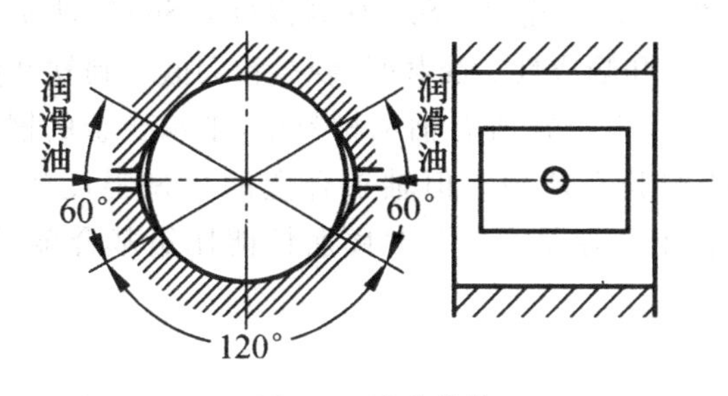

图 9-6　油室结构

关于轴瓦、轴承衬、油孔、油沟以及油室的结构尺寸和标准应根据有关手册进行确定。

9.3　轴瓦结构和轴承材料

9.3.1　轴瓦的失效形式及对材料的要求

轴瓦的常见失效形式包括：过度磨损、由于强度不足而产生的疲劳破坏、由于工艺原因而出现的轴承衬脱落。根据这些失效形式，对轴瓦材料提出以下性能要求：

①轴瓦材料要有足够的疲劳强度，使其在变载荷作用下有足够的抵抗疲劳破坏的能力。

②轴瓦材料要有足够的抗压强度和抗冲击强度，使其在要求的载荷下不发生过度的塑性变形、能够承受较大的冲击载荷。

③轴瓦材料应具有良好的减摩性和耐磨性，使得滑动过程摩擦系数小、磨损率低。

④轴瓦材料应具有良好的抗胶合性，以防止在温度升高、油膜破裂时造成胶合失效。

⑤轴瓦材料应具有良好的顺应性和嵌藏性，所谓顺应性就是轴承材料补偿对中误差和顺应其他几何误差的能力，弹性模量低、塑性好的材料，顺应性也好。嵌藏性是指轴承材料嵌藏污物和外来微颗粒防止刮伤和磨损的能力，顺应性好的材料，一般嵌藏性也好，非金属材料则相反，如碳—石墨，弹性模量低，顺应性好，但嵌藏性不好。

⑥轴瓦材料应具有良好的润滑油吸附能力，使得易于形成强度较高的边界润滑膜。

⑦轴瓦材料应具有良好的导热性，具有良好的经济性和加工性能。

在现实中很难找到能同时满足上述所有要求的轴瓦材料，因此，在设计中要根据具体条件，综合考虑选择能够最大限度满足实际要求的轴承材料。

9.3.2　常用轴承材料及其性质

常用的轴承材料分为三类：

①金属材料，包括轴承合金、青铜、铝基合金、锌基合金、减磨铸铁等。

②多孔质金属材料(粉末冶金材料)。

③非金属材料，包括塑料、橡胶、硬木等。

(1)轴承合金

所谓轴承合金是指由锡(Sn)、铅(Pb)、锑(Sb)、铜(Cu)组成的合金，又称为白合金或巴氏合金，它是以锡或铅作基体，悬浮锑锡（Sb-Sn）及铜锡（Cu-Sn）的硬质晶粒，硬晶粒起耐磨作用，软基体则增加材料的塑性和顺应性。受载时，硬晶粒会嵌入到软基体中，增加了承载面积。它的弹性模量和弹性极限都很低。在所有轴承材料中，轴承合金的嵌藏性和顺应性最好，具有良好的磨合性和卓越的抗胶合能力。但轴承合金的机械强度较低，通常将它贴附在软钢、铸铁或青铜制作的轴瓦上。锡基合金的热膨胀性能比铅基合金要好，价格也较贵，适用于高速轴承。

（2）轴承青铜

轴承青铜广泛用于一般轴承，常用的有铸锡锌铅青铜和铸锡磷青铜，铸锡锌铅青铜具有很好的疲劳强度，铸锡磷青铜具有很好的减摩性，它们的耐磨性和机械强度都很好，适用于重载轴承。铜铅合金具有优良的抗胶合性能，在高温状态下能够析出铅，在铜基上形成一层薄的润滑膜，起到良好的润滑作用。此外，黄铜也是一种常用的轴承材料，铸造黄铜用于滑动速度不高的轴承，综合性能不如轴承合金和青铜。

（3）多孔质金属材料

多孔质金属材料实际上就是粉末冶金材料，用不同的金属粉末混合、压制、烧结而成的具有多孔结构的轴承材料，孔隙率可达10％～30％，轴瓦浸入热油中以后，孔隙中充满润滑油，又称为含油轴承。工作时由于轴旋转时产生的抽吸作用、热膨胀作用，油从孔隙中回渗到轴承摩擦表面，起到润滑作用，因此具有自润滑作用。常用的含油轴承材料有铁—石墨和青铜—石墨两种。

（4）轴承塑料

目前使用的轴承塑料主要是以布为基体和以木为基体的塑料，可以用水或油润滑，具有摩擦系数小、较高强度和耐冲击性能、良好的耐磨性和跑合性、优越的嵌藏性，但导热性差，吸水和吸油后体积会有所膨胀，受载后有冷流现象，尺寸不稳定。

9.4 滑动轴承的润滑

9.4.1 滑动轴承润滑油选用原则

对于动压润滑的滑动轴承，黏度是最为重要的指标，也是选择轴承用润滑油的主要依据。所谓选择润滑油，实际上就是选择不同黏度值的润滑油。在具体选择过程中，应考虑轴承压力、滑动速度、摩擦表面状况、润滑方式等条件。对于液体动力润滑的滑动轴承，其润滑油的选择一般应遵守如下原则：

①滑动速度高，容易形成油膜，为了减少摩擦功耗，应采用黏度较低的润滑油。

②压力大或有冲击、变载荷等工作条件下，应选用黏度较高的润滑油。

③对加工面粗糙或未经跑合的滑动轴承，应选用黏度较高的润滑油。

④当采用循环润滑，芯捻润滑或油垫润滑时，应选用黏度较低的润滑油；飞溅润滑应选用高品质、能防止由于与空气接触以及剧烈搅拌而发生的氧化。

⑤低温工作的滑动轴承应选择凝点低的润滑油。

对于液体动力润滑的滑动轴承，其使用的润滑油黏度可以通过计算和参考同类轴承使用润滑油的情况进行黏度的确定，也可以通过对同一台机器和相同的工作条件下，对不同的润滑油进行试验，选择功耗小而温升又较低的润滑油。

9.4.2 滑动轴承润滑脂选用原则

对于轴颈速度小于 2 m/s 的滑动轴承，一般很难形成液体动压润滑，可以采用脂润滑。润滑脂的稠度大，不易流失，承载能力也较大，但物理和化学性质没有润滑油稳定，摩擦功耗大，不宜在温度变化大或高速下使用。选用原则为：

①在潮湿环境或与水、水汽接触的工作部位，应选用耐水性好的润滑脂。

②在低温或高温下工作的部位，所选用的润滑脂应满足其允许使用温度范围要求。最高工作温度应至少比滴点低 20℃。

③受载较大（压强 p＞5 MPa）的部位，应选择锥入度小的润滑脂，低速重载的部位，最好选用含有极压添加剂的润滑脂。

④在相对滑动速度较高的部位，应选用锥入度大、机械安定性好的润滑脂。

9.4.3 滑动轴承的润滑方式

所谓润滑方式是指向滑动轴承提供润滑油的方法，轴承的润滑状态与润滑油的提供方法有很大的关系。润滑脂为半固体性质，决定了它的供给方法与润滑油不同，润滑方式不同，使用的润滑装置也不一样。

1. 油润滑

向滑动轴承摩擦表面添加润滑油的方法可分为间歇式和连续式两种。间歇式润滑是每隔一定时间用注油枪或油壶向润滑部位加注润滑剂。常用的间歇式和连续式润滑供油装置如图 9-7 和图 9-8 所示。

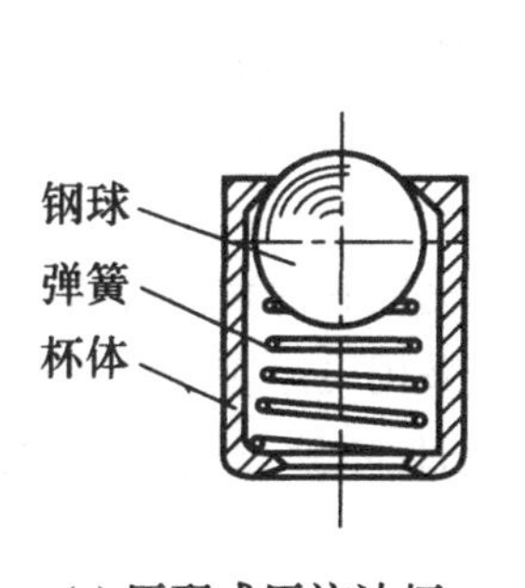

(a) 压配式压注油杯

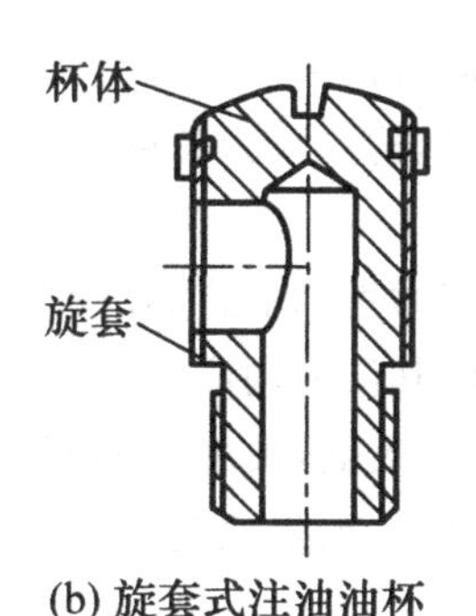

(b) 旋套式注油油杯

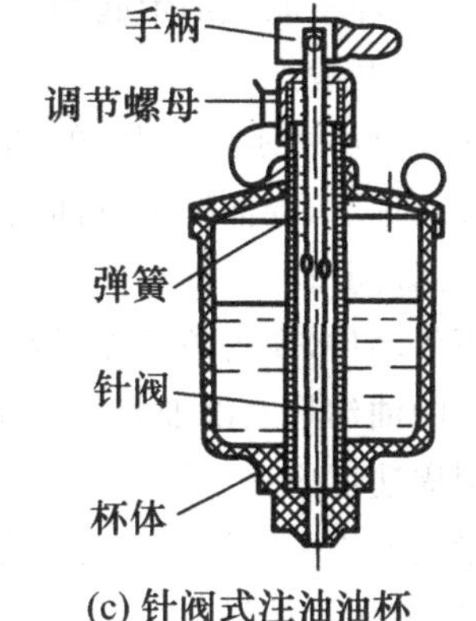

(c) 针阀式注油油杯

图 9-7 间歇式供油装置

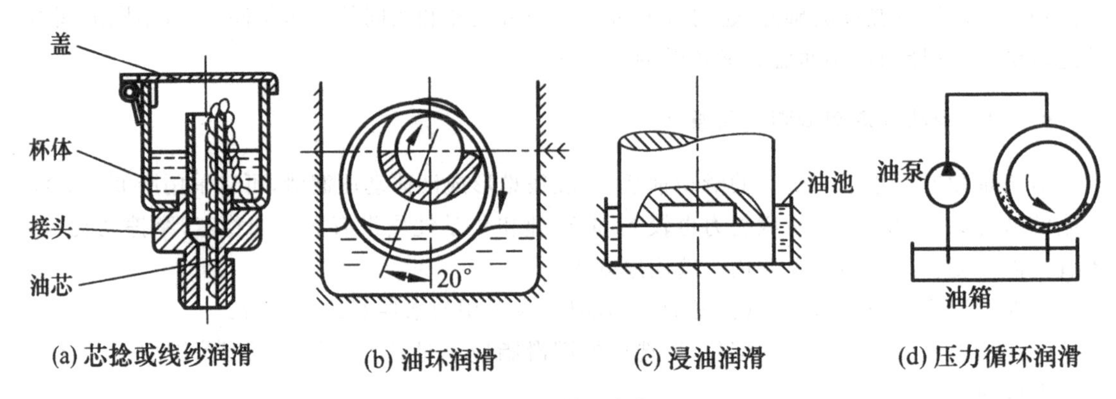

图 9-8　供油方式

对于连续供油润滑方式，主要可分成如下几种：

(1)滴油润滑

图 9-7(c)和图 9-8(a)分别是针阀油杯和油芯滴油式油杯，都是可以作成连续滴油润滑装置。对于针阀式油杯，扳起手柄可将针阀提起，润滑油经杯的下端的小孔滴入润滑部位，不需要润滑时，放下手柄，针阀在弹簧力作用下向下移动将漏油孔堵住。对于油芯式油杯，利用油芯的毛细管作用，将润滑油滴入润滑的部位。这两种润滑方式只用于润滑油量不需要太大的场合。

(2)油环润滑

图 9-8(b)所示，轴颈上套有油环，油环下垂浸到油池中，轴颈回转时把润滑油带到轴颈上，实现供油。这种装置只能用于水平而连续运转的轴颈，供油量与轴的转速、油环的截面形状和尺寸、润滑油黏度等有关。适用的转速范围为 60～100 r/min$<n<$1500～2000 r/min。速度过低，油环不能把油带起来；速度过高，油环上的润滑油会被甩掉。

(3)浸油润滑

如图 9-8(c)所示，将润滑的轴承面直接浸入润滑油池中，不需另加润滑装置，轴颈便可将润滑油带入轴承，浸油润滑供油充分，结构也较为简单，散热良好，但搅油损失大。

(4)飞溅润滑

利用传动件，如齿轮或专供润滑用的甩油盘将润滑油甩起并飞溅到需要润滑的部位，或通过壳体上的油沟将润滑油收集起来，使其沿油沟流入润滑部位。采用飞溅润滑时，浸入油中的零件的圆周速度应在 2～13 m/s。速度太低，被甩起的润滑油量过少，速度太大时，润滑油产生的大量泡沫不利于润滑且易产生润滑油的氧化变质。

(5)压力循环润滑

如图 9-8(d)所示。当润滑油的需要量很大，采用前几种润滑方式满足不了润滑的要求时，必须采用压力循环供油。利用油泵供给具有足够压力和流量的润滑油，施行强制润滑。这种润滑方式一般用在高速重载轴承中。压力供油不仅可以加大供油量，而且还可以把摩擦产生的热量带走，维持轴承的热平衡，但增加了一个供油系统，增加了成本和系统的复杂性。

2. 脂润滑

润滑脂润滑一般只能采用间歇供应的方式。图9-9所示为黄油杯，是最为广泛使用的脂润滑装置。润滑脂储存在杯体内，杯盖用螺纹与杯体联接，旋拧杯盖可将润滑脂压送到轴承孔内。有时也使用黄油枪向轴承补充润滑脂。润滑脂也可以集中供应。

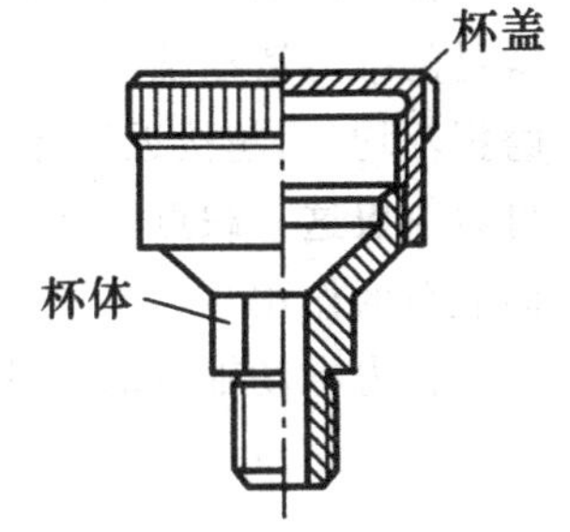

图9-9 旋盖式黄油杯

3. 滑动轴承润滑方式确定依据

滑动轴承的润滑方式一般可以根据类比或经验的方法进行确定，也可以通过对系数是的计算进行确定

$$k=\sqrt{qv^3} \tag{9-1}$$

式中p——滑动轴承的平均压强，(MPa)；

v——滑动轴承的轴颈的线速度(m/s)。

当$k\leqslant 2$时，用润滑脂，油杯润滑；当$k=2\sim 16$时，采用针阀注油油杯润滑；当$k=16\sim 32$时，采用油环或飞溅润滑；当$k>32$时，采用压力循环润滑。

9.5 非液体摩擦滑动轴承的设计计算

9.5.1 径向滑动轴承的条件性计算

(1)限制滑动轴承的平均压强p

为了使滑动轴承不产生过度磨损，应对轴承的平均压强进行计算，使其满足条件

$$p=\frac{F}{dB}\leqslant[p] \tag{9-2}$$

式中F——轴承径向载荷(N)；

d、B——轴颈直径和有效宽度(mm)；

$[p]$——许用压强(MPa)。

对上式进行变换可以进行尺寸计算。对于低速或间歇转动的滑动轴承只需进行压强校核。

(2)限制滑动轴承的pv值

对于速度较高的滑动轴承，常需限制pv值。v是轴颈的圆周速度，轴承的发热量与其单位面积上的摩擦功耗μpv成正比，摩擦系数μ近似为常数，故限制摩擦温升实际上就是应该限制滑动轴承的pv值。计算表达式为

$$pv\approx\frac{Fn}{20000B}\leqslant[pv] \tag{9-3}$$

(3)限制滑动轴承的轴颈线速度v

有些情况下，压强p较小，可能p和pv都在许用范围内，但也可能由于滑动速度过高而加速磨损，这就要求对轴承轴颈线速度进行限制，满足条件

$$v=\frac{\pi dn}{60\times 1000}\leqslant[v] \tag{9-4}$$

9.5.2 推力滑动轴承的条件性计算

推力滑动轴承的条件性计算方法与径向滑动轴承十分相似，主要是对 p、p_v 进行限制。常见的推力滑动轴承止推面的形状见图 9-10。实心端面推力轴颈由于跑合时中心与边缘的磨损不均匀，越接近边缘的部分磨损越快，会导致中心部分的压强极高。空心轴颈和环状轴颈可以克服这一缺点。载荷很大时可以采用多环轴颈，多环轴颈的推力滑动轴承还可以承受双向载荷的作用。

推力滑动轴承的条件性计算方法为

$$P=\frac{F}{\frac{\pi}{4}(d^2-d_0^2)z}\leqslant[p] \tag{9-5}$$

$$pv=\frac{Fn}{30000(d-d_0)z}\leqslant[pv] \tag{9-6}$$

式中 F——轴向载荷(N)；

v——推力轴颈平均直径处的圆周速度(m/s)；

n——轴的转速(r/min)；

d_0、d——轴的内外直径(mm)；

z——轴环数。

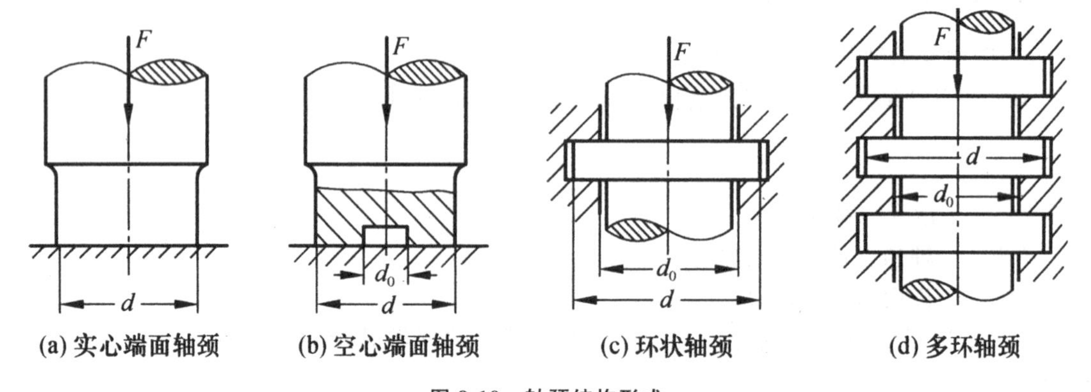

图 9-10 轴颈结构形式

9.6 液体动力润滑径向滑动轴承设计计算

9.6.1 液体动压形成原理

如图 9-11 所示为直角坐标系内两块互相倾斜平板间流体的流动，其中下板静止，上板以速度 v 沿 x 方向滑动。描述流体动压润滑的雷诺方程可以通过对该模型的分析而建立起来。

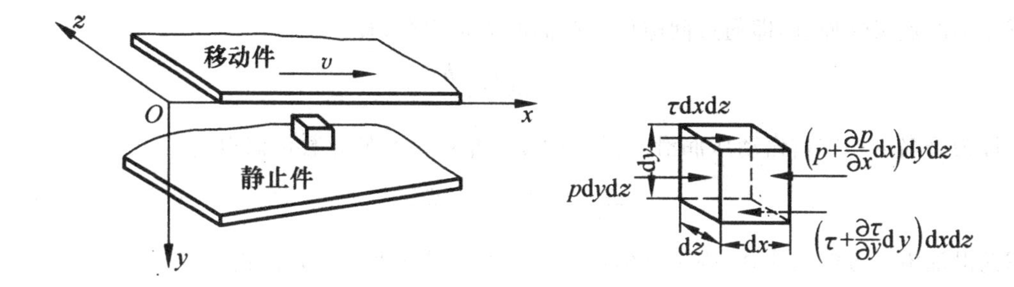

图 9-11 间隙中的流动

(1)基本假设

①两板间的流体只作层流运动;②两板间流体为牛顿流体;③润滑油不可压缩;④不计压力对润滑油黏度的影响;⑤润滑油沿 z 向(宽度方向)没有流动;⑥润滑油与板表面之间没有滑动;⑦不计润滑油的惯性力和重力的影响。

(2)基本方程的建立

在两板之间取微元体 $dxdydz$(图 9-11)进行分析,作用在微元体左右两侧的压力为 p 和 $\left(p+\frac{\partial p}{\partial x}dx\right)$,作用在微元体上下两面的切应力为 τ 和 $\left(\tau+\frac{\partial \tau}{\partial x}dy\right)$。根据 x 方向力系的平衡,得到

$$p\mathrm{d}y\mathrm{d}z-\left(p+\frac{\partial p}{\partial x}\mathrm{d}x\right)\mathrm{d}y\mathrm{d}z+\tau\mathrm{d}x\mathrm{d}z-\left(\tau+\frac{\partial \tau}{\partial x}\mathrm{d}y\right)\mathrm{d}x\mathrm{d}z=0$$

整理后得到

$$\frac{\partial p}{\partial x}=-\frac{\partial \tau}{\partial x}$$

将 $\tau=-\eta\frac{\partial u}{\partial y}$代入上式,得到

$$\frac{\partial p}{\partial x}=\eta\frac{\partial^2 u}{\partial y^2}$$

对上式进行积分

$$u=\frac{1}{2\eta}\frac{\partial p}{\partial x}y^2+C_1y+C_2$$

引入边界条件:当 $y=0$ 时,$u=v$;当 $y=h$(油膜厚度)时,$u=0$。可将上式中的积分常数求出,得到一个新的速度表达式

$$u=\frac{v}{h}(h-y)+\frac{1}{2\eta}\frac{\partial p}{\partial x}(y-h)y$$

根据该速度表达式,就可以求出沿 z 方向单位宽度的流量

$$q_x=\int_0^h u\mathrm{d}y=\frac{v}{2}h-\frac{1}{2\eta}\frac{\partial p}{\partial x}h^3$$

设油压最大处的间隙为死,在这一截面上$\frac{\partial p}{\partial x}=0$,同时有

$$q_x=\frac{1}{2}vh_0$$

根据流动的连续性原理，即通过间隙任一截面的流量相等，有

$$\frac{\partial p}{\partial x}=6\eta v\frac{h-h_0}{h^3} \tag{9-7}$$

上式即为著名的一维雷诺动压润滑方程，经整理，并对 x 取偏导数可以得到

$$\frac{\partial}{\partial x}\left(\frac{h^3}{\eta}\frac{\partial p}{\partial x}\right)=6v\frac{\partial h}{\partial x} \tag{9-8}$$

考虑润滑油沿 z 方向的流动，则可以延伸建立二维雷诺动力润滑方程式

$$\frac{\partial}{\partial x}\left(\frac{h^3}{\eta}\frac{\partial p}{\partial x}\right)+\frac{\partial}{\partial z}\left(\frac{h^3}{\eta}\frac{\partial p}{\partial z}\right)=6v\frac{\partial h}{\partial x} \tag{9-9}$$

(3)动压形成机理

根据一维雷诺方程(9-7)可以看出，油膜承载能力的建立需要满足以下条件：①润滑油要有一定的黏度。黏度越大，承载能力也越大；②要有相当大的相对滑动速度，在一定范围内，油膜的承载能力与滑动速度成正比；③相对滑动面之间必须形成收敛形的间隙(油楔)；要有足够的供油量。

结合雷诺方程，可以用图 9-12(a)说明油压形成过程，在油膜厚度 h_0 的左面 $h>h_0$，此时 $\frac{\partial p}{\partial x}>0$，即油压随 x 的增大而增大；在油膜厚度 h_0 的右边 $h<h_0$，此时$\frac{\partial p}{\partial x}<0$，即油压随 x 的增加而减少。这一现象表明，油膜必须呈收敛形油楔，才能使油楔内各处的油压都大于入口和出口处的压力，产生正压力以支承外载荷。

如果两相对滑动的表面相互平行，如图 9-12(b)，这时所有截面上的油膜厚度均相同 $h=h_0$，导致所有点上$\frac{\partial p}{\partial x}=0$，这表明平行油膜各处油压总是等于入口和出口的压力，因此不能产生高于外面压力的油压，无法承受载荷。

如果两滑动表面呈扩散楔形，移动件将带着润滑油从小口走向大口，油压必将低于出口和人口处的压力，不仅不能产生油压支承外部载荷，而且会产生使两表面相吸的力。

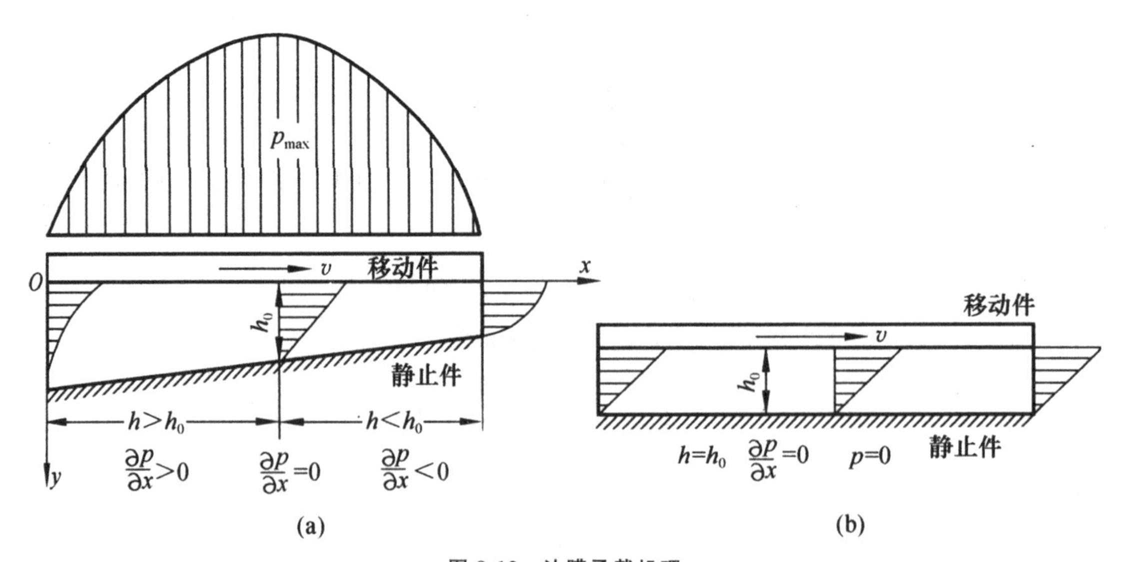

图 9-12　油膜承载机理

9.6.2　径向滑动轴承油膜建立过程

液体动力润滑滑动轴承从静止、启动到稳定工作的过程可用图 9-13 进行表述。滑动轴承液体动力润滑油膜的建立过程分为三个阶段：①轴的启动阶段（图 9-13(a)）；②不稳定润滑阶段，这时轴颈沿轴承内壁上爬，不时与轴瓦内壁发生接触摩擦（图 9-13(b)）；③液体动力润滑运行阶段（图 9-13(c)），这时的轴颈转速已经足够高，带入到油楔中的润滑油能产生足以支承外载荷的油压，将轴颈稳定在一个固定的空间位置。

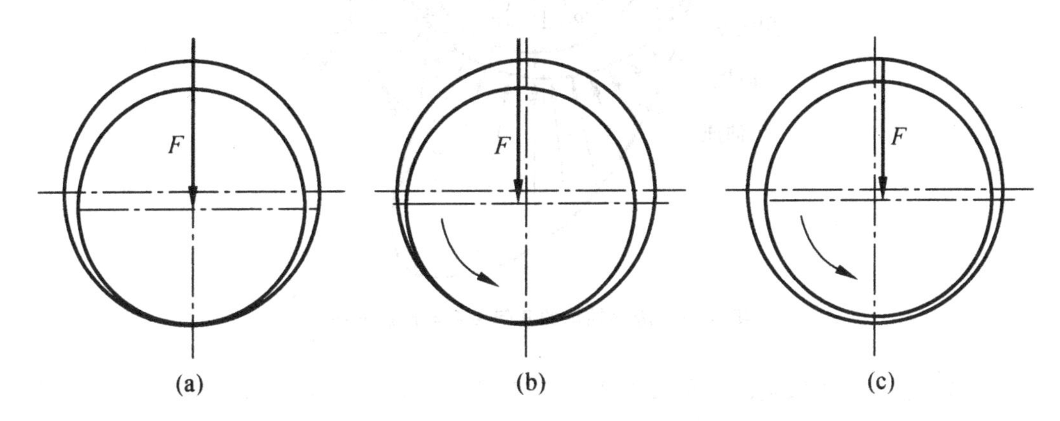

图 9-13　径向滑动轴承油膜建立过程示意图

9.6.3　径向滑动轴承承载能力计算

如图 9-14 所示为滑动轴承几何关系与油压分布示意图。令 R、r 分别为轴承孔和轴颈的半径，两者之差为半径间隙，用 δ 表示，$\delta=R-r$，半径间隙与轴颈半径之比为相对间隙，用 ψ 表示，$\psi=\frac{\delta}{r}$。轴颈中心 O' 偏离轴承孔中心。的距离 e 称为偏心距，轴颈的偏心程度用偏心率 ε 表示，$\varepsilon=\frac{e}{\delta}$。轴颈以角速度 ω 旋转，β 为轴承包角，是轴瓦连续包围轴颈所对应的角度；$\alpha_1+\alpha_2$ 为承载油膜角，它只占轴承包角的一部分；θ 为偏位角，是轴承中心 O 与轴颈中心 O' 的连线与载荷作用线之间的夹角；ϕ 为从 OO' 连线起至任意油膜处的油膜角，ϕ_1 为油膜起始角，ϕ_2 为油膜终止角，最小油膜厚度 h_{min} 和最大轴承间隙都位于 OO' 连线的延长线上。在 $\phi=\phi_0$ 处，油膜压力为最大，这时油膜的厚度为 $h_0=\delta(1+\varepsilon\cos\phi_0)$。

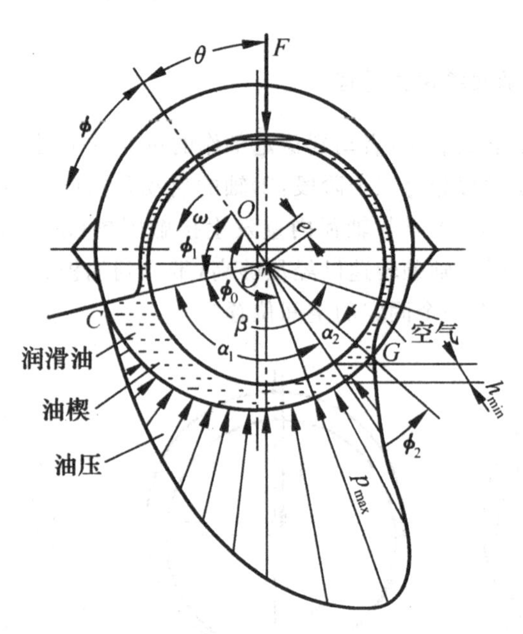

图 9-14　滑动轴承的几何关系与油压分布

首先考虑轴承为无限宽的一种假想情况，这时轴承中的润滑油可以认为不发生轴向流动。将一维雷诺方程通过如下转换变成极坐标形式：

$$\mathrm{d}x = r\mathrm{d}\phi$$

$$h = \delta(1+\varepsilon\cos\phi_0)$$

$$v = r\omega$$

一维雷诺方程的极坐标形式

$$\frac{\mathrm{d}p}{\mathrm{d}\phi} = \frac{6\eta\omega}{\psi^2}\frac{\varepsilon(\cos\phi - \cos\phi_0)}{(1+\varepsilon\cos\phi)^3}$$

通过积分，得到任意角度声处的油膜压力值

$$p_\phi = \int_{\phi_1}^{\phi}\mathrm{d}p = \frac{6\eta\omega}{\psi^2}\int_{\phi_1}^{\phi}\frac{\varepsilon(\cos\phi - \cos\phi_0)}{(1+\varepsilon\cos\phi)^3}\mathrm{d}\phi$$

单位宽度上滑动轴承的油膜承载能力为

$$F_1 = \int_{\phi_1}^{\phi_2} p_\phi \cos[180° - (\phi+\theta)] r\mathrm{d}\phi$$

$$= \frac{6\eta\omega}{\psi^2}\int_{\phi_1}^{\phi_2}\left[\int_{\phi_1}^{\phi}\frac{\varepsilon(\cos\phi - \cos\phi_0)}{(1+\varepsilon\cos\phi)^3}\mathrm{d}\phi\right]\cos[180° - (\phi+\theta)] r\mathrm{d}\phi$$

将上式乘以轴承宽度 B，代入 $r=\frac{d}{2}$，可以得到有限宽滑动轴承不考虑端泄的油膜承载能力 F，通过整理后得到

$$\frac{F\psi^2}{Bd\eta\omega} = 3\varepsilon\int_{\phi_1}^{\phi_2}\left[\int_{\phi_1}^{\phi}\frac{\varepsilon(\cos\phi - \cos\phi_0)}{(1+\varepsilon\cos\phi)^3}\mathrm{d}\phi\right]\cos[180° - (\phi+\theta)]\mathrm{d}\phi$$

令 $S_0 = 3\varepsilon\int_{\phi_1}^{\phi_2}\left[\int_{\phi_1}^{\phi}\frac{\varepsilon(\cos\phi - \cos\phi_0)}{(1+\varepsilon\cos\phi)^3}\mathrm{d}\phi\right]\cos[180° - (\phi+\theta)]\mathrm{d}\phi$，$S_0$ 称为索氏数，是一个无量纲参数，它是轴承包角 β、偏心率 ε 的函数。可以看出，有关系式：$S_0 = \frac{F\psi^2}{Bd\eta\omega}$，从该式可以看出，在允许的条件下，降低间隙、提高润滑油黏度都可以起到提高承载能力的作用。

由于实际的滑动轴承存在端泄现象，承载能力比上面理论计算出来的数值要低，因此，在实际的计算中一般不采用上述公式直接计算，而是通过对二维雷诺方程数值求解得出的曲线图进行查表求解。图 9-15 给出了两种不同包角滑动轴承的索末菲数的曲线图。

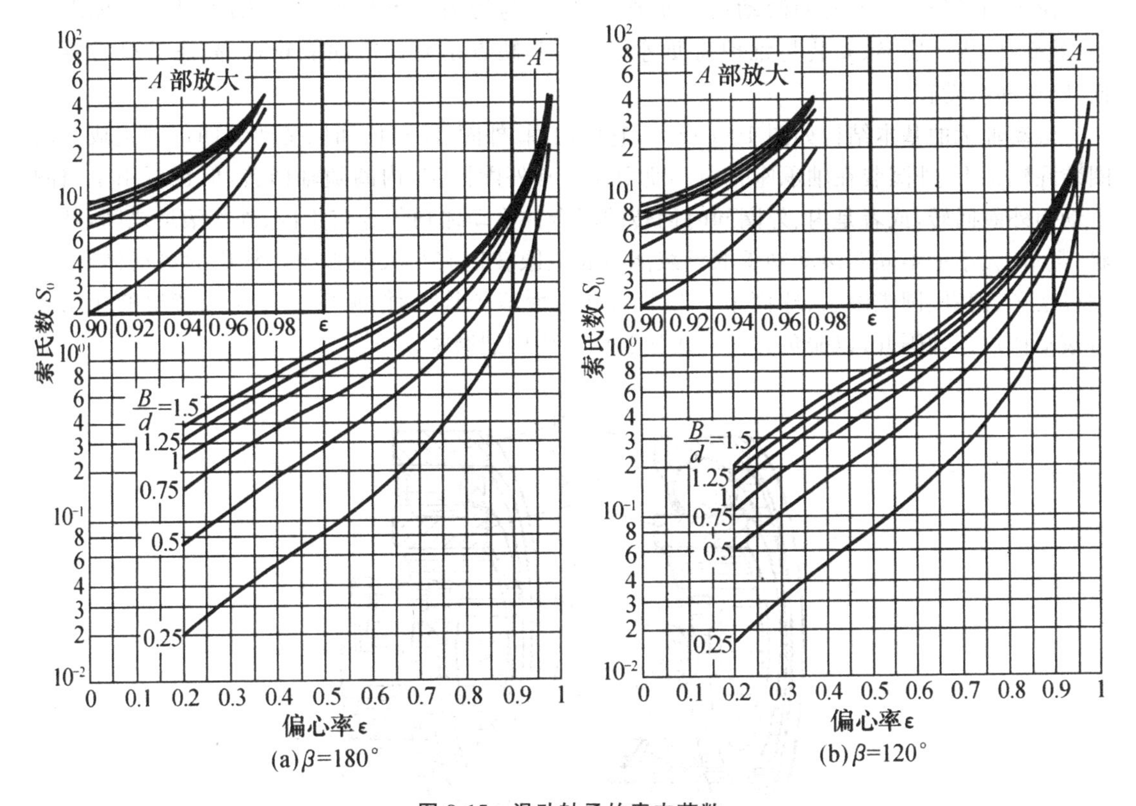

图 9-15　滑动轴承的索末菲数

对于大型滑动轴承、重要的滑动轴承或结构不规范的滑动轴承，其承载能力的计算，要通过对二维雷诺方程进行专门的研究、修正、离散化、计算机编程等过程进行求解，才能得出真正精确的结果。

第 10 章　滚动轴承设计

10.1　概　述

滚动轴承是机械工业重大基础标准件之一，广泛应用于各类机械。滚动轴承由轴承厂专业大批生产，使用者只需根据具体工作条件合理选用轴承的类型和尺寸，验算轴承的承载能力，以及进行轴承的组合结构设计(轴承的定位、装拆、调整、润滑、密封等问题)。

滚动轴承依靠元件间的滚动接触来承受载荷，与滑动轴承相比，滚动轴承具有摩擦阻力小、效率高、启动容易、安装与维护简便等优点。其缺点是耐冲击性能较差、高速重载时寿命低、噪声和振动较大。

滚动轴承的基本结构如图 10-1 所示，它由内圈、外圈、滚动体和保持架等四部分组成。内圈装在轴颈上，外圈装在轴承座孔内。使用时通常外圈固定，内圈随轴回转，但也可用于内圈不动而外圈回转，或者是内、外圈同时回转的场合。滚动体均匀分布于内、外圈滚道之间，其形状、数量、大小的不同对滚动轴承的承载能力和极限转速有很大的影响。常用的滚动体有球、圆柱滚子、滚针、圆锥滚子、球面滚子和非对称球面滚子等几种，见图 10-2。保持架的作用是将滚动体均匀地隔开，以避免其因直接接触而产生剧烈磨损。

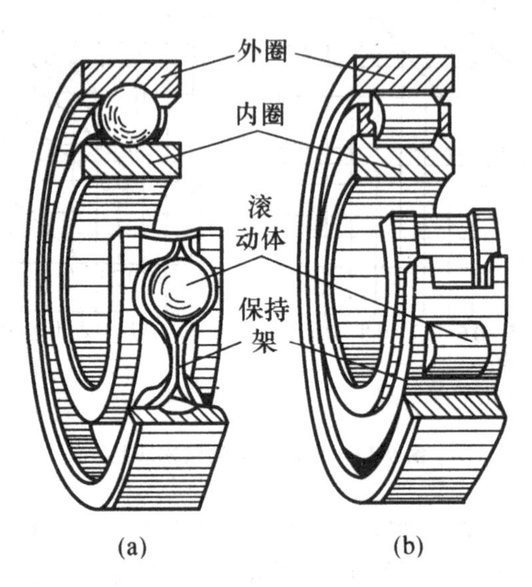

图 10-1　滚动轴承的基本结构

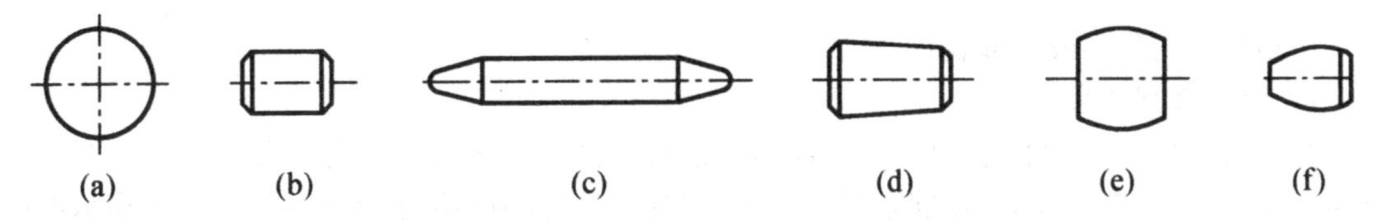

图 10-2　常用的滚动体

轴承的内、外圈和滚动体，一般是用轴承钢（如 GCr15、GCr15SiMn）制造，热处理后硬度应达到 61～65 HRC。保持架有冲压的（图 10-1(a)）和实体的（图 10-1(b)）两种结构。冲压保持架一般用低碳钢板冲压制成，它与滚动体间有较大间隙，工作时噪声大；实体保持架常用铜合金、铝合金或酚醛树脂等高分子材料制成，有较好的隔离和定心作用。

当滚动体是圆柱或滚针时，有时为了减小轴承的径向尺寸，可省去内圈、外圈或保持架，这时的轴颈或轴承座要起到内圈或外圈的作用，还必须具有相应的硬度和表面粗糙度。为满足使用中的某些需要，有些轴承附加有特殊结构或元件，如外圈带止动环、附加防尘盖等。

10.2　滚动轴承的代号及其类型

10.2.1　滚动轴承的代号

滚动轴承的代号由前置代号、基本代号和后置代号构成，见表 10-1。

表 10-1　滚动轴承的代号组成

<table>
<tr><th colspan="14">轴承代号</th></tr>
<tr><td>前置代号</td><td colspan="5">基本代号</td><td colspan="8">后置代号</td></tr>
<tr><td rowspan="3">轴承分部件代号</td><td>五</td><td>四</td><td>三</td><td>二</td><td>一</td><td rowspan="3">内部结构代号</td><td rowspan="3">密封与防尘结构代号</td><td rowspan="3">保持架及其材料代号</td><td rowspan="3">特殊轴承材料代号</td><td rowspan="3">公差等级代号</td><td rowspan="3">游隙代号</td><td rowspan="3">多轴承分配代号</td><td rowspan="3">其他代号</td></tr>
<tr><td rowspan="2">类型代号</td><td colspan="2">尺寸系列代号</td><td colspan="2" rowspan="2">内径代号</td></tr>
<tr><td>宽度系列代号</td><td>直径系列代号</td></tr>
</table>

1. 滚动轴承的基本代号

滚动轴承的基本代号（滚针轴承除外）由类型代号、尺寸系列代号及内径系列代号组成，按顺序自左向右依次排列。

(1)类型代号

类型代号用数字或字母表示,见表 10-1。

(2)尺寸系列代号

尺寸系列代号是轴承的宽度系列(或高度系列)代号和直径系列代号的组合代号。宽(高)度系列在前,直径系列在后,宽度系列代号为“0”时可省略(调心滚子轴承和圆锥滚子轴承不可省略)。宽度系列是指结构、内径和直径系列都相同的轴承在宽度方面的变化系列;高度系列是指内径相同的轴向接触轴承在高度方面的变化系列;直径系列是指内径相同的同类型轴承在外径和宽度方面的变化系列。尺寸系列代号可以通过示意图 10-3 直观表示。

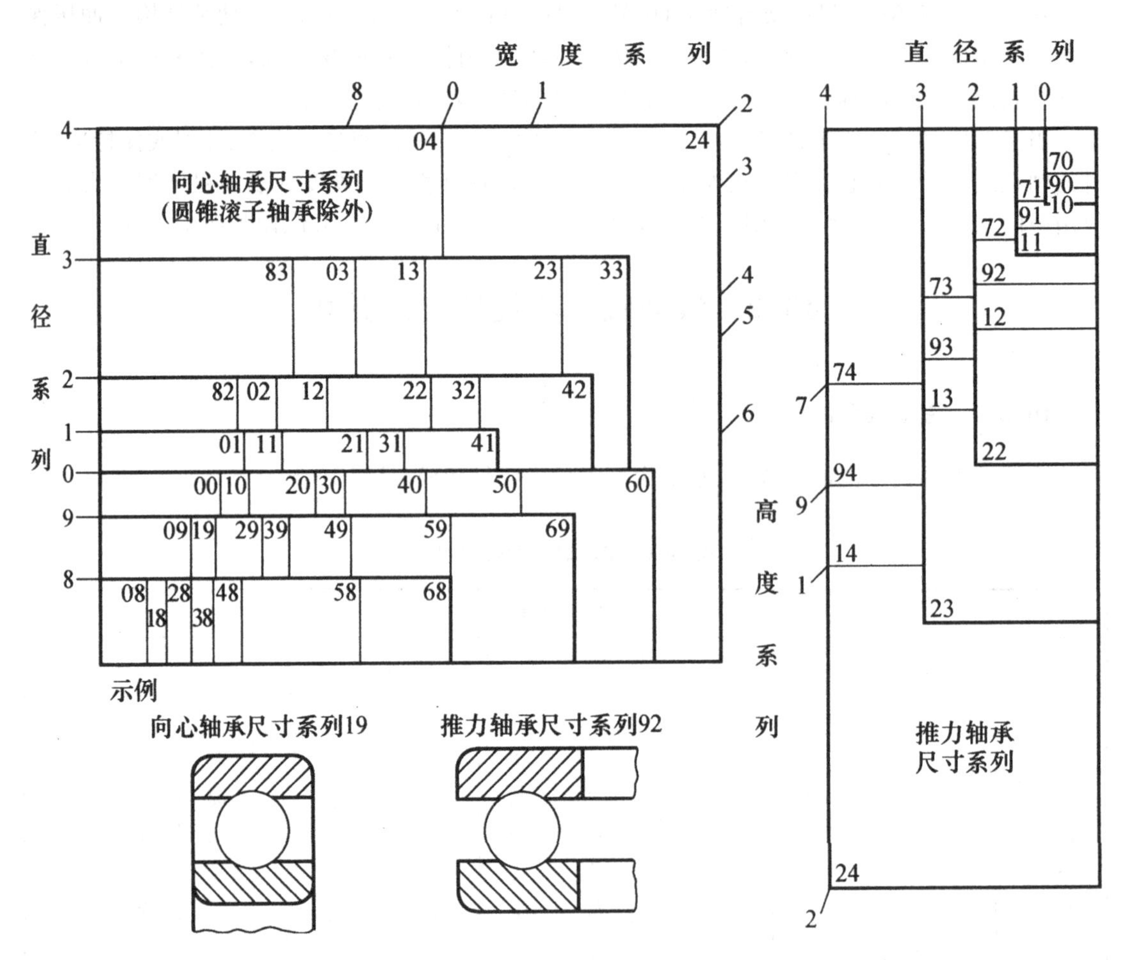

图 10-3 尺寸系列代号示意图

(3)内径代号

内径代号表示轴承内径的大小,用两位数字表示。内径为 22、28、32 mm 及≥500 mm 的轴承,用内径毫米数直接表示,但与组合代号之间用“/”分开,如深沟球轴承 62/22,表示内径 $d=22$ mm。

2. 前置、后置代号

前置、后置代号是轴承在结构形状、尺寸、公差、技术要求等有改变时,在基本代号左、右侧添加的补充代号。

(1)前置代号

前置代号用字母表示，代号及含义，见表 10-2。

表 10-2

代号	含义
L	可分轴承的可分离内圈或外圈
R	不带可分离内圈或外圈的轴承
K	滚子和保持架组件
WS	推力圆柱滚子轴承轴圈
GS	推力圆柱滚子轴承座圈

(2)后置代号

后置代号共有 8 组，用数字表示，见表 10-2。其中，①内部结构代号。表示同一类型轴承的不同内部结构，用字母表示。如用 C、AC、B 分别表示 $\alpha=15°$、$25°$、$40°$的角接触球轴承，仪越大轴承承受轴向载荷的能力也越大；B 还表示圆锥滚子轴承增大接触角；C 还表示 C 型调心滚子轴承；D 表示剖分式轴承；E 表示加强型(改进内部结构设计增大轴承承载能力)等。②公差等级代号。轴承公差等级分 0、6、6x、5、4、2 共 6 级，分别用/P0、/P6、/P6x、/P5、/P4、/P2 表示。其中 0 级为最低(称为普通级)，2 级最高，6x 级仅用于圆锥滚子轴承。PO 级常用于一般机械，在轴承代号中可省略不标；P6、P5 用于高精度机械；P4、P2 用于精密机械或精密仪器。③游隙代号。表示轴承径向游隙组别，分 1、2、0、3、4、5 共 6 个组别，径向游隙依次由小到大。要求轴承有高旋转精度时，应选用小径向游隙组；工作温度高时，应选用大径向游隙组。其中 0 游隙组最为常用，故省略不标，其他组别的代号对应为/C1、/C2、/C3、/C4、/C5。当公差等级代号与游隙代号需同时表示时，取公差等级代号加上游隙组号(省掉游隙代号中的"/C")组合表示，如/P63 表示轴承公差等级 6 级；径向游隙 3 组。④配置代号。成对安装的轴承有三种配置形式，见图 10-4。分别用三种代号表示：/DB—背对背安装；/DF—面对面安装；/DT—串联安装。例如，32208/DF、7210C/DT。

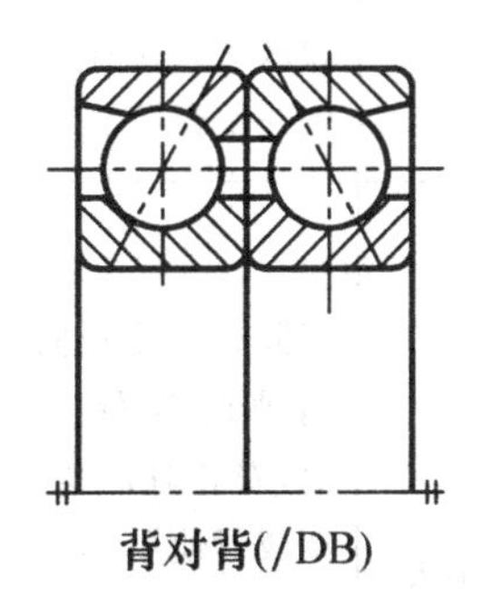

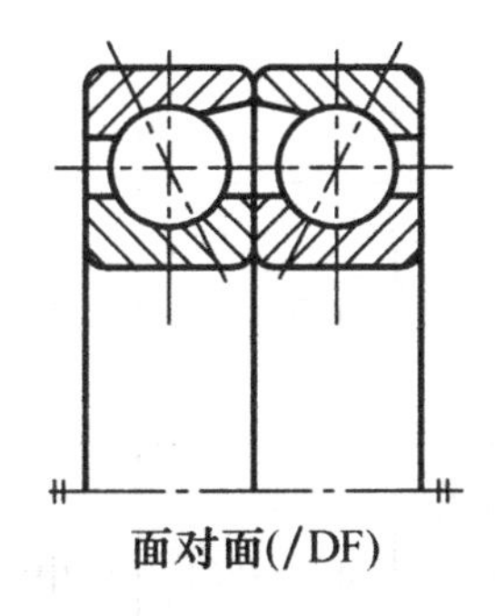

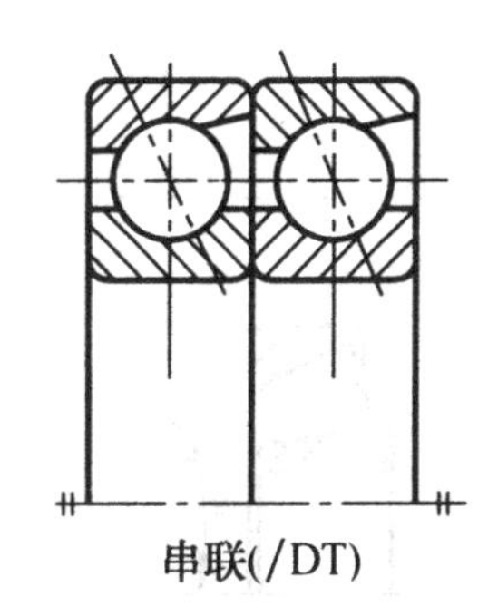

图 10-4　轴承成对安装形式

10.2.2 滚动轴承的类型

按照轴承主要承受的载荷方向，可分为向心轴承、推力轴承和向心推力轴承三大类。主要承受径向载荷的轴承称为向心轴承，主要承受轴向载荷的称为推力轴承，能同时承受轴向和径向载荷的称为向心推力轴承。表10-3给出了常用滚动轴承的类型、结构、代号和性能特点。

表10-3 常用滚动轴承的类型、结构、代号和性能特点

类型名称	结构简图	结构代号	基本额定动载荷比①	极限转速比②	轴向载荷能力	性能特点和适用场合
调心球轴承	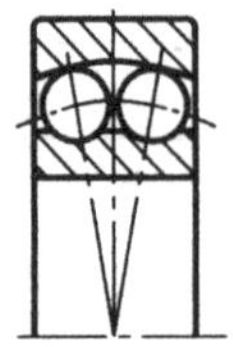	10000	0.6～0.9	中	少量	外圈滚道表面是以轴承中心为中心的球面，故能自动调心。内、外圈之间在2°～3°范围内可自动调心正常工作。一般不宜承受纯轴向载荷
调心滚子轴承	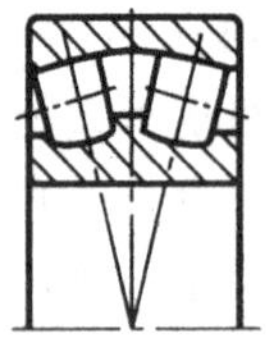	20000	1.8～4	低	少量	性能特点与调心球轴承相同，能承受较大径向载荷。允许角偏移较小
推力调心滚子轴承	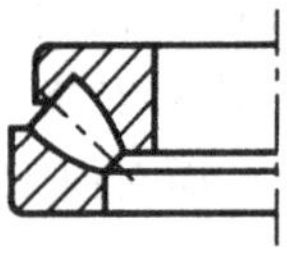	29000	1.6～2.5	低	很大	承受以轴向载荷为主的轴向、径向联合载荷，但径向载荷不得超过轴向载荷的55%。运转中滚动体受离心力矩作用，滚动体与滚道间产生滑动，并导致轴圈与座圈分离。为保证正常工作，需施加一定轴向预载荷。允许轴圈对座圈轴线偏斜量<1.5°～2.5°
圆锥滚子轴承	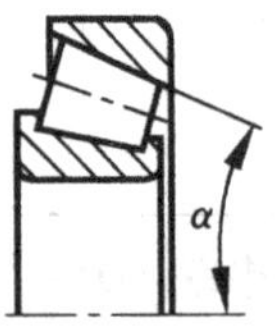 α	30000 α=10°～18°	1.5～2.5	中	较大	可同时承受径向载荷和单向轴向载荷。外圈可分离，安装时调整轴承游隙，须成对使用
		30000B α=27°～30°	1.1～2.1	中	很大	

续表

类型名称	结构简图	结构代号	基本额定动载荷比①	极限转速比②	轴向载荷能力	性能特点和适用场合
推力球轴承	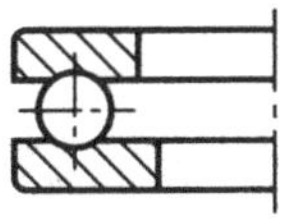	51000	1	低	只能承受单方向的轴向载荷	只能承受轴向载荷，双向推力球轴承可承受双向轴向载荷。套圈可分离。高速时离心力大，钢球与保持架磨损发热大，故极限转速很低
双向推力球轴承	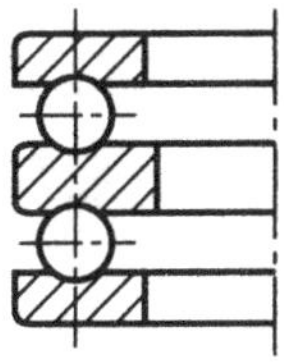	52000	1	低	能承受双方向的轴向载荷	
深沟球轴承	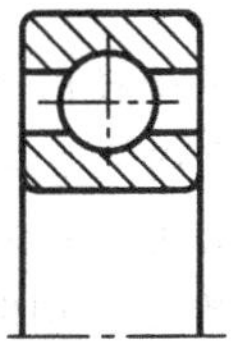	60000	1	高	少量	主要承受径向载荷，也可同时承受较小的轴向载荷。高速装置中可代替推力轴承。价格低廉，应用最广泛
角接触球轴承	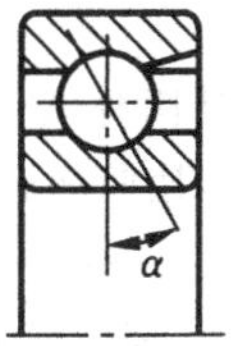	7000C $\alpha=15°$	1.0～1.4	高	一般	可同时承受径向和轴向载荷，也可单独承受轴向载荷。接触角 α 越大，轴向承载能力越高。由于一个轴承只能承受单向轴向力，应成对使用
		7000AC $\alpha=25°$	1.0～1.3		较大	
		7000B $\alpha=40°$	1.0～1.2		大	
外圈无挡边的圆柱滚子轴承	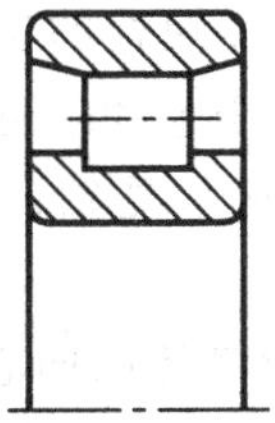	N0000	1.5～3	高	无	能承受较大径向载荷，由于外圈（或内圈）可分离，故不能承受轴向载荷。只有 NJ 可以承受少量轴向载荷。滚子由内圈（或外圈）的挡边轴向定位，工作时允许内、外圈有少量的轴向错动。内、外圈轴线之间允许有很小的角偏移（2′～4′）

续表

类型名称	结构简图	结构代号	基本额定动载荷比①	极限转速比②	轴向载荷能力	性能特点和适用场合
内圈无挡边的圆柱滚子轴承		NU0000		少量		
内圈有单挡边的圆柱滚子轴承		NJ0000				
滚针轴承		NA0000	—	低	无	承受径向载荷能力很高。径向尺寸紧凑，内、外圈可分离。无保持架，摩擦系数大，对中性好，轴刚度高
带顶丝外球面球轴承		UC000	1	中	少量	外圈外表面为球面，与轴承座凹球面配合能自动调心。内圈用顶丝固定在轴上，装拆方便

注：①、②基本额定动载荷比、极限转速比是指同一尺寸系列的轴承与深沟球轴承之比（平均值）。

对圆锥滚子轴承和角接触球轴承这两大类轴承，滚动体与外圈接触处的法线与轴承径向平面（垂直于轴承轴心线的平面）的夹角仪，称为滚动轴承的公称接触角（简称接触角），按照公称接触角，滚动轴承的分类见图 10-5。及的大小反映了轴承承受轴向载荷能力的大小。

用细长滚子（滚子直径≤5 mm，长度与直径之比为 3～10）作为滚动体的向心轴承称为滚针轴承，结构见图 10-6。滚针轴承的特点是：外径尺寸小，径向承载能力大，价格便宜。因此，常用于径向尺寸受限制而载荷又比较大的场合。

α=0°
0°<α≤45°
45°<α<90°
α=90°
深沟球轴承
角接触球轴承
推力调心滚子轴承
推力球轴承
向心轴承
推力轴承

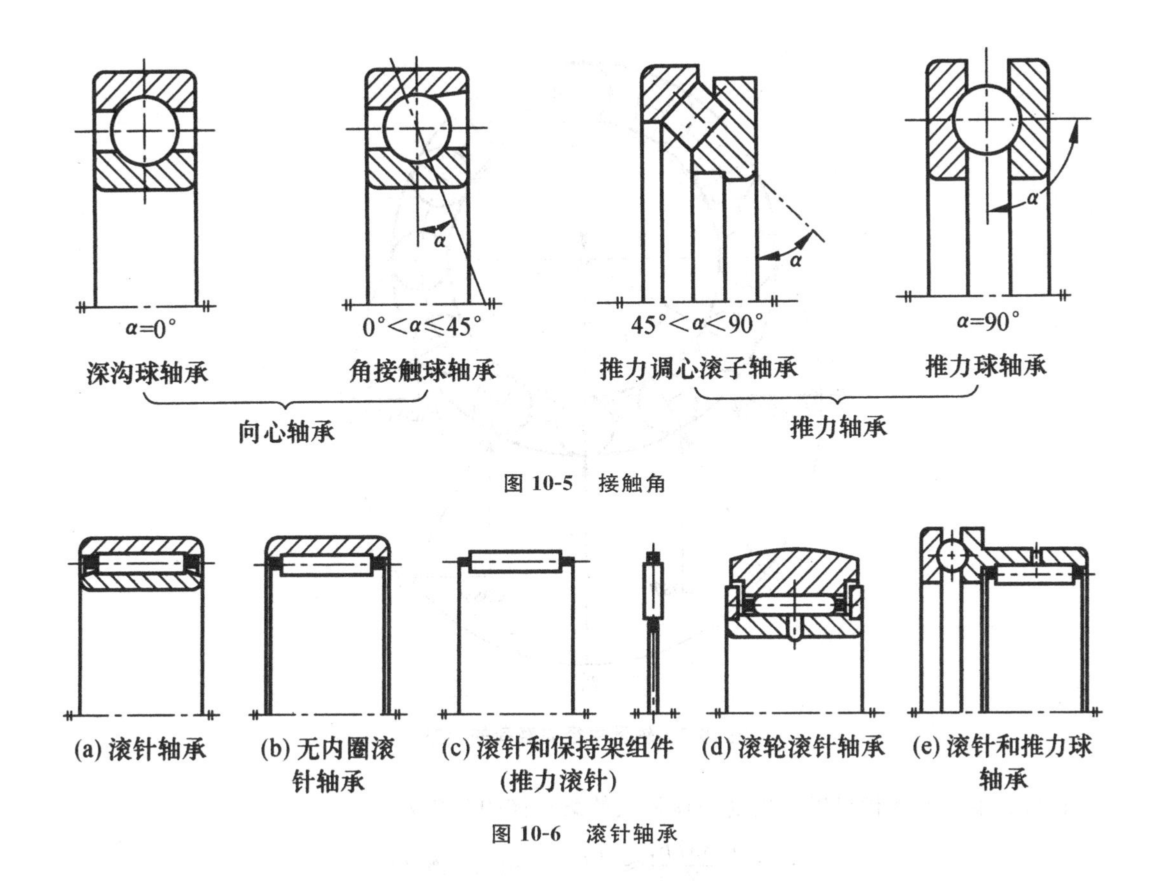

图 10-5　接触角

(a) 滚针轴承
(b) 无内圈滚针轴承
(c) 滚针和保持架组件(推力滚针)
(d) 滚轮滚针轴承
(e) 滚针和推力球轴承

图 10-6　滚针轴承

10.3　滚动轴承的工作情况及计算准则

10.3.1　滚动轴承的工作情况分析

1. 滚动轴承工作时轴承元件的载荷分布

对于向心轴承和向心推力轴承，当受纯径向载荷作用时(图 10-7)，在工作的某一瞬间，径向载荷 F_r 通过轴颈作用于内圈，位于载荷方向的上半圈滚动体不受力，载荷由下半圈滚动体传到外圈再传到轴承座。假定轴承内、外圈的几何形状不变，下半圈滚动体与套圈的接触变形量的大小决定了各滚动体承受载荷的大小。从图中可以看出，处于力作用线正下方位置的滚动体变形量最大，承载也就最大，而 F_r 作用线两侧的各滚动体，承载逐渐减小。各滚动体从开始受载到受载终止所滚过的区域叫做承载区，其他区域称为非承载区。由于轴承内存在游隙，故实际承载区的范围将小于 180°。如果轴承在承受径向载荷的同时再作用有一定的轴向载荷，则可以使承载区扩大。

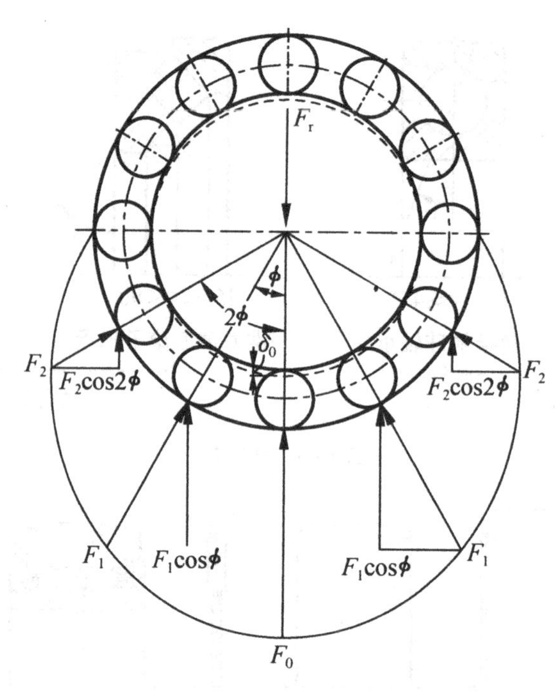

图 10-7　轴承中径向载荷的分布

根据力的平衡条件可以求出受载荷最大的滚动体的载荷为

$$F_0=\frac{4.397F_r}{Z}\approx\frac{5}{Z}F_r \quad \text{（电接触轴承）}$$

$$F_0=\frac{4.08F_r}{Z}\approx\frac{4.6}{Z}F_r \quad \text{（线接触轴承）}$$

注释：对于能同时承受径向和轴向载荷的轴承（如 30000、70000 轴承），应使其承受一定的轴向载荷，以使承载区扩大到至少有一半滚动体受载。

角接触轴承承受径向载荷 F_r 时会产生附加的轴向力 F_s。如图 10-8 所示，按一半滚动体受力计算：$F_s\approx1.25F_r\tan\alpha$。

2. 轴承工作时轴承元件的应力分析

轴承工作时，由于内、外圈相对转动，滚动体与套圈的接触位置是时刻变化的。当滚动体进入承载区后，所受载荷及接触应力即由零逐渐增至最大值，然后再逐渐减至零。

就滚动体上某一点而言，由于滚动体相对内、外套圈滚动，每自转一周，分别与内、外套圈接触一次，故它的载荷和应力按周期性不稳定脉动循环变化。

对于固定的套圈，处于承载区的各接触点，按其所在位置的不同，承受的载荷和接触应力是不同的。对于套圈滚道上的每一个具体接触点，每当滚动体滚过该点的一瞬间，便承受一次载荷，再滚过另一个滚动体时，接触载荷和应力是不变的。这说明固定套圈在承载区内的某一点上承受稳定脉动循环载荷。

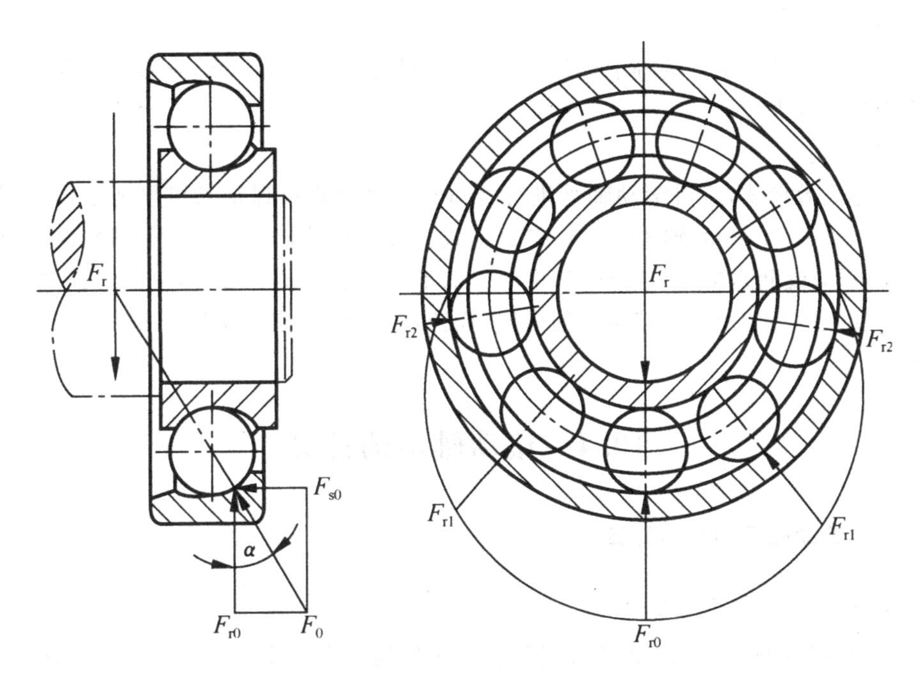

图 10-8　轴向力的产生

转动套圈上各点的受载情况，类似于滚动体的受载情况。就其滚道上某一点而言，处于非承载区时，载荷及应力为零。进入载荷区后，每与滚动体接触一次就受载一次，且在承载区的不同位置，其接触载荷和应力也不一样。

10.3.2　滚动轴承的失效形式和计算准则

(1)失效形式

滚动轴承可能出现的失效形式主要有：

①疲劳点蚀。

轴承在安装、润滑、维护良好的条件下工作时，由于各承载元件承受周期性变应力的作用，各接触表面的材料将会产生局部脱落，产生疲劳点蚀，它是滚动轴承主要的失效形式。轴承发生疲劳点蚀破坏后，通常在运转时会出现比较强烈的振动、噪声和发热现象，轴承的旋转精度将逐渐下降，直至丧失正常的工作台能力。

②塑性变形。

在过大的静载荷或冲击载荷作用下，轴承承载元件间的接触应力超过了元件材料的屈服极限，接触部位发生塑性变形，形成凹坑，使轴承性能下降、摩擦阻力矩增大。这种失效多发生在低速重载或做往复摆动的轴承中。

③磨损。

由于润滑不充分、密封不好或润滑油不清洁，以及工作环境多尘，一些金属屑或磨粒性灰尘进入了轴承的工作部位，轴承将会发生严重的磨损，导致轴承内、外圈与滚动体间隙增大、振动加剧及旋转精度降低而报废。

④胶合。

在高速重载条件下工作的轴承,因摩擦面发热而使温度急骤升高,导致轴承元件的回火,严重时将产生胶合失效。

(2)计算准则

针对上述失效形式,应对滚动轴承进行寿命和强度计算以保证其可靠地工作,计算准则为:一般转速($n>10$ r/min)轴承的主要失效形式为疲劳点蚀,应进行疲劳寿命计算。极慢转速($n\leqslant 10$ r/min)或低速摆动的轴承,其主要失效形式是表面塑性变形,应按静强度计算。高速轴承的主要失效形式为由发热引起的磨损、烧伤,故不仅要进行疲劳寿命计算,还要校验其极限转速。

10.4 滚动轴承的计算

10.4.1 滚动轴承的寿命计算

1. 滚动轴承的基本额定寿命

对于一个具体的轴承,轴承的寿命是指轴承中任何一个套圈或滚动体材料首次出现疲劳点蚀扩展之前,一个套圈相对于另一个套圈的转数或者在一定转速下的工作小时数。

大量试验结果表明,一批型号相同的轴承(即结构、尺寸、材料、热处理及加工方法等都相同的轴承),即使在完全相同的条件下工作,它们的寿命也是极不相同的,其寿命差异最大可达几十倍。因此,不能以一个轴承的寿命代表同型号一批轴承的寿命。

用一批同类型和同尺寸的轴承在同样工作条件下进行疲劳试验,得到轴承实际转数 L 与这批轴承中不发生疲劳破坏的百分率(即可靠度 R)之间的关系曲线如图 10-9 所示。由图可知,在一定的运转条件下,对应于某一转数,一批轴承中只有一定百分比的轴承能正常工作到该转数;转数增加,轴承的损坏率将增加,而能正常工作到该转数的轴承所占的百分比则相应地减少。

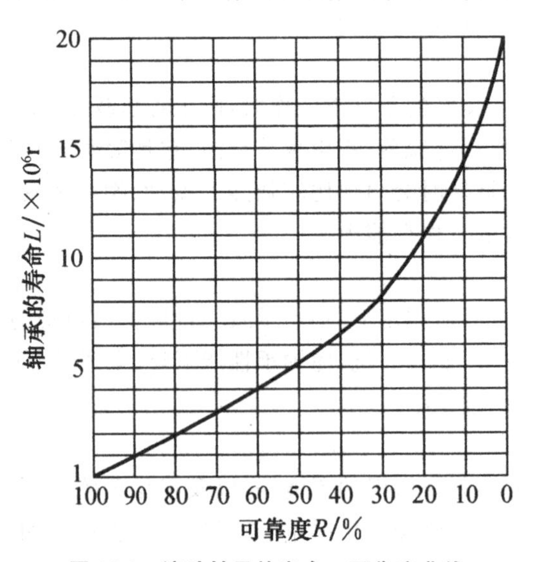

图 10-9 滚动轴承的寿命一可靠度曲线

基本额定寿命：是指一组在相同条件下运转的滚动轴承，10%的轴承发生点蚀破坏而90%的轴承未发生点蚀破坏前的转数或在一定转速下的工作小时数，以 L_{10}（单位为 10^6 r）或 L_h（单位为 h）表示。即按基本额定寿命选用的一批同型号轴承，可能有 10%的轴承发生提前破坏，有 90%的轴承寿命超过其基本额定寿命，其中有些轴承甚至还能工作更长时间。对于一个具体的轴承而言，能顺利地在额定寿命期内正常工作的概率为 90%，而在额定寿命期到达前就发生点蚀破坏的概率为 10%。

2. 基本额定动负荷

轴承的寿命与所受载荷的大小有关，工作载荷越大，接触应力也就越大，承载元件所能经受的应力变化次数也就越少，轴承的寿命就越短。图 10-10 是用深沟球轴承 6207 进行寿命试验得出的载荷寿命关系曲线。其他轴承也存在类似的关系曲线。

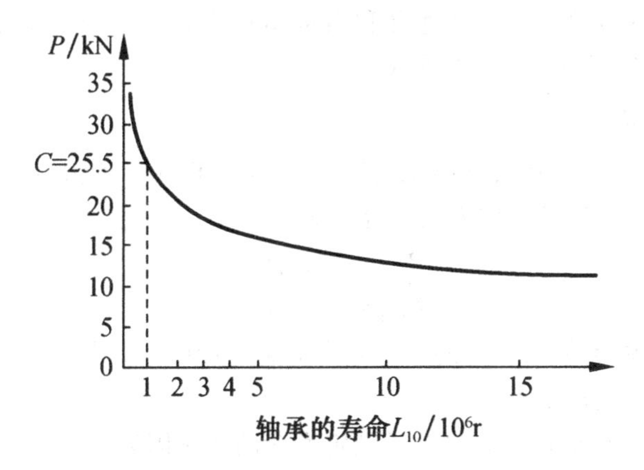

图 10-10　滚动轴承的载荷一寿命曲线

滚动轴承在基本额定寿命等于 10^6 r 时所能承受的载荷，称为基本额定动载荷 C。对向心轴承，指的是纯径向载荷，称为径向基本额定动载荷，记为 C_r；对于推力轴承，指的是纯轴向载荷，称为轴向基本额定动载荷，记为 C_a；对于角接触球轴承或圆锥滚子轴承，指的是使套圈间产生纯径向位移的载荷的径向分量，记为 C_r。在基本额定动载荷作用下，轴承工作寿命为 10^6 r 时的可靠度为 90%。

不同型号的轴承有不同的基本额定动载荷值 C，它表征了具体型号轴承的承载能力。各型号轴承的基本额定动载荷值 C 可查轴承样本或设计手册，它们是在常规运转条件下——轴承正确安装、无外来物侵入、充分润滑、按常规加载、工作温度不过高或过低、运转速度不特别高或特别低，以及失效率为 10%、基本额定寿命为 10^6 r 时给出的。

3. 寿命计算公式

图 10-10 所示轴承的载荷一寿命曲线（即疲劳曲线）满足关系式

$$P^{\varepsilon}L_{10}=C^{\varepsilon}\times 1=\text{常数} \tag{10-1}$$

式中 C——轴承的基本额定动载荷值（N）；

P——轴承所受的当量动载荷（N）；

ε——轴承的寿命指数，球轴承 $\varepsilon=3$，滚子轴承 $\varepsilon=10/3$；

L_{10}——可靠度为90%(失效率为10%)时轴承的基本额定寿命(10^6 r)。

当考虑温度及载荷特性对轴承寿命的影响后，可得

$$L_{10}=\left(\frac{f_t C}{f_P P}\right)^{\varepsilon} \tag{10-2}$$

式中f_P——载荷因数。系考虑附加载荷如冲击力、不平衡作用力、惯性力以及轴挠曲或轴承座变形产生的附加力等对轴承寿命影响，将当量动负荷P进行修正的因数；

f_t——温度因数。系考虑较高温度($t>120$℃)工作条件下对轴承样本中给出的基本额定动载荷值C进行的修正。

实际计算中习惯于用小时数表示寿命，即

$$L_{10h}=\frac{10^6}{60n}\left(\frac{f_t C}{f_P P}\right)^{\varepsilon} \tag{10-3}$$

若已给定轴承的预期寿命L'_{10h}转速九和当量动载荷P，可按下式求得轴承的计算额定动载荷C'，再查手册确定所需的C值，应使$C \geqslant C'$。

4. 额定寿命的修正

对于有特殊性能、特殊运转条件要求及可靠度不等于90%的滚动轴承，应对其基本额定寿命进行修正。修正后的轴承额定寿命计算式为

$$L_{nm}=a_1 a_{xyz} L_{10} \tag{10-4}$$

$$L_{nmh}=a_1 a_{xyz} L_{10h} \tag{10-5}$$

式中L_{10}或L_{10h}——可靠度为90%时的轴承基本额定寿命(10^6 r或h)。通常，采用L_{10}作为衡量轴承性能的准则足以满足要求；

a_1——考虑可靠度不等于90%时轴承额定寿命的修正因数；

a_{xyz}—考虑其他因素，如材料、润滑、环境、套圈中的内应力、安装、载荷及轴承类型等影响轴承额定寿命的修正因数，GB/T 6391—2003规定应由轴承制造厂提出有关建议。

5. 滚动轴承的当量动载荷

由前所述，基本额定动负荷分径向基本额定动负荷和轴向基本额定动负荷。当轴承既承受径向载荷又承受轴向载荷时，为能应用额定动载荷值进行轴承的寿命计算，就必须把实际载荷转换为与基本额定动负荷的载荷条件相一致的当量动负荷。当量动负荷是一个假想的载荷，在它的作用下，滚动轴承具有与实际载荷作用时相同的寿命。当量动负荷P的计算方法如下：

(1)对只能承受径向载荷F_r的向心轴承($\alpha=0°$的向心滚子轴承，如N0000型、NA0000)

$$P=F_r \tag{10-6}$$

(2)对只能承受轴向载荷F_a的推力轴承($\alpha=90°$的推力球轴承和推力滚子轴承，如50000型、80000型)

$$P=F_a \tag{10-7}$$

(3)对以承受径向载荷F_r为主又能承受轴向载荷F_a的角接触向心轴承(包括角接触球轴承、深沟球轴承及$\alpha \neq 0°$的向心推力滚子轴承，如30000型、70000型、60000型及10000型、20000型)

$$P=P_r=XF_r+YF_a \tag{10-8}$$

(4)对以承受轴向载荷 F_a 为主又能承受径向载荷 F_r 的角接触推力轴承($\alpha \neq 90°$的推力滚子轴承)

$$P = P_a = XF_r + YF_a \tag{10-9}$$

式中X、Y——径向载荷因数和轴向载荷因数。

对于上述求取当量动载荷的计算公式,在考虑机械工作时常具有振动和冲击,为此,轴承的当量动载荷还应乘以一系数 f_d,即 $P = f_d(XF_r + YF_a)$。f_d 的取值方法为:对于平稳运转或轻微冲击 $f_d = 1.0 \sim 1.2$;对于中等冲击 $f_d = 1.2 \sim 1.8$;对于强大冲击 $f_d = 1.8 \sim 3.0$。

6. 角接触球轴承和圆锥滚子轴承的径向载荷

角接触球轴承和圆锥滚子轴承都有一个接触角,当内圈承受径向载荷 F_r 作用时,承载区内各滚动体将受到外圈法向反力 F_{ni}的作用,如图 10-11 所示。F_{ni}的径向分量 F_{ri}都指向轴承的中心,它们的合力与 F_r 相平衡;轴向分量 F_{ai}都与轴承的轴线相平行,合力记为 F_s,称为轴承内部的派生轴向力,方向由轴承外圈的宽边一端指向窄边一端,有迫使轴承内圈与外圈脱开的趋势。F_s 要由轴上的轴向载荷来平衡。

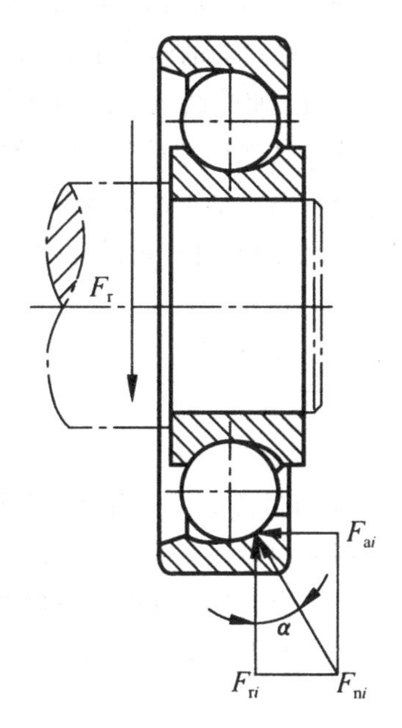

图 10-11 径向载荷产生的派生轴向力

由于角接触球轴承和圆锥滚子轴承在受到径向载荷后会产生派生轴向力,为了保证轴承的正常工作,这两类轴承需成对使用。图 10-12 是角接触球轴承的两种安装方式,图 10-12(a)中两套轴承外圈宽边相对,称为“背靠背”安装或称“反装”,这种安装方式使两支反力作用点 o_1、o_2 相互远离,支承跨距加大。图 10-12(b)中两套轴承外圈窄边相对,称为“面对面”安装或称“正装”,它使支反力作用点 o_1、o_2 相互靠近,支承跨距缩短。精确计算时,支反力作用点 o_1 和 o_2 距其轴承端面的距离可从轴承样本中查得。当轴上两支承距离较远时,一般可不考虑支承跨距的变化,而以轴承中点的距离作为支承跨距。

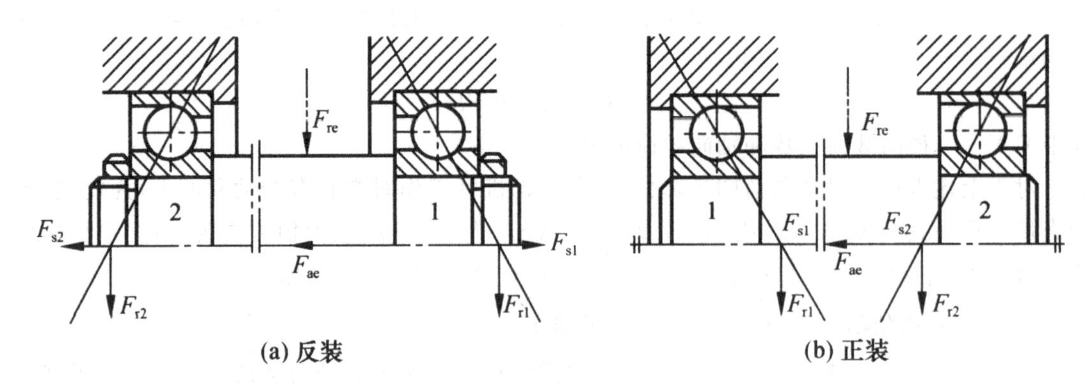

图 10-12 角接触球轴承安装方式及受力分析

10.4.2 滚动轴承的静强度计算

基本上不转动、极低速转动($n\leqslant 10$ r/min)或缓慢摆动的轴承,失效形式为由静载荷或冲击载荷引起的滚动体与内、外圈滚道接触处的过大的塑性变形(不会出现疲劳点蚀),因此需要计算轴承的静强度。GB/T4662—2003 规定:使受载最大滚动体与滚道接触处产生的接触应力达到一定值(如调心球轴承为 4600 MPa,其他球轴承为 4200 MPa,滚子轴承为 4000 MPa)时的载荷称为基本额定静负荷,用 C_0 表示(径向基本额定静载荷记为 C_{0r},轴向基本额定静载荷记为 C_{0a})。轴承样本中列有各种型号轴承的 C_0 值,供设计时查用。

滚动轴承的静强度校核公式为

$$C_0\geqslant S_0P_0 \tag{10-10}$$

式中S_0——静强度安全因数;

P_0——当量静载荷(N)。

当量静载荷 P_0 是一个假想载荷。在当量静载荷作用下,轴承内受载最大滚动体与滚道接触处的塑性变形总量,与实际载荷作用下的塑性变形总量相同。

对于角接触向心轴承和径向接触轴承,当量静载荷取由下面两式求得的较大值:

$$P_{0r}=X_0F_r+Y_0F_a \tag{10-11}$$

式中X_0、Y_0—静径向因数和静轴向因数。

10.5 滚动轴承的组合设计

10.5.1 滚动轴承的轴向定位与紧固

轴承的轴向定位与紧固是指轴承的内圈与轴颈、外圈与座孔间的轴向定位与紧固。轴承轴向定位与紧固的方法很多,应根据轴承所受载荷的大小、方向、性质,转速的高低,轴承的类型及轴承在轴上的位置等因素,选择合适的轴向定位与紧固方法。单个支点处的轴承,其内圈在轴上和外圈在轴承座孔内轴向定位与紧固的方法分别见图 10-13、图 10-14。

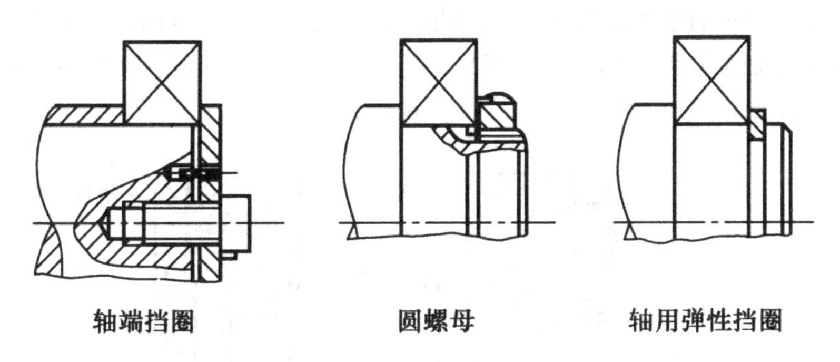

图 10-13　轴承内圈的固定方法

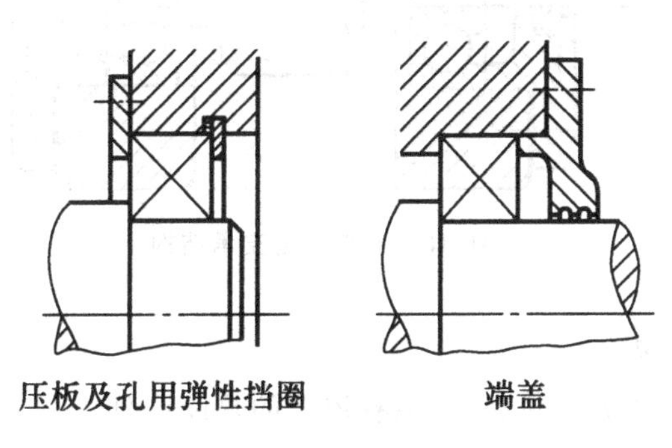

图 10-14　轴承外圈的固定方法

为保证可靠定位，轴肩圆角半径 r_1 必须小于轴承的圆角 r。轴肩的高度通常不大于内圈高度的 3/4，过高不便于轴承拆卸，如图 10-15 所示。

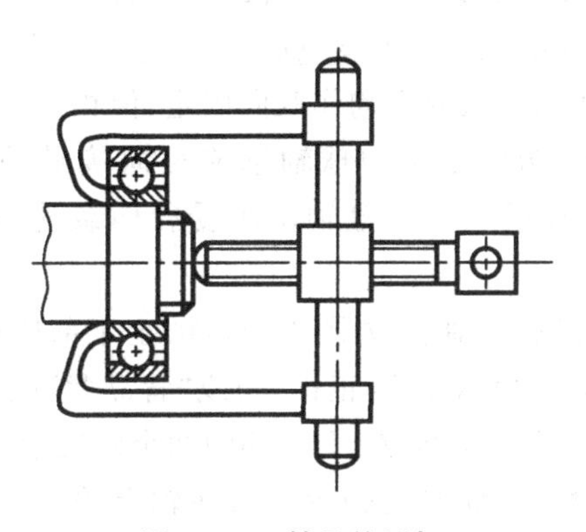

图 10-15　轴承的拆卸

10.5.2　滚动轴承的配置

通常一根轴需要两个支点，每个支点由一个或两个轴承组成。滚动轴承的支承结构应考虑轴在机械中的正确位置，防止轴向窜动及轴受热伸长后将轴承卡死。利用轴承的支承结构使轴获得轴向定位的方式有 3 种基本形式。

1. 两端固定

如图 10-16 所示，利用轴两端轴承各限制一个方向的轴向移动。这种结构一般用于工作温度较低和支承跨距较小的刚性轴的支承，轴的热伸长量可由轴承自身的游隙补偿（如图 10-16 下半部所示），或者在轴承外圈与轴承盖之间留有以 $a=0.2\sim0.4$ mm 间隙补偿轴的热伸长量，调节调整垫片（如图 10-16 上半部所示）可改变间隙的大小。

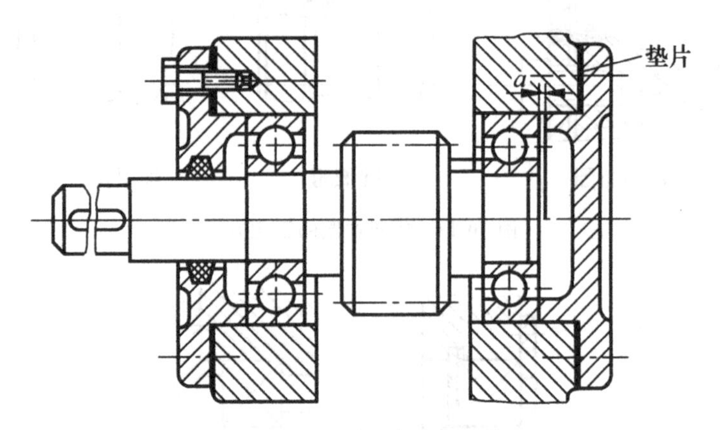

图 10-16　两端固定支承结构

2. 一端固定、一端游动

当支承跨距较长或工作温度较高时，轴有较大的热膨胀伸缩量，这时应采用一端固定、一端游动支承的轴承组合结构。

如图 10-17(a)所示，轴的两端各用一个深沟球轴承支承，左端轴承的内、外圈都为双向固定，而右端轴承的外圈在座孔内没有轴向固定，内圈用弹性挡圈限定其在轴上的位置。工作时轴上的双向轴向载荷由左端轴承承受，轴受热伸长时，右端轴承可以在座孔内自由游动。

支承跨距较大（$L>350$ mm）或工作温度较高（$t>70$℃）的轴，游动端轴承采用圆柱滚子轴承更为合适，如图 10-17(b)所示，内、外圈均作双向固定，但相互可作相对轴向移动。

当轴向载荷较大时，固定端可用深沟球轴承或径向接触轴承与推力轴承的组合结构（图 10-17(c)）。由深沟球轴承或径向接触轴承承受径向载荷，推力轴承承受轴向载荷，因而承载能力大。

固定端也可以用两个角接触球轴承（如图 10-17(d)上半部所示），或采用两个圆锥滚子轴承（如图 10-17(d)下半部所示），“面对面”（正排列）或“背靠背”（反排列）安装的形式。图中上半部的两个角接触球轴承为“面对面”安装，下半部的两个圆锥滚子轴承为“背靠背”安装。“面对面”安装时，两外圈的窄边相对，此时两轴承反力在轴上的作用点间距离较小，支承刚度较小，但轴承的安装调整较方便；“背靠背”安装时，两外圈的宽边相对，两轴承反力在轴上的作用点间距离较大，支承刚度较大，但轴承的安装调整不方便。

3. 两端游动

两端游动支承通常用于人字齿轮传动中。如图 10-18 所示，大齿轮所在轴采用两端固定支承，小齿轮轴采用两端游动支承，靠人字齿传动的啮合作用，小齿轮轴可作轴向少量游动，自动补偿两侧螺旋角的制造误差，使两侧轮齿受力均匀。

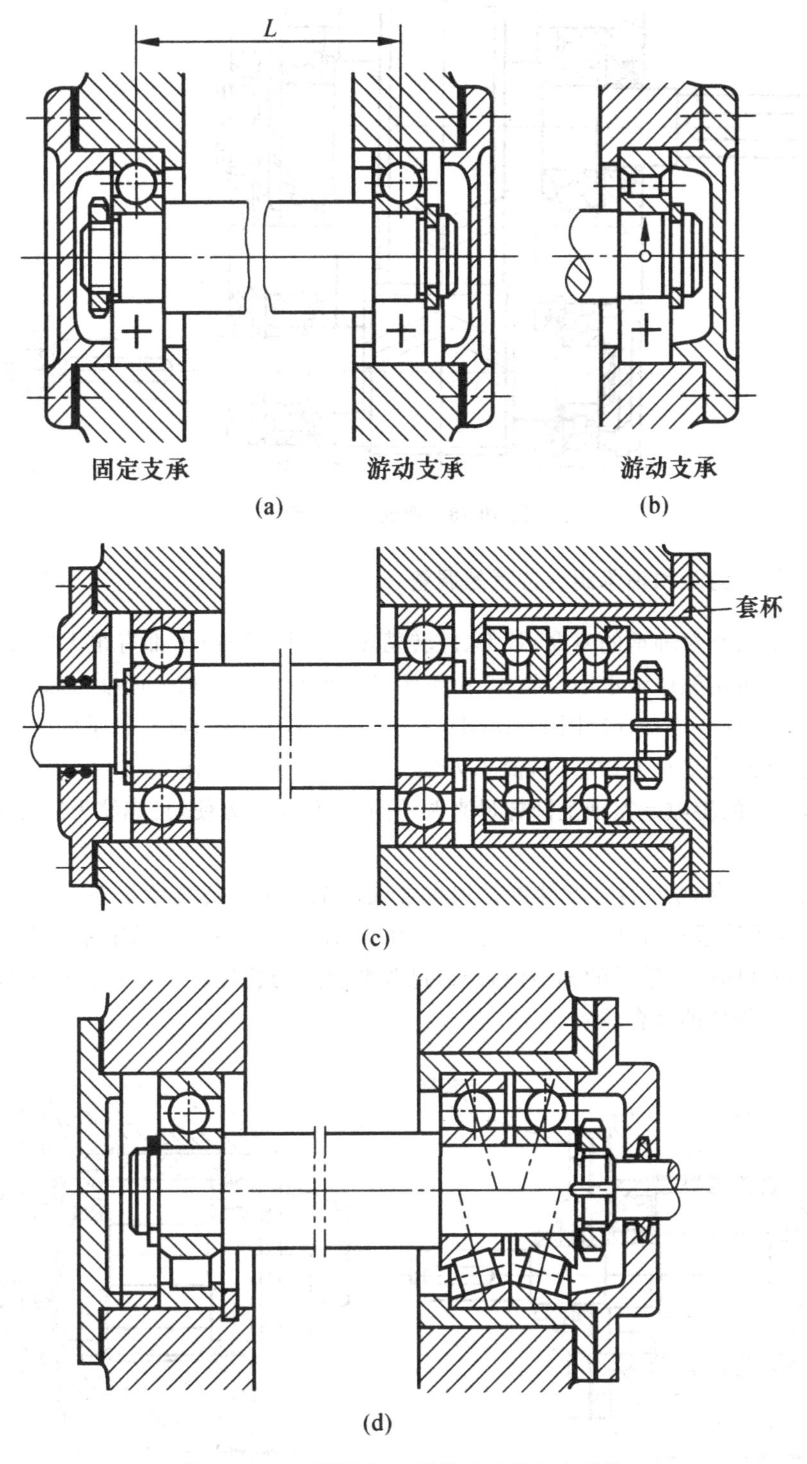

图 10-17　一端固定、一端游动支承组合结构

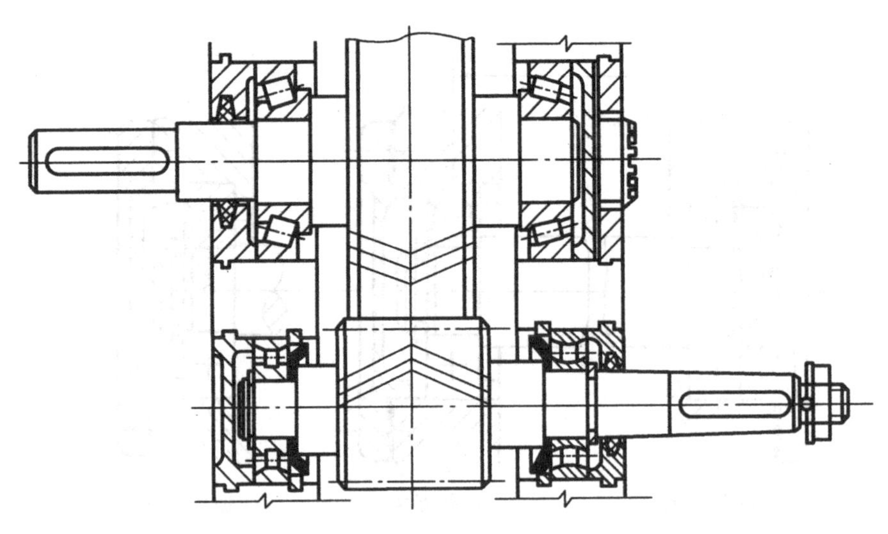

图 10-18　两端游动支承

10.5.3　轴承游隙和轴承组合位置的调整

轴承游隙的大小对轴承的寿命、效率、旋转精度、温升及噪声等都有很大的影响。需要调整游隙的主要有角接触球轴承组合结构、圆锥滚子轴承组合结构和平面推力球轴承组合结构。

图 10-19(a)及图 10-19(c)、图 10-19(d)右支点的上部所示结构中，轴承的游隙和预紧是靠轴承端盖与套杯间的垫片来调整的，简单方便；而图 10-19(b)及图 10-19(d)右支点的下部所示的结构中，轴承的游隙是靠轴上圆螺母来调整的，操作不甚方便，且螺纹为应力集中源，削弱了轴的强度。

为使圆锥齿轮传动中的分度圆锥锥顶重合或使蜗轮蜗杆传动能于中间平面位置正确啮合，必须对其支承轴系进行轴向位置调整。如图 10-19 所示，整个支承轴系放在一个套杯中，套杯的轴向位置(即整个轴系的轴向位置)通过改变套杯与机座端面间垫片的厚度来调节，从而使传动件处于最佳的啮合位置。

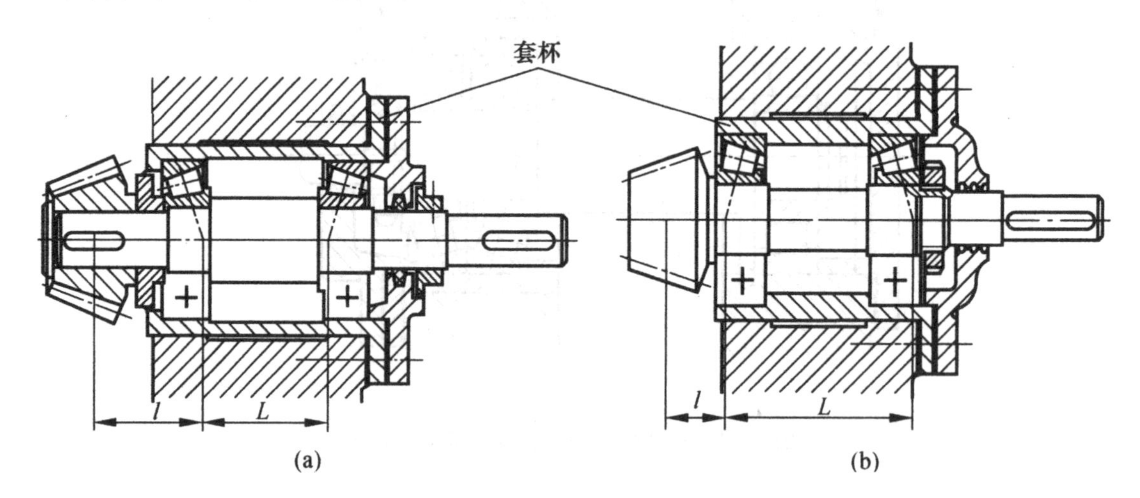

图 10-19　小锥齿轮轴支承结构

10.5.4　滚动轴承的预紧

所谓轴承的预紧，就是在安装轴承时用某种方法在轴承中产生并保持一定的轴向力，以消除轴承的轴向游隙，并在滚动体与内、外圈滚道接触处产生弹性预变形，以提高轴承的旋转精度和支承刚度。向心推力轴承常用的预紧方法如图 10-20 所示。在两轴承的内圈或外圈之间放置垫片(图 10-20(a))或者磨薄一对轴承的内圈或外圈(图 10-20(b))来预紧，预紧力的大小由垫片的厚度或轴承内、外圈的磨削量来控制；在一对轴承的内、外圈间装入长度不等的套筒进行预紧(图 10-20(c))，预紧力的大小决定于两套筒的长度差。

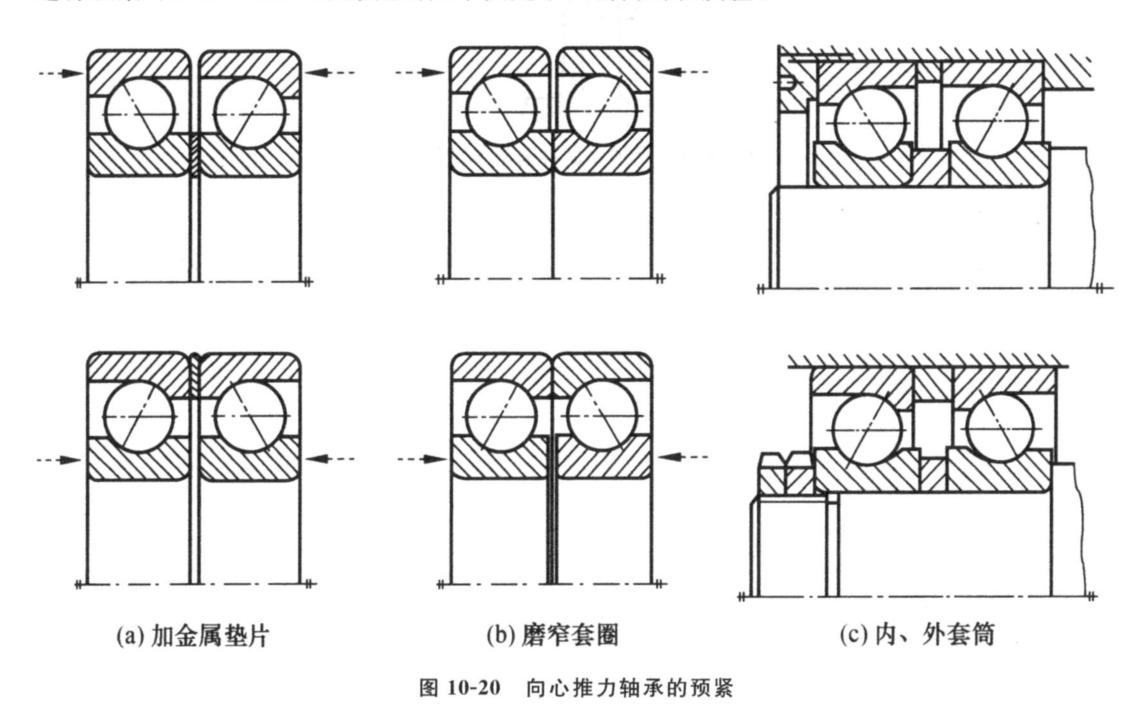

(a) 加金属垫片　　(b) 磨窄套圈　　(c) 内、外套筒

图 10-20　向心推力轴承的预紧

10.5.5　滚动轴承轴系刚度和精度

轴或轴承座的变形都会使轴承内滚动体受力不均匀及运动受阻，影响轴承的旋转精度，降低轴承的寿命。因此，安装轴承的外壳或轴承座也应有足够的刚度。如孔壁要有适当的厚度，壁板上轴承座的悬臂应尽可能地缩短，并用加强肋来提高

支座的刚度(图 10-21)。对轻合金或非金属外壳，应加钢或铸铁制的套杯。

支承同一根轴上两个轴承的轴承座孔，其孔径应尽可能相同，以便加工时一次将其镗出，保证两孔的同轴度。如果一根轴上装有不同尺寸的轴承，可用组合镗刀一次镗出两个尺寸不同的座孔，用钢制套杯结构(图 10-21(c))来安装外径较小的轴承。当两个座孔分别位于不同机壳上时，应将两个机壳先进行结合面加工再联接成一个整体，然后镗孔。

不同类型的滚动轴承刚度差别很大，滚子轴承比球轴承的刚度高；多列轴承比单列轴承的刚度高；滚针轴承具有很大的刚度，但对于偏载很敏感，极限转速低。

对刚度要求很高且跨度很大的轴系，可采用多支点轴系结构来满足刚度的要求，但加工装配时，对轴承孔、轴的同轴度要求高。

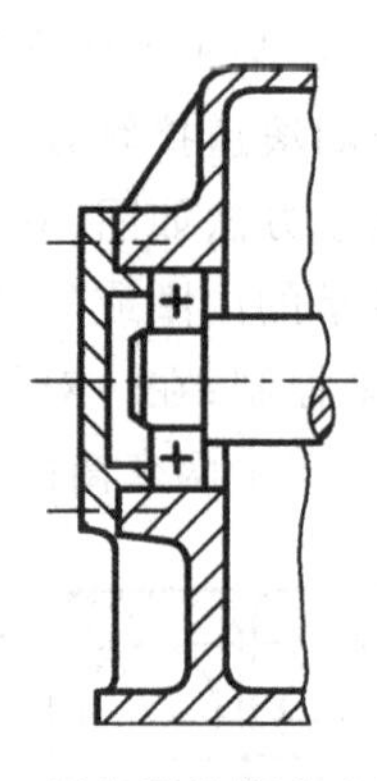

图 10-21　用加强肋提高支承的刚性

第 11 章　联轴器及离合器设计

11.1　联轴器的作用及分类

联轴器所连接的两根轴，由于制造及安装误差，以及机器在工作受载时基础、机架和其他零部件的弹性变形与温度变形，其轴线不可避免地会产生相对位移，如图 11-1 所示。这就要求设计联轴器时，要从结构上采取各种不同的措施，使之具有适应一定范围的相对位移的性能。

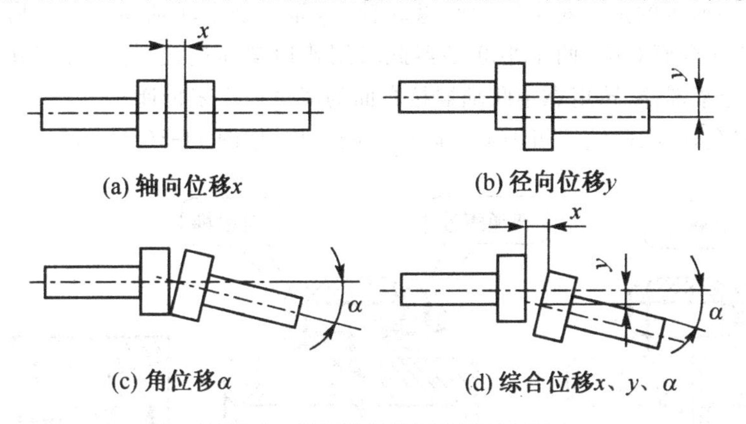

图 11-1　两根轴间的各种相对位移

根据有无弹性元件和对各种相对位移有无补偿能力，联轴器可分为刚性联轴器、挠性联轴器和安全联轴器。联轴器的主要类型、特点及其作用见表 11-1。

表 11-1　联轴器的类型

类型	在传动系统中的作用	备注
刚性联轴器	只能传递运动和转矩，不具备其他功能	包括凸缘联轴器、套筒联轴器、夹壳联轴器等
	无弹性元件的挠性联轴器，不仅能传递运动和转矩，而且具有不同程度的轴向(Δx)、径向(Δy)、角向($\Delta\alpha$)补偿性能	包括齿式联轴器、万向联轴器、链条联轴器等。
挠性联轴器	有弹性元件的挠性联轴器，不仅能传递运动和转矩，具有不同程度的轴向(Δx)、径向(Δy)、角向($\Delta\alpha$)补偿性能，还具有不同程度的减振、缓冲作用，能改善传动系统的工作性能	包括各种非金属弹性元件挠性联轴器和金属弹性元件挠性联轴器，各种弹性联轴器的结构不同，差异较大，在传动系统中的作用也不尽相同
安全联轴器	传递运动和转矩，具有过载安全保护的性能，还具有不同程度的补偿性能	包括销钉式、摩擦式、磁粉式、离心式、液压式等

11.2 刚性联轴器

11.2.1 凸缘联轴器

凸缘联轴器是应用最广的刚性联轴器，如图 11-2 所示。它是把两个带有凸缘的半联轴器用普通平键分别与两根轴连接，然后用螺栓把两个半联轴器连成一体，以传递运动和转矩。

这种联轴器有两种主要的结构形式：

①图 11-2(a)所示的是普通的凸缘联轴器，通常靠铰制孔用螺栓来实现两轴对中，当采用铰制孔用螺栓时，螺栓杆与钉孔为过渡配合，靠螺栓杆承受挤压与剪切来传递转矩；

②图 11-2(b)所示的是有对中榫的凸缘联轴器，靠一个半联轴器上的凸肩与另一个半联轴器上的凹槽相配合而对中，两个半联轴器此时用普通螺栓连接，螺栓杆与孔壁之间存在间隙，装配时必须拧紧螺栓，转矩靠半联轴器接合面的摩擦力矩来传递。

为了运行安全，凸缘联轴器可做成带防护边的结构，如图 11-2(c)所示。

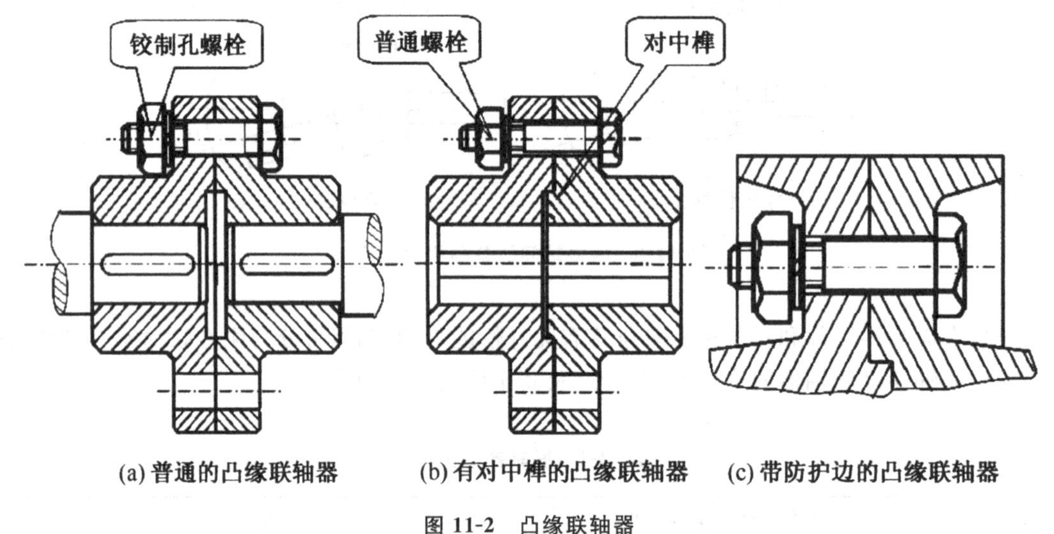

(a) 普通的凸缘联轴器　(b) 有对中榫的凸缘联轴器　(c) 带防护边的凸缘联轴器

图 11-2　凸缘联轴器

凸缘联轴器的材料可用灰铸铁和碳钢。当重载或圆周速度大于 30 m/s 时应用铸钢或锻钢，由于凸缘联轴器属于刚性联轴器，对所连两根轴之间的相对位移缺乏补偿能力，故对两根轴对中性的要求很高。当两根轴有相对位移存在时，就会在机件内引起附加载荷，使工作情况恶化，这是它的主要缺点。但由于它构造简单、成本低、可传递较大的转矩，故当转速低、无冲击、轴的刚性大、对中性较好时常被采用。

11.2.2 套筒联轴器

套筒联轴器是一种结构最简单的刚性联轴器，如图 11-3 所示。这种联轴器是一个圆柱形套筒，可用两个圆锥销来传递转矩，也可以用两个平键代替圆锥销。该联轴器的优点是径向尺寸小，结构简单。结构尺寸推荐：$D=(1.5\sim2)d$，$L=(2.8\sim4)d$。此种联轴器尚无标准，需要自行设计，如机床上就经常采用这种联轴器。

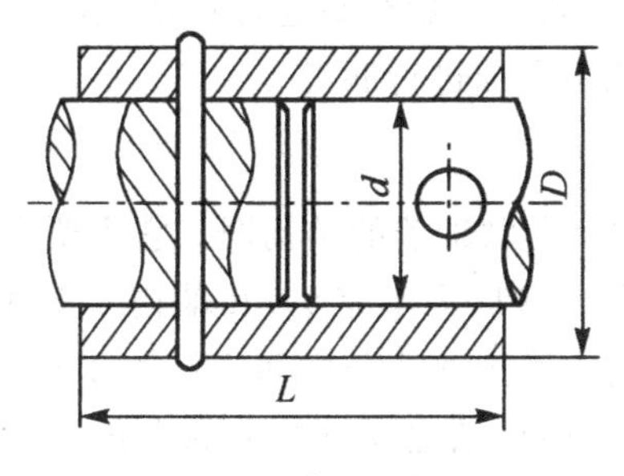

图11-3 套筒联轴器

11.3 挠性联轴器

11.3.1 无弹性元件的挠性联轴器

这类联轴器因具有挠性，故可补偿两根轴的相对位移。但由于无弹性元件，故不能缓冲减振。常用的挠性联轴器有以下几种。

1. 十字滑块联轴器

如图11-4所示，十字滑块联轴器由端面开有凹槽的两个半联轴器1、3和一个两端具有凸牙的中间圆盘2组成。中间圆盘两端的凸牙相互垂直，并分别与两个半联轴器的凹槽相嵌合，凸牙的中心线通过圆盘中心。两个半联轴器分别装在主动轴和从动轴上。

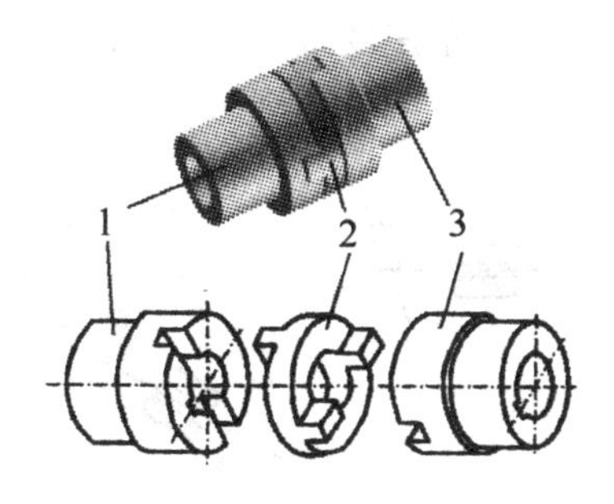

图11-4 十字滑块联轴器

运转时，如果两条轴线不同心或偏斜，中间圆盘的凸牙将在半联轴器的凹槽内滑动，以补偿两根轴的相对位移。因此，凹槽和凸牙的工作面要求有较高的硬度(HRC46～50)并要加润滑剂。

因为半联轴器与中间圆盘组成移动副，不能发生相对转动，故主动轴与从动轴的角速度应相等。但在两根轴有相对位移的情况下工作时，若转速较高，中间圆盘的偏心将会产生较大的离心力，从而加速工作面的磨损，并给轴和轴承带来较大的附加载荷，故它只宜用于低速的场合，一般不超过300 r/min。此外，该联轴器所允许的径向位移(即偏心距)为 $y \leqslant 0.04\,d$(d 为轴径)，角位移为 $\alpha \leqslant 30'$。

十字滑块联轴器零件的工作表面一般都要进行热处理，以提高其硬度。为了减小摩擦及磨损，使用时应从中间盘的油孔中注油进行润滑。

2. 十字轴式万向联轴器

图 11-5 所示的是十字轴式万向联轴器的结构图。它主要由两个分别固定在主、从动轴上的叉形接头 1、3，一个十字形零件 2(称为十字头)和轴销 4、5(包括销套及铆钉)组成；轴销 4 与 5 互相垂直配置，并分别把两个叉形接头与中间连接件 2 连接起来。这样，就构成了一个可动的连接。这种联轴器可以允许两根轴之间有较大的夹角(夹角 α 最大可达 35°～45°)，而在机器运转时，即使夹角发生改变仍可正常传动。

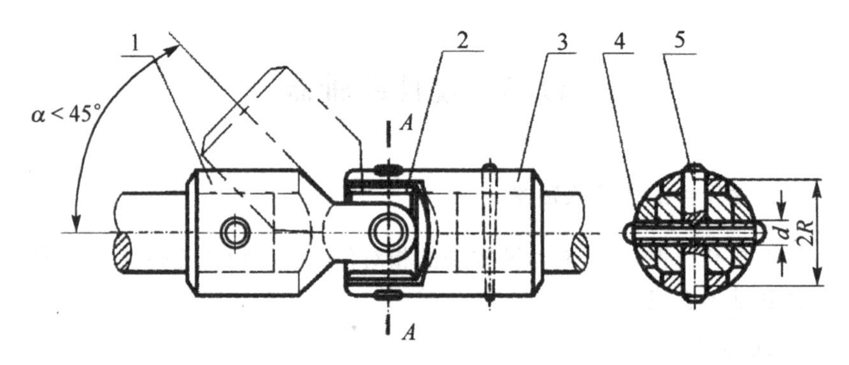

图 11-5 十字轴式万向联轴器

但当仪过大时，传动效率会显著降低。如图 11-6(a)所示，主动轴上叉形接头 1 的叉面在图纸的平面内，而从动轴上叉形接头 2 的叉面则在垂直图纸的平面内，设主动轴以角速度 ω_1 等速转动，可推出从动轴在此位置时的角速度 $\omega_2' = \omega_1/\cos\alpha$。

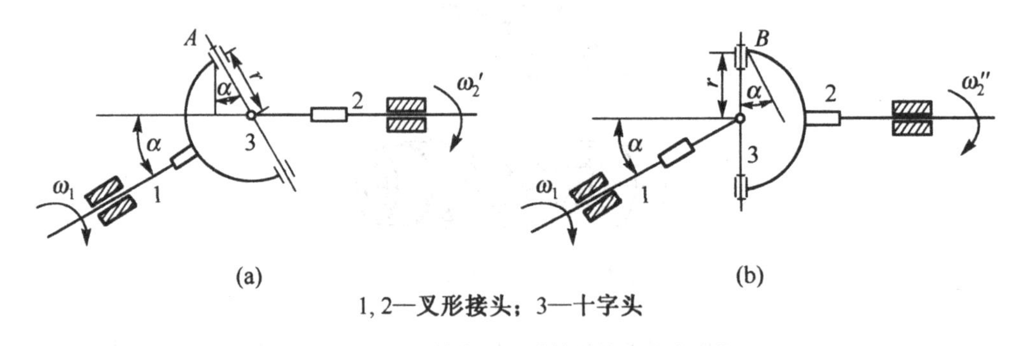

1，2—叉形接头；3—十字头

图 11-6 十字轴式万向联轴器的角速度变化

当主动轴再转过 90°时，从动轴也转过 90°，如图 11-6(b)所示，此时叉形接头 1 的叉面在垂直图纸的平面内，叉形接头 2 的叉面则在图纸的平面内，可推出从动轴在此位置时的角速度 $\omega_2'' = \omega_1 \cos\alpha$。

当主动轴再转过 90°时，主、从动轴的叉面位置又回到图 11-6(a)所示状态。故当主动轴以等角速度 ω_1 转动时，从动轴角速度在哪 $\omega_1 \cos\alpha \leqslant \omega_2 \leqslant \omega_1/\cos\alpha$ 仪范围内周期性地变化，因而在传动中引起附加动载荷。为了改善这种情况，常将万向联轴器成对使用，即使用双万向联轴器，如图 11-7 所示。需要注意的是，安装时必须保证主动轴、从动轴与中间轴之间的夹角相等（$\alpha_1=\alpha_2$），并且中间轴两端的叉面位于同一平面内，这种双万向联轴器才可以得到 $\omega_1=\omega_2$，从而降低运转时的附加动载荷。

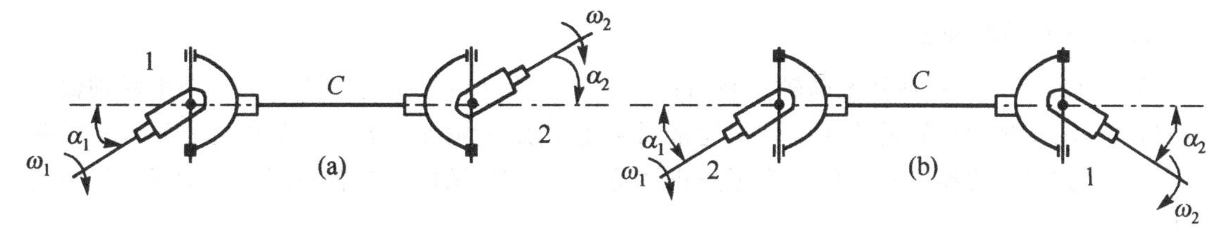

图 11-7 双万向联轴器简图

万向联轴器各元件的材料多用合金钢，以获得较高的耐磨性及较小的尺寸。由于这类联轴器结构紧凑，维护方便，广泛应用于汽车、多头钻床等机器的传动系统中。

11.3.2 有弹性元件的挠性联轴器

这类联轴器因装有弹性元件，不仅可以补偿两根轴之间的相对位移，而且具有缓冲和减振的能力。弹性元件可储蓄的能量越多，联轴器的缓冲能力越强；弹性元件的弹性滞后性能与弹性变形时零件之间的摩擦功越大，联轴器的减振能力越好。

制造弹性元件的材料有金属和非金属两种。非金属有橡胶、塑料等，其特点为质量小，价格便宜，有良好的弹性滞后性能，因而减振能力强。金属材料制成的弹性元件（主要为各种弹簧）则强度高，尺寸小且寿命长。

1. 弹性套柱销联轴器

弹性套柱销联轴器结构上和凸缘联轴器很近似，但是两个半联轴器的连接不用螺栓而用套有弹性套的柱销，如图 11-8 所示。因为通过环形波纹的弹性套传递转矩，故可缓冲减振。弹性套的材料常用耐油橡胶，并做成截面形状如图中网纹部分所示，以提高其弹性。为了在更换弹性套时简便而不必拆移机器，设计中应注意留出距离 B；为了补偿轴向位移，安装时应注意留出相应大小的间隙 c。

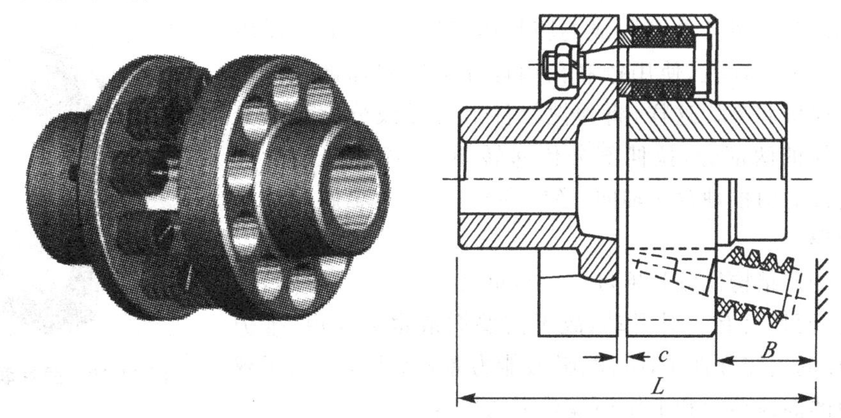

图 11-8 弹性套柱销联轴器

这种联轴器制造容易，装拆方便，成本较低，但弹性套易磨损，寿命较短。它适用于经常反转，启动频繁，转速较高的场合。如电动机与减速器（或其他传动装置）之间就常用这种联轴器。

半联轴器的材料常用 HT200，有时也采用35号钢或ZG270—500柱销材料多用35号钢。

2．弹性柱销联轴器

如图11-9所示，弹性柱销联轴器利用将若干非金属材料制成的柱销置于两个半联轴器凸缘的孔中，以实现两根轴的连接。柱销通常用尼龙制成，而尼龙具有一定的弹性。弹性柱销联轴器的结构简单，更换柱销方便。为了防止柱销脱出，在柱销两端配置挡圈。装配时应注意留出间隙 c。

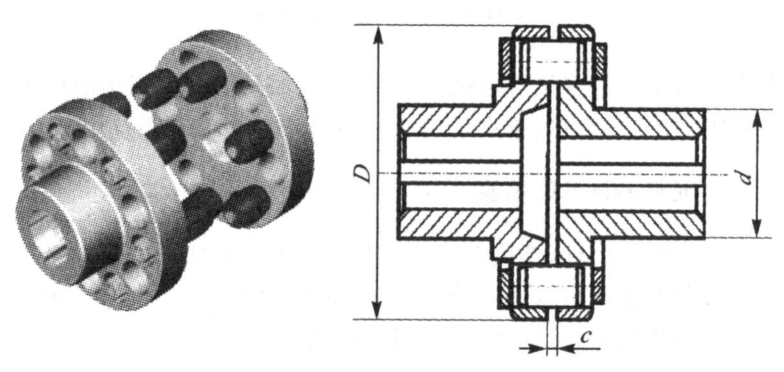

图11-9　弹性柱销联轴器

这种联轴器与弹性套柱销联轴器很相似，都是动力从主动轴通过弹性件传递到从动轴，但传递转矩的能力更大，结构更简单。它安装、制造方便，耐久性好，弹性柱销有一定的缓冲和吸振能力，允许被连接的两根轴有一定的轴向位移及少量的径向位移和角位移，适用于轴向窜动较大、正反转变化较多和启动频繁的场合。由于尼龙柱销对温度较敏感，故使用温度限制在－20℃～70℃的范围内。

3．金属膜片联轴器

金属膜片联轴器的典型结构如图11-10所示，其弹性元件是由一定数量的很薄的多边环形（或圆环形）金属膜片叠合而成的膜片组，膜片上有沿圆周均匀分布的若干个螺栓孔，使用铰制孔用螺栓交错间隔地把两边的半联轴器连接起来。这样，将弹性元件上的弧段分为交错受压缩和受拉伸的两部分，拉伸部分传递转矩，压缩部分趋向皱折。当所连接的两根轴存在轴向、径向和角位移时，金属膜片便产生波状变形。

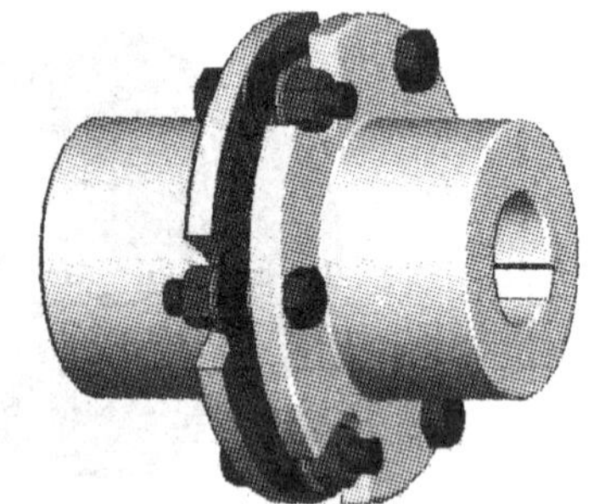

图11-10　膜片联轴器

这种联轴器结构比较简单，质量轻，拆装方便，工作可靠，平衡校正容易，而且没有相对滑动，故不需要润滑也无噪声，维护方便；但膜片的扭转弹性小，缓冲、吸振能力差，因此其适用于载荷比较平稳的高速传动和工作环境恶劣的场合。

有金属弹性元件的挠性联轴器除上述金属膜片联轴器外，还有多种形式，如定刚度的圆柱弹簧联轴器、变刚度的蛇形弹簧联轴器及径向弹簧片联轴器等。

11.4　离合器的作用及分类

离合器主要也是用做轴与轴之间的连接。与联轴器不同的是，用离合器连接的两根轴，在机器工作中能方便地使它们分离或接合。如汽车临时停车时不必熄火，只要操纵离合器使变速箱的输入轴与汽车发动机输出轴分离。对离合器的基本要求有：接合平稳，分离迅速而彻底；调节和修理方便；外廓尺寸小；质量小；耐磨性好，有足够的散热能力；操纵方便、省力。离合器的类型很多，如表 11-2 所示，常用的可分为牙嵌式与摩擦式两大类。

表 11-2　离合器的分类

<table>
<tr><td rowspan="4">操纵操纵离合器</td><td>机械离合器</td><td>片式离合器、牙嵌离合器、齿形离合器、圆锥离合器、摩擦块离合器、销式离合器、键式离合器、棘轮离合器、鼓式离合器、扭簧离合器、胀圈离合器、闸带离合器、双功能离合器(离合器—制动器)</td></tr>
<tr><td>电磁离合器</td><td>片式电磁离合器、牙嵌电磁离合器、圆锥电磁离合器、扭簧电磁离合器、转差电磁离合器、磁粉电磁离合器、电磁离合器—制动器</td></tr>
<tr><td>液压离合器</td><td>片式液压离合器、牙嵌液压离合器、浮动块液压离合器、圆锥液压离合器、液压离合器一制动器</td></tr>
<tr><td>气压离合器</td><td>片式气压离合器、气胎离合器、浮动块气压离合器、圆锥气压离合器、气压离合器—制动器</td></tr>
<tr><td rowspan="4">自控离合器</td><td>超越离合器</td><td>牙嵌式、棘轮式、滑销式、滚柱式、楔块式、同步式</td></tr>
<tr><td>离心离合器</td><td>钢球式、缓冲式、橡胶弹性式、闸块式</td></tr>
<tr><td>安全离合器</td><td>片式、牙嵌式、钢球式、销式、圆锥式</td></tr>
<tr><td>调速离合器</td><td>液黏式、低速轴湿式、液力式</td></tr>
</table>

11.5　嵌合式离合器

牙嵌离合器的零件数量少，主要由两个端面有牙的半离合器组成，如图 11-11 所示。其中，半离合器 2 固定在主动轴 1 上，半离合器 3 用导键(或花键)与从动轴 4 连接。通过操纵机构 5 可使半离合器 3 沿导键作轴向移动，以实现离合器的分离与接合。两轴靠两个半离合器端面上的牙嵌接合来连接，以传动运动和转矩。为了使两轴对中，在半离合器 2 上固定有对中环 6，从动轴可以在对中环内自由地转动。

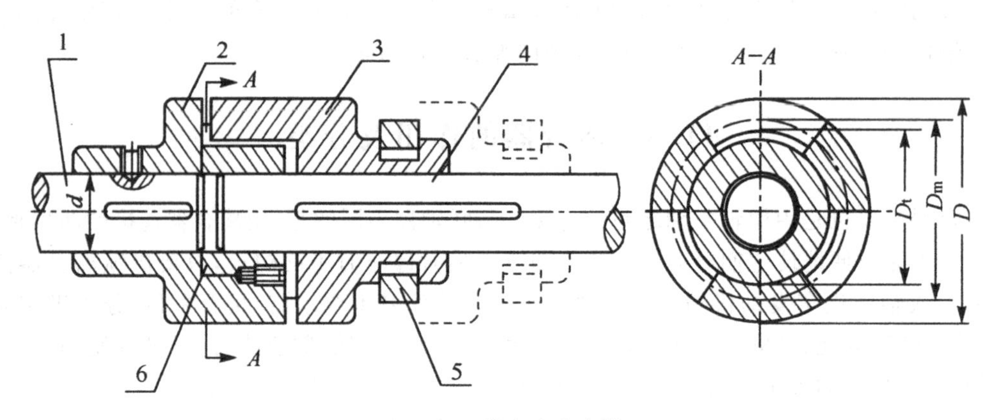

图 11-11　嵌合式离合器

1—主动轴;2,3—半离合器;4—从动轴;5—操纵机构;6—对中环

牙嵌离合器常用的牙型有三角形、矩形、梯形和锯齿形,如图 11-12 所示。三角形接合和分离容易,但齿的强度较弱,多用于传递小转矩,接合后不能自锁。梯形和锯齿形强度较高,接合和分离也较容易,多用于传递大转矩的场合,但锯齿形只能单向工作,反转时工作面将受到较大的轴向分力,迫使离合器自行分离。矩形制造容易,但必须在与槽对准后方能接合,因而接合困难;而且接合以后,与接触的工作面间无轴向分力作用,所以分离也较困难,故应用较少。

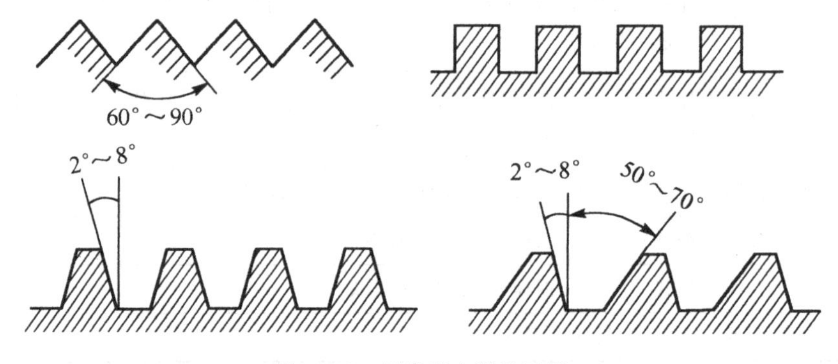

图 11-12　牙嵌离合器的牙型

牙嵌离合器结构简单,外廓尺寸小,接合后两个半离合器之间没有相对滑动,但只能在两根轴的转速差很小或相对静止的情况下才能接合,否则牙的相互嵌合会发生很大冲击,影响牙的寿命,甚至会使牙折断。

牙嵌离合器的材料常用低碳钢表面渗碳,硬度为 56～62 HRC,或采用中碳钢表面淬火,硬度为 48～54 HRC;对于不重要的和静止状态接合的离合器,也允许用 HT200。

牙嵌离合器可以借助电磁线圈的吸力来操纵,称为电磁牙嵌离合器。电磁牙嵌离合器通常采用嵌入方便的三角形细牙。由于该离合器依据信息而动作,所以便于遥控和程序控制。

11.6　摩擦式离合器

圆盘摩擦离合器是利用主、从动摩擦盘间产生的摩擦力矩来传递转矩的，其结构上有单盘式和多盘式两种。根据摩擦副的润滑状态不同，又可分为干式与湿式两种。

单盘摩擦离合器是最简单的摩擦离合器，如图 11-13 所示。在主动轴 1 和从动轴 2 上，分别安装摩擦盘 3 和 4，操纵环 5 可以使摩擦盘 4 沿从动轴移动。接合时以力 F 将盘 4 压在盘 3 上，主动轴上的转矩即由两盘接触面间产生的摩擦力矩传到从动轴上。能传递的最大转矩为

$$T_{\max}=FfR_{m} \tag{11-1}$$

式中 F——两个摩擦片之间的轴向压力；

f——摩擦系数；

R_{m}——平均半径。

设摩擦力的合力作用在平均半径的圆周上。取环形接合面的外径为 D_1，内径为 D_2，则

$$R_{m}=\frac{D_1+D_2}{4} \tag{11-2}$$

这种单盘摩擦离合器为常开式，接合平稳、柔顺，散热性好，但传递的转矩较小，可用于传递转矩范围为 15～3000 N·m 的场合。当需要传递较大转矩时，可采用多盘摩擦离合器。

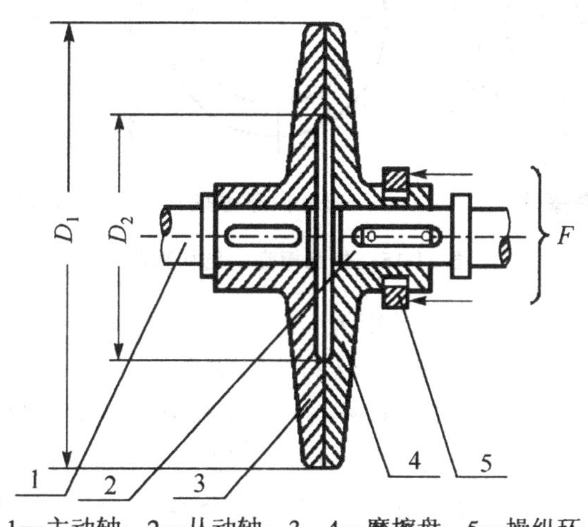

1—主动轴；2—从动轴；3，4—摩擦盘；5—操纵环

图 11-13　单盘摩擦离合器

图 11-14 所示的是多盘摩擦离合器，它有两组摩擦盘，其中外摩擦盘 4 利用外圆上的花键与外鼓轮 2 相连(外鼓轮 2 与输入轴 1 相固连)，内摩擦盘 5 利用内圆上的花键与内套筒 9 相连(内套筒 9 与输出轴 10 相固连)。当滑环 8 做轴向移动时，将拨动曲臂压杆 7，使压板 3 压紧或松开内、外摩擦盘组，从而使离合器接合或分离。螺母 6 是用来调节内、外摩擦盘组间隙大小的。外摩擦盘和内摩擦盘的结构形状如图 11-15 所示。若将内摩擦盘改为图 11-15(c)中的碟形，使其具有一定的弹性，则离合器分离时摩擦盘能自行弹开，接合时也较平稳。

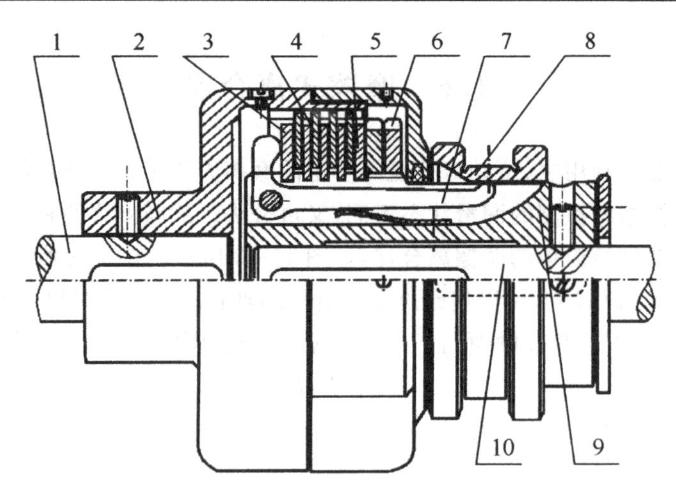

图 11-14　多盘摩擦离合器

1—输入轴；2—外鼓轮；3—压板；4—外摩擦盘；5—内摩擦盘；

6—螺母；7—曲臂压杆；8—滑环；9—内套筒；10—输出轴

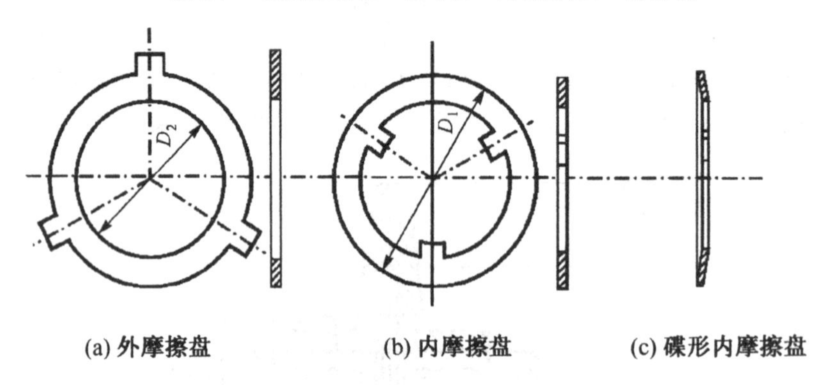

(a) 外摩擦盘　　(b) 内摩擦盘　　(c) 碟形内摩擦盘

图 11-15　外摩擦盘的结构形状

多片式摩擦离合器能传递的最大转矩为

$$T_{\max}=FfR_{\mathrm{m}}z\geqslant K_{\mathrm{A}}T \tag{11-3}$$

式中 z——接合摩擦面数(在图 11-14 中，$z=6$)，其他符号的含义同前。

摩擦盘工作表面的内、外直径之比，是摩擦离合器的一个重要的结构参数。

由式(11-16)可知，增加摩擦盘数目，可以提高离合器传递转矩的能力，但摩擦盘过多会影响分离动作的灵活性，故一般不超过 10～15 对。

摩擦离合器的工作过程一般可分为接合、工作和分离三个阶段。在接合和分离过程中，从动轴的转速总低于主动轴的转速，因此两个摩擦盘工作面间必将产生相对滑动，从而会消耗一部分能量，并引起摩擦盘的磨损和发热。为了限制磨损和发热，应使接合面上的压强 p 不超过许用压强[p]，即

$$p=\frac{4F}{\pi(D_1^2-D_2^2)}\leqslant[p] \tag{11-4}$$

式中 D_1、D_2——环形接合面的外径和内径(mm)；

F——轴向压力(N)；[p]为许用压强(N/mm^2)。

许用压强$[p]$为基本许用压强$[p_0]$与系数k_1、k_2、k_3的乘积，即

$$[p]=[p_0]k_1k_2k_3 \tag{11-5}$$

式中 k_1、k_2、k_3——因离合器的平均圆周速度、主动摩擦片数及每小时的接合次数不同而引入的修正系数。

圆盘摩擦离合器利用摩擦盘作为接合元件，结构形式多，传递转矩大，安装调整方便，摩擦材料种类多，能保证在不同工况下，具有良好的工作性能。两根轴可在任意大小转速差的工况下接合和分离(特别是能在高速下进行平稳离合)，并可通过改变摩擦盘间的压力来调节从动轴的加速时间，减小接合的冲击振动。过载时摩擦面间将打滑，具有安全保护作用。但在接合过程中会摩擦发热，同时还要调整摩擦面的间隙。圆盘摩擦离合器广泛应用于交通运输、机床、建筑、轻工和纺织等机械中。

11.7　其他离合器

11.7.1　磁粉离合器

如图 11-16 所示，磁粉离合器主要由磁铁轮芯 5、环形激磁线圈 4、从动外鼓轮 2 和齿轮 1 组成。主动轴 7 与磁铁轮芯 5 固连，在轮芯外缘的凹槽内绕有环形激磁线圈 4，线圈与接触环 6 相连；从动外鼓轮 2 与齿轮 1 相连，并与磁铁轮芯间有 0.5～2 mm 的间隙，其中填充磁导率高的铁粉和油或石墨的混合物 3。这样，当线圈通电时，形成经轮芯、间隙、外鼓轮又回到轮芯的闭合磁通，使铁粉磁化。当主动轴旋转时，由于磁粉的作用，带动外鼓轮一起旋转来传递转矩。断电时，铁粉恢复为松散状态，离合器即行分离。

这种离合器接合平稳，使用寿命长，可以远距离操纵，但尺寸和重量较大。

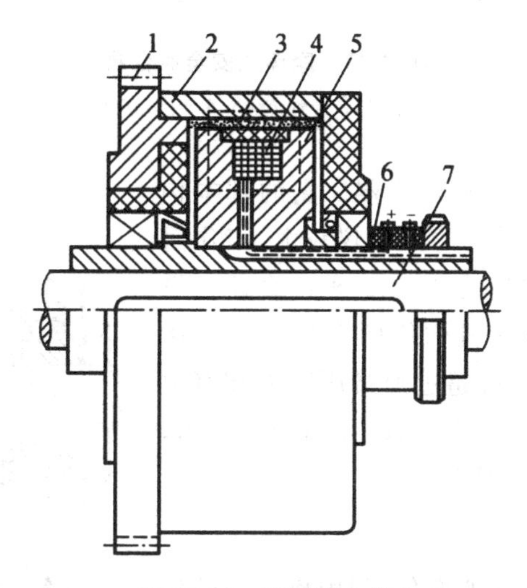

图 11-16　磁粉离合器

1—齿轮；2—从动外鼓轮；3—混合物；4—环形激磁线圈；
5—磁铁轮芯；6—接触环；7—主动轴

11.7.2 自动离合器

自动离合器是一种能根据机器运转参数(如转矩、转速或转向)的变化而自动完成接合与分离动作的离合器。常用的自动离合器有安全离合器、离心式离合器和定向离合器三类。

1. 安全离合器

安全离合器在所传递的转矩超过一定数值时自动分离。它有许多种类型,图 11-17 所示为摩擦式安全离合器。它的基本构造与一般摩擦离合器大致相同,只是没有操纵机构,而利用调整螺钉 1 来调整弹簧 2 对内、外摩擦片 3、4 的压紧力,从而控制离合器所能传递的极限转矩。当载荷超过极限转矩时,内、外摩擦片接触面间会出现打滑,以此来限制离合器所传递的最大转矩。

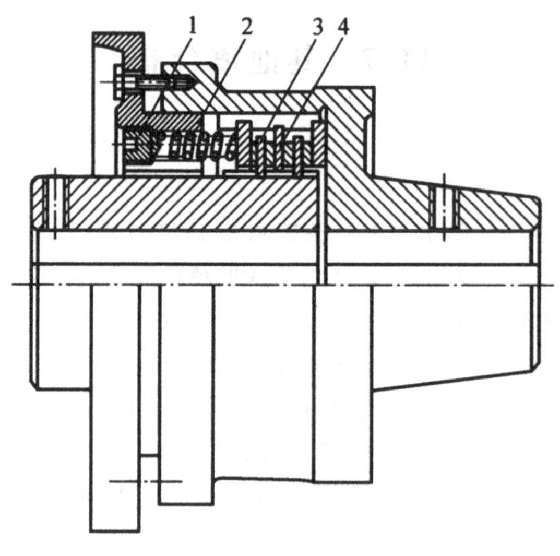

图 11-17 摩擦式安全离合器

1—调整螺钉;2—弹簧;3、4—内、外摩擦片

图 11-18 所示为牙嵌式安全离合器。它的基本构造与牙嵌离合器相同,只是牙面的倾角仪较大,工作时啮合牙面间能产生较大的轴向力 F_a。这种离合器也没有操纵机构,而用一弹簧压紧机构使两个半离合器接合,当转矩超过一定值时,F_a 将超过弹簧压紧力和有关的摩擦阻力,半离合器 1 就会向左滑移,使离合器分离;当转矩减小时,离合器又自动接合。

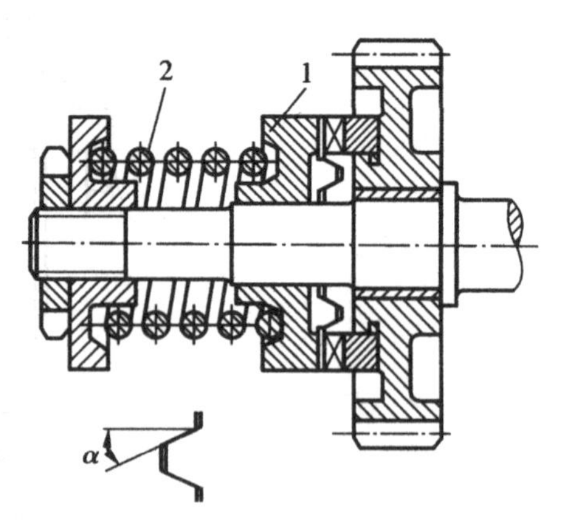

图 11-18 牙嵌式安全离合器

1—半离合器;2—弹簧

2. 离心式离合器

离心式离合器是通过转速的变化,利用离心力的作用来控制接合和分离的一种离合器。离心式离合器有自动接合式和自动分离式两种。前者当主动轴达到一定转速时,能自动接合;后者相反,当主动轴达到一定转

速时能自动分离。

图 11-19 所示为一种自动接合式离合器。它主要由与主动轴 4 相连的轴套 3，与从动轴(图中未画出)相连的外鼓轮 1、瓦块 2、弹簧 5 和螺母 6 组成。瓦块的一端铰接在轴套上，一端通过弹簧力拉向轮心，安装时使瓦块与外鼓轮保持适当间隙。这种离合器常用做启动装置，当机器启动后，主动轴的转速逐渐增加，当达到某一值时，瓦块将因离心力带动外鼓轮和从动轴一起旋转。拉紧瓦块的力可以通过螺母来调节。

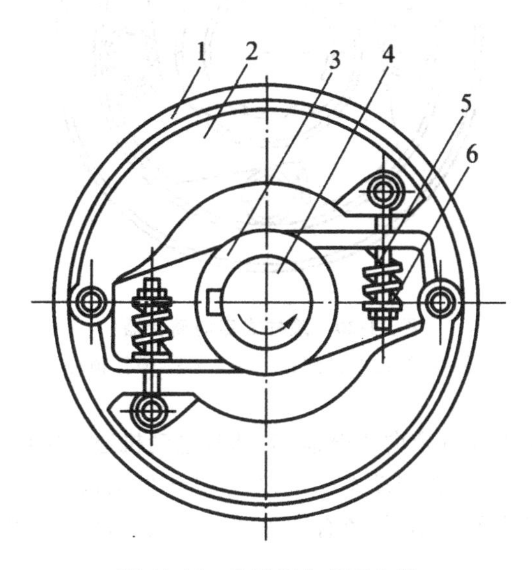

图 11-19　自动接合式离合器

1—外鼓轮；2—瓦块；3—轴套；4—主动轴；5—弹簧；6—螺母

这种离合器有时用于电动机的伸出轴端，或直接装在皮带轮中，使电动机正、反转时都是空载启动，以降低电动机启动电流的延续时间，改善电动机的发热现象。

3. 定向离合器

定向离合器只能传递单向转矩，反向时能自动分离。如前所述的锯齿形牙嵌离合器就是一种定向离合器，它只能单方向传递转矩，反向时会自动分离。这种利用齿的嵌合的定向离合器，空程时(分离状态运转)噪声大，故只宜用于低速场合。在高速情况下，可采用摩擦式定向离合器，其中应用较为广泛的是滚柱式定向离合器(见图 11-20)。它主要由星轮 1、外圈 2、弹簧顶杆 4 和滚柱 3 组成。弹簧的作用是将滚柱压向星轮的楔形槽内，使滚柱与星轮、外圈相接触。

星轮和外圈均可作为主动轮。当星轮为主动件并按图示方向旋转时，滚柱受摩擦力的作用被楔紧在槽内，因而带动外圈一起转动，这时离合器处于接合状态。当星轮反转时，滚柱受摩擦力的作用，被推到槽中较宽的部分，不再楔紧在槽内，这时离合器处于分离状态。

如果星轮仍按图示方向旋转，而外圈还能从另一条运动链获得与星轮转向相同但转速较大的运动时，按相对运动原理，离合器将处于分离状态。此时星轮和外圈互不相干，各自以不同的转速转动。所以，这种离合器又称为自由行走离合器。又由于它的接合和分离与星轮和外圈之间的转速差有关，因此也称超越离合器。

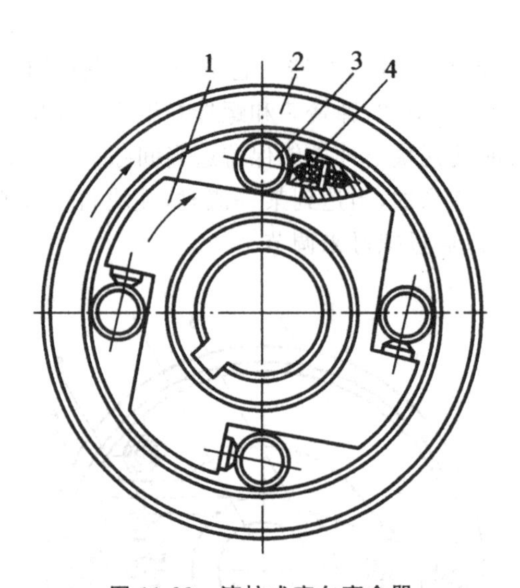

图 11-20　滚柱式定向离合器

1—星轮；2—外圈；3—滚柱；4—弹簧顶杆

在汽车的发动机中装上这种定向离合器，启动时电动机通过定向离合器的外圈（此时外圈转向与图中所示相反）、滚柱、星轮带动发动机；当发动机发动以后，反过来带动星轮，使其获得与外圈转向相同但转速较大的运动，使离合器处于分离状态，以避免发动机带动启动电动机超速旋转。

定向离合器常用于汽车、拖拉机和机床等设备中。

第12章　弹簧设计

12.1　概　述

12.1.1　弹簧的功用

弹簧是一种弹性元件，多数机械设备均离不开弹簧。弹簧利用本身的弹性，在受载后产生较大变形，卸载后，变形消失而弹簧将恢复原状。弹簧在产生变形和恢复原状时，能够把机械功或动能转变为变形能，或把变形能转变为机械功或动能。利用弹簧的这种特性，可以满足机械中的一些特殊要求，其主要功用是：

①控制机构的运动，如制动器、离合器中的控制弹簧，内燃机汽缸的阀门弹簧等。

②减振和缓冲，如汽车、火车车厢下的减振弹簧，以及各种缓冲器用的弹簧等。

③储存及输出能量，如钟表弹簧、枪栓弹簧等。

④测量力的大小，如测力器和弹簧秤中的弹簧等。

12.1.2　弹簧的类型

按载荷特性，弹簧可分为压缩弹簧、拉伸弹簧、扭转弹簧和弯曲弹簧；按弹簧外形又可分为螺旋弹簧、碟形弹簧、环形弹簧、板弹簧等；按材料的不同还可以分为金属弹簧和非金属弹簧等。表12-1列出了几种常用弹簧。

表12-1　弹簧的类型

承受载荷		弹簧的类型
拉伸		 F　F　圆柱螺旋拉伸弹簧 　鼓形螺旋拉伸弹簧
压缩	螺旋压缩弹簧	 等螺距 　变螺距 　圆锥形 　鼓形 　圆弧面形

续表

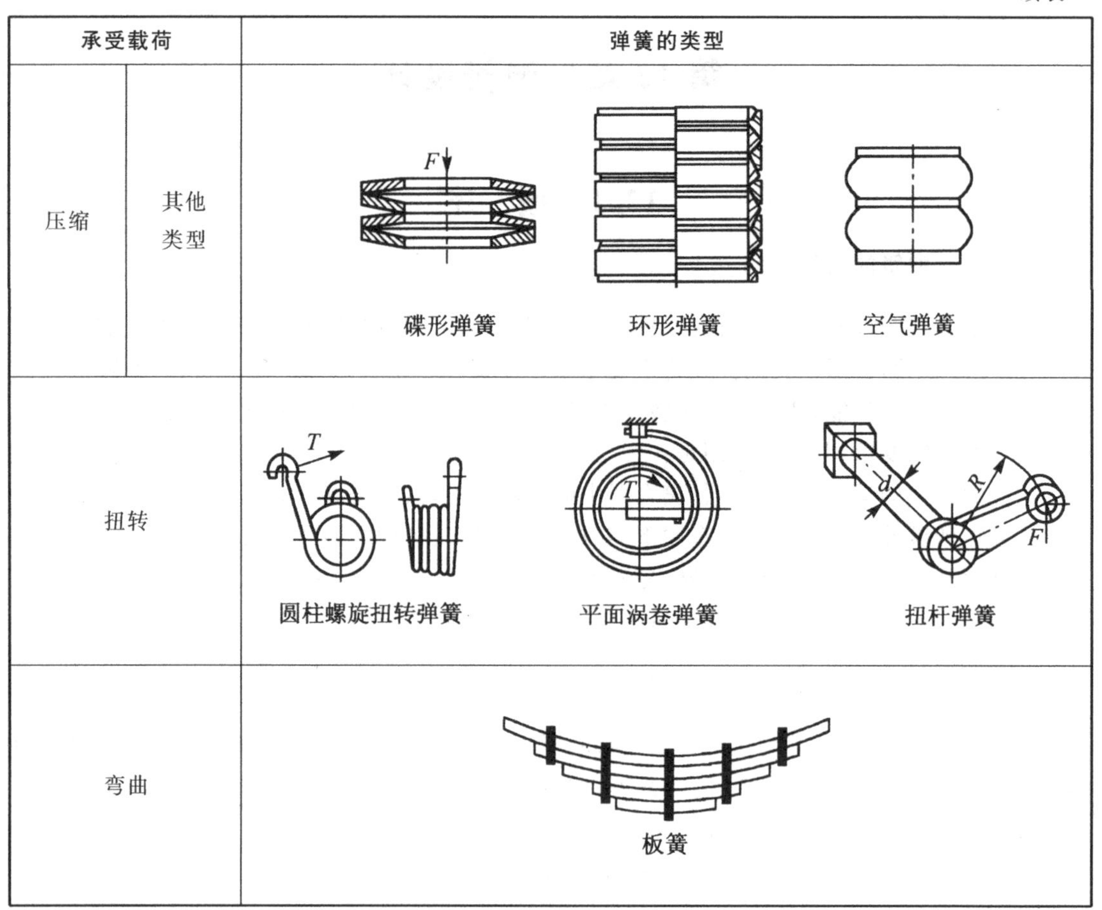

承受载荷		弹簧的类型
压缩	其他类型	碟形弹簧　环形弹簧　空气弹簧
扭转		圆柱螺旋扭转弹簧　平面涡卷弹簧　扭杆弹簧
弯曲		板簧

螺旋弹簧用簧丝卷绕制成，制造简便，适用范围广泛。在一般机械中，最为常用的是圆柱螺旋弹簧。故本章主要讲述这类弹簧的结构形式、设计理论和计算方法。

12.1.3　弹簧特性曲线

弹簧载荷 F 和变形量 λ 之间的关系曲线称为弹簧特性曲线，如图 12-1 所示。受压或受拉的弹簧，图中载荷是指压力或拉力，变形是指弹簧的压缩量或伸长量；受扭转的弹簧，载荷是指转矩，变形是指扭角。弹簧特性曲线有直线型、刚度渐增型、刚度渐减型或以上几种的组合。使弹簧产生单位变形所需的载荷称为弹簧刚度，用 c 表示，为载荷变量与变形变量之比，即

$$c=\frac{\mathrm{d}F}{\mathrm{d}\lambda} \tag{12-1}$$

显然，直线型特性曲线的弹簧刚度 f 为常量，称为定刚度弹簧；对于刚度渐增型特性曲线，其弹簧受载愈大，弹簧刚度愈大；对于刚度渐减型特性曲线，其弹簧受载愈大，弹簧刚度愈小。弹簧刚度为变量的弹簧，称为变刚度弹簧。

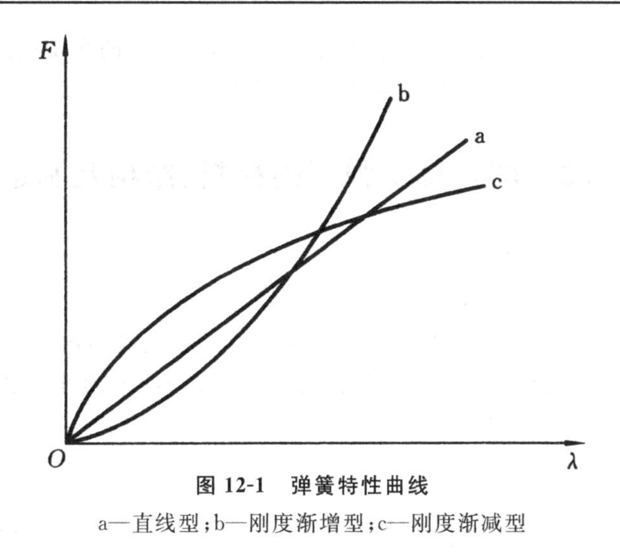

图 12-1　弹簧特性曲线

a—直线型；b—刚度渐增型；c—刚度渐减型

对于非圆柱螺旋弹簧，其特性曲线是非线性的，对于圆柱螺旋弹簧(拉、压)，可用改变弹簧节距的方法来实现非线性特性曲线。

弹簧特性曲线反映弹簧在受载过程中刚度的变化情况，它是设计、选择、制造和检验弹簧的重要依据之一。

12.1.4　弹簧变形能

弹簧受载后产生变形，所储存的能量称为变形能。当弹簧复原时，将其能量以弹簧功的形式放出。若加载曲线与卸载曲线重合(见图 12-2(a))，表示弹簧变形能全部以做功的形式放出；若加载曲线与卸载曲线不重合(见图 12-2(b))，则表示只有部分能量以做功形式放出，而另一部分能量因摩擦等原因而消耗，图 12-2(b)中横竖线交叉的部分为消耗的能量。

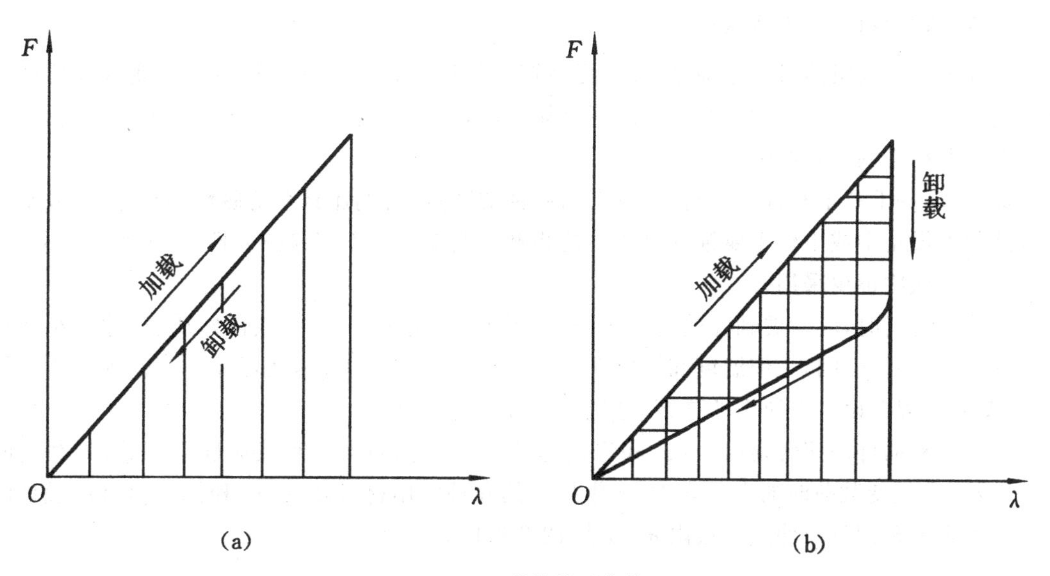

图 12-2　弹簧的形变能

显然，若需要弹簧的变形能做功，应选择两曲线尽可能重合的弹簧；若用弹簧来吸收振动，应选择加载曲线与卸载曲线所围面积大的弹簧，因为两曲线间的面积愈大，吸振能力愈强。

12.2 圆柱螺旋弹簧的材料、结构及制造

12.2.1 弹簧的材料

弹簧主要用于承受变载荷和冲击载荷，其失效形式主要是疲劳破坏。因此，要求弹簧材料必须具有较高的坑拉强度和疲劳强度、较好的弹性、足够的冲击韧性及稳定良好的热处理性能。同时，价格要便宜，易于购买。

1. 碳素弹簧钢

这种弹簧钢(如65、70钢等)的优点是价格便宜，原材料来源广泛；其缺点是弹性极限低，多次重复变形后易失去弹性，且不能在高于130℃的温度下正常工作。

2. 低锰弹簧钢

这种弹簧钢(如65 Mn)与碳素弹簧钢相比，优点是淬透性较好和强度较高，缺点是淬火后容易产生裂纹及热脆性。但由于价格便宜，所以一般机械上常用于制造尺寸不大的弹簧，如离合器弹簧等。

3. 硅锰弹簧钢

这种钢(如60 Si2MnA)中因加入了硅，故可显著地提高弹性极限，并提高了回火稳定性，因而可在更高的温度下回火，有良好的力学性能。但含硅量高时，表面易于脱碳。由于锰的脱碳性小，故在钢中加入硅锰这两种元素，就是为了发挥各自的优点，因此硅锰弹簧钢在工业中得到了广泛的应用。一般用于制造汽车、拖拉机的螺旋弹簧。

4. 50铬钒钢(如50CrVA)

这种钢中加入钒的目的是细化组织，提高钢的强度和韧性。这种材料的耐疲劳和抗冲击性能良好，并能在-40℃～210℃的温度下可靠工作，但价格较贵。多用于要求较高的场合，如用于航空发动机调节系统中。

此外，某些不锈钢和青铜等材料，具有耐腐蚀的特点，青铜还具有防磁性和导电性，故常用于制造化工设备中或工作于腐蚀性介质中的弹簧。其缺点是不容易热处理，力学性能较差，所以在一般机械中很少采用。

在选择材料时，应考虑到弹簧的用途、重要程度、使用条件(包括载荷性质、尺寸大小及循环特性，工作持续时间，工作温度和周围介质情况等)，以及加工、热处理和经济性等因素。同时，也要参照现有设备中使用的弹簧，选择较为合用的材料。

弹簧材料的许用扭转切应力$[\tau]$和许用弯曲应力$[\sigma_b]$的大小和载荷性质有关，静载荷时的$[\tau]$或$[\sigma_b]$较变载荷时的大。表12-2中推荐的几种常用材料及其$[\tau]$和$[\sigma_b]$值可供设计时参考。碳素弹簧钢丝拉伸强度极限σ_b按表12-2选取。

表 12-2　弹簧钢丝的拉伸强度极限 σ_b(MPa)(摘自 GB/T 1239・6—1992)

碳素弹簧钢丝				特殊用途碳素弹簧钢丝				重要用途弹簧钢丝	
钢丝直径 d/mm	Ⅰ组	Ⅱ组 Ⅱa组	Ⅲ组	钢丝直径 d/mm	甲组	乙组	丙组	钢丝直径 d/mm	65 Mn
0.32～0.6	2599	2157	1667	0.2～0.55	2844	2697	2550		
0.63～0.8	2550	2108	1667	0.6～0.8	2795	2648	2501		
0.85～0.9	2501	2059	1618						
1	2452	2010	1618	0.9～1	2746	2599	2452	1～1.2	1765
1.1～1.2	2354	1912	1520	1.1		2599	2452		
1.3～1.4	2256	1863	1471	1.2～1.3		2501	2354	1.4～1.6	1716
1.5～1.6	2157	1814	1422	1.4～1.5		2403	2256		
1.7～1.8	2059	1765	1373						
2	1961	1765	1373					1.8～2	1667
2.2	1863	1667	1373					2.2～2.5	1618
2.5	1765	1618	1275						
2.8	1716	1618	1275						
3	1667	1618	1275					2.8～3.4	1569
3.2	1667	1520	1177						
3.4～3.6	1618	1520	1177					3.5	1471
4	1569	1471	1128					3.8～4.2	1422
4.5～5	1471	1373	1079					4.5	1373
5.6～6	1422	1324	1030					4.8～5.3	1324
6.3～8		1226	981					5.5～6	1275

12.2.2　圆柱螺旋弹簧的结构形式

由于圆柱螺旋压缩、拉伸弹簧应用最广，所以下面分别介绍这两种弹簧的基本结构特点。

1. 圆柱螺旋压缩弹簧

圆柱螺旋压缩弹簧如图 12-3 所示，弹簧的节距为 p，在自由状态下，各圈之间应有适当的间距 δ，以便弹簧受压时，有产生相应变形的可能。为了使弹簧在压缩后仍能保持一定的弹性，设计时还应考虑在最大载荷作用下，各圈之间仍需保留一定的间距 δ_1。δ_1 的大小一般推荐为

$$\delta_1 = 0.1d \geqslant 0.2 \text{ mm} \quad (12\text{-}2)$$

式中 d——弹簧丝的直径(mm)。

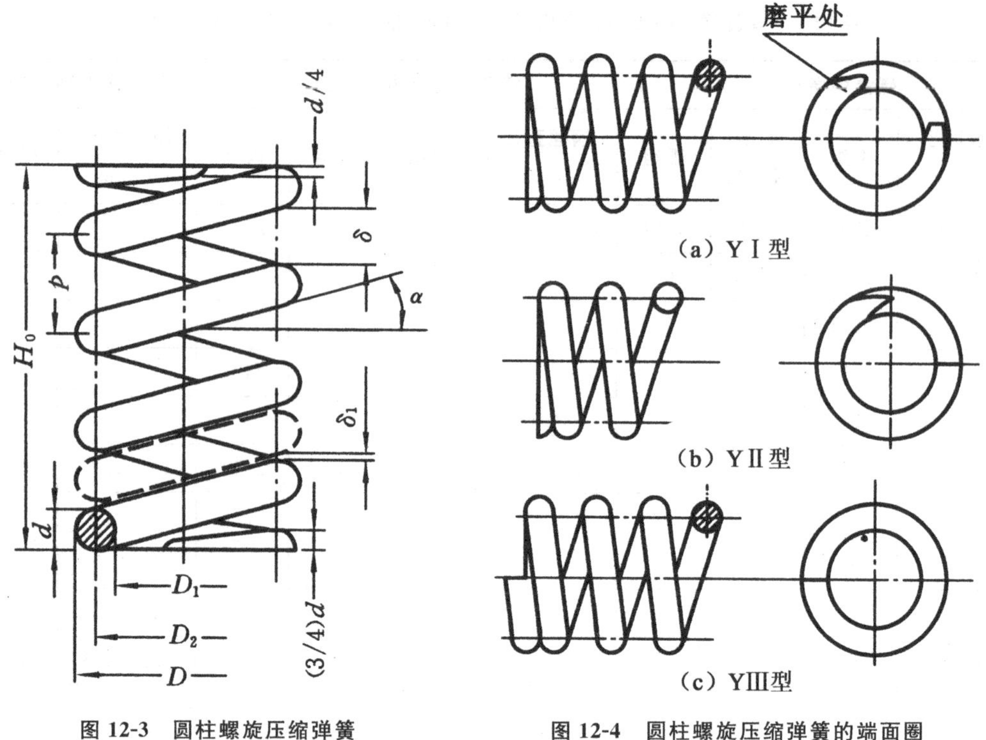

图 12-3　圆柱螺旋压缩弹簧

图 12-4　圆柱螺旋压缩弹簧的端面圈

弹簧的两个端面圈应与邻圈并紧(无间隙)，只起支承作用，不参与变形，故称为死圈。当弹簧的工作圈数 $n\leqslant 7$ 时，弹簧每端的死圈约为 0.75 圈；$n>7$ 时，每端的死圈约为 1～1.75 圈。这种弹簧端部的结构有多种形式(见图 12-4)，最常用的有两个端面圈均与邻圈并紧且磨平的 YⅠ型(见图 12-4(a))、并紧不磨平的 YⅢ型(见图 12-4(c))和加热卷绕时弹簧丝两端锻扁且与邻圈并紧(端面圈可磨平，也可不磨平)的 YⅡ型(见图 12-4(b))三种。在重要的场合，应采用 YⅠ型，以保证两支承端面与弹簧的轴线垂直，从而使弹簧受压时不致歪斜。弹簧丝直径 $d\leqslant 0.5$ mm 时，弹簧的两支承端面可不必磨平。$d>0.5$ mm 的弹簧，两支承端面则需磨平。磨平部分应不小于圆周长的 3/4，端头厚度一般不小于 $d/8$，端面粗糙度应低于 $\sqrt{Ra25}$。

2. 圆柱螺旋拉伸弹簧

如图 12-5 所示，圆柱螺旋拉伸弹簧空载时，各圈应相互并拢。另外，为了节省轴向工作空间，并保证弹簧在空载时各圈相互压紧，常在卷绕的过程中，同时使弹簧丝绕其本身的轴线产生扭转。这样制成的弹簧，各圈相互间即具有一定的压紧力，弹簧丝中也产生了一定的预应力，故称为有预应力的拉伸弹簧。这种弹簧一定要在外加的拉力大于初拉力 F_0 后，各圈才开始分离，故可较无预应力的拉伸弹簧节省轴向的工作空间。拉伸弹簧的端部制有挂钩，以便安装和加载。挂钩的形式如图 12-6 所示。其中图 12-6(a)型和图 12-6(b)型制造方便，应用很广。但因在挂钩过渡处产生很大的弯曲应力，故只宜用于弹簧丝直径 $d\leqslant 10$ mm 的弹簧中。

图 12-6(c)、(d)型挂钩不与弹簧丝连成一体;故无前述过渡处的缺点,而且这种挂钩可以转到任意方向,便于安装。

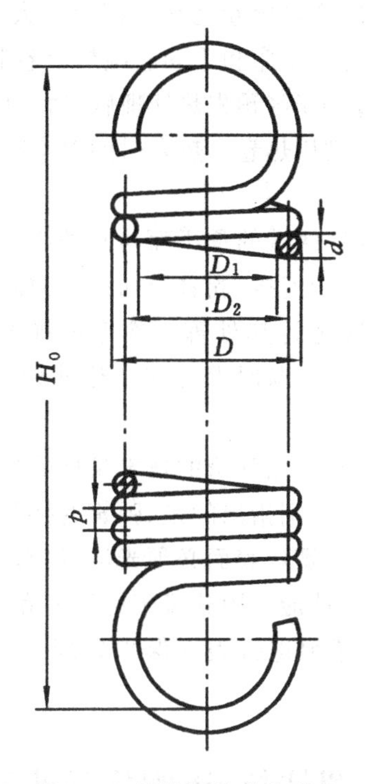

图 12-5　圆柱螺旋拉伸弹簧

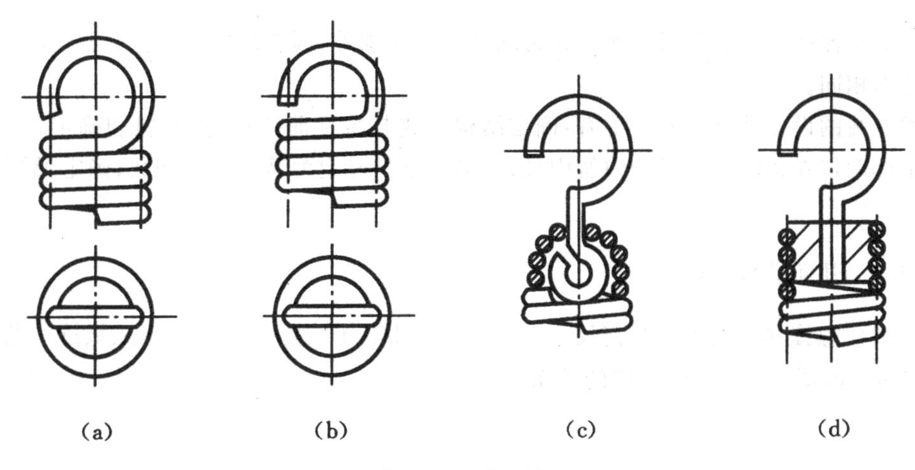

图 12-6　圆柱螺旋拉伸弹簧挂钩的形式

12.2.3　螺旋弹簧的制造

螺旋弹簧的制造过程主要包括卷绕、钩环的制作或端面圈的精加工、热处理、工艺试验及必要的强压强化处理。(强压强化处理是使弹簧在超过极限载荷作用下持续 6～48 h,以便在弹簧丝截面的表层高应力区产生塑性变形和有益的与工作应力反向的残余应力,使弹簧在工作时的最大应力下降，从而提高弹簧的承载能力。但用于长期振动、高温或腐蚀性介质中的弹簧，不宜进行强压处理。）

卷绕是把合乎技术条件规定的弹簧丝卷绕在芯棒上。大量生产时，是在万能自动卷簧机上卷制；单件及小批生产时，则在普通车床和手动卷绕机上卷制。

卷绕分冷卷及热卷两种。冷卷用于经预先热处理后拉成的直径 $d<(8\sim10)$ mm 的弹簧丝；直径较大的弹簧丝制作的强力弹簧则用热卷。热卷时的温度随弹簧丝的粗细在 800℃～1000℃的范围内选择。

对于重要的压缩弹簧，为了保证两端的承压面与其轴线垂直，应将端面圈在专用的磨床上磨平；对于拉伸及扭转弹簧，为了便于连接、固着及加载，两端应制有挂钩或杆臂（见图 12-6）。

弹簧在完成上述工序后，均应进行热处理。冷卷的弹簧只作回火处理，以消除卷制时产生的内应力。热卷的须经淬火及中温回火处理。热处理后的弹簧，表面不应出现显著的脱碳层。

此外，弹簧还须进行工艺试验和根据弹簧的技术条件的规定进行精度、冲击、疲劳等试验，以检验弹簧是否符合技术要求。要特别指出的是，弹簧的持久强度和抗冲击强度，在很大程度上取决于弹簧丝的表面状况，所以弹簧丝表面必须光洁，没有裂纹和伤痕等缺陷。表面脱碳会严重影响材料的持久强度和抗冲击性能。因此脱碳层深度和其他表面缺陷应在验收弹簧的技术条件中详细规定。重要的弹簧还须进行表面保护处理（如镀锌）；普通的弹簧一般涂以油或漆。

12.3 圆柱拉、压螺旋弹簧的设计

圆柱形拉伸螺旋弹簧与压缩螺旋弹簧除结构有区别外，两者的应力、变形与作用力之间的关系等基本相同。

这类弹簧的设计计算内容主要有：确定结构形式与特性曲线；选择材料和确定许用应力；由强度条件确定弹簧丝的直径和弹簧中径；由刚度条件确定弹簧的工作圈数；确定弹簧的基本参数、尺寸等。

12.3.1 几何参数计算

普通圆柱螺旋弹簧的主要几何尺寸有：外径 D、中径 D_2、内径 D_1、节距 p、螺旋升角 α 及弹簧丝直径 d。由图 12-7 可知，它们的关系为

$$\alpha=\arctan\frac{p}{\pi D_2} \tag{12-3}$$

式中：弹簧的螺旋升角 α，对圆柱螺旋压缩弹簧一般应在 5°～9°范围内选取。弹簧的旋向可以是右旋或左旋，但无特殊要求时，一般都使用右旋。

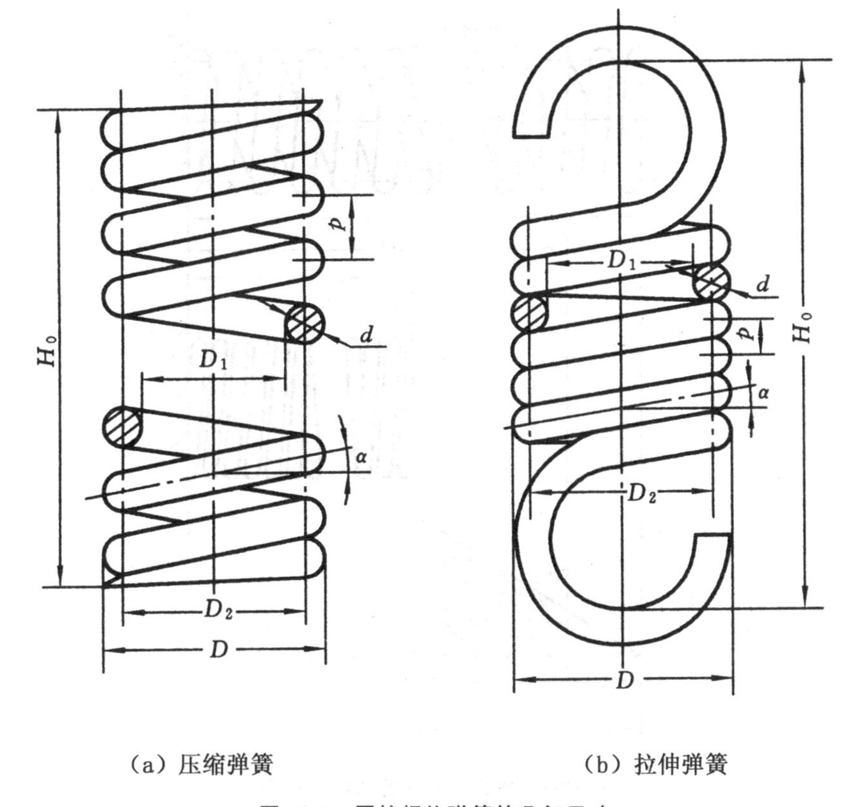

（a）压缩弹簧　　　　（b）拉伸弹簧

图 12-7　圆柱螺旋弹簧的几何尺寸

12.3.2　圆柱压缩、拉伸螺旋弹簧的特性曲线

弹簧应具有经久不变的弹性，且不允许产生永久变形。因此在设计弹簧时，务必使其工作应力在弹性极限范围内。在这个范围内工作的压缩弹簧，当承受轴向载荷 F 时，弹簧将产生相应的弹性变形，如图 12-8(a)所示。对圆柱压缩弹簧，其特性曲线如图 12-8(b)所示。对拉伸弹簧，如图 12-9(a)所示。图 12-9(b)为无预应力的拉伸弹簧的特性曲线；图 12-9(c)为有预应力的拉伸弹簧的特性曲线。

图 12-8(a)中的 H_0 是压缩弹簧在没有承受外力时的自由长度。弹簧在安装时，通常预加一个压力 F_1，使它可靠地稳定在安装位置上。F_1 称为弹簧的最小载荷(安装载荷)。在它的作用下，弹簧的长度被压缩到 H_1，其压缩变形量为 λ_1。F_2 为弹簧承受的最大工作载荷。在 F_2 作用下，弹簧长度减到 H_2，其压缩变形量增到 λ_2。λ_2 与 λ_1 的差即为弹簧的工作行程 h，$h=\lambda_2-\lambda_1$。F_{lim}为弹簧的极限载荷。在该力的作用下，弹簧丝内的应力达到了材料的弹性极限。与 F_{lim}对应的弹簧长度为 H_3，压缩变形量为 λ_{lim}。

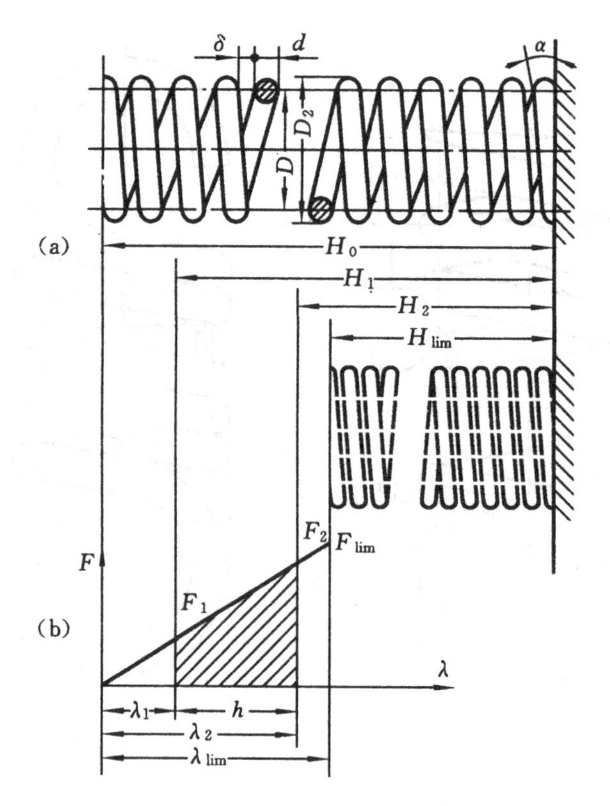

图 12-8　螺旋拉伸弹簧的特性曲线

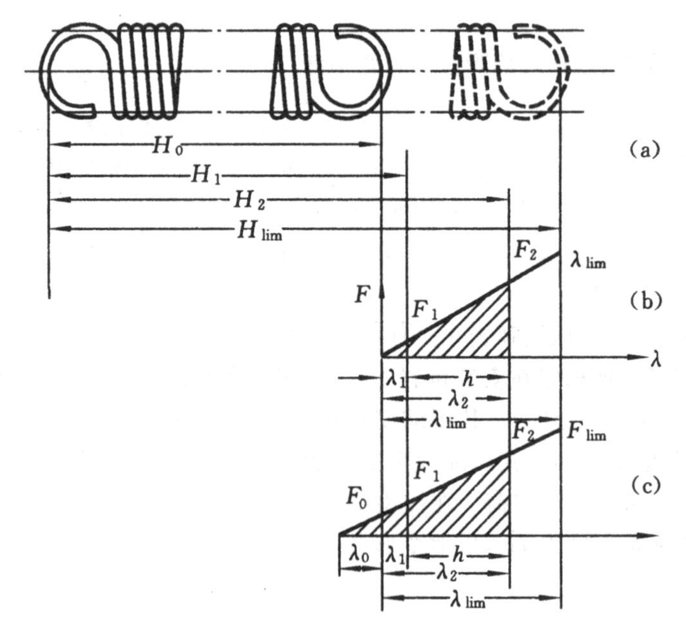

图 12-9　圆柱螺旋拉伸弹簧的特性曲线

等节距的圆柱螺旋压缩弹簧的特性曲线为一直线，亦即

$$\frac{F_1}{\lambda_1}=\frac{F_2}{\lambda_2}=\cdots=\text{常数} \tag{12-4}$$

压缩弹簧的最小工作载荷通常取为 $F_1=(0.1\sim0.5)F_{\lim}$；但对有预应力的拉伸弹簧(见图 12-9(c))，$F_1>F_0$，F_0 为使具有预应力的拉伸弹簧开始变形时所需的初拉力。弹簧的最大工作载荷 $F_{\max}$，由弹簧在机构中的工作条件决定，但不应到达它的极限载荷，通常应保持 $F_2\leqslant0.8F_{\lim}$。

弹簧的特性曲线应绘在弹簧工作图中，作为检验和试验时的依据之一。此外，在设计弹簧时，利用特性曲线分析受载与变形的关系也较方便。

12.3.3　圆柱螺旋弹簧受载时的应力及变形

圆柱螺旋弹簧受压或受拉时，弹簧丝的受力情况是完全一样的。现就图 12-10 所示的圆形截面弹簧丝的压缩弹簧承受轴向载荷 F 的情况进行分析。

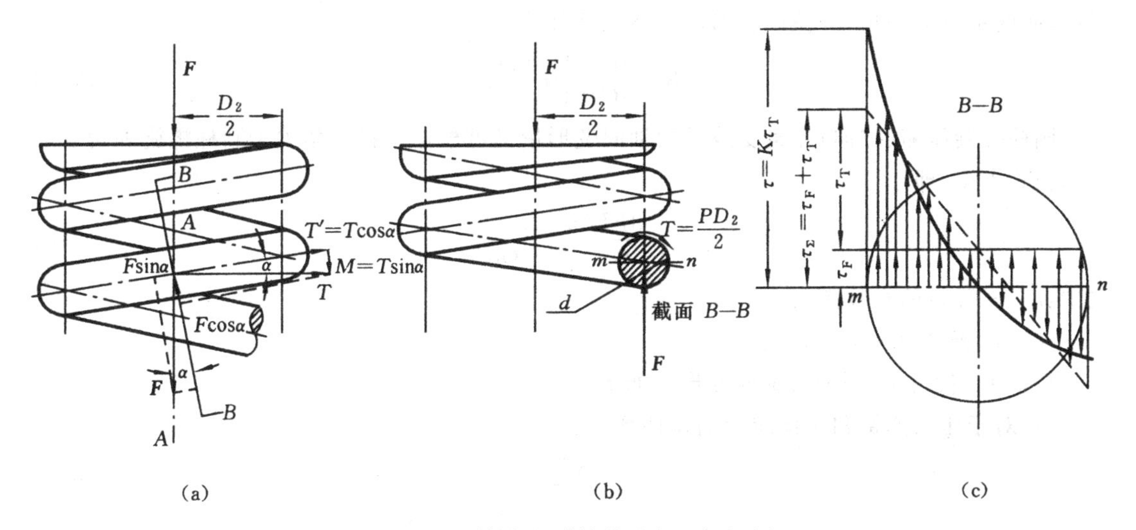

图 12-10　圆柱螺旋弹簧的受力及应力分析

由图 12-10(a)(图中弹簧下部断去，未示出)可知，由于弹簧丝具有升角 α，故在通过弹簧轴线的截面上，弹簧丝的截面 $A-A$ 呈椭圆形，该截面上作用着力 F 及扭矩 $T=FD_2/2$。因而在弹簧丝的法向截面 $B-B$ 上则作用有横向力 $F\cos\alpha$、轴向力 $F\sin\alpha$、弯矩 $M=T\sin\alpha$ 及扭矩 $T'=T\cos\alpha$。

由于弹簧的螺旋升角一般取为 $\alpha=5°\sim9°$，故 $\sin\alpha\approx0$；$\cos\alpha\approx1$(见图 12-10(b))，则截面 $B-B$ 上的应力(见图 12-10(c))可近似地取为

$$\tau_\Sigma=\tau_F+\tau_T=\frac{F}{\pi d^2/4}+\frac{FD_2/2}{\pi d^3/16}=\frac{4F}{\pi d^2}\left(1+\frac{2D_2}{d}\right)=\frac{4F}{\pi d^2}(1+2C) \tag{12-5}$$

式中：$C=D_2/d$ 称为旋绕比(或弹簧指数)。

为了使弹簧本身较为稳定，不致颤动和过软，C 值不能太大；但是为了避免卷绕时弹簧丝受到强烈弯曲，C 值又不应太小。C 值的范围为 4～16(见表 12-3)，常用值为 5～8。

表 12-3　常用旋绕比 C 值

d/mm	0.2~0.4	0.45~1	1.1~2.2	2.5~6	7~16	18~42
$C=D_2/d$	7~14	5~12	5~10	4~9	4~8	4~6

为了简化计算，通常在式(12-5)中取 $1+2C\approx2C$（因为当 $C=4\sim16$ 时，$2C\gg1$，实质上略去了 τ_F），由于弹簧丝升角和曲率的影响，弹簧丝截面中的应力分布将如图 12-10(c)中的粗实线所示。由图 12-10(c)可知，最大应力产生在弹簧丝截面内侧的 m 点。实践证明，弹簧的破坏也大多由这点开始。为了考虑弹簧丝的升角和曲率对弹簧丝中应力的影响，现引进一个曲度系数 K，则弹簧丝内侧的最大应力及强度条件可表示为

$$\tau=K\tau_F=K\frac{8CF}{\pi d^2}=K\frac{8F_0D_2}{\pi d^3}\leqslant[\tau] \tag{12-6}$$

式中，曲度系数 K，对于圆截面弹簧丝可按下式计算：

$$K\approx\frac{4C-1}{4C-4}+\frac{0.615}{C} \tag{12-7}$$

圆柱螺旋压缩(拉伸)弹簧受载后的轴向变形量又可根据材料力学关于圆柱螺旋弹簧变形量的公式求得，即

$$\lambda=\frac{8FD_2^3n}{Gd^4}=\frac{8FC^3n}{Gd} \tag{12-8}$$

式中：n——弹簧的有效圈数；

G——弹簧材料的剪切模量。

如以 $F2$ 代替 F，则最大轴向变形量如下。

(1)对于压缩弹簧和无预应力的拉伸弹簧。

$$\lambda_2=\frac{8F_2C^3n}{Gd} \tag{12-9}$$

(2)对于有预应力的拉伸弹簧。

$$\lambda_2=\frac{8(F_2-F_0)C^3n}{Gd} \tag{12-10}$$

拉伸弹簧的初拉力(或初应力)取决于材料、弹簧丝直径、弹簧旋绕比和加工方法。

用不需淬火的弹簧钢丝制成的拉伸弹簧，均有一定的初拉力。如不需要初拉力时，各圈间应有间隙。经淬火的弹簧，没有初拉力。当选取初拉力时；推荐初应力 τ_0' 值在图 12-11 的阴影区内选取。

初拉力按下式计算，即

$$F_0=\frac{\pi d^3\tau_0}{8KD_2} \tag{12-11}$$

使弹簧产生单位变形所需的载荷 k_F 称为弹簧刚度，即

$$k_F=\frac{F}{\lambda}=\frac{Gd}{8C^3n}=\frac{Gd^4}{8D_2^3n} \tag{12-12}$$

弹簧刚度是表征弹簧性能的主要参数之一。它表示使弹簧产生单位变形时所需的力，刚度愈大，需要的力愈大，。则弹簧的弹力就愈大。但影响弹簧刚度的因素很多，从式(12-12)可知，k_F 与 C 的三次方成反比，即 C 值对 k_F 的影响很大。所以，合理地选择 C 值就能控制弹簧的弹力。另外，k_F 还和 G、d、n 有关。在调整弹簧刚度 k_F 时，应综合考虑这些因素的影响。

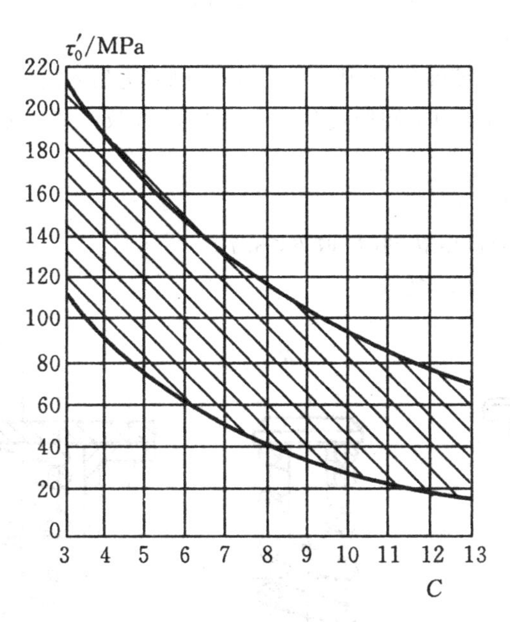

图 12-11 弹簧初应力的选择范围

12.3.4 承受静载荷的圆柱螺旋压缩(拉伸)弹簧的设计

弹簧的静载荷是指载荷不随时间变化，或虽有变化但变化平稳，且总的重复次数不超过 10^3 次的交变载荷或脉动载荷。在这些情况下，弹簧是按静载强度来设计的。

在设计时，通常是根据弹簧的最大载荷、最大变形以及结构要求(如安装空间对弹簧尺寸的限制)等来决定弹簧丝直径、弹簧中径、工作圈数、弹簧的螺旋升角和长度等。

具体设计方法和步骤如下：

(1)根据工作情况及具体条件选定材料，并查取其力学性能数据。

(2)选择旋绕比 C，通常可取 $C\approx5\sim8$(极限状态时不小于 4 或超过 16)，并按式(12-7)算出曲度系数 K 值。

(3)根据安装空间初设弹簧中径 D，根据 C 值估取弹簧丝直径 d。

(4)试算弹簧丝直径 d'，由式(12-6)可得

$$d'\geqslant1.6\sqrt{\frac{F_2KC}{[\tau]}} \tag{12-13}$$

(5)根据变形条件求出弹簧工作圈数。由式(12-9)、式(12-10)得

对于有预应力的拉伸弹簧

$$n=\frac{Gd}{8(F_{max}-F_0)C^3}\lambda_{max}$$

对于压缩弹簧或无预应力的拉伸弹簧

$$n=\frac{Gd}{8F_{max}C^3}\lambda_{max} \tag{12-14}$$

(6)求出弹簧的尺寸 D_2、D_1、H_0，并检查其是否符合安装要求等。如不符合，则应改选有关参数(例如 C 值)重新设计。

(7)验算稳定性。对于压缩弹簧，如其长度较大时，则受力后容易失去稳定性(见图 12-12(a))，这在工作中是不允许的。为了便于制造及避免失稳现象，建议一般压缩弹簧的长径比 $b=H_0/D_2$ 按下列情况选取：

①当两端固定时，取 $b<5.3$。

②当一端固定，另一端自由转动时，取 $b<3.7$。

③当两端自由转动时，取 $b<2.6$。

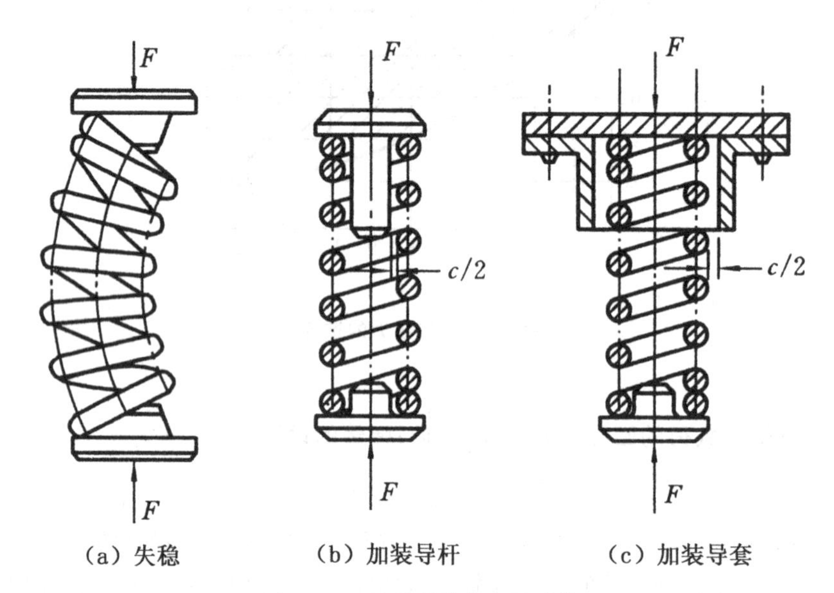

图 12-12 压缩弹簧失稳及对策

当 b 大于上述数值时，要进行稳定性验算，并应满足

$$F_c=C_u k_F H_0>F_2 \tag{12-15}$$

式中 F_c——稳定时的临界载荷；

C_u——不稳定系数，可从图 12-13 中查得；

F_2——弹簧的最大工作载荷。

如 $F_2>F_c$ 时，要重新选取参数，改变易值，提高 F_c 值，使其大于 F_2 值，以保证弹簧的稳定性。如条件受到限制而不能改变参数时，则应加装导杆(见图 12-12(b))或导套(见图 12-12(c))。

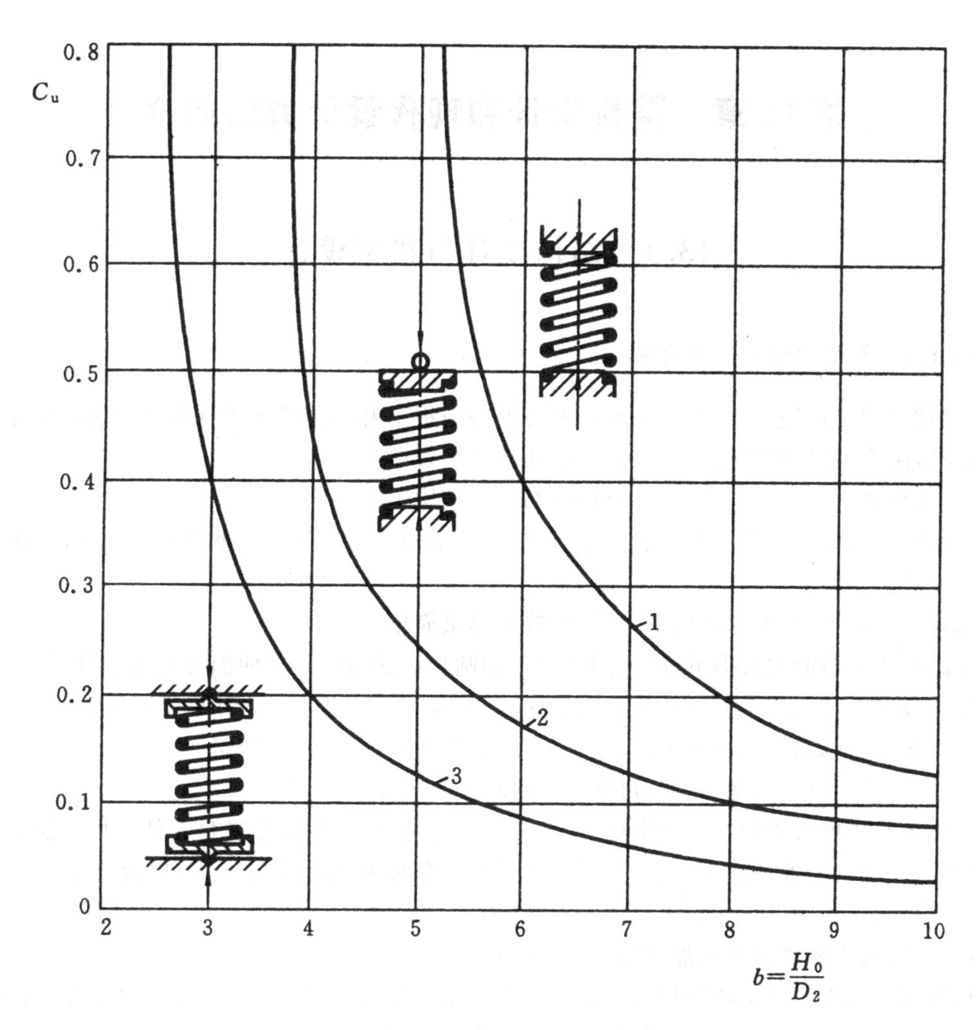

图 12-13　不稳定系数线图

1—两端固定；2—一端固定，另一端自由；3—两端自由转动

(8)进行弹簧的结构设计。如对拉伸弹簧确定其钩环类型等。

(9)绘制弹簧工作图。

第 13 章　整机设计和现代设计方法简介

13.1　结构设计与机架设计

13.1.1　结构设计的基本要求

零部件的结构工艺性主要在保证技术要求的前提下和一定的生产条件下，能采取较为经济的方法，保质、保量地制造出来。结构设计的基本要求为：

(1)从整个机器的工艺性出发，分析零部件的结构工艺性

机器零部件是为整机工作性能服务的，零部件结构工艺性应服从整机的工艺性，不能将两者分开对待。

(2)在满足工作性能的前提下，零件的造型尽量简单

在满足工作性能的前提下，应当用最简单的圆柱面、平面、共扼曲面等构成零件的轮廓；同时应尽量减少零件的加工表面数量和加工面积，尽量采用标准件、通用件和外购件，增加相同形状和相同元素(如直径、圆角半径、配合、螺纹、键、齿轮模数等)的数量。

(3)零件设计时应考虑加工的可能性、方便性、精确性和经济性

在能满足精度要求的加工方案中，应符合经济性要求。这样，在满足零件工作性能的前提下，应尽可能降低零件的技术要求，即尽量降低加工精度和表面质量要求，以提高零件的设计工艺性。

(4)尽量减少零件的机械加工量

应使零件的毛坯的形状和尺寸尽量接近零件本身的形状和尺寸，力求实现少或无切削加工，充分利用原材料，以降低零件的生产成本。应尽量采用精密铸造、精密锻造、冷轧、冷挤压、粉末冶金等先进工艺，以达到上述要求。

(5)合理选择零件材料

要考虑材料的机械性能是否适应零件的工作条件，使零件具有预定的寿命，成本消耗低。例如，碳钢的锻造、切削加工等方面的性能好，但强度还不够高，淬透性低；铸铁和青铜不能锻造、可焊性差。要积极使用新材料，在满足零件使用性能的前提下，有较好的材料工艺性和经济性。

13.1.2　铸件结构工艺性

铸造工艺的灵活性大，几乎不受零件大小、形状、重量和结构复杂程度的限制，所以铸造工艺被广泛应用。

常用的铸造金属材料可分为铸铁、铸钢和有色金属，其中 95%以上的铸件是采用铸铁与铸钢制成的。

铸件结构必须符合材料的铸造性能要求，否则铸件容易产生浇不足、冷隔、缩孔、缩松、粘

砂烧结、变形、裂纹等缺陷。为此，要注意以下事项：

1. 合理设计铸件壁厚

合理的铸件壁厚，能保证铸件的机械性能和防止产生浇不足、冷隔等缺陷。必须满足最小壁厚要求。有时为了避免截面过厚，但同时又要保证铸件的强度和刚度，选择合理的截面形状，如 T 字形、I 字形、槽形、箱形结构，并在薄弱部分安置加强肋。此外，铸件壁厚不均匀易产生缩孔或缩松，引起铸件变形或产生较大的内应力导致铸件产生裂纹。

2. 合理的结构圆角和圆滑过渡

铸件壁的联接或转角部分容易产生内应力、缩孔和缩松，应注意防止壁厚突变及铸件尖角。在铸件的转向及壁间联接处均应考虑结构圆角，防止铸件因金属积聚和应力集中而产生缩孔、缩松和裂纹等缺陷。此外，铸造圆角还有利于造型，减少取模掉砂，并使铸件外形美观。铸件的内圆角必须与壁厚相适应，通常圆角处内接圆直径应不超过相邻壁厚的 1.5 倍。

3. 合理的铸件结构形状

为了避免铸件固态收缩受阻，对于热裂、冷裂敏感的铸造合金，铸件结构应尽量避免其冷却时收缩受阻而开裂，铸件应避免设置过大的水平面或采用倾斜的表面，铸件的孔眼和凹腔不宜过小、太深。

13.1.3　机架零件设计

机架零件一般是指机器的底座、机架、箱体、基础板等零件。机器的全部重量将通过机架传至基础上。机架零件还负有承受机器工作时的作用力和使机器稳定在基础上的作用。

机架零件往往是机器中最大的零件，在机器总重量中，一般情况下，机架零件占 70%～90%。因此，设法减轻这类零件的重量具有一定的经济意义。机架零件按构造形式不同大体上可归纳成四类：①机座类；②板类；③箱体类；④框架类。此外也有其他分类方法，如整体机架和剖分机架、铸造机架和焊接机架、固定机架和移动机架等。

对于机架零件一般可提出下列基本要求：①足够的强度和刚度；②形状简单，便于制造；③便于在机架上安装附件等。对于带有缸体、导轨等的机架零件，还应有良好的耐磨性，以保证机器有足够的使用寿命。高速机器的机架零件还应满足振动稳定性的要求。

强度和刚度是评价机架零件工作能力的基本准则。像锻压机床、冲剪机床等类机器，其机架零件的截面尺寸往往由强度条件决定；对于金属切削机床及其他要求精确运转的机器，其机架零件的截面尺寸主要由刚度条件决定。

机架零件大多数形状比较复杂，故多采用铸件。铸铁的铸造性能好、价廉、吸振能力较强，所以在机架零件中应用最广。受载情况严重的机架常用铸钢，如轧钢机机架。要求质量轻时可以采用轻合金，如飞机发动机的缸体多用铝合金铸成。

对于结构简单、生产批量不大的大中型机架，常用由型钢和钢板焊接成的焊接件。它具有质量小、生产工期短、不同部件可以用不同牌号的钢材加工等优点。焊接而成的机架零件质量比铸造的可减轻 40%左右。为提高强度和刚度，，在接头处常焊以加强板和加强肋。为减少机械加工，应在机架上安装各部件的支承面处焊有钢板，以便区分加工面。焊接后应热处理以消除内应力，然后再加工各支承面，以保证机器的各部件的相对位置精度。图 13-1 为铸造机架和焊接机架。

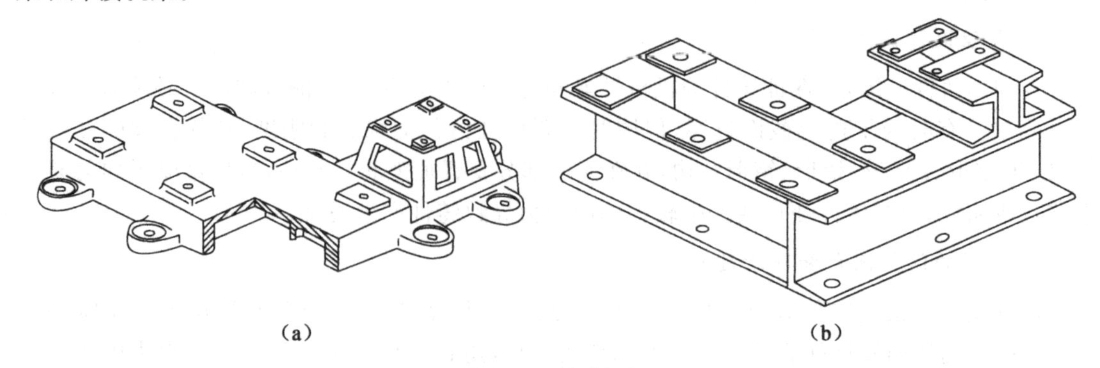

图 13-1 铸造机架
(a)和焊接机架(b)

机架零件形状复杂,受外界因素的影响又很多,因而难于用数学分析方法准确计算机架中的应力和变形。设计时,通常都是先根据机器的工作要求和类型相近的机器拟定机架的结构形态和尺寸,然后进行粗略计算以核验其危险截面的强度。

机架零件往往是最费工、最贵的零件,损坏后又常会引起整部机器报废,因此在计算机架零件时应以可能出现的最大载荷作为计算载荷,以便它能在过载情况下仍具有足够的强度。

对于机架零件结构的改进可以采用实验应力分析的方法。有限元法和相关计算软件的出现使得机架应力计算变得方便、准确。

1. 截面形状的合理选择

由材料力学可知,当其他条件相同,受拉或受压零件的强度和刚度只取决于截面面积的大小,而与截面形状无关。这时,材料用量主要由作用力、许用应力、许用变形的大小决定。受弯曲和扭转的零件则不同,如果截面面积不变(即材料用量不变),通过合理改变截面形状、增大它的惯性矩和截面系数的方法,可以提高零件的强度和刚度。多数机架处于复杂受载状态,合理选择截面形状可以充分发挥材料的作用。

主要受弯曲的零件以选用工字形截面为最好,弯曲强度和刚度都以它为最大。主要受扭转的零件,从强度方面考虑,以圆管形截面为最好,空心矩形的次之,其他两种的强度则比前两种小许多倍;从刚度方面考虑,则以选用空心矩形截面的为最合理。由于机架受载隋况一般都比较复杂(拉压、弯曲、扭转可能同时存在),对刚度要求又比较高,因而综合各方面的情况考虑,以选择空心矩形截面比较有利,这种截面的机架也便于安装其他零件,所以多数机架的截面都以空心矩形为基础。

2. 壁厚同壁和肋

当机架零件的外轮廓尺寸一定时,它的重量将在很大程度上取决于壁厚,因而在满足强度、刚度、振动稳定性等条件下,应尽量选用最小的壁厚。但面大而壁薄的箱体,容易因齿轮、滚动轴承的噪声引起共鸣,故壁厚宜适当取厚一些,并适当布置肋板以提高箱壁刚度。壁厚和刚度较大的箱体,还可以起着隔音罩的作用。

铸造零件的最小壁厚主要受铸造工艺的限制。从保证液态金属能通畅的流满铸型出发而推荐的最小允许壁厚见工程材料及机械制造基础课程。实际上，由于制造木模、造型、安放砂芯等的不准确性以及为防备出芯、清理和修整铸件时的撞击等原因，选用壁厚往往比最小允许壁厚为大，一般要比为满足强度、刚度要求所需要的壁厚大得多，例如，轻型机床床身，取壁厚为 12～15 mm；中型的取 18～22 mm；重型的取 23～25 mm。

提高机架零件的强度和刚度可采用两种方法：增加壁厚及在壁与壁之间设置间壁和肋。增加壁厚的方法并非在任何情况下都能见效，即使见效，也多半不符合经济原则。设置间壁和肋在提高强度和刚度方面常常是最有效的，因此经常采用。

设置间壁和肋的效果在很大程度上决定于布置是否正确，不适当的布置效果不显著，甚至会增加铸造困难和浪费材料。

间壁和肋的厚度一般可取为主壁厚度的 0.6～0.8 倍。肋的高度约为主壁厚度的 5 倍。

钢铸件由于铸造工艺的关系，其最小壁厚应比铸铁大 20%～40%，前者用于碳素钢铸件，后者用于合金钢铸件。

同一铸件的壁厚应力求趋于相近。当壁厚不同时，在厚壁和薄壁相联接处应设置平缓的过渡圆角或斜度。圆角或过渡斜度的有关尺寸见有关手册或图册中。钢铸件的过渡圆角或斜度应比铸铁铸件适当增大。

3. 机架的隔振设计

振动是机械设备的重要问题，发生的程度有所不同。振动的危害是多方面的，除影响产品精度外，还有可能造成联接的松动、零件的疲劳，从而降低机器的使用寿命，甚至造成严重的破坏。由于振动及其传输所引发的噪声也会使操作人员思想不集中、困乏，影响健康。

机械设备的振动频率一般在 10～1000 Hz 范围，若不采取隔振措施，振波将通过机器底座传给基础和建筑结构，从而影响周围环境，干扰相邻机械，使产品质量有所降低。振动频率若与建筑物的固有频率相近，则又有发生共振的危险。

由于外界因素的干扰，一般生产车间地基的振动频率为 2～60 Hz，振幅为 1～20 μm。这对精密加工机床或精密测量设备来说，如不采取隔振措施，要得到很高的加工精度或测量精度是不可能的。

隔振的目的就是要尽量隔离和减轻振动波传递。常用的方法是在机器或仪器的底座与基础之间设置弹性零件，通常称为隔振器或隔振垫，使振波的传递很快衰减。使用隔振器无需对机器作任何变动，简便易行，效果极好，是目前普遍使用的隔振方法。当然，在设计机器时，首先应考虑到有可能产生振动的振动源，如齿轮噪声、滚动轴承噪声、切削噪声、气体噪声、送料噪声等，并设法在设计工作中采取相应的改善措施。

13.2　整机系统设计

13.2.1　机械系统构成

1. 动力系统

动力系统包括动力机及其配套装置，是机械系统工作的动力源。按照能量转换性质的不同，动力机可以分为一次动力机和二次动力机。一次动力机是把自然界的能源（如煤炭、石油、天然气)直接转换成机械能的机械,如内燃机、汽轮机、燃气轮机等,其中内燃机广泛用于大功率高速驱动的机械设备中。二次动力机是把二次能源(如电能、液能、气能)转换成机械能的机械,如电动机、液压马达、气动马达等,它们在各类机械中都有广泛的应用,其中以电动机应用最为广泛。由于原理上的原因,动力机输出的运动常常是回转运动,而且一般转速较高,为此需要对其进行某种转换,这就需要设计能将动力机输出的动力进行转换的传动机构。

2. 传动系统

传动系统是把动力机的动力和运动传递给执行系统的中间系统。传动系统应用的原理包括机械传动、流体传动和电传动三类。在机械传动和流体传动中,输入的是机械能,输出的仍是机械能;在电传动中,则是把电能转换成机械能或是把机械能转换成电能。传动系统的主要功能包括以下几个方面:

(1)减速或增速

把动力机的速度降低或增高,以适应执行系统的工作要求。

(2)变速

当用动力机进行变速不经济、无法达到或不能满足要求时,通过传动系统实现变速(有级或无级),以满足执行系统多种速度的要求。

(3)改变运动规律或形式

把动力机输出的均匀连续旋转的运动转变为按照某种规律变化的旋转或非旋转、连续或间歇、直线或往复运动、不同的运动方向等,以满足执行系统的运动要求。

(4)传递和分解动力

从动力机传来的动力有时要同时供应给若干个不同的执行机构,这不仅需要通过传动系统实现动力的传递,而且需要通过传动系统对动力进行分解,以满足各个执行机构的动力要求。

3. 执行系统

执行系统包括机械的执行机构和执行构件,是利用机械能改变作业对象的性质、状态、形状或位置,或对作业对象进行检测、度量等,以进行生产或达到其他预定要求的装置。

执行系统通常处于机械系统的末端,直接与作业对象接触,其输出是机械系统的主要输出,其功能是机械系统的主要功能。因此,执行系统有时也被称为机械系统的工作机。执行系统的功能及性能,直接影响和决定机械系统的整体功能及性能。功能的实现具有多重性,对于某一种机械系统特定的功能,可以通过多种不同的执行系统、不同的方案完成,而不同方案的一些属性,比如可靠性、经济性、动力学特性等往往不一定相同。因此,在对执行机构进行设计时,应进行多方案的比较分析,从技术性、经济性等方面,进行综合分析,择优选用。

4. 操纵和控制系统

操纵系统和控制系统都是为了使动力系统、传动系统、执行系统彼此协调运行,并准确可靠地完成整机功能的装置,二者的主要区别是:操纵系统多指通过人工操作实现上述要求的装置,通常包括启动、离合、制动、变速、换向等装置;控制系统是指通过人工操作或测量元件获得的控制信号,经由控制器,使控制对象改变其工作参数或运行状态而实现上述要求的装置,如伺服机构、自动控制装置等。良好的控制系统可以使机械处于最佳的运行状态,提高运行稳定性和可靠性,改善操作条件,并实现良好的经济性。

13.2.2　机械系统的设计过程

1. 方案设计

方案设计是机械设计的核心环节,是保证设计出来的机器性能的重要过程。方案设计过程是综合运用所学知识和工作中积累的经验,具有创新性思维的过程。其主要内容包括研究给定的设计任务书,构思实现功能的原理和方法,选择工艺原理,确定技术过程,引进技术系统,分析结构布局,拟定设计方案并进行设计方案评价,确定能够实现预期设计目标的最佳方案。

2. 总体设计

总体设计是机械系统内部设计的主要任务之一,也是进行系统技术设计的依据。总体设计对机械的性能、尺寸、外形、质量及生产成本具有重要影响。因此,总体设计时必须在保证实现已定的方案的基础上,尽可能充分考虑人机环境、加工装配、运行管理等因素,使机械系统与外部系统相协调和适应。总体设计主要内容包括二总体布置设计、确定总体设计参数、绘制总体设计样图、编写总体设计报告及技术说明书。

3. 总体布置设计

总体布置是结构布局的细化,需要具体确定各零部件之间的相对位置及联系尺寸、运动和动力的传递方式及主要技术参数,并绘制总体布置图。总体布置的设计要求包括:①保证工艺过程的连续和畅通;②设计过程尽量降低质心高度和减少偏置;③保证精度、刚度,提高抗振性及热稳定性;④充分考虑产品的系列化和进一步发展;⑤考虑如何使产品结构紧凑、层次分明;⑥考虑如何使设计的产品便于操作、维修、调整,并使外形美观大方。

总体布置图一般难以一次绘就,通常需要先绘制总体布置草图,从粗到细,从简到繁,需要反复多次才能完成。总体布置图中不仅进行构型设计、初步的计算、动力学和运动学分析、确定整机的布置形式和主要尺寸,也基本确定了各部件的基本形式和特性参数,主要零部件的尺寸、质量、基本加工要求等因素也亦进行计算和估计,达到可以进行初步的技术和经济性分析的目的。

4. 主要参数的确定

主要参数包括尺寸参数、运动参数和动力参数。其中,尺寸参数主要是指影响机械性能的一些重要尺寸,如总体轮廓尺寸(总长、总宽、总高)、特性尺寸(加工范围、中心高)、主要运动零部件的工作行程、主要零部件之间的位置关系和安装联接尺寸。尺寸参数一般依据设计任务书中的原始数据、方案设计中的总体布局图、与同类机器的类比或通过分析计算确定,必要时要通过试验确定。运动参数一般是指机械执行机构的转速、移动速度、调速范围等,如机床的加工主轴、工作台、刀架的运动速度,移动机械的行驶速度,连续生产机械的生产节拍等。一般来说,执行机构的工作速度越高,则生产效率就越高,经济效益就越好,但同时也会使工作机构及系统的振动、噪声、温度、能耗等指标上升,零部件的安装精度、制造精度以及润滑、密封等亦随之提高,适宜的速度数值应在综合考虑上述影响之后,由分析计算或经验确定,必要时由试验确定。动力参数一般是指机械系统的动力参数,如电动机、液压马达、内燃机的功率及其机械特性，各主要机械元件在工作中所受到的载荷大小。动力参数是机械系统中各零部件进行承载能力计算以确定其尺寸参数的依据。

5. 绘制总体设计图和零件图

总体设计图是指机器产品的总装配图或成套设备的总体布置图详图。总体设计图应对所设计的机械系统的总体布置和具体结构作完整的描述。总体设计图是零部件技术设计的依据，不仅要严格按照比例绘制，而且还要表示出重要零部件的细部结构，机构运动部件的极限位置。操作件的位置，并标注出有关尺寸。

总体设计图有时也包括系统图，如传动系统图、液压系统图、润滑系统图、电气原理系统图、逻辑系统图、功能原理图以及电路联接系统图等。

除了系统总体设计图以外，设计者还要完成装配图中各零部件的零件图绘制，注明尺寸、加工精度、表面粗糙度、形位公差、材料及热处理方式等。

13.3 设计的检查

在设计完成之后或在各个设计阶段过程中，应按照预先拟定的清单逐项进行系统的检查，这有利于再次引发新的构思，避免遗漏和疏忽，及早发现问题和采取改进的措施，进一步提高设计质量和降低产品成本，为最后评估和决策提供充分的数据和资料。清单的详简视产品的重要程度和生产数量而定。下面列举一些常用检查项目供参考：

(1)和同类产品相比，新产品在构思上有何新意和独到之处？

(2)设计方案是否最简单和最容易实现？

(3)产品功能是否满足用户的需要，有无多余功能或不足，能否再简化或合并，如作适当修改是否有扩大功能的潜力？

(4)运动链可否再短一些，有无多余的运动？

(5)可否再作一些变更，省略或合并一些零件，某些零件可否改用标准件或借用通用件来代替？在零件数目中标准件占多大比例？

(6)零件毛坯的选择是否与生产批量相适应？

(7)材料品种是否过多，可否再作归并？有无特殊要求的材料，如何解决？

(8)总体尺寸是否紧凑，重量是否有所降低？

(9)零件加工表面能否进一步减小、合并或省略？

(10)零件加工是否易于装卡，是否需要专门的工装、卡具、刀具、量具等？

(11)有无要求特种加工的零件，如何解决？

(12)规定的零件公差、配合精度、粗糙度等是否要求过严，能否适当放宽仍能满足使用要求？

(13)哪些零件需要严格控制加工质量，如何保证加工精度？

(14)装配时是否需要专用的组装工具？

(15)装配、维修、更换易损件是否方便？

(16)润滑系统的安排是否妥善和便于管理？

(17)发生操作错误时有无联锁、保险装置？不正常运动时有无预警或安全保护措施？发生事故时有无紧急制动装置?

(18)操纵机器是否方便、省力、舒适、合乎人体生理要求? 测量、监视、控制仪表装置是否布置在操作者的视野之内?

(19)产品造型是否美观、大方、有时代感?

(20)对产品设计作何总评价,属于豪华型还是普及型?

13.4　现代设计方法简介

13.4.1　设计方法学

设计方法学是研究产品设计的程序、规律及设计中的思维和工作方法的一门新型综合性学科。它以系统论的观点研究设计中创造性的思维方法和技术,研究系统的设计过程及符合设计规律的设计程序,研究设计中解决问题的合理逻辑步骤和应遵循的工作原则,以及具体设计方法,研究设计信息库的建立和应用。

设计方法学最重要、最基本的方法是创造性设计方法和系统设计方法。创造性设计方法是现代设计方法的前提,是区别于传统设计的重要标志。在工程设计中,充分发挥设计者的创造性思维和创造能力,运用创造性思维方法和创造性设计求解问题。系统分析设计方法,是通过确定总功能、功能分解、分功能求解、制定和组合功能结构、评价与决策的过程求解问题。

13.4.2　机械动态性能设计

传统的机械结构设计只考虑了它的静态特性和在静载作用下的强度和刚度问题,即使外载荷是动态载荷,通常也是按某种等效原则简化成静态载荷处理。机器的静态强度和刚度固然十分重要,但工作时的振动会影响它的工作能力和功能,还会导致与它配套工作的设备的破坏,会产生噪声,影响操作者的身心健康,污染环境等,因此,现代机械设计已经逐步发展到静态设计和动态设计并举的程度,以同时满足机械静、动态特性和低振动、低噪声的要求。动态设计的一般过程是:

(1)进行静态设计,使设计的机械结构首先满足静态强度和刚度的要求。

(2)对静态设计的产品图样或需要改进的产品实物建立力学分析模型,完成结构的固有频率、振型、模态及动力响应等动态特性分析。

(3)根据工程实际要求,给出其动态特性的要求或预期的动态设计目标,按照动力学“逆问题”接求出主参数值;或者按照动力学“正问题”行,即如果初步设计结构的动力学特性满足不了实际要求,则需要进行结构修改设计,再对修改后的结构进行动力学分析或者预测,不过这类“正问题”的结构修改和动态特性预测需要反复进行多次才能够完成。

常用的机械动态性能设计方法有:

(1)力学分析法

常用于分析结构的最低固有频率和振型。首先要建立被分析零件的动力学模型,然后根据动力学模型建立广义坐标系,并建立起动力学模型的振动方程,再将振动方程转化成频率方程以求解固有频率。对于机械系统而言,往往是一个多自由度系统,有多少个自由度就有多少个固有频率和振型，一般地，振动是由这些振型叠加而成的。建立等效动力学模型可以参考有关力学和振动方面的专著。

(2)传递函数法

该方法不必求解微分方程就可以求出初始条件为零的结构在变化载荷作用下的动态过程，同时还可以计算结构参数的变化对结构动态过程的影响。但该类方法只适用于传递函数已知的线性系统且初始条件等于零的情况，对初始条件不为零的情况，必须考虑非零初始条件的动态分析结果的影响。

(3)模态综合分析法

适用于对复杂机械系统的动态性能分析。其基本思路是，首先按照工程观点和系统结构的几何特点将整个结构划分为若干个子结构，然后建立各子结构的振动方程，进行子结构的模态分析，接下来将子结构的振动方程转变为模态方程，在模态坐标下将各子结构的模态方程进行模态综合，从而计算得到整个结构的振动模态，最后，再返回到原来的物理坐标，得到整体结构的动态特性。

机械机构的动态特性分析过程十分复杂，分析技术在不断探索和发展中。随着计算机技术的发展，数值计算技术在动态特性分析中得到了广泛的应用，开发了标准的软件包，其中最有成效的数值计算手段(如有限元分析技术)，使机械结构的动态特性分析变得相对简单多了。

13.4.3 优化设计方法

工程优化设计的目标是以尽可能高的效率求得技术系统或尽可能优的设计方案及尽可能优的解。

工程优化设计大致经过以下几个发展阶段：

(1)人类智能优化

直接凭借人类的经验、直觉或逻辑思维进行的设计优化。

(2)数学规划方法优化

以计算机自动设计为其特征。自牛顿发明微积分，为数学规划方法奠定了基础，但只有在电子计算机出现以后，数学规划方法才得到迅速发展。

(3)工程优化

非数学领域专家开发解决了传统数学规划方法不能胜任的工程优化问题。在处理多目标工程优化问题中，优化过程和方法学，尤其是建模策略的研究，开辟了提高工程优化效率的新途径。

(4)人工智能优化

采用专家系统技术，可实现寻优策略的自动选择和优化过程的自动控制，使智能寻优策略得到迅速发展。

(5)广义优化

面向产品的全系统、全过程、全性能的优化设计方法。

13.4.4 机械零件的可靠性设计方法

机械可靠性设计(又称机械概率设计)是可靠性工程学在机械设计中的应用。传统的机械设计方法所采用的安全系数计算法，没有考虑数据的分散性，不能预测零部件在工作中破坏的概率，不能完全表示安全的程度。机械可靠性设计方法则认为载荷、材料性能、强度及零部件的尺寸皆属于某种概率分布的统计量，应用概率、统计理论及强度理论，求出在给定设计条件下零部件不产生破坏的概率公式，从而求出在给定可靠度条件下零部件的尺寸或该尺寸下零部件的安全寿命。

可靠性设计方法对于复杂机械系统的设计尤其重要，因为越是复杂的系统，组成零部件和元器件越多，出错失效的概率会越大。

产品的可靠性定义为：产品在规定的条件下和规定的时间内完成规定功能的能力。可靠性设计的对象可以是系统、机器、部件或者零件，规定的条件可以包括载荷、温度、压力、振动、润滑、腐蚀等，规定的时间可以是寿命、循环次数、周期数、距离等，规定的功能可以包括强度、精度、效率、稳定性等。

可靠性设计是可靠性工程的一个重要学科分支。其设计的正确性在很大程度上决定了零部件或系统等产品在正常使用条件下的工作是否长期可靠，性能是否长期稳定的特性——可靠性。

可靠性设计的重要内容之一是可靠性预测（预报方法），即在设计阶段从所得到的失效率数据，预报零部件或系统实际可能达到的可靠度及在规定的条件下和规定的时间内完成规定功能的概率。另一个重要内容是可靠性分配，即将系统容许的失效概率合理地分配给该系统的零部件。而在系统可靠性分配中应用最优化方法，即可靠性优化设计，是当前可靠性研究的重要方向之一。

13.4.5　有限单元法

在工程技术领域内，对于力学问题或其他场问题，已经得到了基本微分方程和相应的边界条件。但能用解析方法求出精确解的只是方程性质比较简单且几何边界相当规则的少数问题。因此，人们多年来一直在寻求另一种方法，即数值解法。

有限元法是一种新的现代数值方法。它将连续的求解域离散为由有限个单元组成的组合体。这样的组合体能用来模拟和逼近求解域。因为单元本身可以有不同的几何形状，且单元间能够按各种不同的联结方式组合在一起，所以这个组合体可以模型化几何形状非常复杂的求解域。有限元法另一重要步骤是利用在每一单元内假设的近似函数来表示全求解域上未知场函数。单元的近似函数通常由未知场函数在各个单元节点上的函数值以及单元插值函数表达。因此，在一个问题的有限元分析中，未知场函数的节点值就成为新的未知量，从而使一个连续的无限自由度问题化为离散的有限自由度问题。一经求出这些节点未知量，就可以利用插值函数确定单元组合体上的场函数。显然，随着单元数目的增加，即单元尺寸的缩小，解答的近似程度将不断改进。如果单元满足收敛条件，得到的近似解最后将收敛于精确解。

有限单元法与其他力学方法相比，概念浅显，容易掌握，有很强的适用性，应用范围极广，便于计算机编程和自动计算，具有极大的通用性。

13.4.6　相似性设计

相似性设计是相似理论在产品系列化设计中的应用。它是在具有相同功能、相同结构方案、相同或相似加工工艺的产品中,选定某一中档的产品为基型,通过最佳方案的设计,确定其材料、参数和尺寸,再按相似理论设计出不同参数和尺寸的其他产品(即扩展型产品),从而构成不同规格的系列化产品。

系列化产品大大缩短了产品的开发周期,提高了产品的性能及质量的稳定性、可靠性,降低了生产成本,方便了产品管理及用户使用。系列化产品已在许多生产领域中得到了广泛应用。

13.4.7 计算机辅助设计

计算机辅助设计简称CAD(computer aided design)是利用计算机软、硬件系统辅助设计人员进行工程和产品设计,以实现最佳设计效果的一门涉及图形处理、工程分析、数据管理与数据变换、图文档案处理及软件设计为基础技术的多学科高度集合的新技术。传统的设计过程是:设计者根据设计任务的要求,先参考已有的经验和资料,构思设计方案,建立设计模型,再通过计算、综合分析、绘图、反复修改等过程,最后绘制出工作图纸和编制设计文件。其大量的计算、绘图工作及许多重复性、繁琐的劳动由设计者完成,设计效率低,设计精度不高。而计算机辅助设计是将计算机高速而精确的运算功能、大容量存储和处理数据的能力、丰富而灵活的图形、文字处理功能与设计者的创造性思维能力、综合分析及逻辑判断能力结合起来,形成人机结合的交互式设计系统。设计者可以在显示屏幕上边设计、边修改、边验算,或进行模拟试验,极大地加快了设计进程,缩短了研制周期,实现最优化设计和自动化设计,提高了设计质量。进而加速产品更新,增加产品的竞争力,有利于提高生产力,有利于产品的标准化、系列化,也有利于实现CAD与CAM(计算机辅助制造)、CAE(计算机辅助工程)一体化。

目前,CAD技术已广泛应用于机械、电子、汽车、飞机、轻工、航天等领域。其研究和发展的趋势是CAD系统的智能化,即专家系统(expert systems)、知识库支持的软件工程环境、面向对象技术、多媒体技术及新型的CAD外设等。

13.4.8 机械创新设计

1. 机械创新设计的类型、途径

创新是设计的一个极为重要的原则,无论是完全创新的开发性设计、对产品作局部变更改进的适应性设计或变更现有产品的结构配置使之适应于更多量和质的功能要求的变型设计,着眼点都应该放在“创新”上。

机械发展的过程是不断创新的过程,从功能原理、原动力、机构、结构、材料、制造工艺、检测试验以及设计理论和方法均不断涌现创新和发明,推动机械向更完美的境界发展。机械设计是一个创造过程,是一切新产品的育床。

任何一种机械的创新开发都存在三种途径:①改革工作原理;②改进材料、结构和工艺性以提高技术性能;③增强辅助功能,使其适应使用者的不同需求。

这三种途径对产品的市场竞争能力的影响均具重要意义。当然,改革工作原理在实现时的难度通常比后两种要大得多,但意义重大,不可畏难却步。实际上,采用新工作原理的新机械不断涌现,而且由于新工艺、新材料的出现也在很大程度上促进新工作原理的产生,例如晶振材料的实用化促使钟表的工作原理发生了本质的变化。

2. 机械结构创新设计

机械创新设计的内容主要包括原理方案创新设计、机构创新设计和结构方案创新设计等内容。其中机械零、部件的结构是机构实现功能的载体，新颖的、先进的原理方案必须有良好的结构来保证，结构设计需确定所有零部件的形状、尺寸、位置、数量、材料、热处理方式和表面状况。所确定的结构除应能够实现原理方案所规定的动作要求外，还应能满足设计对结构的强度、刚度、精度、稳定性、工艺性、寿命、可靠性等方面的要求。结构设计是机械设计中涉及问题最多、最具体、工作量最大的工作阶段。

机械结构设计的重要特征之一是设计问题的多解性，即满足同一设计要求的机械结构并不是唯一的，结构设计中得到一个可行的结构方案一般并不很难，然而，机械结构设计的任务是在众多的可行结构方案中寻求较好的或最好的方案。这就需要发挥创造性思维。创造性思维在机械结构设计中的重要应用之一就是结构方案的变异设计方法。它能使设计者从一个已知的可行结构方案出发，通过变换得到大量的可行方案。通过对这些方案中参数的优化，可以使设计者得到多个局部最优解，再通过对这些局部最优解的分析和比较，就可以得到较优解或全局最优解。变异设计的目的是寻求满足设计要求的独立的设计方案，以便对其进行参数优化设计，通过变异设计所得到的独立的设计方案数量越多，覆盖的范围越广泛，通过优化得到全局最优解的可能性就越大。

变异设计的基本方法是首先通过对结构设计方案的分析，得出一般结构设计方案中所包含的技术要素的构成，然后再分析每一个技术要素的取值范围，通过对这些技术要素在各自的取值范围内的充分组合，就可以得到足够多的独立的结构设计方案。

3. 机械结构创新设计中应注意的问题

(1)机件结构应与生产条件、批量大小及获得毛坯的方法相适应

机件毛坯有铸件、锻件(自由锻件、热模锻件)、冷冲压件、焊接件及轧制型材件等多种。机件结构的复杂程度、尺寸大小和生产批量，往往决定了毛坯的制作方法(如批量很大的钢制机件，当其尺寸大而形状复杂时常用铸造，尺寸小且形状简单的则适于冲压或模锻)，而毛坯的种类又反过来影响着机件的结构设计。各种坯件结构设计规范可查阅机械设计手册和有关资料。

(2)机件结构应便于机械加工、装拆、调整与检测

在满足使用要求的前提下，机件结构应尽量简单，外形力求用最易加工的表面(如平面和圆柱面)及其组合来构成，并使加工表面的数量少和面积小，从而减少机械加工的劳动量和加工费用。结构应注意加工、装拆、调整与检测的可能性、方便性。

(3)从人机关系角度进行结构改进和创新

机械供人使用，从人机关系对结构的基本要求为：①结构布置应与人体尺寸和机能相适应，操纵方便省力，减轻疲劳；②显示清晰，易于观察监控；③安全舒适，使操作者情绪稳定，心情舒畅。人机工程学对照度、噪声、灰尘、振幅、操作时身体作用力以及身体的倾斜等都作了舒适、不舒适以及生理界限的规定。结构应使产品在实现物质功能的同时具备良好的精神功能。应用美学法则(比例与尺度、均衡与稳定、统一与变化、节奏与韵律以及色彩调谐原则等)进行机械产品造型设计，实现技术与艺术融合，提高产品的竞争能力。

(4)材料、能源动力和制造技术的发展促进机械结构的改进和创新

由传统的金属材料(钢铁和铝、铜等)向全材料范围(包括金属材料、无机非金属材料、有机高分子材料和复合材料)转移;由常用的结构材料逐渐向功能材料转移,不少机件从金属材料被发展很快的新型塑料成功的取代,人工合成的多相复合材料更可根据机件材料性能的要求进行材料设计。智能材料将使机械结构和功能产生质的飞跃。

此外,制造技术的发展和机械结构的改进与创新密切相关。先进制造技术是传统制造技术、信息技术、自动化技术和现代管理技术等的有机融合。先进的单元制造工艺包括五大类,分别涉及材料的质量改变(如切削、电化学加工、激光加工)、相变(即由液态变成固态,如铸造、注塑成型)、结构改变(如热处理)、塑性变形(如锻)、固化(如焊、粉末冶金等),其中一些特殊材料(如陶瓷、复合材料、特种合金)的加工工艺以及制造工艺的使能技术(包括建模与仿真、传感与检测技术、误差评定及测量等)的发展,使机件超高硬度、超精细、复杂形状制造工艺等跃上了新的台阶,这为解除结构的改进和创新中受到制造工艺的束缚大大拓宽了途径。

参考文献

[1]濮良贵,纪名刚.机械设计(第七版).北京:高等教育出版社,2000.

[2]王大康.机械设计基础.北京:机械工业出版社,2003.

[3]刘向锋.机械设计教程.北京:清华大学出版社,2008.

[4]龚良贵,章宝华.工程力学.北京:中国水利水电出版社,2007.

[5]朱文坚,黄平,吴昌林.机械设计.北京:高等教育出版社,2005.

[6]秦彦斌,陆品.机械设计——导教、导学、导考.西安:西北工业大学出版社,2005.

[7]彭文生,机械设计(第二版).武汉:华中理工大学出版社,2000.

[8]吴宗泽,刘莹.机械设计教程.北京:机械工业出版社,2003.

[9]孙志礼,马星国,黄秋波,闫玉涛.机械设计.北京:科学出版社,2008.

[10]徐锦康.机械设计.北京:高等教育出版社,2004.

[11]龙振宇.机械设计.北京:机械工业出版社,2002.

[12]孔凌嘉.机械设计.北京:北京理工大学出版社,2006.

[13]王宁侠.机械设计.西安:西安电子科技大学出版社,2008.

[14]黄华梁,彭文生.机械设计基础(第三版).北京:高等教育出版社,2001.

[15]钟毅芳,吴昌林,唐增宝.机械设计(第二版).武汉:华中理工大学出版社,2001.

[16]黄平,朱文坚.机械设计基础.广州:华南理工大学出版社,2003.

[17]阮忠唐.联轴器、离合器设计与选用指南.北京:化学工业出版社,2005.

[18]机械设计手册编委会.机械设计手册单行本(滑动轴承).北京:机械工业出版社,2007.

[19]孔凌嘉.简明机械设计手册.北京:北京理工大学出版社,2008.

[20]机械设计手册编委会.机械设计手册.北京:机械工业出版社,2007.

[21]机械设计手册编委会.机械设计手册单行本(齿轮传动).北京:机械工业出版社,2007.

[22]机械设计手册编委会.机械设计手册单行本(带传动和链传动).北京:机械工业出版社,2007.

[23]机械设计手册编委会.机械设计手册单行本(弹簧、摩擦轮及螺旋传动轴).北京:机械工业出版社,2007.